新工科人才培养系列丛书

树莓派应用开发

丁兆海　郭　龙　刘　文　主　编

王秀红　徐　震　张　莹　副主编

王彤宇　主　审

電子工業出版社

Publishing House of Electronics Industry

北京 · BEIJING

内 容 简 介

本书由浅入深、由简单到复杂、手把手地讲解树莓派的相关知识，全面、细致地讲解树莓派在各种场景中的应用。首先讲解树莓派的外观构成、相关外部设备和硬件连接，其次讲解树莓派操作系统、树莓派操作基础、树莓派的常用命令，然后讲解树莓派网络应用、树莓派 Web 应用、树莓派软件开发应用、树莓派 GPIO 应用，接着讲解 Shell script 的相关知识，最后讲解计划任务和开机启动项。

本书通俗易懂、循序渐进，充分考虑高职学生的认知特点和学习兴趣点，将树莓派应用开发与软/硬件功能紧密结合，以树莓派实际应用开发为主线，以学以致用为主导，使学生能够快速掌握树莓派应用开发的基础知识和技能，为进一步学习树莓派在工业控制、物联网、智能家居、人工智能等领域的应用开发打下良好的基础。通过学习本书，初学者可以在轻松的氛围中掌握树莓派应用开发的基础知识和技能，以及解决本专业问题的方法。

本书可以作为高职高专院校相关专业的教材，也可以作为树莓派初学者的自学参考用书。

图书在版编目（CIP）数据

树莓派应用开发 / 丁兆海，郭龙，刘文主编. —北京：电子工业出版社，2024.2

ISBN 978-7-121-47435-4

Ⅰ. ①树… Ⅱ. ①丁… ②郭… ③刘… Ⅲ. ①软件工具－程序设计－高等学校－教材 Ⅳ. ①TP311.561

中国国家版本馆 CIP 数据核字（2024）第 040034 号

责任编辑：康　静
印　　刷：固安县铭成印刷有限公司
装　　订：固安县铭成印刷有限公司
出版发行：电子工业出版社
　　　　　北京市海淀区万寿路 173 信箱　　　邮编：100036
开　　本：787×1 092　1/16　印张：23.75　字数：535 千字
版　　次：2024 年 2 月第 1 版
印　　次：2025 年 1 月第 2 次印刷
定　　价：64.00 元

凡所购买电子工业出版社图书有缺损问题，请向购买书店调换。若书店售缺，请与本社发行部联系，联系及邮购电话：（010）88254888，88258888。

质量投诉请发邮件至 zlts@phei.com.cn，盗版侵权举报请发邮件至 dbqq@phei.com.cn。

本书咨询联系方式：（010）88254178，liujie@phei.com.cn。

前言

为了深化教育领域综合改革，深入贯彻党的二十大精神，加强教材建设和管理，本书的编写组坚持以习近平新时代中国特色社会主义思想为指导，深刻理解和把握新时代奋斗目标明确的新任务，遵循教育为基、科技为要、文化为魂的原则，引导学生进行创新性思考，以便更好地推进党的二十大精神进教材、进课堂、进头脑。

“树莓派应用开发”在中国是一门面向网络管理、软件开发、Web 开发、物联网、智能家居、人工智能、信息技术等领域的新一代技术应用类基础课程，也是一门理论与实践相结合的课程，具有一定的专业理论深度与操作实践难度。

本书主要培养学生面向树莓派应用开发岗位的核心职业能力和职业素质，以树莓派操作系统的开发和实践为主线，使学生掌握搭建 Web 应用环境、网络应用环境、编程（C 语言、Java、Python 和 PHP）应用环境、GPIO 基础应用环境的相关知识。

党的二十大报告强调，我们要坚持教育优先发展、科技自立自强、人才引领驱动，加快建设教育强国、科技强国、人才强国，坚持为党育人、为国育才，全面提高人才自主培养质量，着力造就拔尖创新人才，聚天下英才而用之。教师在教学过程中，可以灵活安排教学任务和调整教学内容，提高学生认识问题、分析问题和解决问题的能力，强化学生的工程理论教育，培养学生精益求精的大国工匠精神，激发学生科技报国的家国情怀，培养学生探索未知、追求真理、勇攀科学高峰的责任感和使命感。在指导学生动手操作的过程中，注重培养学生的应用开发能力和可持续学习能力，为学生学习后续课程和参加软/硬件结合类大赛奠定专业技术基础，让学生实现从学校学习环境到企业应用开发环境的顺畅过渡。

本书按照由浅入深、循序渐进、螺旋上升的方式组织、架构所有的专业技术知识，通过大量精心设计的不同难度的实训案例，图文并茂地帮助学生进一步理解树莓派应用开发的相关知识，使学生可以更好地掌握树莓派应用开发的基本操作，熟练掌握树莓派应用开发的具体步骤，熟悉树莓派应用开发的各种场景，提高搭建系统和调试系统的动手操作能力。

本书的主要特点如下。

面向应用，问题牵引。本书采用应用型教材的编写方法，按照“是什么”→“能干什么”→“怎么搭建”→“怎么应用”的思路编写。

围绕应用，任务驱动。本书设计了一系列的应用，将知识点融入一个个实际应用中。

编码规范，习惯良好。本书采用统一的专业名称，使初学者一开始就接受和使用专业的名称。

本书结构新颖，层次分明，内容丰富，充分考虑了高职高专学生的特点。使用本书作为教材，学生可以在轻松的氛围中掌握树莓派应用开发的相关知识、专业技巧和应用方法。

本书共有 10 章，主要内容如下。

第 1 章从什么是树莓派开始讲起，逐步讲解树莓派 4B 的外观构成、树莓派的相关外部设备、树莓派 4B 的硬件连接。

第 2 章主要讲解树莓派操作系统，包括树莓派操作系统介绍、下载 Raspberry Pi OS、在 Micro SD 卡上安装树莓派操作系统、树莓派第一次开机、树莓派的桌面操作系统、树莓派的包管理器、树莓派的配置工具、树莓派的关机或重启、树莓派指示灯的状态、在 VM 虚拟机上安装树莓派操作系统。

第 3 章主要讲解树莓派操作基础，包括安装中文字库和中文输入法、将更新源修改为国内的镜像源、配置文件 config.txt 的常用设置、raspi-config、有线网络和无线网络的配置方法、远程登录树莓派、vim 编辑器、禁止显示器屏幕休眠、设置 SWAP、磁盘用量和速度、scrot 截屏工具、蓝牙、更新系统引导程序。

第 4 章首先讲解 Linux/Raspbian 目录结构，然后讲解目录和文件命令、进程管理命令、用户和组命令、文件权限命令、搜索命令、压缩命令、网络命令、磁盘管理命令、系统信息命令、其他常用命令、软件安装和卸载命令，最后讲解命令行快捷键。

第 5 章主要讲解树莓派网络应用，包括 NAS 系统服务器软件 Samba、DLNA 流媒体服务器软件 MiniDLNA、BT 下载客户端软件 Transmission、BT 命令行下载工具 Aria2、FileZilla、vsftpd、RaspAP、使用板载网卡配置 Wi-Fi 热点、搭建可移动的 Wi-Fi 热点、UFW 防火墙。

第 6 章主要讲解树莓派 Web 应用，包括搭建 LANMP 环境和 phpMyAdmin 环境、博客 WordPress、Pi Dashboard、Syncthing。

第 7 章主要讲解树莓派软件开发应用，包括开源的 OpenJDK 和 Tomcat、CMake 编译工具、C 语言、Python、PyCharm、Arduino。

第 8 章主要讲解树莓派 GPIO 应用，包括 GPIO 基础、使用 C 语言基于 WiringPi 库读取 DHT11 温湿度传感器中的数据、使用 Python 基于 Adafruit DHT 库读取 DHT11 温湿度传感器中的数据、使用 Python 基于 GPIO 库读取 HC-SR04 超声波测距数据、使用 Python 通过 I2C 驱动 LCD1602 液晶屏、使用 Scratch GPIO 编程控制 LED 灯闪烁。

第 9 章首先讲解 Shell script 的基本知识，然后讲解 Shell echo 命令、Shell printf 命令、Shell 传递参数、Shell 变量、Shell 基本运算符、Shell 流程控制、Shell 字符串、Shell

数组、Shell 函数、Shell 输入/输出重定向、Shell test 命令、Shell 判断符[]、Shell script 的追踪与调试、Shell 文件包含，最后讲解两个 Shell script 实例和修改 SSH 登录信息。

第 10 章主要讲解树莓派在计划任务和开机启动项两个方面的应用，包括使用 cron 配置计划任务和使用 systemd 设置开机启动项。

本书由济南职业学院的丁兆海、郭龙、刘文担任主编，济南职业学院的王秀红、徐震、张莹担任副主编，济南职业学院的王彤宇担任主审。本书是与东软集团股份有限公司校企联合编写的，经理李爽给出了企业应用层面的指导并参加了编写工作。

本书配备立体化教学资源，包括教学课件、课程标准、课程说明书、授课计划表、教案、课程资源，有需要的教师和学生可以登录华信教育资源网（www.hxedu.com.cn）下载，或者扫描下方二维码查看。

本书在编写过程中，参考并引用了树莓派官方网站、树莓派实验室官方网站、众多树莓派行家里手的博客等，在书中未一一注明，在此谨向相关作者表示衷心感谢。由于编者的水平和经验有限，书中难免存在不足之处，恳请读者批评指正。编者邮箱：15066695371@163.com。

编者

2023 年 3 月

目录

第 1 章 树莓派介绍

知识目标

- 了解树莓派的外观构成。
- 了解树莓派的相关外部设备。
- 掌握树莓派的硬件连接。

技能目标

- 能够识别和指出树莓派 4B 的外观构成。
- 能够识别树莓派的相关外部设备，指出各种外部设备的功能。
- 能够熟练地进行树莓派的硬件连接。

任务概述

根据现有的树莓派相关器材，将各种外部设备正确连接到树莓派上。

1.1 什么是树莓派

树莓派（Raspberry Pi）是尺寸仅有校园卡大小的小型单板计算机，基于 ARM 架构，由 Raspberry Pi 基金会开发，又称为卡片式计算机，具有个人计算机的所有基本功能，可谓“麻雀虽小，五脏俱全”，可以连接显示器（或电视机、投影仪）、键盘、鼠标等外部设备，具有程序编写、网页浏览、文字处理、媒体播放等多种用途，适合用于培养青少年和在校学生对计算机程序设计的兴趣。树莓派体型小、功耗低，应用多年来，已经进入了家庭、课堂、数据中心、工厂，甚至太空站，通常用于进行实时图像和视频处理、基于物联网的应用程序开发及机器人应用程序开发，可以胜任个人计算机的大部分工作。

到目前为止，树莓派已经发布了多种型号，每种型号都为满足特定的需求而设计。

例如，树莓派的 Zero 系列，作为全尺寸树莓派的微型版本，精简了一些功能，压缩了尺寸，降低了功耗，更适合应用于可穿戴设备上。虽然树莓派的型号很多，但不同型号的树莓派都是兼容的，在相同的操作系统平台上，可以在某种型号的树莓派上运行的软件，也可以在其他型号的树莓派上运行。

1.2 树莓派 4B 的外观构成

树莓派的主板主要由核心处理器、内存、Wi-Fi、蓝牙、Micro HDMI 接口、千兆网口、MIPI DSI 接口、MIPI CSI 接口、音频接口、USB 接口、40 针 GPIO、Micro SD 卡槽等部件组成，树莓派主板的外观构成如图 1-1 所示。

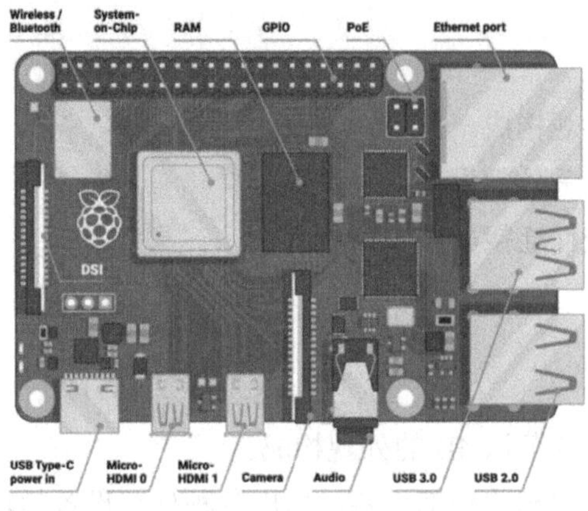

图 1-1 树莓派主板的外观构成

树莓派自 2012 年问世以来，经历了 A 型、A+型、B 型、B+型、2B 型、3B 型、3B+型、4B 型等型号的演化。2019 年，树莓派基金会宣布树莓派 4 Model B 版本发布，树莓派 4 Model B 型简称树莓派 4B，其主板构成如图 1-2 所示。本书以树莓派 4B 为例进行讲解。

图 1-2 树莓派 4B 的主板构成

根据图 1-2 可知，树莓派 4B 由不同的计算机组件构成。从外观上看，最重要的组件在主板正面的中央，是由金属上盖封装的系统级芯片，其中包含中央处理器（CPU）和图形处理器（GPU）。在系统级芯片旁边的较大芯片是树莓派的随机存储器（RAM）。主板的左上角是一个带有金属盖的组件，包括无线网卡和蓝牙的相关组件。主板右边有 4 个 USB 接口，带黑色塑料的接口有 2 个，是 USB 2.0 接口；带蓝色塑料的接口有 2 个，是 USB 3.0 接口。主板右上角是以太网接口，可以通过 RG45 接头的网线将树莓派连接到有线网络。以太网接口下方有一组状态灯，用于显示网络信号上行和下行的状态。以太网接口左侧有一个包含 4 个针脚（均分为两排）的插头，是给以太网供电（PoE）的 HAT 插头。主板的下方有一个 3.5 毫米的插孔，具有音频信号输出功能。音频插孔左边有一个竖条状 CSI 接口，用于连接树莓派摄像头模块。CSI 接口左侧有 2 个 Micro-HDMI 接口，用于连接显示器、电视机或投影仪。主板的左下角是扁圆形的 USB Type-C 接口，使用 5V 3A 的电源适配器给树莓派供电。主板正面左侧是一个竖条状的 DSI 接口，用于连接树莓派专用的触摸屏。主板的上侧有一个包含 40 个针脚（均分为两排）的部件，是 GPIO（通用输入/输出）连接器，用于外接 LED、按钮、各类传感器、各种功能模块等硬件。在与 DSI 接口对应位置的主板背面，有一个 Micro SD 卡槽，可以将安装好操作系统的 Micro SD 卡插入这里，作为树莓派的外部存储器。树莓派在上电启动后，默认从 Micro SD 卡中读取数据。主板的左下角有 2 个 LED 指示灯，用于指示树莓派开机后的运行状态。主板的四周有 4 个孔，用于将树莓派固定到多种外壳或支架上。

树莓派 4B 中各种组件的详细规格参数如表 1-1 所示。

表 1-1　树莓派 4B 中各种组件的详细规格参数

组件	规格参数
SoC	Broadcom2711
CPU	64 位 quad-core ARM Cortex-A72 1.5GHz 四核四线程，1MB 二级缓存
GPU	Broadcom VideoCore VI，OpenGL ES3.x，4Kp60 HEVC 视频硬解码器
内存	1GB/2GB/4GB/8GB LPDDR4-2400 SDRAM
USB 接口	2 个 USB 3.0，2 个 USB 2.0
视频接口	双 micro-HDMI 端口，最高支持以 60fps 速度刷新的 4K 分辨率的双显示屏
音频接口	3.5mm 插孔，或者通过 Micro-HDMI
网络接口	双频 802.11ac 无线网络，千兆以太网 RJ45 接口，PoE（需要 PoE HAT 附件支持）
SD 卡接口	适合插入 Micro SD 卡，最大可支持 512GB
蓝牙	蓝牙 5.0/BLE
GPIO 接口	双排 40PIN
其他接口	CSI 接口、DSI 接口
电源接口	5V 3A 的电源适配器通过 USB Type-C 接口和 5V 的 GPIO 引脚供电（需要加电源管理模块）
尺寸	85mm×56mm×17mm

1.3 树莓派的相关外部设备

要想顺利地使用树莓派，不仅要具备树莓派主板，还需要搭配一些外部设备，如电源适配器、Micro SD 卡、USB 键盘、USB 鼠标、Micro-HDMI 线和 HDMI 转接线、散热片、外壳等。

1.3.1 电源适配器

电源适配器主要用于为树莓派供电，如图 1-3 所示。为树莓派 4B 供电的电源适配器的额定电压是 5V，额定电流是 3A，并且配备 USB Type-C 输出接头。推荐使用官方生产的电源适配器。对于副厂生产的电源适配器，只要符合要求，也可以使用。为了使用方便，有些副厂生产的电源适配器带有线上开关，这样，就不用每次开关机都插拔 USB Type-C 供电接头了。对于国产的电源适配器，220V 端的插头更适合插拔国内的电源接线板。

除树莓派 Zero 外，2014 年后生产的新型号树莓派上都带有低压检测电路，可以检测电源的电压是否下降到 4.63V（5V 上下可浮动 5%）以下，如果电压低于 4.63V，那么树莓派连接的显示器上会出现一个黄色的雷电符号，如图 1-4 所示，并且会在系统中记录一条内核日志。在出现黄色的雷电符号后，应该更换电源或电缆，因为供电不足可能会导致 Micro SD 卡损坏或树莓派工作不正常。

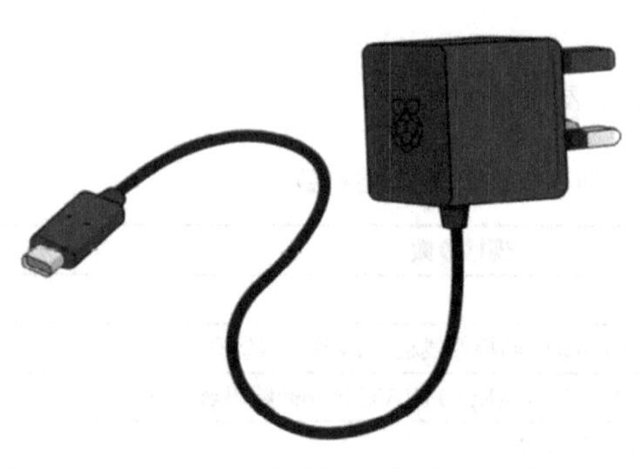

图 1-3 电源适配器

图 1-4 黄色的雷电符号

1.3.2 Micro SD 卡和读卡器

Micro SD 卡应用广泛，具有各种不同的容量，示例如图 1-5 所示。要安装树莓派的操作系统，至少需要 16GB 容量，建议使用 16GB 或更大容量的 Micro SD 卡。树莓派对 Micro SD 卡的最大支持可达 512GB。

在使用台式机或笔记本计算机将树莓派操作系统写入 Micro SD 卡时，在将 Micro SD 卡上的操作系统备份到计算机中时，以及需要在计算机中打开树莓派的配置文件时，都需要使用读卡器，示例如图 1-6 所示。读卡器的类型很多，有 USB 2.0 和 USB 3.0 的区别，有一些读卡器还可以读/写多种类型的存储卡。我们对读卡器的要求是可以持久、稳定地读/写 Micro SD 卡。

图 1-5　Micro SD 卡示例

图 1-6　读卡器示例

1.3.3　USB 键盘和 USB 鼠标

作为计算机的常用输入/输出设备，带有 USB 接口的标准计算机键盘和鼠标，即 USB 键盘和 USB 鼠标，可以方便地帮我们接入树莓派的 USB 接口。如果采用无线键盘和无线鼠标，则可以节省一个 USB 接口的位置，如图 1-7 所示。

图 1-7　无线键盘和无线鼠标

1.3.4　Micro-HDMI 线和 HDMI 转接线

要将树莓派连接到显示设备（如显示器、电视机、投影仪）上，我们需要一条 HDMI 线。树莓派一端需要接入 Micro-HDMI，另一端需要根据实际情况进行处理。在通常情况下，针对不同的显示设备，我们要准备多种类型的转接线。如果显示设备端是全尺寸的 HDMI 接头，则需要一条尺寸够长的 Micro-HDMI 转 HDMI 的线材；如果显示设备端是 VGA 接头，则需要一条 Micro-HDMI 转 VGA 的线材；如果显示设备端是 DVI 接头，则需要一条 Micro-HDMI 转 DVI 的线材。在选购 Micro-HDMI 线材时，要认真考察另一端对应的显示器接头，线材长度要适合树莓派连接到显示设备。在准备线材时，要注意所接插头的尺寸、公母，以及线材的质量，最终的要求是能将树莓派通过这些线材正确连接到显示设备上。Micro-HDMI 对应 HDMI 的线材如图 1-8 所示。

图 1-8　Micro-HDMI 对应 HDMI 的线材

1.3.5　树莓派外壳

在使用树莓派前，建议先给树莓派安装外壳，从而有效避免误触树莓派裸板，导致主板元件损坏。有一些外壳带有散热风扇，适合在气温较高时为树莓派散热。除了官方提供的树莓派外壳，市面上还有很多种类的树莓派外壳，可以根据个人喜好进行挑选，符合树莓派的类型即可。树莓派外壳如图 1-9 所示。

图 1-9　树莓派外壳

1.3.6　散热片

长期不安装散热片或小风扇，可能会导致树莓派的主板烧坏，引起严重的后果。推荐使用官方提供的散热片，安装方法很简单：将板载芯片表面清理干净，撕掉散热片底部的不干胶贴纸，根据芯片大小对号入座即可。树莓派散热片如图 1-10 所示。

图 1-10　树莓派散热片

1.4　树莓派 4B 的硬件连接

在将树莓派 4B 连接硬件前，一定要先仔细观察树莓派的接口和外接硬件的接口形式，再有序地进行硬件连接。树莓派的硬件连接分为 5 步，分别为插入 Micro SD 卡、连接键盘和鼠标、连接显示器、连接网线、连接电源适配器。

1．插入 Micro SD 卡

准备好已经安装了操作系统的 Micro SD 卡，将其插入树莓派背面的 Micro SD 卡槽，如图 1-11 所示。如果需要取出 Micro SD 卡，则只需轻轻将其抽出。

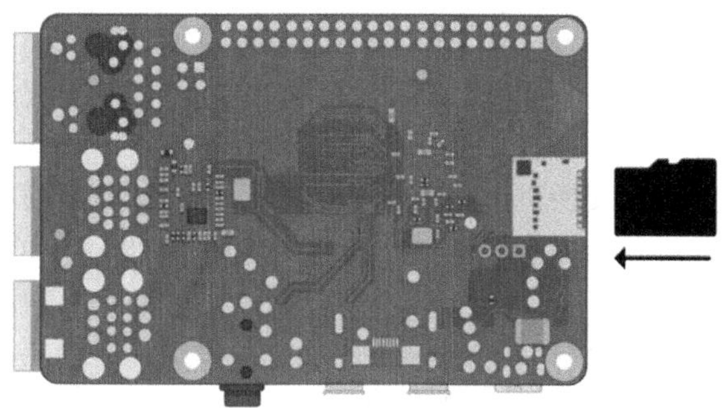

图 1-11　插入 Micro SD 卡

2．连接键盘和鼠标

将带有 USB 接口的键盘和鼠标依次插入树莓派中的 USB 2.0 接口（带黑色塑料的 USB 接口），这样做可以留出树莓派中的 USB 3.0 接口（带蓝色塑料的 USB 接口），如图 1-12 所示，以便后期使用需要连接 USB 3.0 接口的高速设备。采用图 1-12 中的连接方式是为了便于观察。

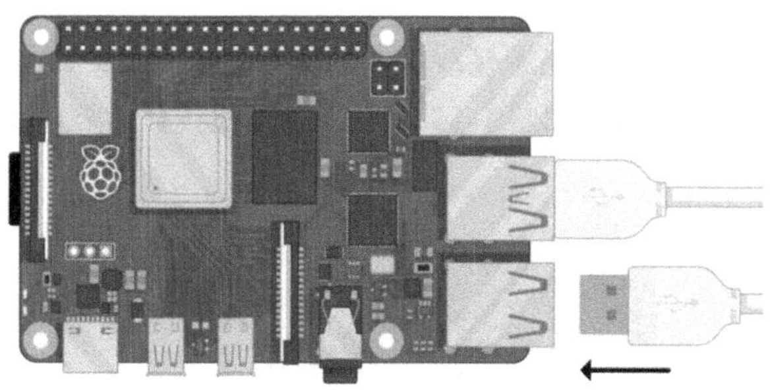

图 1-12　连接键盘和鼠标

3．连接显示器

树莓派 4B 主板上有两个 Micro-HDMI 接口，将连接显示器另一端的 Micro-HDMI 插头插入任意一个 Micro-HDMI 接口，即可连接显示器，如图 1-13 所示。

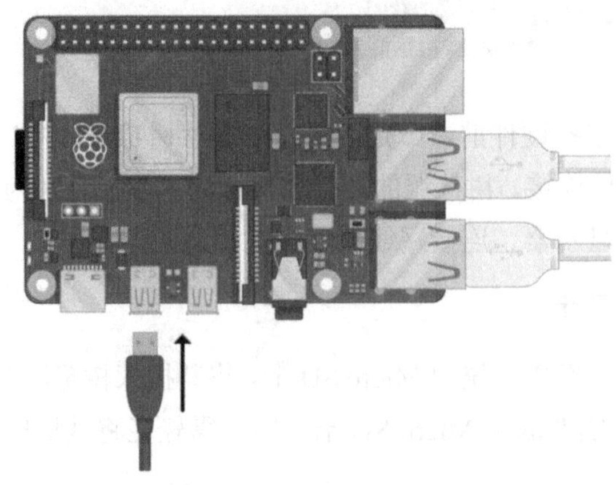

图 1-13　连接显示器

4．连接网线

将网线的一端接入网络交换机，将另一端的 RJ45 插头插入树莓派的网络接口，听到咔嗒一声，即可连接网线，如图 1-14 所示。如果不使用网线，则可以跳过这一步。

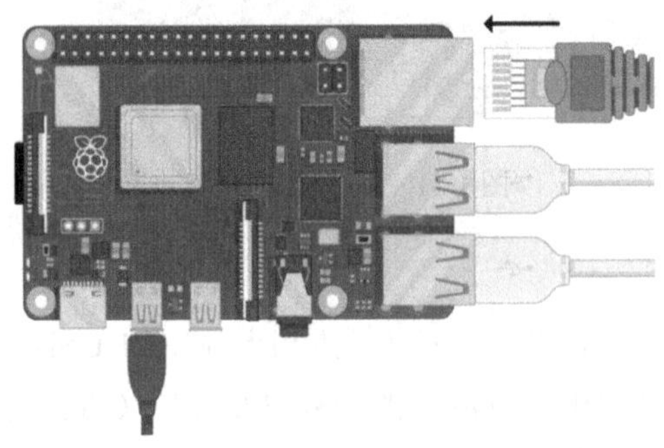

图 1-14　连接网线

5．连接电源适配器

将树莓派的电源适配器插入电源接线板，将另一端的 USB-Type C 插入树莓派的电源接口，即可连接电源适配器，如图 1-15 所示。注意在拔插时要轻柔。树莓派在接入电源后就会启动。

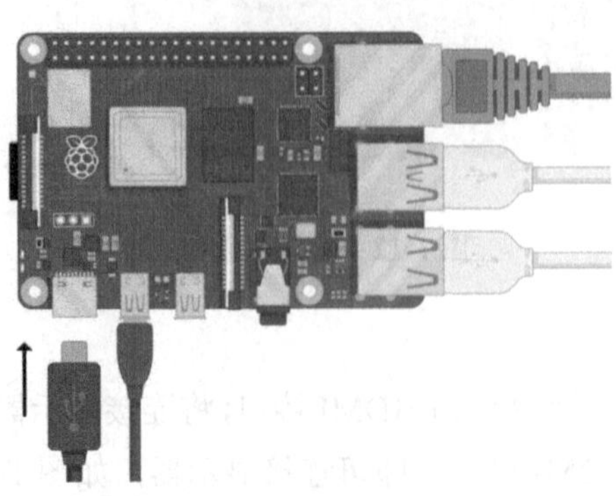

图 1-15　连接电源适配器

本章小结

本章首先介绍了什么是树莓派，然后讲解了树莓派 4B 的外观构成，接着讲解了树莓派的相关外部设备，包括电源适配器、Micro SD 卡、读卡器、USB 键盘、USB 鼠标、Micro-HDMI 线和 HDMI 转接线、树莓派外壳、散热片，最后讲解了树莓派 4B 的硬件连接。

课后练习

（1）使用搜索引擎查阅树莓派的发展历史。

（2）在树莓派 4B 上指出核心处理器、内存、Wi-Fi、蓝牙、Micro HDMI 接口、千兆网口、MIPI DSI 接口、MIPI CSI 接口、音频接口、USB 接口、40 针 GPIO、Micro SD 卡槽等组成部件。

（3）识别树莓派的相关外部设备。

（4）根据现有树莓派的硬件和外部设备，正确地完成树莓派 4B 的硬件连接工作。

第 2 章

树莓派操作系统

知识目标

- 了解树莓派操作系统。
- 了解树莓派官方网站。
- 掌握在 Micro SD 卡上安装树莓派操作系统的方法。
- 掌握树莓派第一次开机的设置方法。
- 了解树莓派的桌面构成。
- 了解树莓派的包管理器。
- 掌握树莓派的 Configuration 配置工具。
- 掌握树莓派的关机方法和重启方法。
- 了解树莓派指示灯状态。
- 掌握使用 VM 虚拟机安装树莓派操作系统的方法。

技能目标

- 能够在树莓派官方网站下载 Raspberry Pi OS 文件。
- 能够在 Micro SD 卡上安装树莓派操作系统。
- 能够让树莓派正常开机。
- 能够使用树莓派 Configuration 配置工具。
- 能够将树莓派关机或重启。
- 能够使用 VM 虚拟机安装树莓派操作系统。

任务概述

- 在树莓派官方网站下载 Raspberry Pi OS 文件，并且在 Micro SD 卡上安装树莓派操作系统，能够让树莓派正常开机、关机或重启。

- 使用 Configuration 配置工具配置树莓派。
- 使用 VM 虚拟机安装树莓派操作系统。

2.1 树莓派操作系统介绍

Raspberry Pi OS（Raspbian）是树莓派官方指定的操作系统，实际上，还有一些非官方的操作系统可以运行在树莓派上，这些非官方的操作系统包括 Ubuntu MATE for the Raspberry Pi、Arch Linux ARM、RetroPie、Volumio、LibreELEC、OSMC、DietPi、Kali Linux、OpenMediaVault、RISC OS、Windows 10 IOT Core 等，下面介绍几种常用的树莓派操作系统。

1. Raspberry Pi OS

Raspberry Pi OS 是树莓派官方推荐使用的树莓派操作系统，包括深度定制的硬件驱动与软件程序，本书主要针对该操作系统进行讲解。

2. Ubuntu MATE for the Raspberry Pi

Ubuntu MATE for the Raspberry Pi 是 Ubuntu Linux 官方的一个派生版，是基于桌面环境 MATE 的 Ubuntu 操作系统。Ubuntu MATE 是 GNOME 2 桌面环境的继续，曾经作为 Ubuntu 的默认桌面，Ubuntu MATE for the Raspberry Pi 同样适合树莓派新手使用，界面非常漂亮，但是在 CPU 优化方面不如官方的操作系统。

3. Arch Linux ARM

Arch Linux ARM 是 Arch Linux 在 ARM 架构上移植的轻量操作系统，非常简洁。Arch Linux ARM 只有命令行界面，不建议初学者使用。Arch Linux ARM 的软件策略是非常激进的，采用 Arch Linux ARM 操作系统，可以使用最新的软件包，但需要承担相应的风险。

4. RetroPie

RetroPie 是一个基于 Raspberry Pi OS 构建的家用机模拟器操作系统，内置了 FC、SFC、GB、GBA、DOS 等游戏平台的模拟器软件，可以将树莓派快速配置成多功能游戏主机。

5. Volumio

Volumio 是一个发烧级音乐播放器操作系统，功能丰富，UI 漂亮，旨在以最高保真度播放音乐。

2.2 下载 Raspberry Pi OS

在使用树莓派前，我们需要下载树莓派操作系统并将其安装到 Micro SD 卡上。在使用树莓派前，我们需要下载树莓派操作系统，并且将其安装到 Micro SD 卡上。树莓派操作系统分为两个大类，分别为 32 位操作系统和 64 位操作系统，每个大类都包含几个较小的分类。

Raspberry Pi OS 可以在树莓派官方网站中下载，其首页如图 2-1 所示。在树莓派官方网站的首页选择 Software 选项卡，在 Manually install an operating system image 区域中单击 See all download options 按钮，如图 2-2 所示，即可打开具体的下载页面。

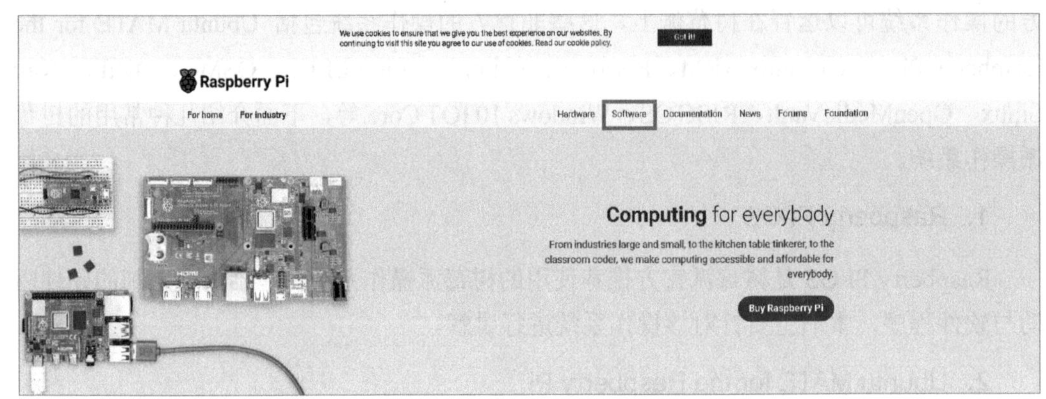

图 2-1 树莓派官方网站的首页

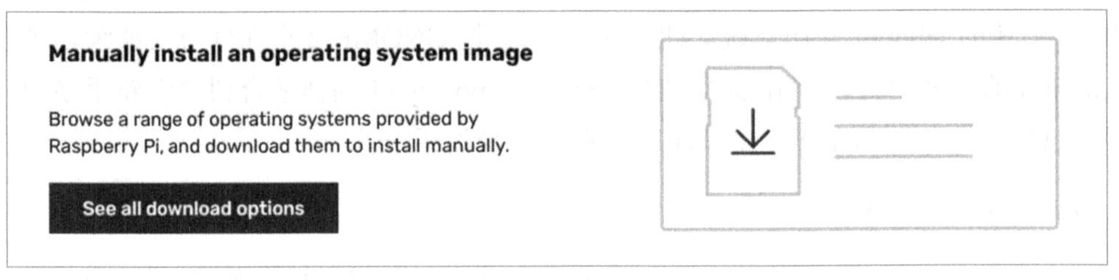

图 2-2 单击 See all download options 按钮

在具体的下载页面中，可以在 Raspberry Pi OS 区域中看到 3 个版本的 Raspberry Pi OS，如图 2-3 所示。这 3 个版本的 Raspberry Pi OS 都是 32 位操作系统，兼容所有的树莓派硬件。第一个版本的 Raspberry Pi OS 是 Raspberry Pi OS with desktop，带有图形化桌面操作系统，但不带常用的软件，文件大小是 837MB；第二个版本的 Raspberry Pi OS 是 Raspberry Pi OS with desktop and recommended software，带有图形化桌面操作系统和常用的软件，文件大小是 2277MB；第三个版本的 Raspberry Pi OS 是 Raspberry Pi OS Lite，是不带图形化桌面操作系统的 Lite 版本，如果安装该版本，则只能运行命令行模式，文件大小是 297MB。

Raspberry Pi OS 区域下方是 Raspberry Pi OS (64-bit)区域。Raspberry Pi OS (64-bit)区域中包含两个 64 位的 Raspberry Pi OS 可供选择，分别是 Raspberry Pi OS with desktop 和 Raspberry Pi OS Lite，它们都兼容树莓派 3 和树莓派 4 的硬件，如图 2-4 所示。使用 64 位 Raspberry Pi OS 的优势是超过 4GB 内存的树莓派硬件可以得到充分利用。Raspberry Pi OS with desktop 带有图形化桌面操作系统，但不带常用的软件，文件大小是 757MB；

Raspberry Pi OS Lite 不带图形化桌面操作系统，如果安装该版本，则只能运行命令行模式，文件大小是 270MB。

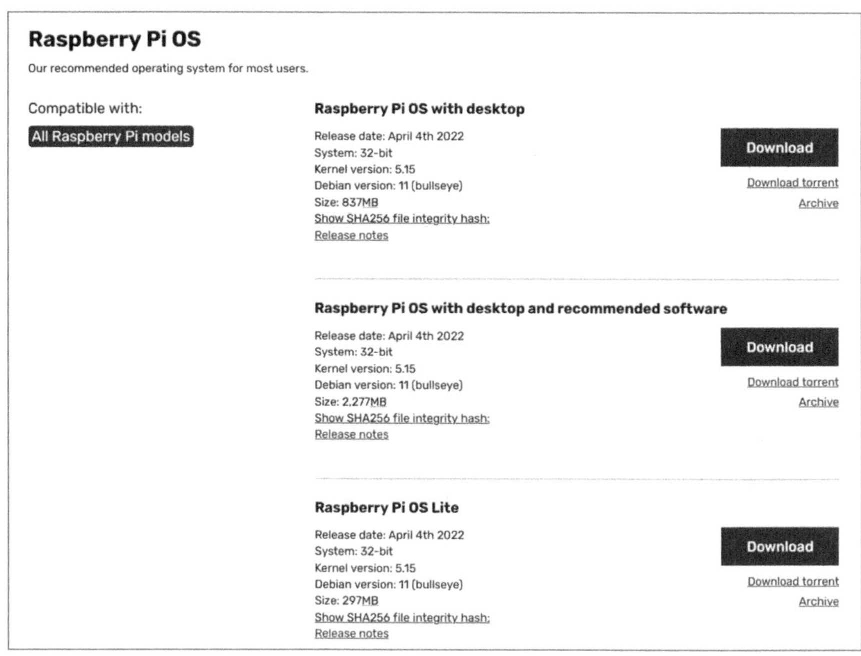

图 2-3 Raspberry Pi OS 区域

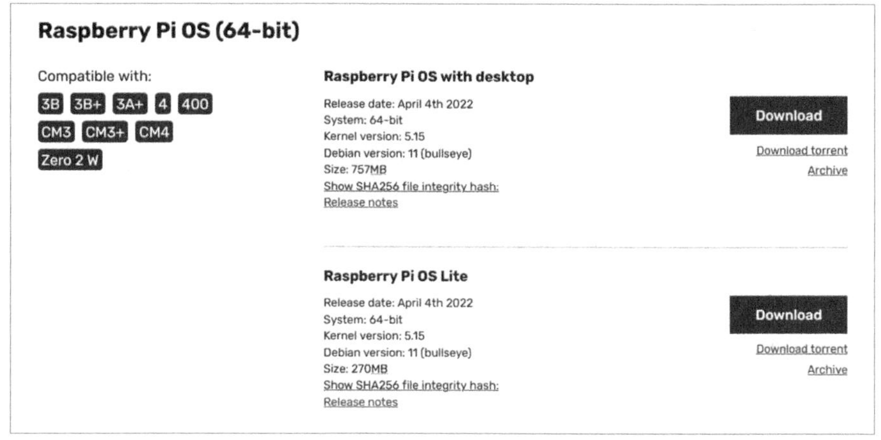

图 2-4 Raspberry Pi OS (64-bit)区域

大内存的树莓派 4B 性价比不高，因此我们使用的树莓派 4B 通常采用 2GB 内存的版本，选择下载 32 位操作系统的第二个版本较为合适。在下载时，可以直接单击 Download 按钮进行下载；也可以先单击 Download torrent 按钮下载种子文件，再通过 P2P 下载软件（如迅雷）下载 Raspberry Pi OS 文件。

按照浏览器的提示，将 Raspberry Pi OS 文件下载并存储于 Windows 计算机（采用 Windows 操作系统的计算机）中，然后解压缩该文件。解压缩后的 IMG 文件大小不超过 10GB。因此，在下载和解压缩 Raspberry Pi OS 文件前，我们要查看 Windows 计算机中是否预留出 13GB 以上的存储空间。下载和解压缩后的 Raspberry Pi OS 文件如图 2-5 所示。

名称	修改日期	类型	大小
2022-04-04-raspios-bullseye-armhf-full.img	2022/9/2 16:57	光盘映像文件	9,596,928 KB
2022-04-04-raspios-bullseye-armhf-full.img.xz	2022/9/2 16:57	WinRAR archive	2,331,711 KB

图 2-5 下载和解压缩后的 Raspberry Pi OS 文件

2.3 在 Micro SD 卡上安装树莓派操作系统

在 Micro SD 卡上安装树莓派操作系统前，先使用 SDFormatter 工具软件格式化 Micro SD 卡，再在 Micro SD 卡上安装树莓派操作系统。烧录树莓派操作系统的工具软件主要有两种，分别是 Raspberry Pi Imager（树莓派镜像烧录器）和 Win32DiskImager，其中，Raspberry Pi Imager 是树莓派官方提供的工具软件；Win32DiskImager 虽然不是官方指定的工具软件，但是其应用非常广泛。

2.3.1 格式化 Micro SD 卡

针对树莓派上使用的 Micro SD 卡，不建议使用 Windows 操作系统附带的格式化工具软件，推荐使用 SDFormatter 工具软件。

SDFormatter 是一款好用的针对 SD、SDHC、SDXC 卡的格式化工具软件。对 SD、SDHC、SDXC 卡进行格式化，可以最大限度地发挥 SD、SDHC、SDXC 卡的性能。需要注意的是，使用 SDFormatter 不能对使用安全保护功能的 SD、SDHC、SDXC 卡内的保护区进行格式化，也不能对使用 Windows 操作系统的 BitLocker To Go 功能进行加密的 SD、SDHC、SDXC 卡进行格式化。

SDFormatter 的安装和使用都很简单，它的主界面如图 2-6 所示。

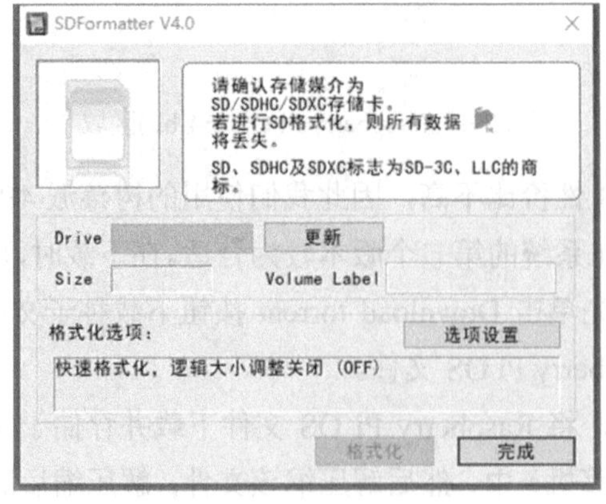

图 2-6 SDFormatter 的主界面

Drive：盘符。

更新：单击该按钮，可以更新识别的刚插入 USB 接口的带 Micro SD 卡的读卡器的盘符。

Size：存储卡的容量。

Volume Lable：存储卡的卷标。

选项设置：单击该按钮，会弹出“格式化选项设置”对话框，如图 2-7 所示。在“格式化选项设置”对话框中，“取消设置”下拉列表中有 3 个选项，表示 3 种格式化方式，如果选择“快速格式化”选项，则表示删除用户数据，可以通过恢复软件恢复；如果选择“擦除格式化”选项，则表示删除扇区中的内容；如果选择“覆盖格式化”选项，则表示包含上述两种功能。“逻辑大小调整”下拉列表中有两个选项，分别是“关闭（OFF）”和“开启（ON)”，默认选择“关闭（OFF）”选项。在正常格式化失败，导致 SD 卡出现容量错误后，选择“开启（ON)”选项，可以修复错误。

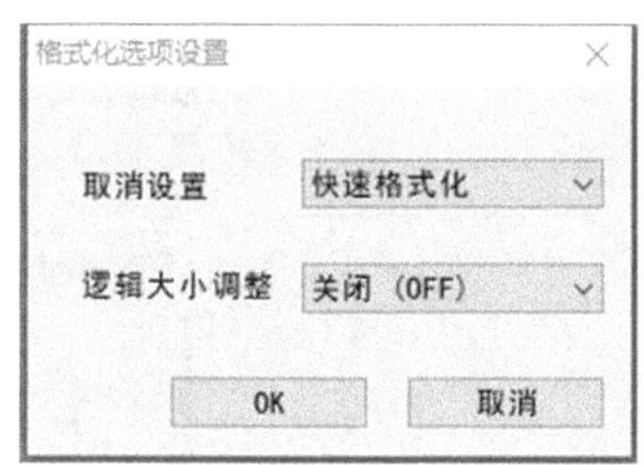

图 2-7 “格式化选项设置”对话框

格式化选项：显示用户设置的格式化参数。

返回 SDFormatter 的主界面，首先从树莓派的 Micro SD 卡槽中轻轻拔出 Micro SD 卡，然后将 Micro SD 卡插入读卡器，最后将读卡器插入计算机的 USB 接口，确保 Windows 计算机已经识别到该 Micro SD 卡。

在格式化新的 Micro SD 卡时，Drive、Size、Volume Lable 会自动识别并显示相关信息，其他参数采用默认设置，如图 2-8 所示。单击“格式化”按钮，会连续弹出两个提示框，分别如图 2-9 和图 2-10 所示。在两个提示框中都单击“确定”按钮，SDFormatter 就会进行格式化，时间很短。在格式化结束后，会弹出格式化成功的提示框，如图 2-11 所示，单击“确定”按钮，关闭该提示框，返回 SDFormatter 的主界面，单击“完成”按钮，关闭 SDFormatter。

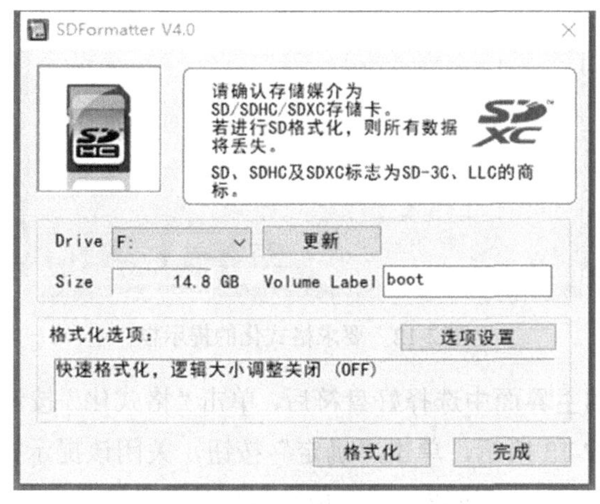

图 2-8　格式化新的 Micro SD 卡

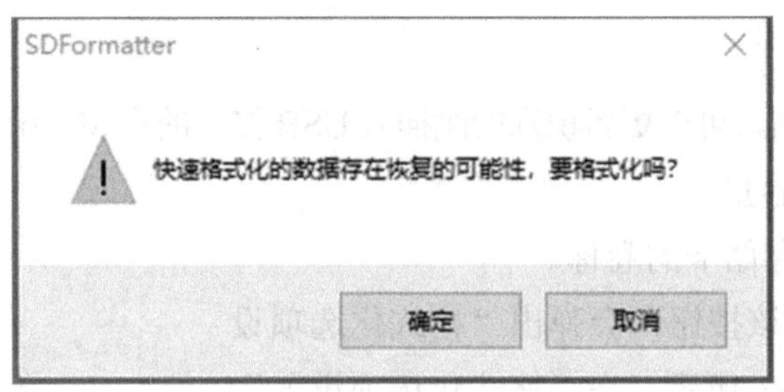

图 2-9　提示框（1）

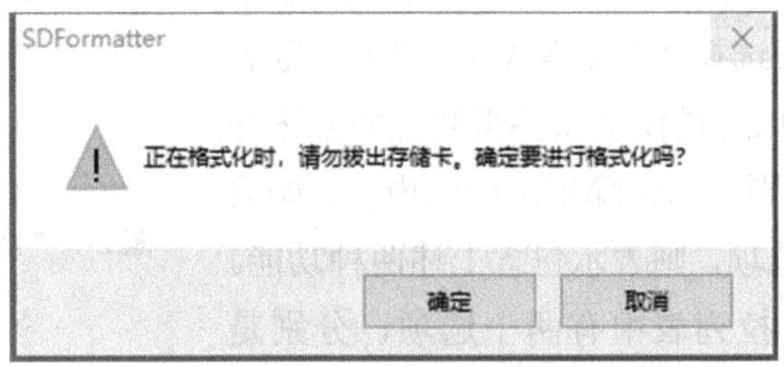

图 2-10　提示框（2）

图 2-11　格式化成功的提示框

对于已经安装了树莓派操作系统的 Micro SD 卡，在刚将读卡器插入计算机 USB 接口时，会弹出要求格式化的提示框，如图 2-12 所示，单击“取消”按钮，将其关闭。

图 2-12　要求格式化的提示框

在 SDFormatter 的主界面中选择好盘符后，单击“格式化”按钮，会弹出一个格式化失败的提示框，如图 2-13 所示，单击“确定”按钮，关闭该提示框，在 SDFormatter 的主界面中再次单击“格式化”按钮，即可成功进行格式化。

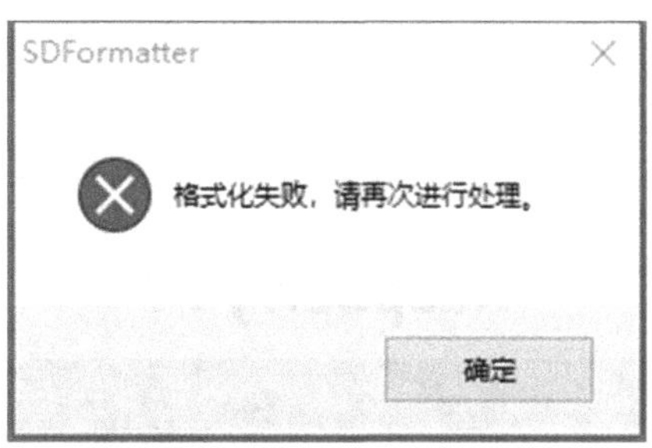

图 2-13 格式化失败的提示框

2.3.2 使用 Raspberry Pi Imager 在 Micro SD 卡上安装树莓派操作系统

在树莓派官方网站的首页选择 Software 选项卡，在 Install Raspberry Pi OS using Raspberry Pi Imager 区域中单击 Download for Windows 按钮，如图 2-14 所示，即可下载 Raspberry Pi Imager 工具软件的安装包。按照浏览器的提示将 Raspberry Pi Imager 工具软件的安装包下载并存储于 Windows 计算机中，该安装包占用的存储空间不到 20MB。

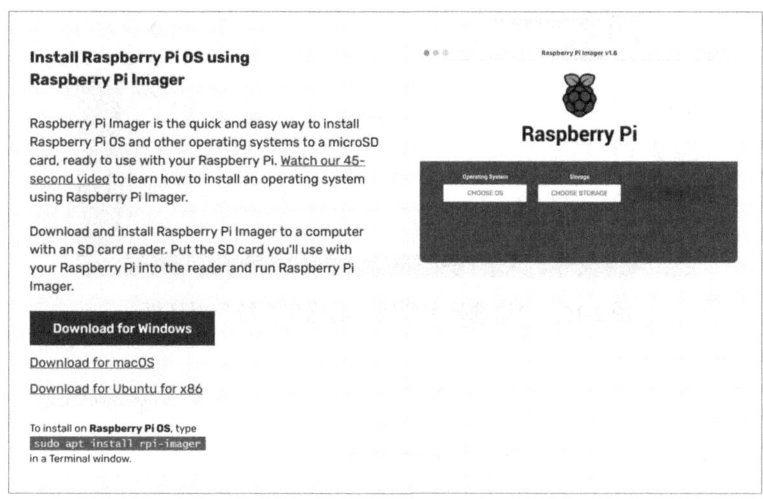

图 2-14 Install Raspberry Pi OS using Raspberry Pi Imager 区域

找到并双击上一步下载的 imager_1.7.2.exe 文件，将 Raspberry Pi Imager 工具软件安装到 Windows 计算机上，安装过程非常简单，根据软件提示一直单击“下一步”按钮，然后单击“完成”按钮，即可完成 Raspberry Pi Imager 工具软件的安装，安装软件期间无须修改任何配置和选项。

在 Windows 开始菜单中找到并选择 Raspberry Pi Imager 工具软件，打开 Raspberry Pi Imager 的主界面，如图 2-15 所示。在 Raspberry Pi Imager 的主界面中，单击“选择操作系统”按钮，弹出“请选择需要写入的操作系统”对话框，用于选择要安装的操作系统，用鼠标拖曳右边的滚动条，选择“使用自定义镜像”选项，如图 2-16 所示。弹出“选择镜像”对话框，选择已经下载到计算机中的 Raspberry Pi OS 文件，单击 Open 按钮，如图 2-17 所示。

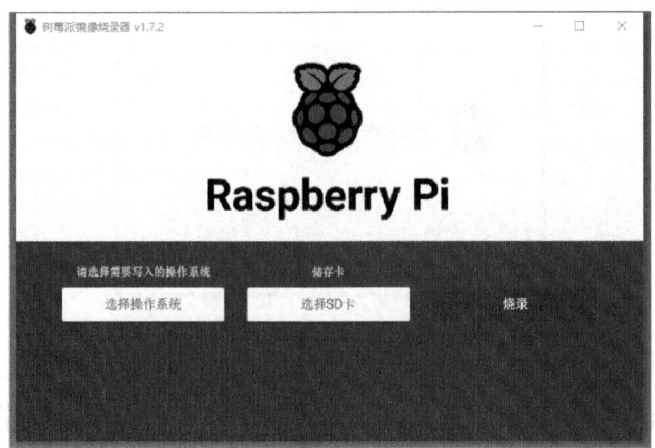

图 2-15　Raspberry Pi Imager 的主界面

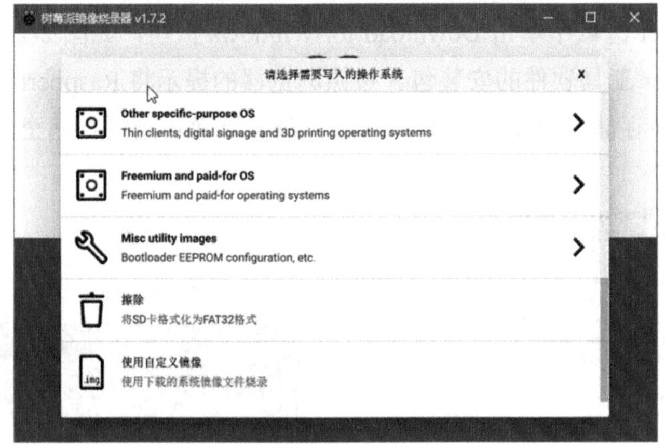

图 2-16　“请选择需要写入的操作系统”对话框

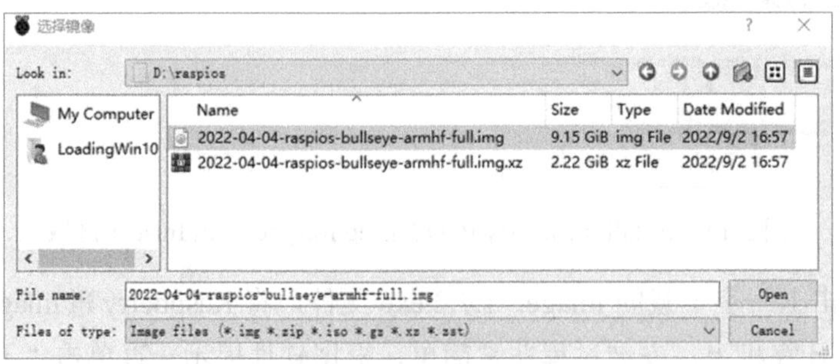

图 2-17　“选择镜像”对话框

在 Raspberry Pi Imager 的主界面中单击“选择 SD 卡”按钮，弹出“储存卡”对话框，如图 2-18 所示；选择正确的 Micro SD 卡，返回 Raspberry Pi Imager 的主界面，单击“烧录”按钮，弹出“警告”对话框，用于提示 Micro SD 卡中的所有数据都会被删除，询问是否继续，如图 2-19 所示；单击“是”按钮，Raspberry Pi Imager 开始将 Raspberry Pi OS 安装到 Micro SD 卡上，会显示“写入中”进度条，在该进度条从 1%变成 100%后，会显示“验证文件中”进度条，如图 2-20 所示；在“验证文件中”进度条从 1%变成 100%

后，会弹出格式化提示框，如图 2-21 所示；单击“取消”按钮，会弹出“烧录成功”提示框，用于提示烧录成功，可以卸载 SD 卡了，如图 2-22 所示；单击“继续”按钮，然后单击 Raspberry Pi Imager 主界面右上角的“×”按钮，关闭 Raspberry Pi Imager 的主界面，即可完成 Raspberry Pi Imager 的安装过程。将 Micro SD 卡从计算机中取出，然后将其插入树莓派，即可进行下一步操作系统的启动和初始化了。

图 2-18　“储存卡”对话框

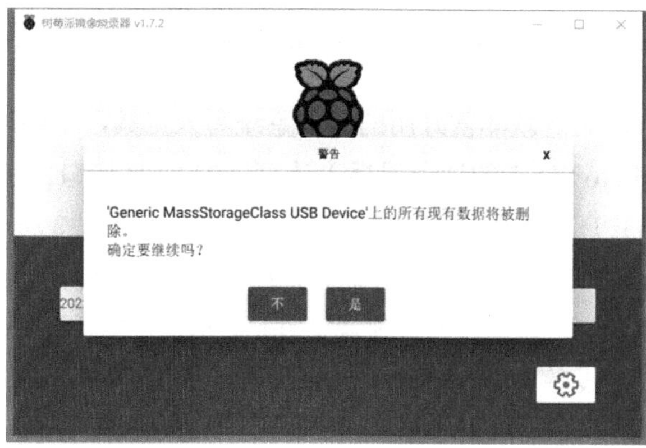

图 2-19　“警告”对话框

图 2-20　“验证文件中”进度条

图 2-21　格式化提示框

图 2-22 “烧录成功”提示框

2.3.3　使用 Win32 Disk Imager 在 Micro SD 卡上安装树莓派操作系统

Win32 Disk Imager 是一款非常好用的操作系统写入工具，主要用于安装操作系统。将带有格式化好的 Micro SD 卡的读卡器插入计算机的 USB 接口。在 Win32 Disk Imager 的官方网站下载 Win32 Disk Imager 的安装包。安装并运行 Win32 Disk Imager，其主界面如图 2-23 所示。单击“映像文件”右边的打开文件图标，弹出“选择一个磁盘映像”对话框，如图 2-24 所示，在选择好磁盘映像文件后，单击“打开”按钮。返回 Win32 Disk Imager 的主界面，在“设备”下拉列表中选择盘符，单击“写入”按钮，弹出“确认覆盖”对话框，如图 2-25 所示。单击 Yes 按钮，会显示写入任务进度条，等待进度条从 0% 变成 100%，需要十几分钟的时间，其间会依次弹出提示写入成功的对话框和提示需要格式化的对话框，分别单击 OK 按钮和“取消”按钮，返回 Win32 Disk Imager 的主界面，单击“退出”按钮，完成 Win32 Disk Imager 的安装。

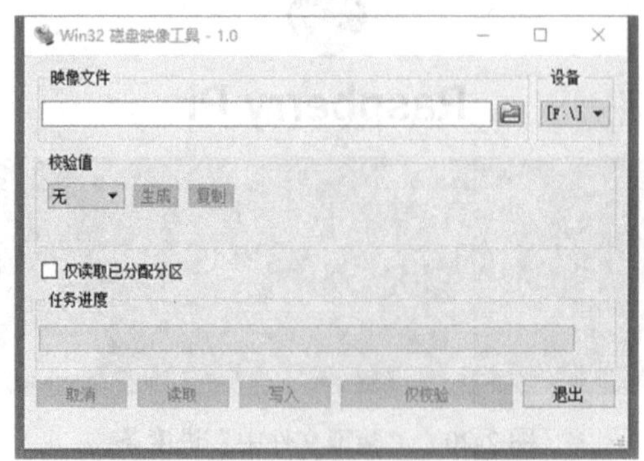

图 2-23　Win32 Disk Imager 的主界面

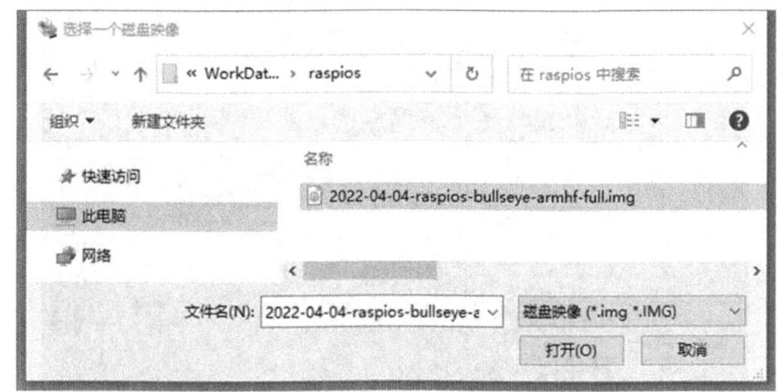

图 2-24　“选择一个磁盘映像”对话框

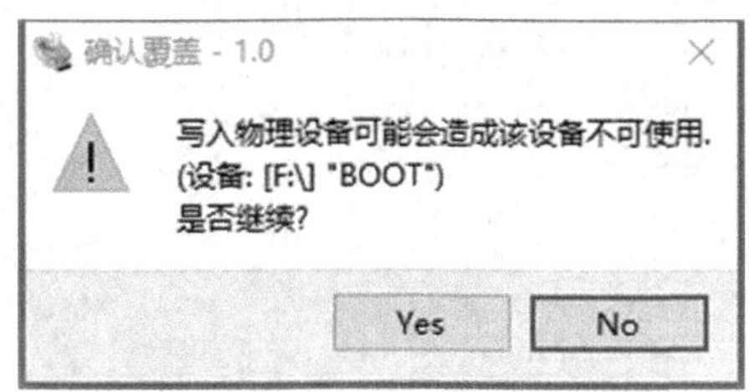

图 2-25　“确认覆盖”对话框

2.4　树莓派第一次开机

首先将带有已经写入操作系统的 Micro SD 卡的读卡器从 Windows 计算机中取出，然后将 Micro SD 卡从读卡器中抽出，再将其插入连接好外部设备的树莓派的 Micro SD 卡槽，最后给树莓派通电。可以看到，在树莓派中，红色的 PWR LED 指示灯点亮，表示树莓派电源已经接通，绿色的 ACT LED 指示灯在点亮后闪烁，用于指示 Micro SD 卡的活动情况。稍等片刻，即可在显示器上看到树莓派的启动画面，如图 2-26 所示。树莓派在启动后，会自动进入 Raspberry Pi OS 的桌面操作系统，如图 2-27 所示。

首次运行 Raspberry Pi OS，可以看到引导我们快速设置树莓派的欢迎向导，我们需要做一些简单的初始化设置。

（1）进入欢迎向导界面，提示欢迎使用树莓派操作系统，如图 2-28 所示，单击 Next 按钮。

（2）进入设置国家界面，如图 2-29 所示。设置国家、语言和时区，将 Country（国家）设置为 China（中国），将 Language（语言）设置为 Chinese（中文），将 Timezone（时区）设置为 ShangHai（上海），如图 2-30 所示，单击 Next 按钮。

（3）进入创建用户界面，如图 2-31 所示。输入用户名、密码和确认密码，如图 2-32 所示，此处尽量不要使用默认的用户名 pi 和默认的密码 raspberry，如果使用这套用户名和密码，则会弹出一个提示对话框，提示我们 pi 和 raspberry 是众所周知的用户名和密码，不安全，建议返回并重新填写新的用户名和密码，如图 2-33 所示，单击 Next 按钮。

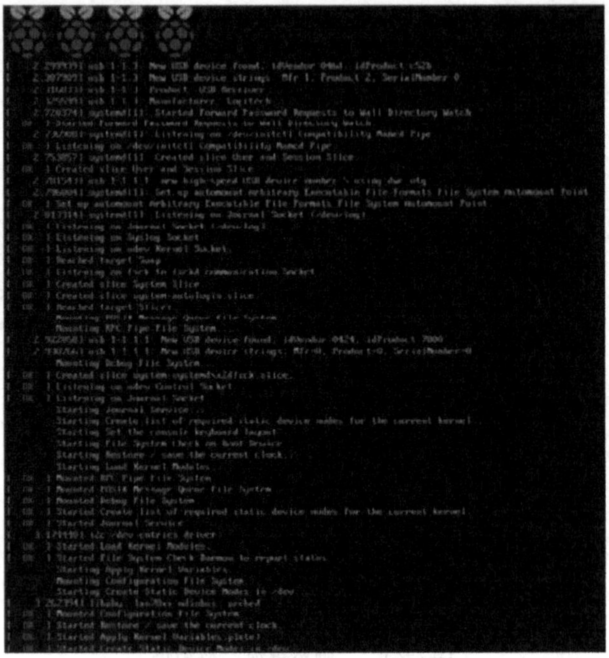

图 2-26　树莓派的启动画面

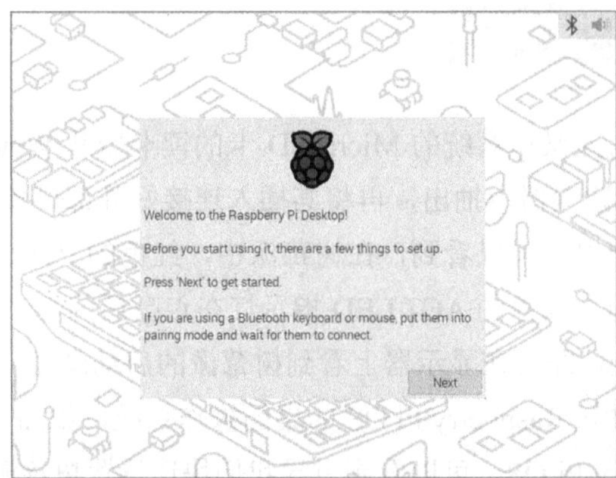

图 2-27　Raspberry Pi OS 的桌面操作系统

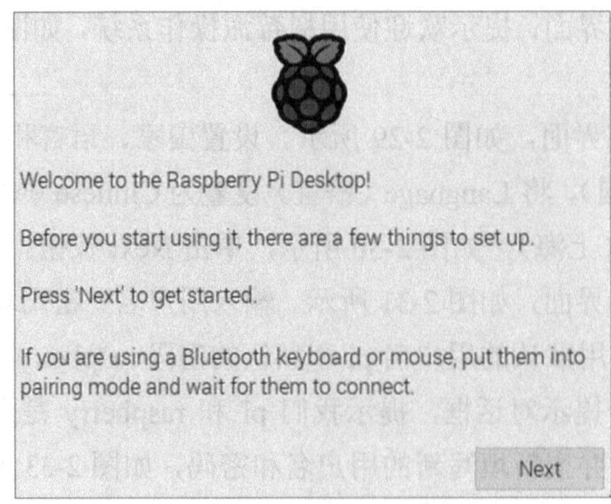

图 2-28　欢迎向导界面

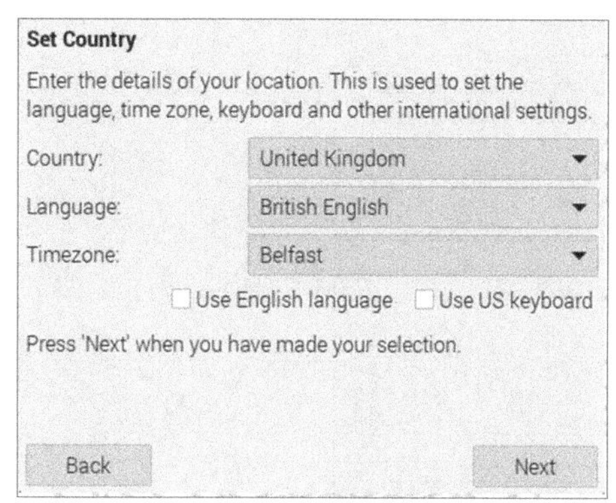

图 2-29　设置国家界面

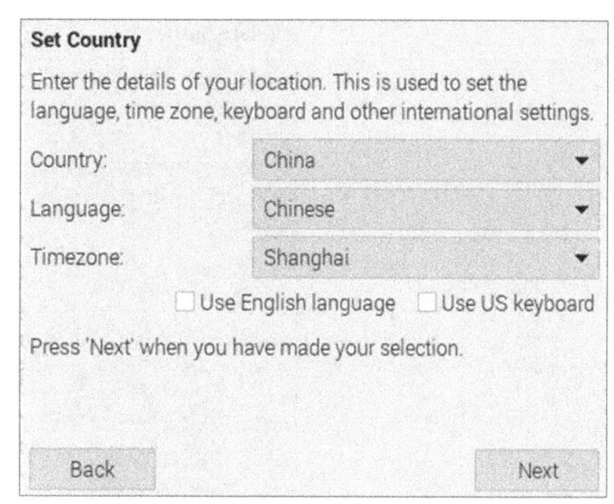

图 2-30　设置国家、语言和时区

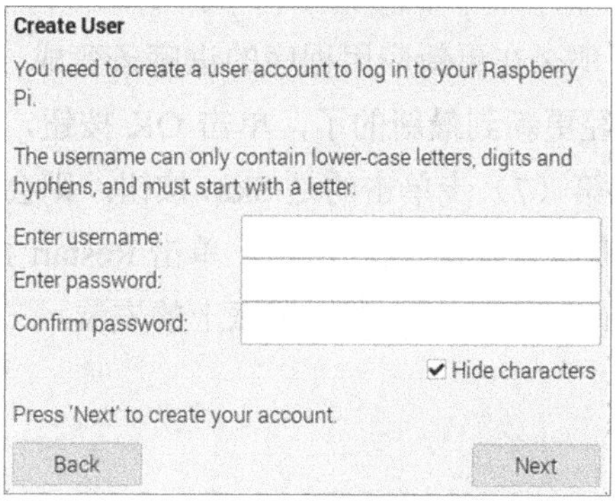

图 2-31　创建用户界面

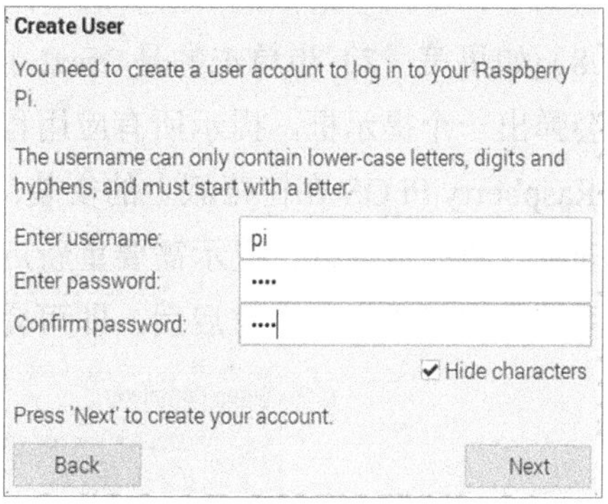

图 2-32　输入用户名、密码和确认密码

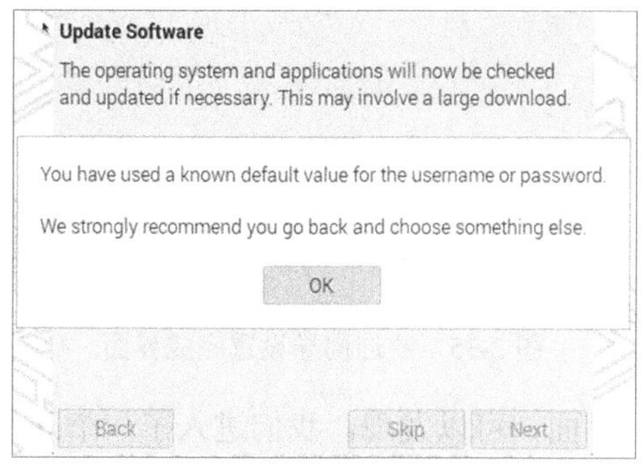

图 2-33　提示对话框

（4）选择要连接的 Wi-Fi，单击 Next 按钮；如果此处单击 Skip 按钮，那么后期可以通过多种方式将树莓派连接到 Wi-Fi。

（5）输入要连接的 Wi-Fi 密码，单击 Next 按钮。

（6）再次输入 Wi-Fi 密码进行确认，并且单击 Next 按钮。

（7）进入更新软件界面，提示更新 Raspberry Pi OS 默认自带的应用程序，如图 2-34 所示。单击 Next 按钮，进行更新，会等待较长的时间，如果不要求用最新版本的应用程序，那么建议单击 Skip 按钮，跳过这一步，后期再进行更新工作。

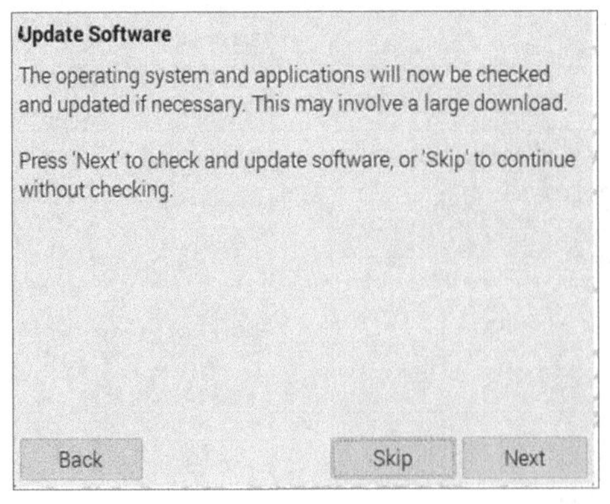

图 2-34　更新软件界面

（8）如果第（7）步单击的是 Next 按钮，那么在更新应用程序的进度条变成 100%后，会弹出一个提示框，提示所有应用程序已经更新到最新的了，单击 OK 按钮，即可完成 Raspberry Pi OS 在树莓派上的安装；如果第（7）步单击的是 Skip 按钮，则会进入欢迎向导设置完成界面，提示需要重新启动树莓派，如图 2-35 所示，单击 Restart 按钮，操作系统会自动重启，在重启后，即可完成 Raspberry Pi OS 在树莓派上的安装。

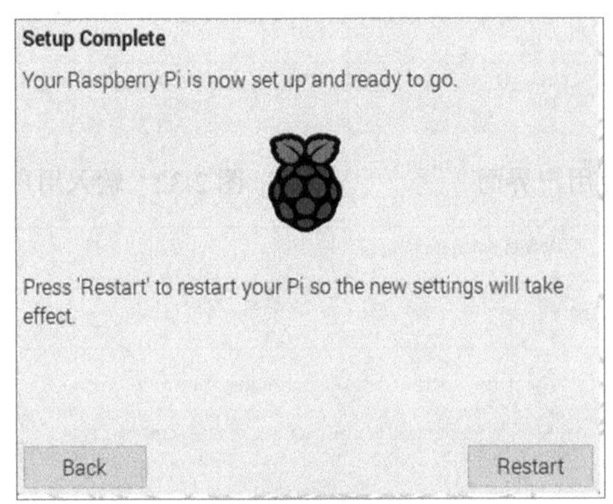

图 2-35　欢迎向导设置完成界面

进入操作系统的图形界面，可以发现，我们进入了一个既熟悉、又不同的桌面操作系统。

2.5　树莓派的桌面操作系统

树莓派在第二次启动后，会进入桌面操作系统，如图 2-36 所示。树莓派的桌面操作系统很简单，有一张壁纸图片，顶部的横条是任务栏，左上角的垃圾筐图标是回收站。在任务栏中，左侧是快速启动区域，从左到右依次放置了开始菜单图标、浏览器图标、文件管理器图标、LX 终端图标，快速启动区域后面可以显示正在运行的任务；右侧是系统托盘，从右到左依次放置了系统时钟图标、音量图标、网络图标、蓝牙图标、更新图标（图 2-36 中还有 VNC 图标，该图标只有在开启 VNC 后才会出现）。

图 2-36　树莓派的桌面操作系统

树莓派的桌面操作系统中预装了 Chromium 浏览器，单击快速启动区域中的浏览器图标，即可将其打开，如图 2-37 所示。

图 2-37　Chromium 浏览器

树莓派使用文件管理器作为桌面操作系统的文件管理工具，复制文件的快捷键是 Ctrl+C，剪切文件的快捷键是 Ctrl+X，粘贴文件的快捷键是 Ctrl+V。文件管理器界面如图 2-38 所示。

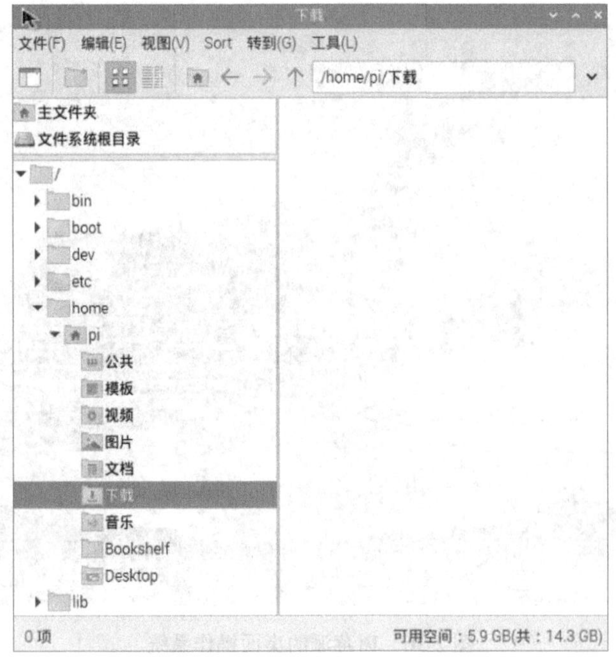

图 2-38　文件管理器界面

使用 Chromium 浏览器下载的文件默认存储于用户的 Home 目录下的“下载”(Downloads）文件夹中，桌面上的文件存储于 Desktop 目录下。在插入可移动磁盘后，会打开“插入了可移动媒质”窗口，询问是否要在文件管理器中打开磁盘，如图 2-39 所示。

LX 终端可以运行树莓派的各种命令，后续章节讲解的树莓派命令都是在 LX 终端运行的，如图 2-40 所示。如果感觉 LX 终端中的文字太小，则可以在 LX 终端的菜单栏中选择“编辑”→“首选项”命令，打开 LX 终端的首选项面板，从而对文字样式进行调节，如图 2-41 所示。按键盘上的↑键和↓键，可以调出运行过的历史命令。

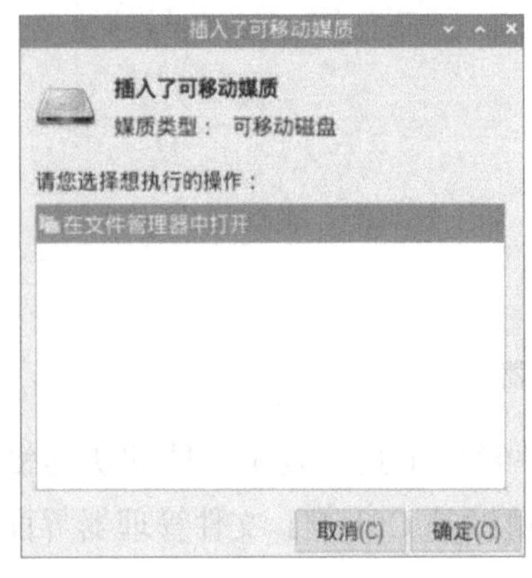

图 2-39　“插入了可移动媒质”窗口

图 2-40　LX 终端

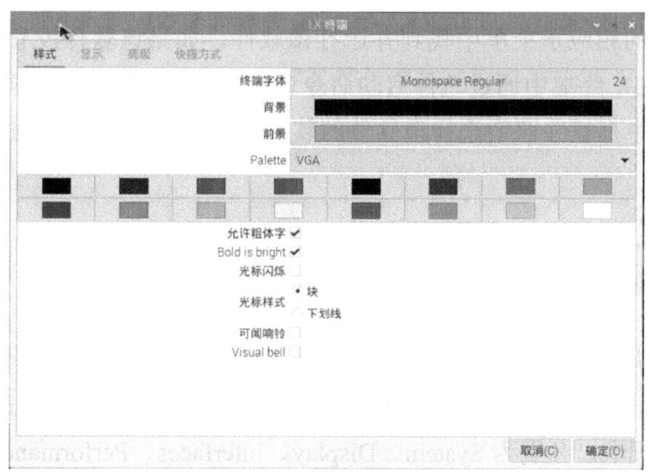

图 2-41　LX 终端的首选项面板

2.6　树莓派的包管理器

树莓派操作系统附带了很多流行的软件包，这些软件是由树莓派基金会精选出来附带安装到树莓派操作系统上的，实际上树莓派能运行的软件还有很多。

单击树莓派快速启动区域中的开始菜单图标，在打开的开始菜单中选择“首选项”→“Add/Remove Software”命令，即可打开树莓派的包管理器，如图 2-42 所示。在树莓派的包管理器中，可以很方便地查找各种类别的软件包，如果所选类别中的软件包数量太多，则会花费较长的时间加载。

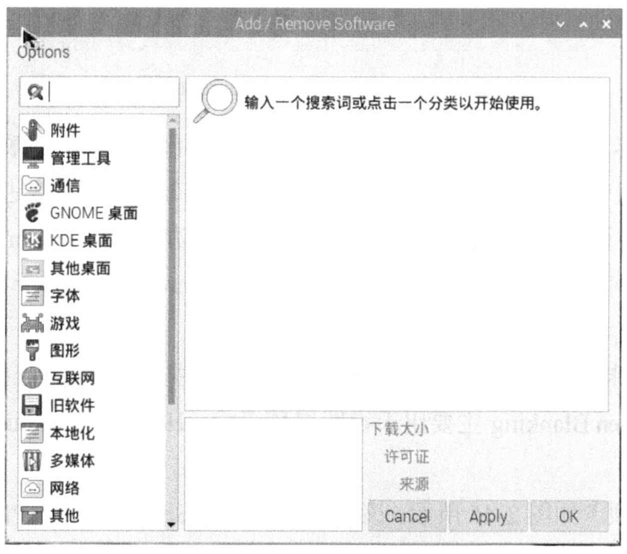

图 2-42　树莓派的包管理器

在树莓派的包管理器中查找并选中需要安装的软件包，单击 OK 按钮或 Apply 按钮进行安装。在软件安装过程中，需要输入密码验证身份。在软件安装完成后，可以在树莓派开始菜单的相应子菜单中找到并运行该软件。如果该软件没有被添加到开始菜单中，则需要在 LX 终端中通过软件启动命令运行该软件。如果要卸载软件，那么在树莓派的包管理器中查找并取消选择该软件的软件包，然后单击 OK 按钮或 Apply 按钮即可。

2.7 树莓派的配置工具

在树莓派快速启动区域的开始菜单中选择“首选项”→“Raspberry Pi Configuration”命令，打开 Raspberry Pi Configuration（树莓派的配置工具）窗口，该窗口中包含 5 个选项卡，分别为 System、Display、Interfaces、Performance、Localisation，可以对树莓派操作系统的各项参数和功能进行设置，如图 2-43 所示。

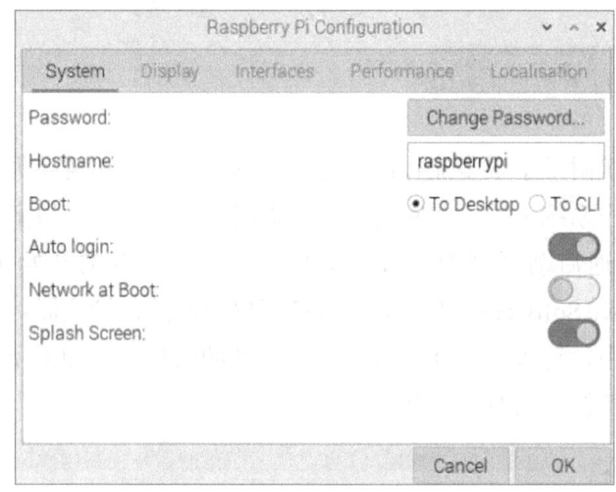

图 2-43　Raspberry Pi Configuration 窗口

System 选项卡是默认选项卡，其中，Password 主要用于设置树莓派的密码；Hostname 主要用于设置主机名称；Boot 主要用于设置树莓派在启动后，是直接进入桌面操作系统，还是进入命令行界面；Auto login 主要用于设置是否自动登录；Network at Boot 主要用于设置操作系统是否在网络连接成功后再加载；Splash Screen 主要用于设置树莓派的开机启动画面。

Display 选项卡如图 2-44 所示，其中，Overscan 主要用于设置连接树莓派的显示器是否有黑边，Screen Blanking 主要用于设置屏幕消隐，Headless Resolution 主要用于设置合适的分辨率。

Interfaces 选项卡如图 2-45 所示，该选项卡中包含 SSH、VNC、SPI、I2C、Serial Port、Serial Console、1-Wire、Remote GPIO 等参数，用于开启或关闭相应的功能，默认都是关闭的。

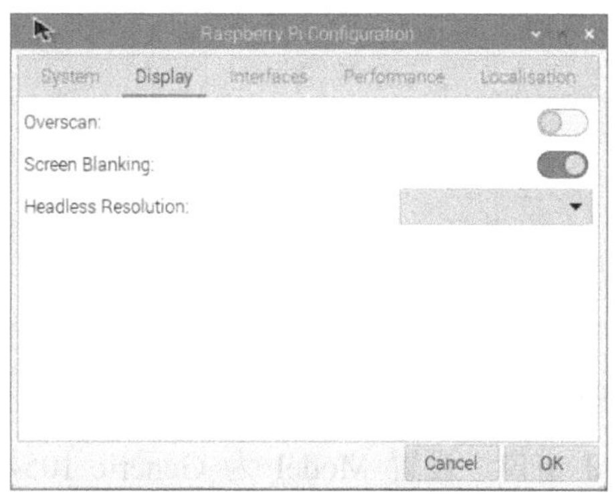

图 2-44　Display 选项卡

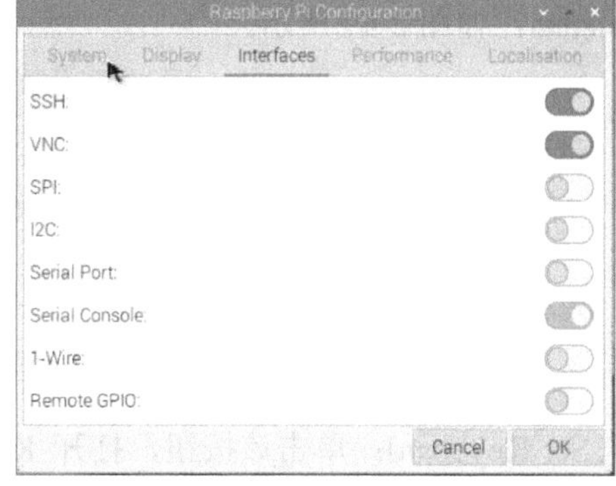

图 2-45　Interfaces 选项卡

Performance 选项卡如图 2-46 所示，其中，GPU Memory 主要用于设置树莓派中 GPU 保留的内存大小，如果需要提高 3D 渲染和通用 GPU 任务的性能，则可以适当增加该值，代价是操作系统中的可用内存会相应减少，从而影响其他需要较大内存的任务的性能；Overlay File System 主要用于启用或禁用 Overlay 和 Boot Partition 只读文件系统；Fan、Fan GPIO、Fan Temperature 主要用于设置连接风扇的行为。

Localisation 选项卡如图 2-47 所示，该选项卡中包含 Locale、Timezone、Keyboard、WiFi Country 参数，分别用于设置树莓派的地区、时区、键盘和 Wi-Fi 所在地。

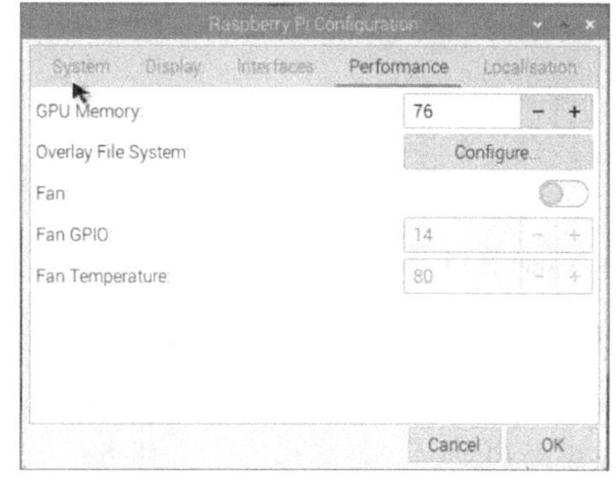

图 2-46　Performance 选项卡

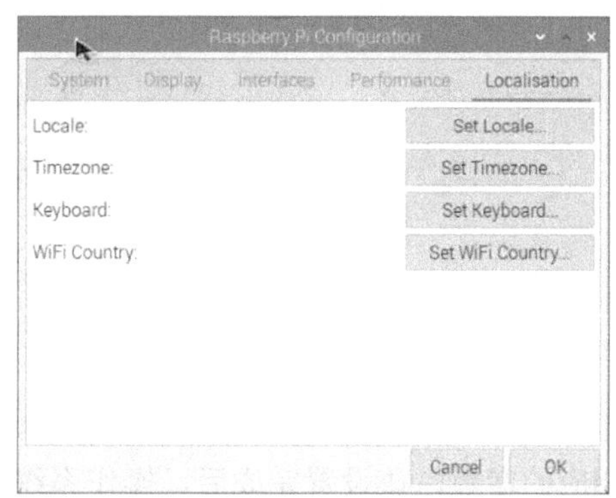

图 2-47　Localisation 选项卡

Set Locale：单击该按钮，打开 Locale 窗口，设置 Language 为 zh(Chinese)、Country 为 CN(China)、Character Set 为 UTF-8，如图 2-48 所示。

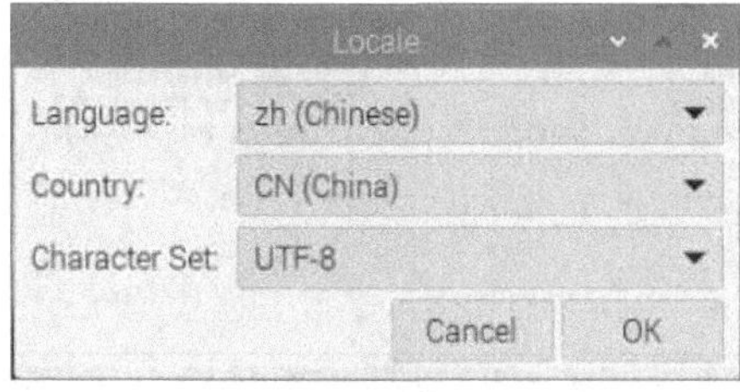

图 2-48　Locale 窗口

Set Timezone：单击该按钮，打开 Timezone 窗口，设置 Area 为 Asia、Location 为

Shanghai，如图 2-49 所示。

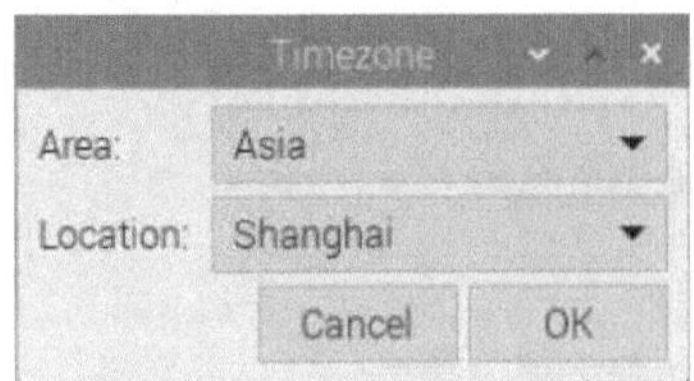

图 2-49　Timezone 窗口

Set Keyboard：单击该按钮，打开 Keyboard 窗口，设置 Model 为 Generic 105-key PC(intl.)、Layout 为 Chinese、Variant 为 Chinese，如图 2-50 所示。

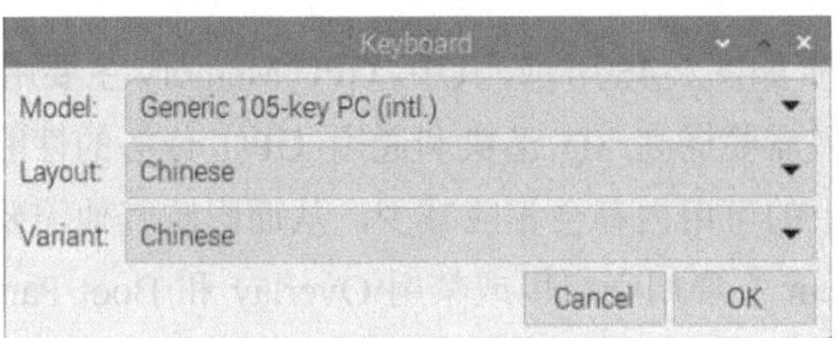

图 2-50　Keyboard 窗口

Set WiFi Country：单击该按钮，打开 WiFi Country Code 窗口，设置 Country 为 CN China，如图 2-51 所示。

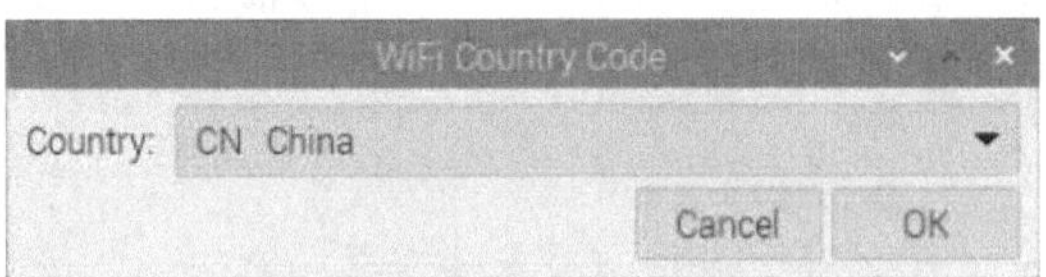

图 2-51　WiFi Country Code 窗口

如果使用不带桌面操作系统的版本，则可以在 LX 终端中输入 sudo raspi-config 命令，进入 Raspberry Pi Software Configuration Tool (raspi-config)界面，如图 2-52 所示。设置相应的参数，在设置完成后，操作系统会要求重新启动。

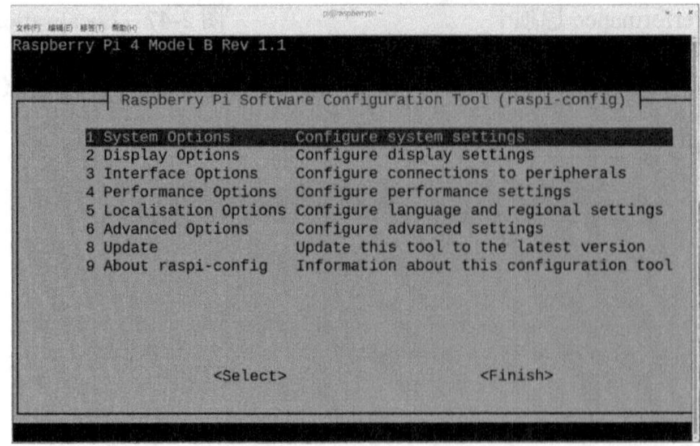

图 2-52　Raspberry Pi Software Configuration Tool (raspi-config)界面

2.8 树莓派的关机或重启

在将树莓派关机或重启时，不可以直接断开电源，需要使用正确的关机或重启方法。关机或重启的方法有多种，下面介绍两种常用的方法，我们可以根据个人习惯和实际情况选择使用。后面我们还会接触其他关机或重启的方法。

1．通过注销命令

在树莓派的开始菜单中选择“注销”命令，打开 Shutdown options 窗口，单击 Shutdown 按钮可以将树莓派关机，单击 Reboot 按钮可以将树莓派重启，单击 Logout 按钮可以将树莓派注销，如图 2-53 所示。将树莓派关机，要在树莓派显示屏变黑，树莓派主板上的 ACT LED（绿色）完全熄灭后，才可以断电。

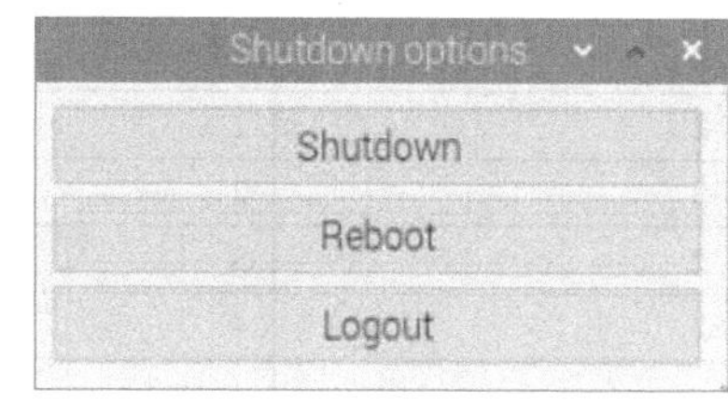

图 2-53　Shutdown options 窗口

2．通过关机命令

打开 LX 终端，输入 sudo shutdown 命令或 sudo poweroff 命令并按回车键，如图 2-54 所示，即可将树莓派关机（依然要经过黑屏、灭灯、断电的过程）。如果要重启树莓派，则可以在 LX 终端输入 sudo reboot 命令并按回车键。需要注意的是，在 LX 终端中运行相关命令时，在输入相关命令后，需要按回车键，才可以运行该命令。

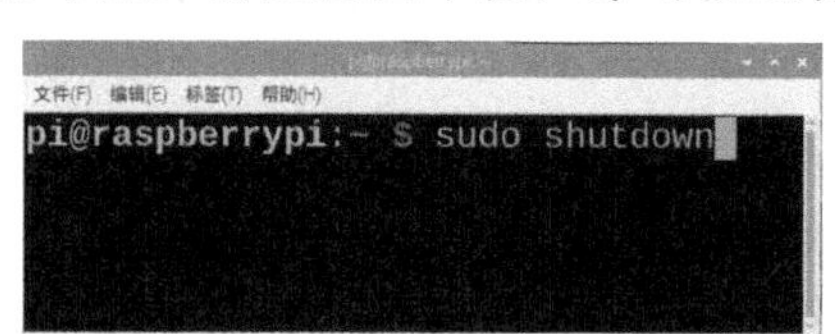

图 2-54　在 LX 终端中运行关机命令

2.9 树莓派指示灯的状态

树莓派上有红色、绿色两个指示灯。红色指示灯（PWR LED）在正常情况下是长亮的，它是与电源有关的指示灯，如果发生问题，那么通常是电源问题（包括但不限于电流太小，如将 USB 接口挂在了大功率的设备上）；绿色指示灯（ACT LED）在正常情况下会闪烁，表示树莓派在正常读取 Micro SD 卡中的数据。

树莓派 4B 使用内置于 EEPROM 中的程序作为启动引导，因此启动代码可以做得更加灵活，并且具有网络启动和 USB 启动的能力。当引导程序在 Micro SD 卡中检测到有效的 start.elf 文件时，ACT LED 会闪烁 4 次。如果树莓派无法启动，那么板载的 PWR LED 和 ACT LED 会按照预设的规律闪烁，提示我们故障的原因；PWR LED 会有或 0 次、或 2 次、或 4 次长亮，ACT LED 会伴有 *N*（*N* 大于 0）次短闪。在通常情况下，两种 LED 闪烁的模式会在闪烁周期完成后的两秒再次重复。PWR LED 和 ACT LED 的闪烁规律和相关说明如表 2-1 所示。

表 2-1 PWR LED 和 ACT LED 的闪烁规律和相关说明

PWR LED 长亮	ACT LED 短闪	相关说明
0	3	泛指启动失败
0	4	未找到引导程序（start*.elf 文件）
0	7	未找到内核镜像（Kernel Image）文件
0	8	SDRAM 内存故障
0	9	SDRAM 内存不足
0	10	处于 HALT 状态
2	1	分区格式不是 FAT
2	2	无法读取分区
2	3	扩展分区格式不是 FAT
2	4	文件签名/哈希不匹配树莓派 4B
4	4	不支持的主板型号
4	5	致命的固件错误
4	6	A 型电源故障
4	7	B 型电源故障

如果 ACT LED 不规则闪烁，则说明系统已经开始启动；如果 ACT LED 不闪烁，则说明 EEPROM 可能已经损坏了，可以在断电后拔掉所有的设备连接，然后重试。

网络接口上有绿色和橙色两个指示灯，在有线网络接通后，绿色指示灯常亮，橙色指示灯根据网络连接速度会有所不同，一直亮灯表示采用全双工模式，一直不亮灯表示采用半双工模式。

2.10 在 VM 虚拟机上安装树莓派操作系统

树莓派官方网站提供了在 VM 虚拟机上运行的操作系统版本 Debian Bullseye with Raspberry Pi Desktop，可以让我们在没有树莓派硬件的情况下，在 PC 或 Mac 上体验树莓派操作系统。可以在 VMware 官方网站下载并安装 VMware Workstation。在安装完成后，VMware Workstation 的主界面如图 2-55 所示。

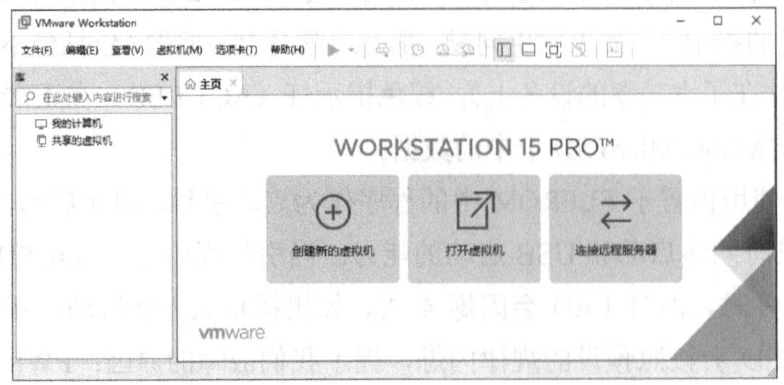

图 2-55 VMware Workstation 的主界面

在树莓派官方网站的首页选择 Software 选项卡，在 Raspberry Pi Desktop for PC and Mac 区域中单击 Download Raspberry Pi Desktop 按钮，打开树莓派的官方下载页面，如图 2-56 所示，单击 Download 按钮，下载树莓派 ISO 镜像文件，并且将其存储于计算机中。

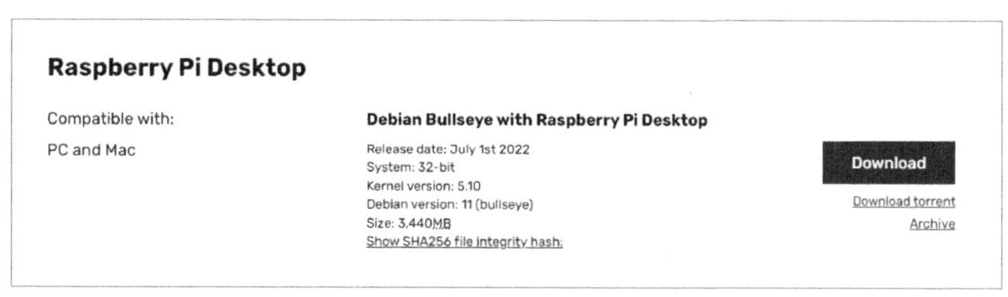

图 2-56 树莓派的官方下载页面

在 VMware Workstation 主界面的工作区中单击“创建新的虚拟机”按钮，弹出“新建虚拟机向导”对话框，选择“自定义(高级)”单选按钮，单击“下一步”按钮，如图 2-57 所示。

进入“选择虚拟机硬件兼容性”界面，在“硬件兼容性”下拉列表中选择 Workstation 12.x 选项，单击“下一步”按钮，如图 2-58 所示。

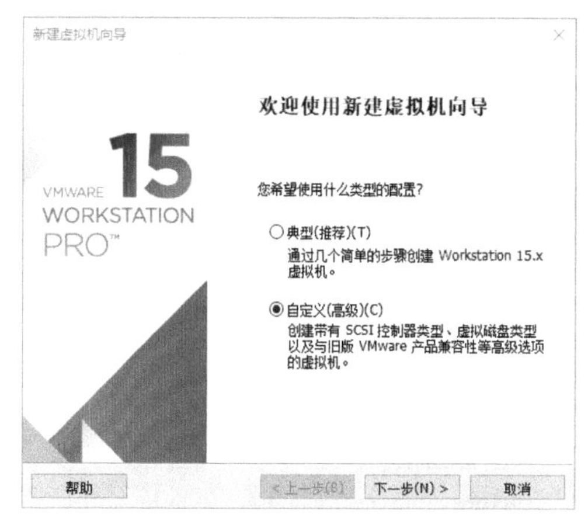

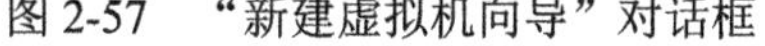

图 2-57 “新建虚拟机向导”对话框

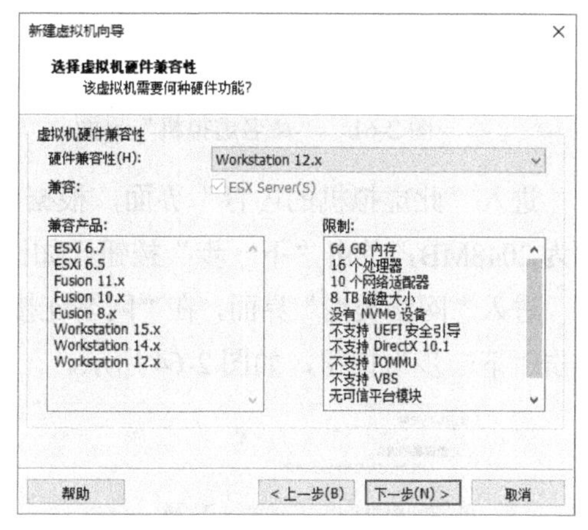

图 2-58 “选择虚拟机硬件兼容性”界面

进入“安装客户机操作系统”界面，选择“稍后安装操作系统”单选按钮，单击“下一步”按钮，如图 2-59 所示。

进入“选择客户机操作系统”界面，在“客户机操作系统”选区中选择 Linux(L)单选按钮，在“版本”下拉列表中选择 Turbolinux 选项，单击“下一步”按钮，如图 2-60 所示。

进入“命名虚拟机”界面，“虚拟机名称”和“位置”参数可以采用默认设置，也可以根据实际情况自行设置，单击“下一步”按钮，如图 2-61 所示。

进入“处理器配置”界面，将“处理器数量”和“每个处理器的内核数量”均设置为 2，单击“下一步”按钮，如图 2-62 所示。

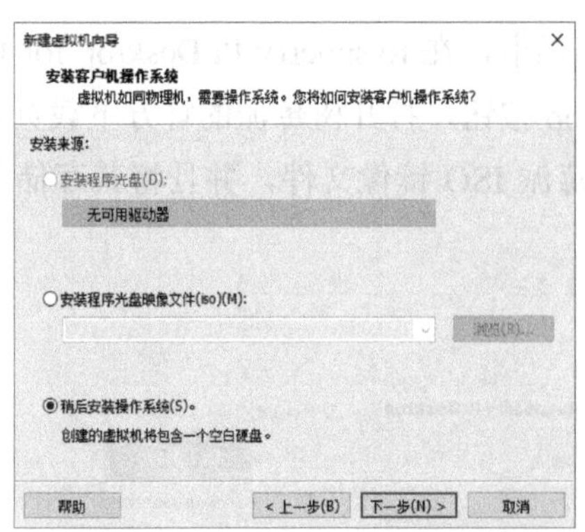

图 2-59 “安装客户机操作系统”界面

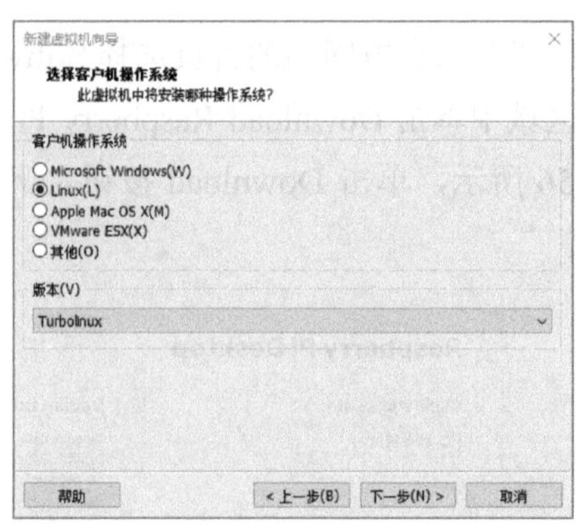

图 2-60 “选择客户机操作系统”界面

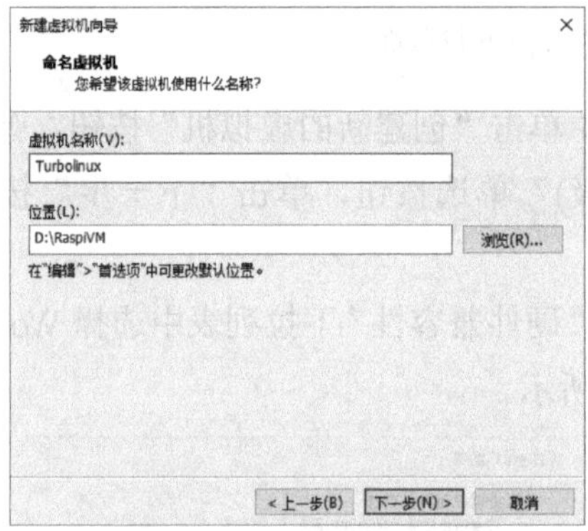

图 2-61 “命名虚拟机”界面

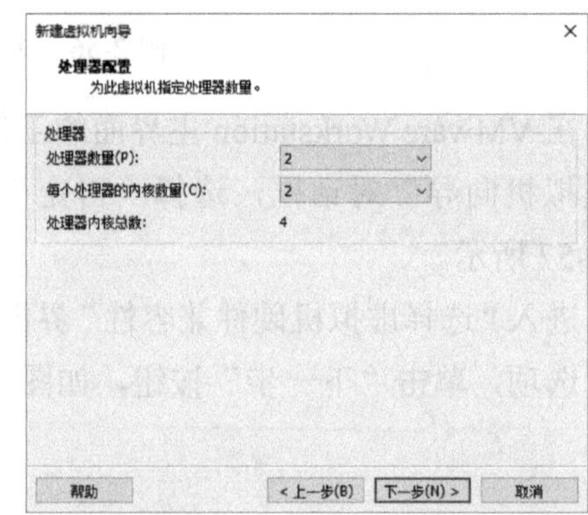

图 2-62 “处理器配置”界面

进入“此虚拟机的内存”界面，根据自己计算机的情况，将“此虚拟机的内存”设置为 2048MB，单击“下一步”按钮，如图 2-63 所示。

进入“网络类型”界面，在“网络连接”选区中选择“使用桥接网络(R)”单选按钮，单击“下一步”按钮，如图 2-64 所示。

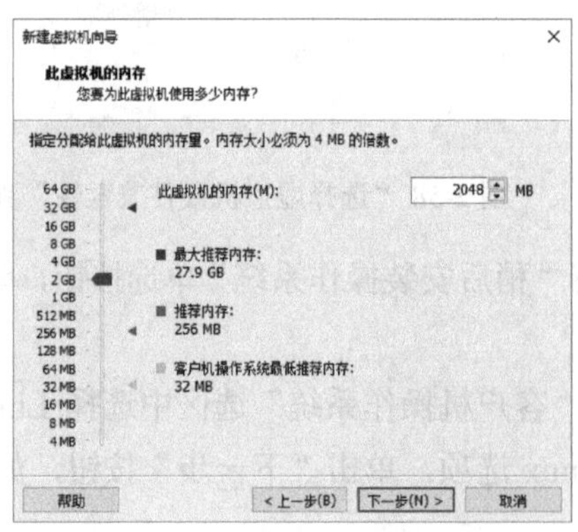

图 2-63 “此虚拟机的内存”界面

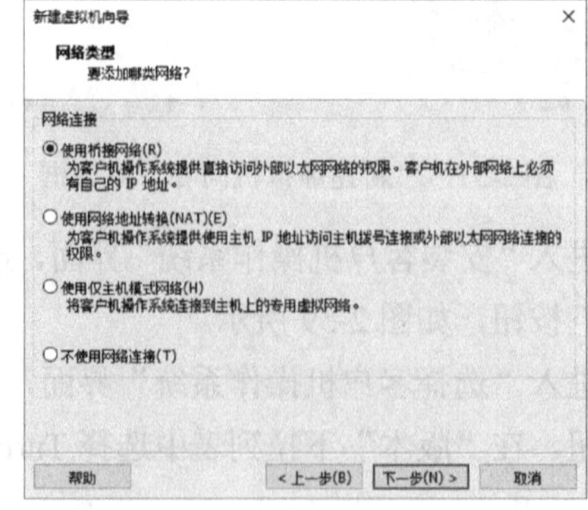

图 2-64 “网络类型”界面

进入“选择 I/O 控制器类型”界面，在“I/O 控制器类型”选区中选择 LSI Logic(L) 单选按钮，单击“下一步”按钮，如图 2-65 所示。

进入“选择磁盘类型”界面，在“虚拟磁盘类型”选区中选择“SCSI(S)（推荐）”单选按钮，单击“下一步”按钮，如图 2-66 所示。

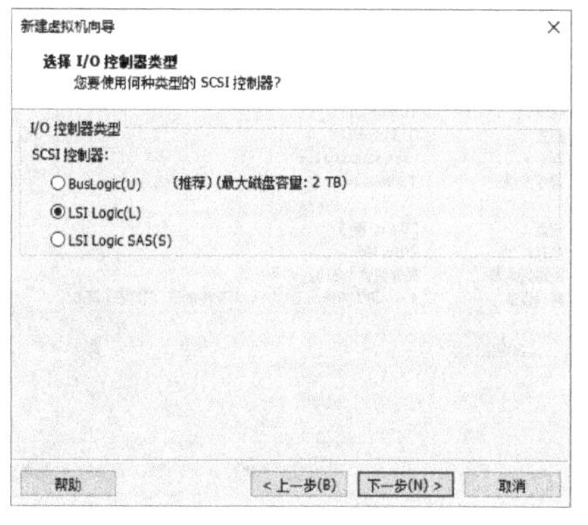

图 2-65　“选择 I/O 控制器类型”界面

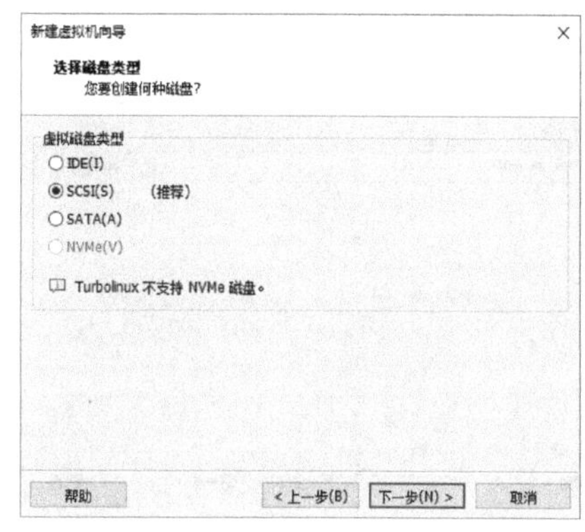

图 2-66　“选择磁盘类型”界面

进入“选择磁盘”界面，在“磁盘”选区中选择“创建新虚拟磁盘(V)”单选按钮，单击“下一步”按钮，如图 2-67 所示。

进入“指定磁盘容量”界面，“最大磁盘大小”采用默认值 20.0GB，选择“将虚拟磁盘拆分成多个文件”单选按钮，单击“下一步”按钮，如图 2-68 所示。

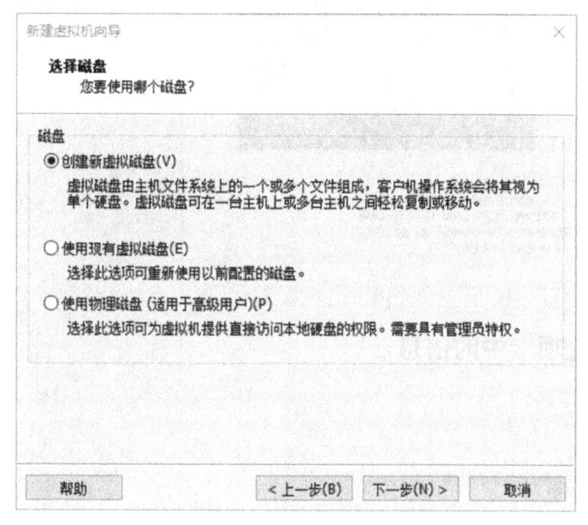

图 2-67　“选择磁盘”界面

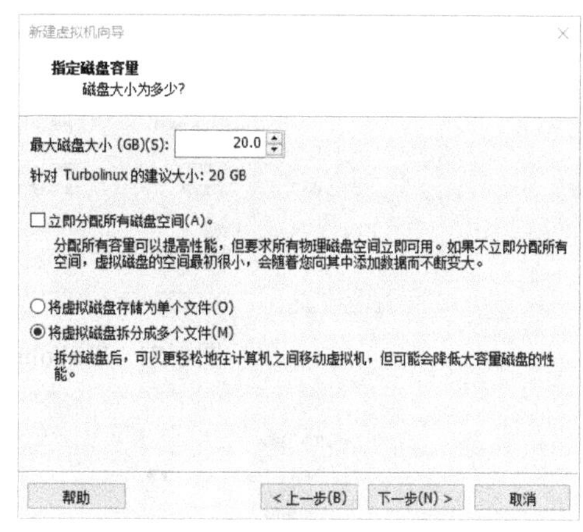

图 2-68　“指定磁盘容量”界面

进入“指定磁盘文件”界面，“磁盘文件”采用默认值 Turbolinux.vmdk，也可以将其重命名，单击“下一步”按钮，如图 2-69 所示。

进入“已准备好创建虚拟机”界面，单击“完成”按钮，如图 2-70 所示。

返回 VMware Workstation 的主界面，在左侧的列表框中，“我的计算机”节点下会出现一个 Turbolinux 选项，右侧的工作区中会出现 Turbolinux 选项卡，该选项卡中的信息如图 2-71 所示。

在 Turbolinux 选项卡中选择“编辑虚拟机设置”选项，弹出“虚拟机设置”对话框，如图 2-72 所示。

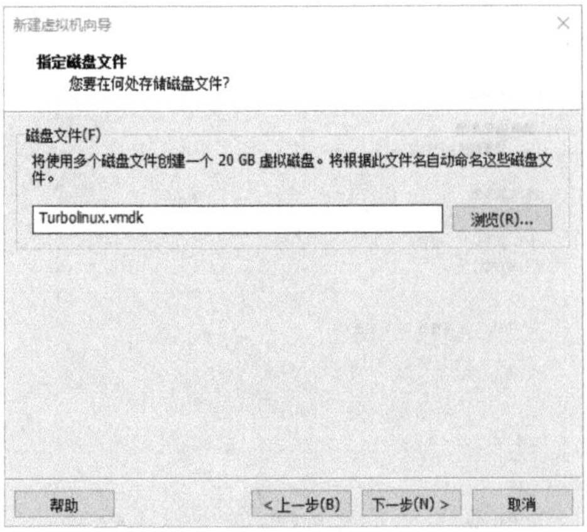

新建虚拟机向导

指定磁盘文件

您要在何处存储磁盘文件?

磁盘文件(F)

将使用多个磁盘文件创建一个 20 GB 虚拟磁盘。将根据此文件名自动命名这些磁盘文件。

Turbolinux.vmdk 浏览(R)...

帮助 < 上一步(B) 下一步(N) > 取消

图 2-69 “指定磁盘文件”界面

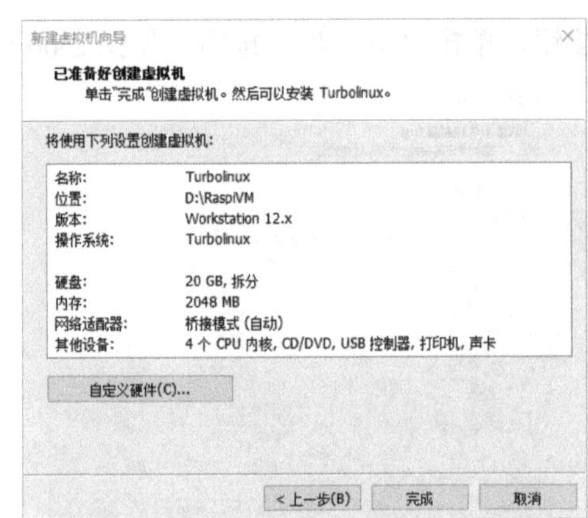

图 2-70 “已准备好创建虚拟机”界面

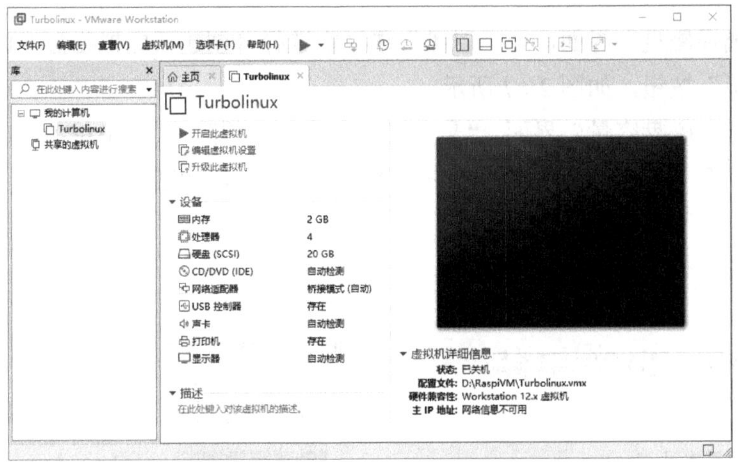

图 2-71 Turbolinux 选项卡中的信息

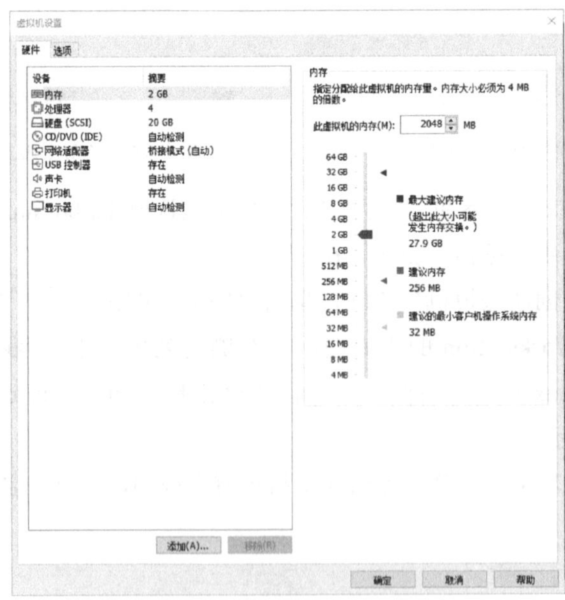

图 2-72 “虚拟机设置”对话框

在“虚拟机设置”对话框中，在左侧的列表框中选择 CD/DVD(IDE)选项，在“连接”选区中选择“使用 ISO 映像文件”单选按钮，单击“浏览”按钮，选择在树莓派官方网站下载的 ISO 文件，如图 2-73 所示。

图 2-73　配置 CD/DVD(IDE)

其他参数采用默认设置，单击“确定”按钮，返回 VMware Workstation 的主界面，在 Turbolinux 选项卡中选择“开启此虚拟机”选项，打开 Debian GNU/Linux Menu (BIOS mode)菜单面板，如图 2-74 所示。

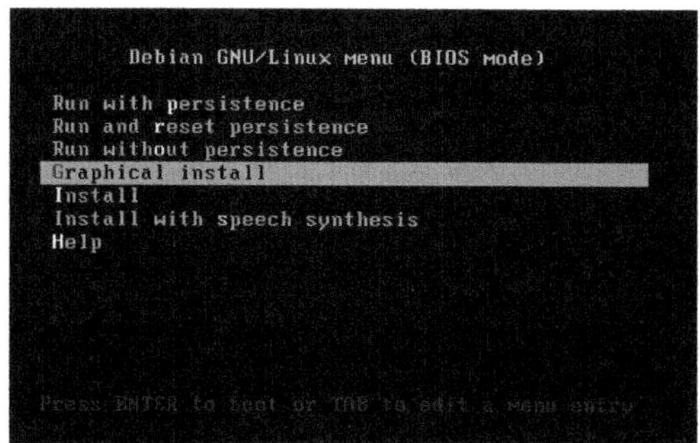

图 2-74　Debian GNU/Linux Menu (BIOS mode)菜单面板

在 Debian GNU/Linux Menu (BIOS mode)菜单面板的蓝色区域单击，或者按快捷键 Ctrl+Alt，光标焦点会切换到该菜单面板上，通过按键盘上的方向键，选中 Graphical install 选项，按回车键确认，等待片刻，会进入 Configure the keyboard 界面，在 Keymap to use 列表框中选择 American English 选项，单击 Continue 按钮，如图 2-75 所示。

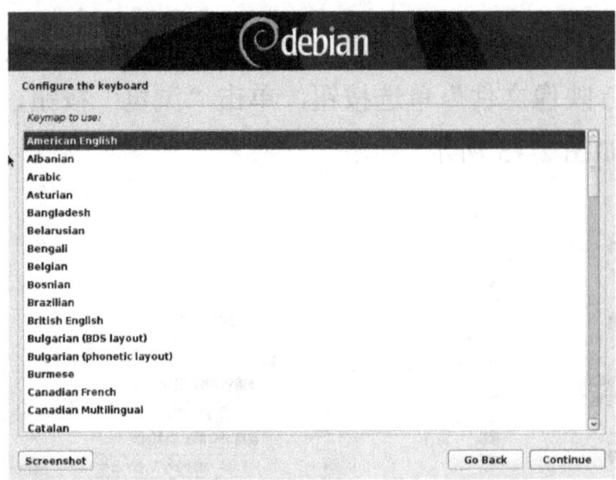

图 2-75 Configure the keyboard 界面

稍等片刻，会进入第一个 Partition disks 界面，在 Partitioning method 列表框中选择 Guided-use entire disk 选项，单击 Continue 按钮，如图 2-76 所示。

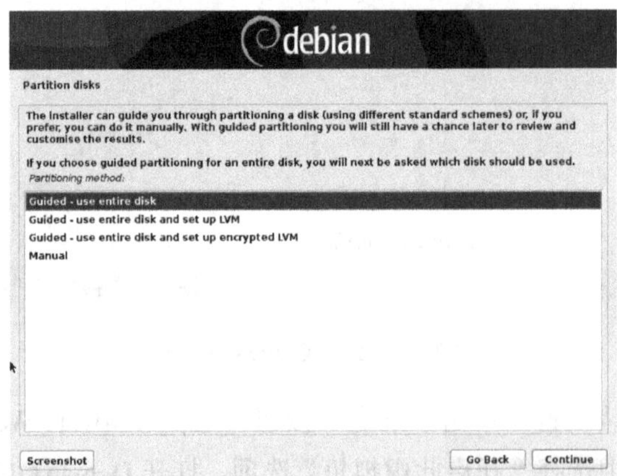

图 2-76 第一个 Partition disks 界面

稍等片刻，会进入第二个 Partition disks 界面，采用默认的参数设置，单击 Continue 按钮，如图 2-77 所示。

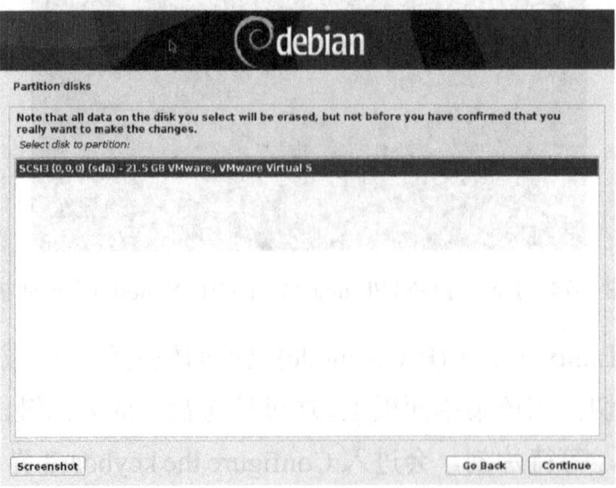

图 2-77 第二个 Partition disks 界面

稍等片刻，会进入第三个 Partition disks 界面，在 Partitioning scheme 列表框中选择 Separate /home partition 选项，单击 Continue 按钮，如图 2-78 所示。

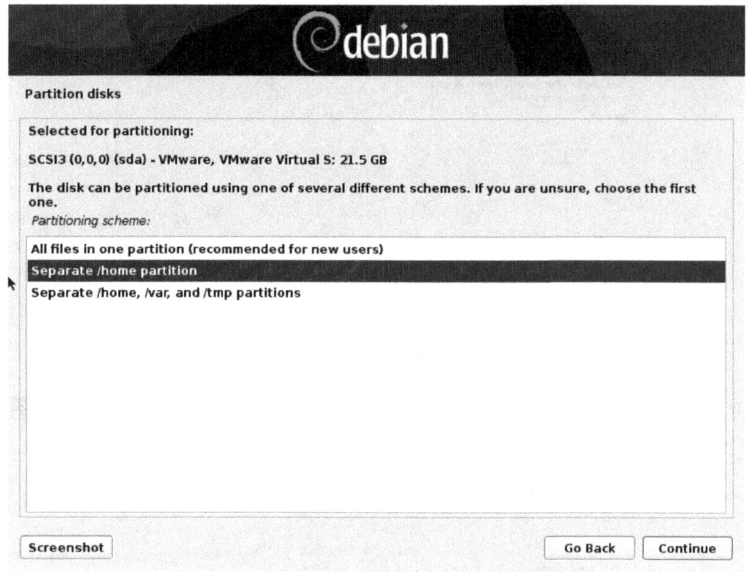

图 2-78　第三个 Partition disks 界面

稍等片刻，会进入第四个 Partition disks 界面，在列表框中选择 Finish partitioning and write changes to disk 选项，单击 Continue 按钮，如图 2-79 所示。

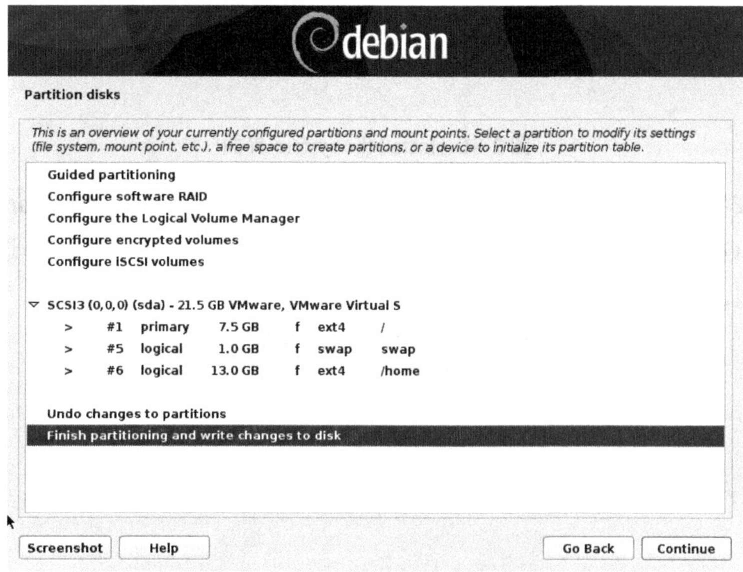

图 2-79　第四个 Partition disks 界面

稍等片刻，会进入第五个 Partition disks 界面，在 Write the changes to disks 选区中选择 Yes 单选按钮，单击 Continue 按钮，如图 2-80 所示。

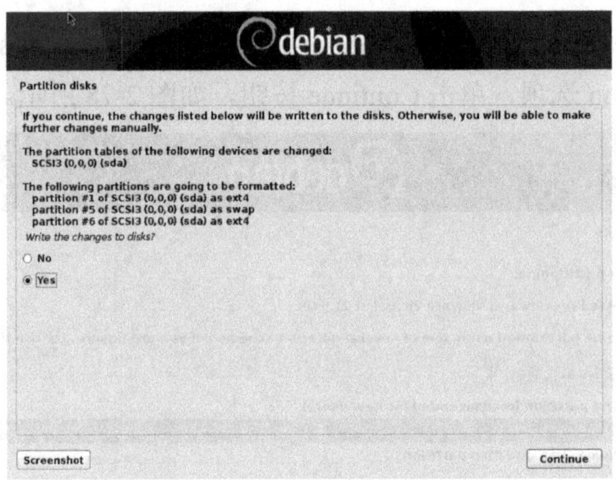

图 2-80　第五个 Partition disks 界面

稍等片刻，会进入 Install the system 界面，显示系统安装进度条，如图 2-81 所示。

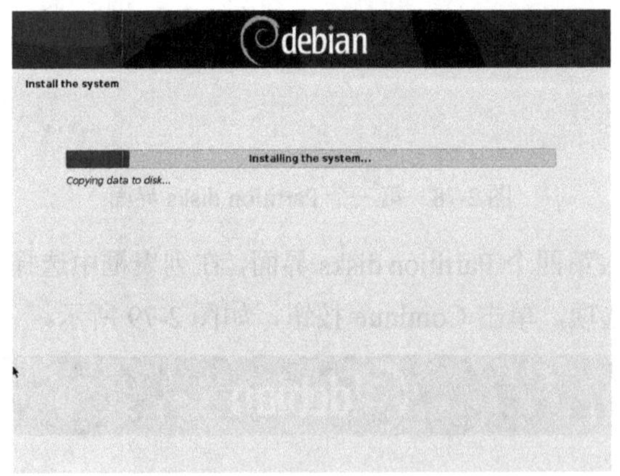

图 2-81　Install the system 界面

在系统安装完成后，会进入第一个 Install the GRUB boot loader on a hard disk 界面，在 Install the GRUB boot loader to the master boot record 选区中选择 Yes 单选按钮，单击 Continue 按钮，如图 2-82 所示。

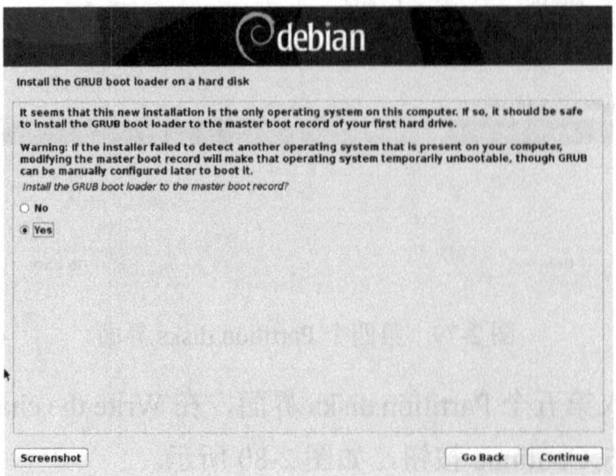

图 2-82　第一个 Install the GRUB boot loader on a hard disk 界面

稍等片刻，进入第二个 Install the GRUB boot loader on a hard disk 界面，在 Device for boot loader installation 列表框中选择/dev/sda 选项，单击 Continue 按钮，如图 2-83 所示。

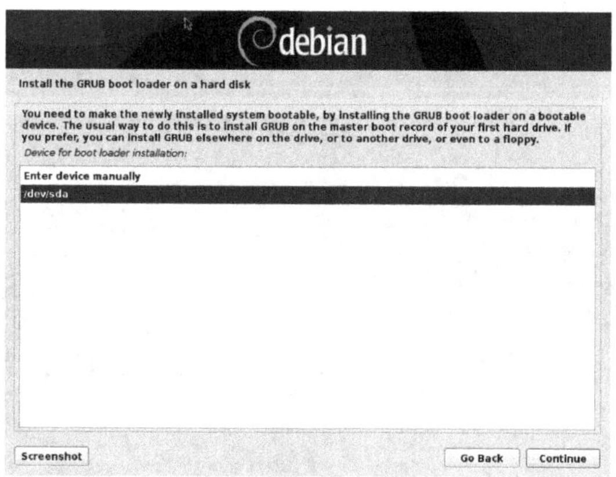

图 2-83　第二个 Install the GRUB boot loader on a hard disk 界面

稍等片刻，进入第一个 Finish the installation 界面，显示进度条，如图 2-84 所示。

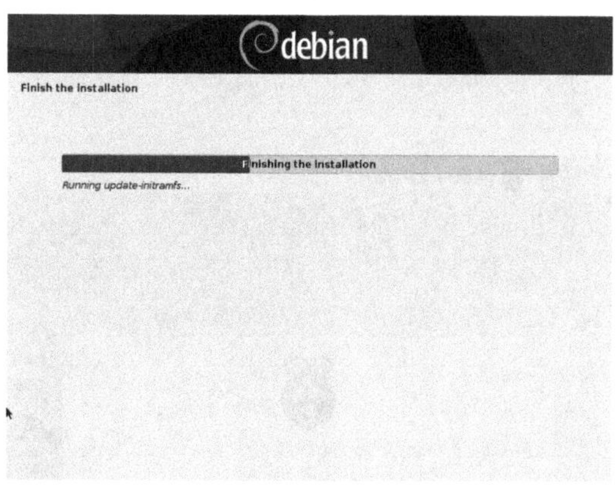

图 2-84　第一个 Finish the installation 界面

稍等片刻，进入第二个 Finish the installation 界面，显示 installation complete 信息，表示安装完成，单击 Continue 按钮，如图 2-85 所示。

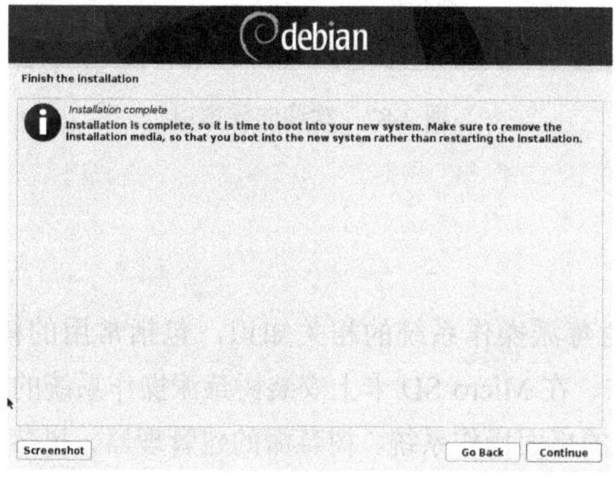

图 2-85　第二个 Finish the installation 界面

系统会进行一些善后操作，完成最终的安装。稍等片刻，系统会打开 GNU GRUB 菜单，如图 2-86 所示。

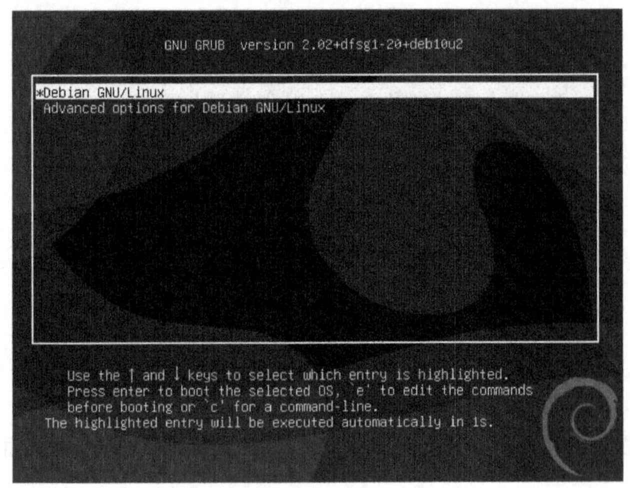

图 2-86 GNU GRUB 菜单

稍等片刻，系统会打开树莓派启动界面，然后进入树莓派操作系统，打开欢迎向导窗口，如图 2-87 所示。

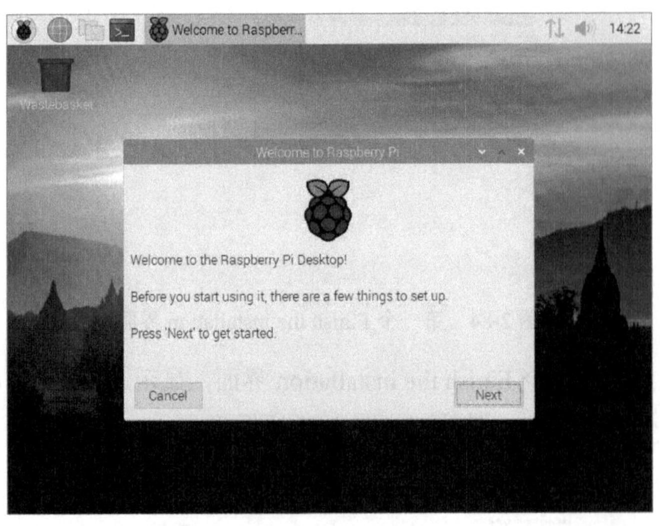

图 2-87 欢迎向导窗口

本章小结

本章主要讲解了树莓派操作系统的相关知识，包括常用的树莓派操作系统、下载 Raspberry Pi OS 的方法、在 Micro SD 卡上安装树莓派操作系统的方法、树莓派第一次开机及初始设置、树莓派的桌面操作系统、树莓派的包管理器、树莓派的配置工具、树莓派的关机或重启方法、树莓派指示灯的状态、在 VM 虚拟机上安装树莓派操作系统的方法。

课后练习

（1）使用搜索引擎查阅树莓派可以使用的各种操作系统。

（2）为什么要使用 SDFormatter 工具软件格式化 Micro SD 卡？

（3）指出树莓派桌面操作系统的组成部分并说明其大体的功能。

（4）简述树莓派的配置工具的主要功能。

（5）简述树莓派的 PWR LED 和 ACT LED 的闪烁规律和相关说明。

第 3 章
树莓派操作基础

知识目标

- 了解中文字库和中文输入法。
- 了解镜像源。
- 了解配置文件 config.txt。
- 了解蓝牙。
- 掌握修改更新源的方法。
- 掌握 raspi-config 配置工具的使用方法。
- 掌握网络的配置方法。
- 掌握远程登录树莓派的方法。
- 掌握 vim 编辑器的使用方法。
- 掌握显示器屏幕休眠的设置方法。
- 掌握 SWAP 的设置方法。
- 掌握测试磁盘用量和速度的方法。
- 掌握 scrot 截屏工具的安装和使用方法。
- 掌握更新系统引导程序的安装和使用方法。

技能目标

- 能够安装中文字库和中文输入法。
- 能够将更新源修改为国内镜像源。
- 能够使用 raspi-config 对树莓派进行配置。
- 能够对有线网络和无线网络进行配置。
- 能够远程登录树莓派桌面操作系统。
- 能够安装和熟练使用 vim 编辑器。
- 能够设置显示器屏幕休眠。

- 能够设置 SWAP。
- 能够测试磁盘用量和速度。
- 能够安装和使用 scrot 截屏工具。
- 能够安装和使用更新系统引导程序。

任务概述

- 在树莓派上安装中文字库和中文输入法。
- 将树莓派默认的更新源修改为清华大学的镜像源。
- 根据网络环境正确配置树莓派的有线网络和无线网络。
- 使用笔记本或台式计算机远程登录树莓派。
- 在树莓派上安装和使用 vim 编辑器。
- 禁止树莓派的显示器屏幕休眠。
- 将树莓派的 SWAP 大小设置为内存空间的两倍。
- 在树莓派上安装 ncdu 和 hdparm，用于测试磁盘用量和速度。
- 在树莓派上安装和使用 scrot 截屏工具。
- 使用更新系统引导程序将树莓派固件更新到最新。

3.1　安装中文字库和中文输入法

在树莓派操作系统安装完成后，默认采用英文字库，操作系统中没有预装中文字库和中文输入法，要显示和使用中文，需要手动安装中文字库和中文输入法。下面选择一个免费、开源的中文字库和中文输入法进行安装。

1．安装中文字库

在 LX 终端中输入以下命令并按回车键（运行以下命令），安装中文字库。

```
sudo apt-get install fonts-wqy-zenhei
```

中文字库的安装过程和安装结果如图 3-1 所示。

```
pi@raspberrypi:~ $ sudo apt-get install fonts-wqy-zenhei
正在读取软件包列表... 完成
正在分析软件包的依赖关系树... 完成
正在读取状态信息... 完成
下列【新】软件包将被安装：
  fonts-wqy-zenhei
升级了 0 个软件包，新安装了 1 个软件包，要卸载 0 个软件包，
有 206 个软件包未被升级。
需要下载 0 B/7,479 kB 的归档。
解压缩后会消耗 16.8 MB 的额外空间。
正在选中未选择的软件包 fonts-wqy-zenhei。
(正在读取数据库 ... 系统当前共安装有 175064 个文件和目录。)
准备解压 .../fonts-wqy-zenhei_0.9.45-8_all.deb  ...
正在解压 fonts-wqy-zenhei (0.9.45-8) ...
正在设置 fonts-wqy-zenhei (0.9.45-8) ...
正在处理用于 fontconfig (2.13.1-4.2) 的触发器 ...
pi@raspberrypi:~ $
```

图 3-1　中文字库的安装过程和安装结果

2. 安装中文输入法

在 LX 终端中输入以下命令并按回车键（运行以下命令），安装中文输入法。

```
sudo apt-get install scim-pinyin
```

在中文输入法的安装过程中，会出现提示“您希望继续执行吗？[Y/n]”，如图 3-2 所示，使用键盘输入“Y”并按回车键，稍等片刻，中文输入法即可安装完成，返回命令提示符。

```
pi@raspberrypi:~ $ sudo apt-get install scim-pinyin
正在读取软件包列表... 完成
正在分析软件包的依赖关系树... 完成
正在读取状态信息... 完成
将会同时安装下列软件：
  fonts-arphic-ukai fonts-arphic-uming im-config
  libscim8v5 scim scim-gtk-immodule scim-im-agent
  scim-modules-socket
建议安装：
  scim-uim scim-hangul scim-chewing scim-m17n scim-prime
  scim-anthy scim-skk scim-canna scim-tables-additional
  scim-tables-ja scim-tables-ko scim-tables-zh scim-thai
下列【新】软件包将被安装：
  fonts-arphic-ukai fonts-arphic-uming im-config
  libscim8v5 scim scim-gtk-immodule scim-im-agent
  scim-modules-socket scim-pinyin
升级了 0 个软件包，新安装了 9 个软件包，要卸载 0 个软件包，有 206 个软件包未被升级。
需要下载 18.7 MB 的归档。
解压缩后会消耗 47.7 MB 的额外空间。
您希望继续执行吗？ [Y/n]
```

图 3-2　中文输入法的安装过程（1）

在命令行中输入命令“sudo reboot”并按回车键（运行 sudo reboot 命令），重启树莓派，桌面右上角的系统托盘中会出现一个键盘图标，单击该图标，将输入法设置为简体中文，就可以使用中文输入法了。切换输入法的快捷键默认是 Ctrl+Space。在桌面空白处右击，在弹出的快捷菜单中选择 New File 命令，新建一个空白文件，双击空白文件图标将其打开，然后使用中文输入法输入汉字，如图 3-3 所示。

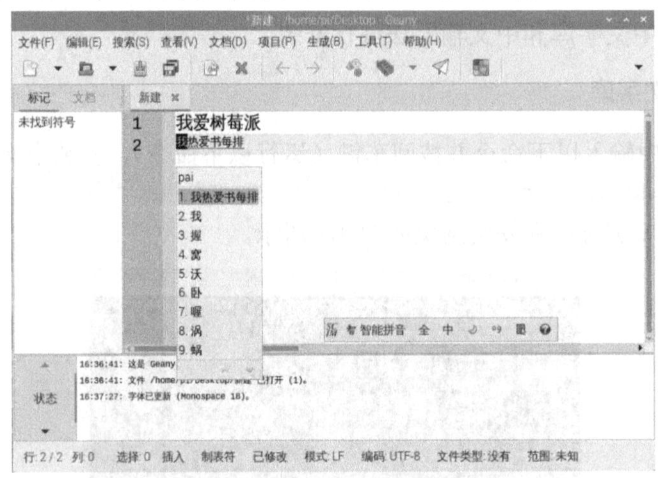

图 3-3　使用中文输入法输入汉字

我们还可以根据自己输入中文的习惯，选择安装中文输入法 Fcitx 及谷歌拼音输入法。在 LX 终端中输入以下命令并按回车键（运行以下命令）。

```
sudo apt-get install fcitx fcitx-googlepinyin fcitx-module-cloudpinyin fcitx-sunpinyin
```

在中文输入法的安装过程中，依然会出现提示“您希望继续执行吗？[Y/n]”，如图 3-4 所示，使用键盘输入“Y”并按回车键，稍等片刻，中文输入法就会安装完成，返回命令提示符。

```
  fcitx-bin fcitx-config-common fcitx-config-gtk fcitx-data fcitx-frontend-all
  fcitx-frontend-gtk2 fcitx-frontend-gtk3 fcitx-frontend-qt5 fcitx-module-dbus
  fcitx-module-kimpanel fcitx-module-lua fcitx-module-x11 fcitx-modules
  fcitx-ui-classic fcitx5-module-quickphrase-editor libfcitx-config4
  libfcitx-core0 libfcitx-gclient1 libfcitx-qt5-1 libfcitx-qt5-data
  libfcitx-utils0 libgettextpo0 libgooglepinyin0 libpresage-data libpresage1v5
  libsunpinyin3v5 libtinyxml2.6.2v5 presage sunpinyin-data
建议安装：
  fcitx-m17n fcitx-tools kdialog plasma-widgets-kimpanel
下列【新】软件包将被安装：
  fcitx fcitx-bin fcitx-config-common fcitx-config-gtk fcitx-data
  fcitx-frontend-all fcitx-frontend-gtk2 fcitx-frontend-gtk3
  fcitx-frontend-qt5 fcitx-googlepinyin fcitx-module-cloudpinyin
  fcitx-module-dbus fcitx-module-kimpanel fcitx-module-lua fcitx-module-x11
  fcitx-modules fcitx-sunpinyin fcitx-ui-classic
  fcitx5-module-quickphrase-editor libfcitx-config4 libfcitx-core0
  libfcitx-gclient1 libfcitx-qt5-1 libfcitx-qt5-data libfcitx-utils0
  libgettextpo0 libgooglepinyin0 libpresage-data libpresage1v5 libsunpinyin3v5
  libtinyxml2.6.2v5 presage sunpinyin-data
升级了 0 个软件包，新安装了 33 个软件包，要卸载 0 个软件包，有 206 个软件包未被
升级。
需要下载 24.8 MB 的归档。
解压缩后会消耗 67.8 MB 的额外空间。
您希望继续执行吗？ [Y/n]
```

图 3-4　中文输入法的安装过程（2）

重启树莓派，单击桌面右上角的系统托盘中的键盘图标，然后将输入法设置为新安装的谷歌拼音输入法。使用谷歌拼音输入法输入汉字，如图 3-5 所示。

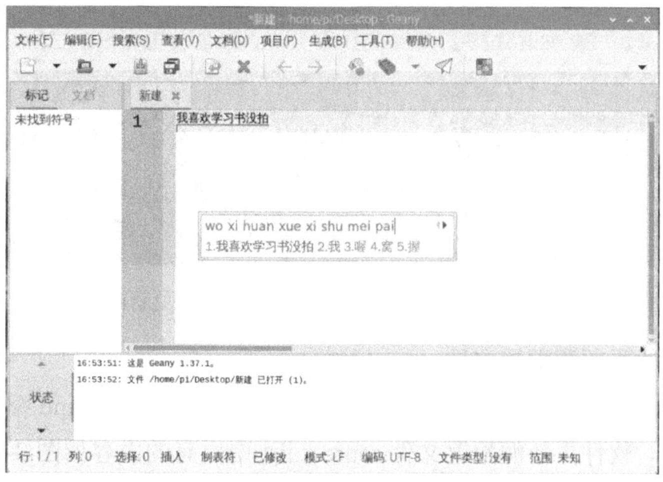

图 3-5　使用谷歌拼音输入法输入汉字

3.2　将更新源修改为国内的镜像源

在树莓派操作系统安装完成后，默认使用国外的镜像源更新软件。出于各种原因，在国内使用树莓派访问国外的镜像源时，网络速度非常慢，而且经常发生网络连接错误的问题，为了解决这些问题，我们需要将树莓派的更新源修改为国内的镜像源。树莓派

官方网站提供了一个更新源列表，我们使用的是清华大学的软件更新源和系统更新源。也可以将其修改为其他的国内镜像源，以便提高网络下载速度和网络连接的成功率。

树莓派常用的国内镜像源如下。

- 中国科学技术大学的镜像源。
- 阿里云的镜像源。
- 清华大学的镜像源。
- 华中科技大学的镜像源。
- 华南农业大学的镜像源（华南用户）。
- 大连东软信息学院的镜像源（北方用户）。
- 重庆大学的镜像源（中西部用户）。

树莓派操作系统包括 bullseye、buster、stretch、jessie、wheezy 等版本，在设置国内的软件源时，要有所区分（使用 lsb_release -a 命令查看版本）。下面以 bullseye 版本的操作系统为例，讲解如何将更新源设置为国内的镜像源。

（1）备份原有的软件更新源配置文件和系统更新源配置文件。

打开 LX 终端，依次运行以下命令，备份原有的软件更新源配置文件和系统更新源配置文件，如图 3-6 所示。

```
sudo cp /etc/apt/sources.list /etc/apt/sources.list.bak
sudo cp /etc/apt/sources.list.d/raspi.list
/etc/apt/sources.list.d/raspi.list.bak
```

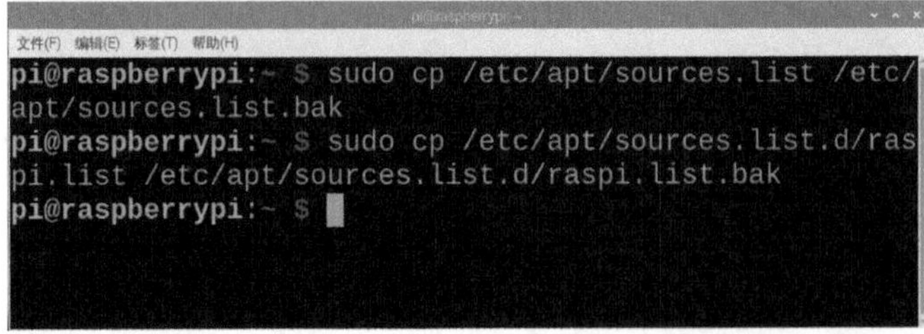

图 3-6　备份原有的软件更新源配置文件和系统更新源配置文件

（2）修改软件更新源配置文件。

在 LX 终端中运行以下命令，打开 nano 编辑器，可以看到，nano 编辑器界面的底部包含快捷键提示。软件更新源配置文件 sources.list 中原有的内容如图 3-7 所示。

```
sudo nano /etc/apt/sources.list
```

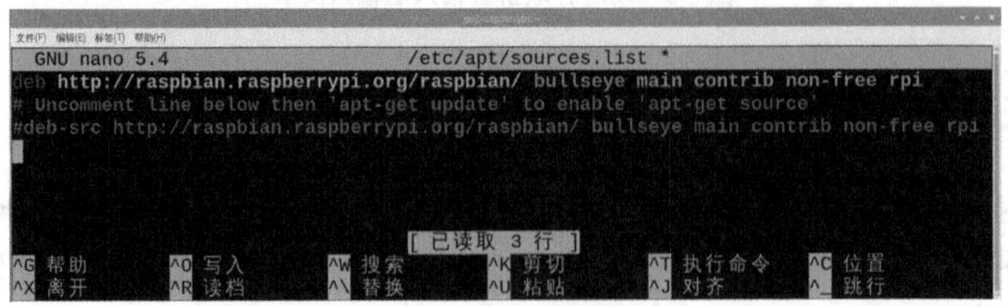

图 3-7　软件更新源配置文件 sources.list 中原有的内容

在原有内容第一行的开头添加注释符“#”，将其转换为注释，第二行和第三行中已经有注释符“#”了，在第三行下面输入以下内容。

```
deb http://mirrors.tuna.tsinghua.edu.cn/raspbian/raspbian/ bullseye main non-free contrib
deb-src http://mirrors.tuna.tsinghua.edu.cn/raspbian/raspbian/ bullseye main non-free contrib
```

修改后的 sources.list 文件中的内容如图 3-8 所示。

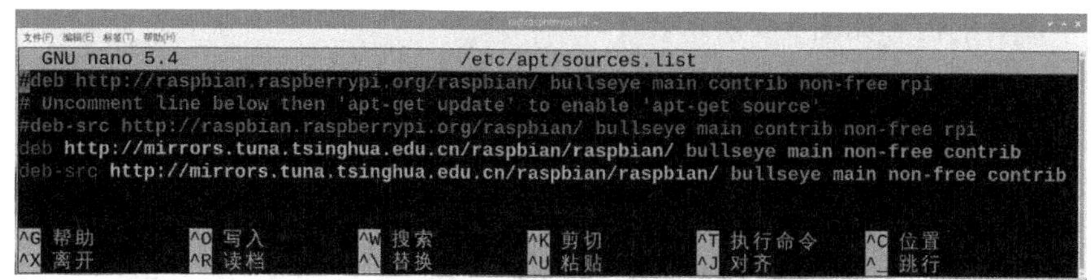

图 3-8　修改后的 sources.list 文件中的内容

需要注意的是，网址末尾的 raspbian 必须要重复两次。因为在 Raspbian 的仓库中，除了 APT 软件源，还包含其他代码。APT 软件源不在仓库的根目录下，而在 /raspbian/raspbian 子目录下。其中，APT（Advanced Packaging Tool）是 Debian Linux 和基于 Debian 进行开发的 Linux 发行版（如树莓派操作系统）使用的高级包管理系统，它提供了用于管理和查询的命令行工具及有关软件包的信息。APT 软件源就是提供给高级包管理系统的应用程序安装库。

在 nano 编辑器中按快捷键 Ctrl+O 保存 sources.list 文件，nano 编辑器界面的底部会出现要写入的带路径的文件名的提示，直接按回车键，然后按快捷键 Ctrl+X 退出 nano 编辑器。

参考在 bullseye 版本的操作系统中将更新源设置为国内镜像源的方法，讲解在 buster、stretch、jessie、wheezy 操作系统中，将更新源设置为国内镜像源的方法（以中山大学的镜像源为例）。

在 buster 版本的操作系统中，将更新源设置为国内镜像源的方法如下：

```
deb http://mirrors.sysu.edu.cn/raspbian/raspbian/ buster main contrib non-free
deb-src http://mirrors.sysu.edu.cn/raspbian/raspbian/ buster main contrib non-free
```

在 stretch 版本的操作系统中，将更新源设置为国内镜像源的方法如下：

```
deb http://mirrors.sysu.edu.cn/raspbian/raspbian/ stretch main contrib non-free
deb-src http://mirrors.sysu.edu.cn/raspbian/raspbian/ stretch main contrib non-free
```

在 jessie 版本的操作系统中，将更新源设置为国内镜像源的方法如下：

```
deb http://mirrors.sysu.edu.cn/raspbian/raspbian/ jessie main contrib non-free
deb-src http://mirrors.sysu.edu.cn/raspbian/raspbian/ jessie main contrib non-free
```

在 wheezy 版本的操作系统中，将更新源设置为国内镜像源的方法如下：

```
deb http://mirrors.sysu.edu.cn/raspbian/raspbian/ wheezy main contrib non-free
deb-src http://mirrors.sysu.edu.cn/raspbian/raspbian/ wheezy main contrib non-free
```

（3）修改系统更新源配置文件。

在 LX 终端中运行以下命令，进入 nano 编辑器，可以看到，系统更新源配置文件 raspi.list 中原有的内容如图 3-9 所示。

```
sudo nano /etc/apt/sources.list.d/raspi.list
```

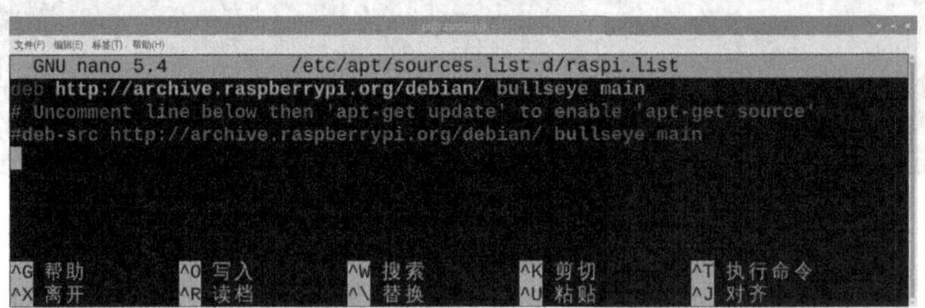

图 3-9　系统更新源配置文件 raspi.list 中原有的内容

在原有内容的第一行开头添加注释符“#”，将其转换为注释，第二行和第三行中已经有注释符“#”了，在第三行下面输入以下内容。

```
deb  http://mirrors.tuna.tsinghua.edu.cn/raspberrypi/ bullseye main
```

修改后的 raspi.list 文件中的内容如图 3-10 所示。

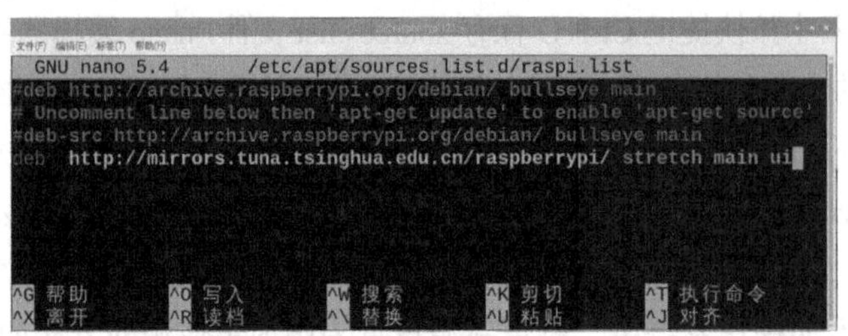

图 3-10　修改后的 raspi.list 文件中的内容

对于 buster、stretch、jessie、wheezy 版本的操作系统，需要按照前面修改系统更新源配置文件的方法进行修改。

首先在 nano 编辑器中按快捷键 Ctrl+O 保存 raspi.list 文件，然后按回车键确认保存该文件，最后按快捷键 Ctrl+X 退出 nano 编辑器。

（4）更新树莓派的软件更新源列表。

在 LX 终端中运行以下命令，更新树莓派的软件更新源列表，更新时间一般很短，更新过程和结果如图 3-11 所示。

```
sudo apt-get update
```

在 LX 终端中运行以下命令，更新软件版本，如果出现提示“您希望继续执行吗？[Y/n]”，则使用键盘输入“y”并按回车键，直至软件版本更新结束，如图 3-12 所示。

```
sudo apt-get upgrade
```

```
sudo apt-get dist-upgrade -y
```

```
pi@raspberrypi:~ $ sudo apt-get update
获取:1 http://mirrors.tuna.tsinghua.edu.cn/raspbian/raspbian stretch InRelease [15.0 kB]
获取:2 http://mirrors.tuna.tsinghua.edu.cn/raspberrypi stretch InRelease [25.3 kB]
获取:3 http://mirrors.tuna.tsinghua.edu.cn/raspbian/raspbian stretch/contrib Sources [75.2 kB]
获取:4 http://mirrors.tuna.tsinghua.edu.cn/raspbian/raspbian stretch/main Sources [9,730 kB]
获取:5 http://mirrors.tuna.tsinghua.edu.cn/raspbian/raspbian stretch/rpi Sources [1,132 B]
获取:6 http://mirrors.tuna.tsinghua.edu.cn/raspbian/raspbian stretch/non-free Sources [125 kB]
获取:7 http://mirrors.tuna.tsinghua.edu.cn/raspbian/raspbian stretch/main armhf Packages [11.7 MB]
72% [7 Packages 5,347 kB/11.7 MB 46%]                    1,7获取:8 http://mirrors.tuna.tsinghua.edu.cn/raspbian/raspbian stretch/contrib armhf Packages [56.9 kB]
获取:9 http://mirrors.tuna.tsinghua.edu.cn/raspbian/raspbian stretch/non-free armhf Packages [98.9 kB]
获取:10 http://mirrors.tuna.tsinghua.edu.cn/raspbian/raspbian stretch/rpi armhf Packages [1,360 B]
获取:11 http://mirrors.tuna.tsinghua.edu.cn/raspberrypi stretch/ui Sources [23.5 kB]
获取:12 http://mirrors.tuna.tsinghua.edu.cn/raspberrypi stretch/main Sources [67.0 kB]
获取:13 http://mirrors.tuna.tsinghua.edu.cn/raspberrypi stretch/main armhf Packages [192 kB]
获取:14 http://mirrors.tuna.tsinghua.edu.cn/raspberrypi stretch/ui armhf Packages [44.6 kB]
已下载 22.1 MB，耗时 26秒 (856 kB/s)
正在读取软件包列表... 完成
pi@raspberrypi:~ $
```

图 3-11　更新树莓派的软件更新源列表

```
pi@raspberrypi:~ $ sudo apt-get upgrade
正在读取软件包列表... 完成
正在分析软件包的依赖关系树... 完成
正在读取状态信息... 完成
正在计算更新... 完成
下列软件包的版本将保持不变：
  gstreamer1.0-omx sonic-pi
下列软件包将被升级：
  libtinyxml2.6.2v5 lxappearance-obconf
升级了 2 个软件包，新安装了 0 个软件包，要卸载 0 个软件包，有 2 个软件包未被升级。
需要下载 81.8 kB 的归档。
解压缩后会消耗 1,024 B 的额外空间。
您希望继续执行吗？ [Y/n] y
获取:1 http://mirrors.tuna.tsinghua.edu.cn/raspbian/raspbian stretch/main armhf libtinyxml2.6.2v5 armhf 2.6.2-4+deb9u1 [32.7 kB]
获取:2 http://mirrors.tuna.tsinghua.edu.cn/raspberrypi stretch/ui armhf lxappearance-obconf armhf 0.2.3-1+rpt1 [49.1 kB]
已下载 81.8 kB，耗时 0秒 (302 kB/s)
读取变更记录(changelogs)... 完成
(正在读取数据库 ... 系统当前共安装有 175936 个文件和目录。)
准备解压 .../libtinyxml2.6.2v5_2.6.2-4+deb9u1_armhf.deb  ...
正在解压 libtinyxml2.6.2v5:armhf (2.6.2-4+deb9u1) 并覆盖 (2.6.2-4) ...
准备解压 .../lxappearance-obconf_0.2.3-1+rpt1_armhf.deb  ...
正在解压 lxappearance-obconf (0.2.3-1+rpt1) 并覆盖 (0.2.3-1) ...
正在设置 lxappearance-obconf (0.2.3-1+rpt1) ...
正在设置 libtinyxml2.6.2v5:armhf (2.6.2-4+deb9u1) ...
```

图 3-12　更新软件版本

在 LX 终端中运行以下命令，更新系统内核版本，完整的更新过程耗时较长，读者可以根据实际情况决定是否更新。

```
sudo rpi-update
```

在将树莓派的更新源修改为国内的镜像源后，我们就可以将树莓派附带的和已经安装的软件都更新一次了。在树莓派桌面右上角的系统托盘中单击圆形的 Updates are Available-click to install 图标，弹出更新菜单，如图 3-13 所示。

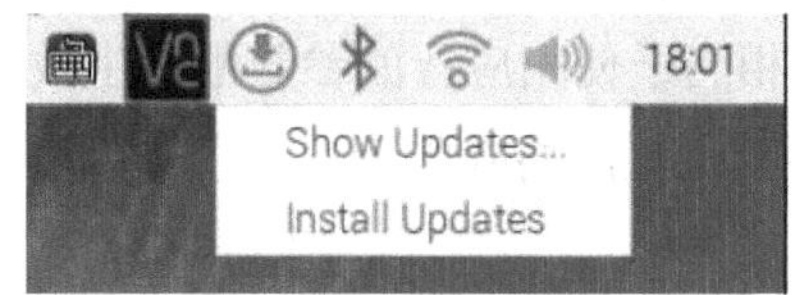

图 3-13　Updates are Available-click to install 图标及相应的更新菜单

在更新菜单中选择 Install Updates 或 Show Updates...命令，打开 Available Updates 窗口，单击 Install 按钮进行更新，如图 3-14 所示。在更新完毕后，树莓派桌面右上角的系统托盘中的 Updates are Available-click to install 图标就会消失，表示树莓派操作系统已经更新为最新的操作系统了。

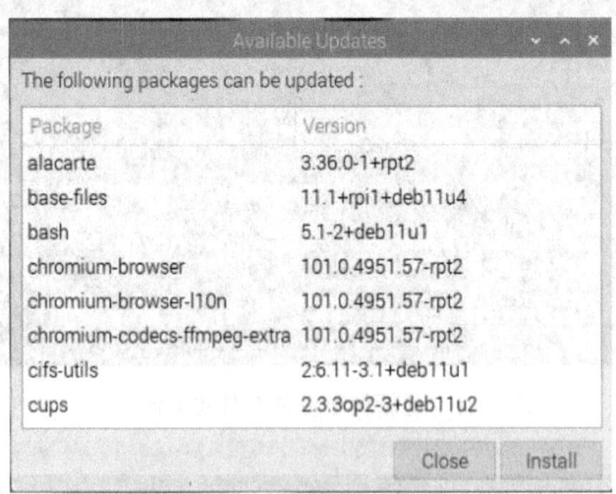

图 3-14　Available Updates 窗口

3.3　配置文件 config.txt 的常用设置

树莓派的系统配置参数存储于配置文件 config.txt 中。在初始化 ARM CPU 和树莓派操作系统前，由 GPU 读取 config.txt 文件中的内容。因此，config.txt 文件必须存储于 Micro SD 卡的第一个（启动）分区中，与 bootcode.bin 文件和 start.elf 文件存储在一起。在树莓派开机后，通常以/boot/config.txt 的形式访问 config.txt 文件，并且必须以 root 用户身份才能编辑 config.txt 文件。从 Windows 操作系统的视角来看，config.txt 文件作为一个普通文本文件，可以显示在存储卡的唯一可访问部分中。如果要使参数修改生效，则需要重新启动树莓派。

3.3.1　config.txt 文件的格式

config.txt 文件的格式非常简单，每行都采用 property（属性）=value（值）的格式，其中，value 可以是整数，也可以是字符串；每行的长度限制是 98 个字符，超过长度限制的字符都会被忽略。config.txt 文件使用“#”符号作为注释符，每行都可以使用“#”符号将配置项转换为注释内容（相当于使相应行的参数配置失效）；移除“#”字符，即可使用相应行的参数配置（相当于使相应行的参数配置生效）。

config.txt 文件中部分参数配置的格式如下：

```
# Set stdv mode to PAL (as used in Europe) sdtv_mode=2
# Force the monitor to HDMI mode so that sound will be sent over HDMI cable
hdmi_drive=2
```

```
# Set monitor mode to DMT
hdmi_group=2
# Set monitor resolution to 1024x768 XGA 60Hz (HDMI_DMT_XGA_60)
hdmi_mode=16
# Make display smaller to stop text spilling off the screen
overscan_left=20
overscan_right=12
```

config.txt 文件中的参数配置在树莓派官方网站中有详细的说明，数量众多，篇幅很长，我们只需了解和掌握一些常用的参数配置。

3.3.2　内存

disable_l2cache：禁止 ARM 访问 GPU 的二级缓存，需要在内核中关闭二级缓存，默认值为 0。

gpu_mem GPU：设置 ARM 和 GPU 之间的内存空间分配情况，以 MB 为单位，在设置了 GPU 的内存空间大小后，ARM 可以获得剩余的所有内存空间。GPU 内存空间的最小值为 16MB，默认值为 64MB。

gpu_mem_256：对内存空间为 256MB 的树莓派进行 GPU 内存空间设置，最大值为 192MB，默认不设置。

gpu_mem_512：对内存空间为 512MB 的树莓派进行 GPU 内存空间设置，最大值为 448MB，默认不设置。

disable_pvt：禁止每 500 毫秒调整一次 RAM 的刷新率（RAM 温度测量）。

3.3.3　CMA——动态内存分配

在 2012 年 11 月 19 号，树莓派的固件和内核开始支持 CMA，树莓派可以在运行时动态管理 ARM 和 GPU 之间的内存分配。

cma_lwm：当 GPU 的可用内存空间值小于 cma_lwm 的值时，会向 ARM 请求一些内存空间。

cma_hwm：当 GPU 的可用内存空间值大于 cma_hwm 的值时，会向 ARM 释放一些内存空间。

如果要启用 CMA，则需要在 cmdline.txt 文件中添加以下参数配置。

```
coherent_pool=6M smsc95xx.turbo_mode=N
```

3.3.4　视频模式选项

sdtv_mode：为复合信号输出设置视频制式，默认值为 0。

sdtv_aspect：为复合信号输出设置宽高比，默认值为 1。

sdtv_disable_colourburst：禁止复合信号输出彩色副载波群，图片会显示为单色，但是可能会更清晰。

hdmi_safe：在将该值设置为 1 时，可以使用安全模式以最大的兼容性去尝试启动 HDMI。

hdmi_ignore_edid：允许系统忽略 EDID 显示数据。

hdmi_edid_file：在将该值设置为 1 时，会让 GPU 从 boot 分区的 edid.dat 文件中读取 EDID 数据，而不是从显示器中读取 EDID 数据。

hdmi_force_edid_audio：伪装成支持所有音频格式，即使 EDID 数据没有表明支持音频，也强制允许通过 DTS/AC3 将音频解码到 HDMI 显示器中。

hdmi_force_edid_3d：伪装成全部 CEA 模式都支持 3D，即使 EDID 数据没有表明支持 3D。

avoid_edid_fuzzy_match：禁止模糊匹配 EDID 中描述的模式，即使发生遮蔽错误，也选用匹配分辨率和最接近帧率的标准模式。

hdmi_ignore_cec_init：在将该值设置为 1 时，树莓派会停止在启动期间发送初始活动源消息。在重新启动树莓派时，可以防止启用 CEC 功能的 TV 退出待机状态和切换频道。

hdmi_ignore_cec：伪装成 TV 不支持 CEC，如果将该值设置为 1，那么所有的 TV 都不会支持 CEC 的所有功能。

hdmi_force_hotplug：在伪装成 HDMI 热插拔信号被检测到后，会出现 HDMI 显示器被接入的相关提示。

hdmi_ignore_hotplug：在伪装成 HDMI 热插拔信号没有被检测到后，会出现 HDMI 显示器未接入的相关提示。

hdmi_pixel_encoding：强制像素编码模式，在默认情况下，会使用 EDID 获取的模式。

hdmi_drive：选择 HDMI 输出模式或 DVI 输出模式。如果 hdmi_drive=1，则表示选择 DVI 输出模式（没有声音输出）；如果 hdmi_drive=2，则表示选择 HDMI 输出模式（如果支持并已启用，则有声音输出）。

hdmi_group：设置 HDMI 输出的组，如果不指定组，或者 hdmi_group=0，则使用自动检测 EDID 后返回的组，如果 hdmi_group=1，则使用 CEA 组；如果 hdmi_group=2，则使用 DMT 组。

hdmi_mode：设置在 CEA 或 DMT 格式下的屏幕分辨率。

overscan_left：左侧跳过像素数。

overscan_right：右侧跳过像素数。

overscan_top：顶部跳过像素数。

overscan_bottom：底部跳过像素数。

framebuffer_width：控制台的 FrameBuffer 宽度，以像素为单位，默认值为显示器宽度与总的水平过扫描数值的差。

framebuffer_height：控制台的 FrameBuffer 高度，以像素为单位，默认值为显示器高度与总的垂直过扫描数值的差。

framebuffer_depth：控制台的 FrameBuffer 深度，以位为单位，默认值是 16 位。

framebuffer_ignore_alpha：在将该值设置为 1 时，会禁用 alpha 通道，可以配合显示 32 位 framebuffer_depth。

test_mode：允许在启动时进行声音与图像测试。

disable_overscan：在将该值设置为 1 时，会禁用超出扫描功能。

config_hdmi_boost：设置 HDMI 接口的信号强度，默认值为 0，最大值为 11。

display_rotate：顺时针旋转或翻转 HDMI 显示器输出的显示画面，默认值为 0。

3.3.5　许可的解码器

可以购买绑定树莓派 CPU 序列号的证书，以便使用额外的硬件解码器。

decode_MPG2：可以开启 MPEG-2 硬解的序列号，如 decode_MPG2=0x12345678。

decode_WVC1：可以开启 VC-1 硬解的序列号，如 decode_WVC1=0x12345678。

可以在多台树莓派之间共享 Micro SD 卡的序列号，可以同时支持最多 8 个证书，举例如下：

```
decode_XXXX=0x12345678,0xabcdabcd,0x87654321,...
```

3.3.6　启动

disable_commandline_tags：在启动内核前，通过改写 ATAGS（0x100 处的内存）阻止 start.elf。

cmdline (string)：命令行参数，可以代替 cmdline.txt 文件。

kernel (string)：加载指定名称的内核镜像文件启动内核，默认值为 kernel.img。

kernel_address：加载 kernel.img 文件的地址。

kernel_old (bool)：在将该值设置为 1 时，会从 0x0 处加载内核。

ramfsfile (string)：要加载的 ramfs 文件。

ramfsaddr：要加载的 ramfs 文件的地址。

initramfs (string address)：要加载的 ramfs 文件及其地址。需要注意的是，该选项与其他选项的语法不同，不要在此处使用“=”符号，应该使用 initramfs initramf.gz 0x00800000。

device_tree_address：加载 device_tree 的地址。

init_uart_baud：初始化 uart 波特率，默认值为 115 200。

init_uart_clock：初始化 uart 时序，默认值为 3 000 000（3MHz）。

init_emmc_clock：初始化 emmc 时序，默认值为 100 000 000（100MHz）。

boot_delay：在加载内核前，运行 start.elf，等待指定的秒数，总延迟秒数=1000×boot_delay+boot_delay_ms，默认值为 1。

boot_delay_ms：在加载内核前，运行 start.elf，等待指定的毫秒数，默认值为 0。

avoid_safe_mode：在将该值设置为 1 时，不会以安全模式启动，默认值为 0。

3.3.7 超频

树莓派超频的选项有很多，超频的设置不一定在每台树莓派上都能成功完成，超频一般会缩短高通芯片的寿命，因此，不建议使树莓派超频。

3.3.8 示例

为了加深我们对配置文件的理解，下面通过修改配置文件，取消启动界面中的彩虹屏方块（树莓派在开机自检 GPU 时，在屏幕中央出现的彩虹屏方块）。在 LX 终端中运行以下命令。

```
sudo nano /boot/config.txt
```

在 nano 编辑器中打开 config.txt 文件，在其中添加“disable_splash=1”，用于取消启动界面中的彩虹屏方块，如图 3-15 所示。保存 config.txt 文件，然后重启树莓派，启动界面中的彩虹屏方块就会消失。

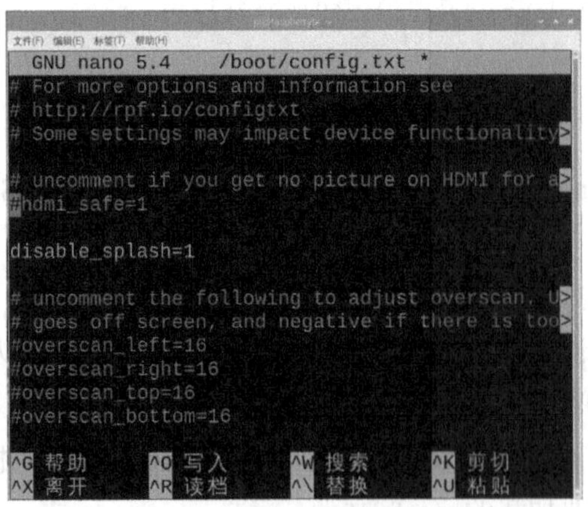

图 3-15 编辑 config.txt 文件

3.4 raspi-config

raspi-config（Raspberry Pi Software Configuration Tool）是树莓派的官方配置工具，最初由 Alex Bradbury 编写，使用该配置工具可以对树莓派进行很多的系统配置。当然，有些选项的配置可以使用菜单中的图形应用程序 Raspberry Pi Configuration Preferences 完成。在 LX 终端中运行以下命令，即可启动 raspi-config。

```
sudo raspi-config
```

raspi-config 的主界面如图 3-16 所示。

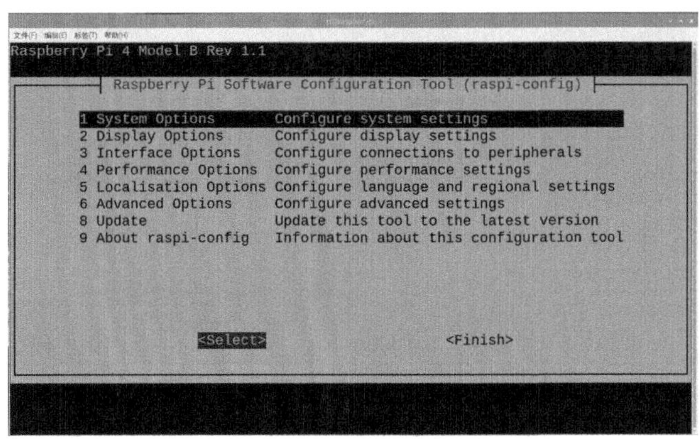

图 3-16　raspi-config 的主界面

在 raspi-config 的主界面中，使用键盘上的↑键和↓键可以在菜单选项之间移动，红色亮光条突出显示了所选的菜单选项。按 Tab 键，亮光条会跳出菜单区域，并且转到按钮区域进行切换，或者使用键盘上的←键和→键进行切换。按回车键表示运行选中的菜单选项。如果选项值列表较长（如时区、城市等长列表），则可以先输入一个字母，用于跳转到列表的该部分，从而节省滚动字母表的时间。

在一般情况下，raspi-config 主界面中的菜单可以提供更改常见配置的功能，不同版本的树莓派和操作系统的菜单略有不同，某些选项在更改后需要重启树莓派才能生效。如果更改了其中的选项，那么在选择<Finish>选项后，系统会询问是否希望立即重启树莓派。

raspi-config 主界面中的菜单选项如表 3-1 所示。

表 3-1　raspi-config 主界面中的菜单选项

序号	菜单选项	功能
1	System Options	系统选项：与系统有关的设置
2	Display Options	显示选项：与显示有关的设置
3	Interface Options	接口选项：与接口有关的设置
4	Performance Options	性能选项：与性能有关的设置
5	Localisation Options	本地化选项：与本地化有关的设置
6	Advanced Options	高级选项：高级设置
8	Update	更新选项：更新本工具到最新版本
9	About raspi-config	关于 raspi-config：raspi-config 工具的相关信息

3.4.1　System Options

System Options 子菜单允许对系统引导、系统登录和网络启动等过程的各部分配置及部门其他系统级配置进行修改，如图 3-17 所示。

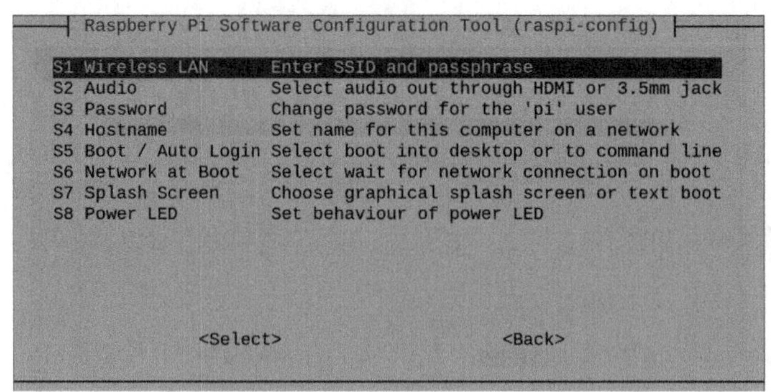

图 3-17 System Options 子菜单

System Options 子菜单中的选项如表 3-2 所示。

表 3-2 System Options 子菜单中的选项

序号	子菜单选项	功能
S1	Wireless LAN	无线局域网：设置无线网络的 SSID 和密码
S2	Audio	音频：指定音频输出目标
S3	Password	密码：修改默认的用户密码
S4	Hostname	主机名称：在网络上设置当前树莓派的可见名称
S5	Boot/Auto Login	启动/自动登录：选择是引导到控制台还是引导到桌面，以及是否需要登录。如果选择自动登录，则会以用户身份登录
S6	Network at Boot	启动时的网络：可以等待网络连接，然后继续启动
S7	Splash Screen	初始屏幕色块：在启用或禁用树莓派启动时初始化屏幕显示色块
S8	Power LED	电源指示灯：如果树莓派的型号允许，则可以选择该选项，用于修改电源 LED 的行为

3.4.2 Display Options

Display Options 子菜单主要用于对欠扫描、屏幕消隐、VNC 分辨率、复合视频等配置进行修改，如图 3-18 所示。

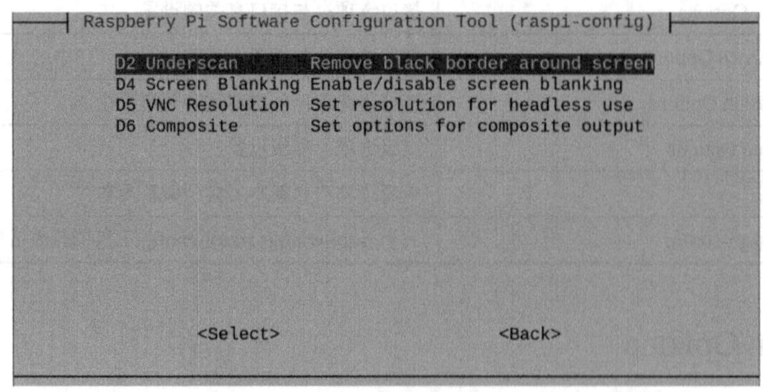

图 3-18 Display Options 子菜单

Display Options 子菜单中的选项如表 3-3 所示。

表 3-3　Display Options 子菜单中的选项

序号	子菜单选项	功能
D2	Underscan	欠扫描：如果屏幕上显示的初始文本从边缘消失，则需要启用过扫描才能使边框恢复。在某些显示器上，禁用欠扫描功能会使图片填满整个屏幕并校正分辨率。对于其他显示器，可能需要启用欠扫描功能并调整其值
D4	Screen Blanking	屏幕消隐：启用或禁用屏幕消隐功能
D5	VNC Resolution	VNC 分辨率：定义在未连接电视或监视器的情况下启动系统时使用的默认 HDMI/DVI 视频分辨率。如果启用了本功能，则可能会对 RealVNC 产生影响
D6	Composite	复合视频：在树莓派 4B 上启用复合视频功能。在树莓派 4B 之前的型号上，在默认情况下，启用复合视频功能

3.4.3 Interface Options

Interface Options 子菜单中包括 Legacy Camera、SSH、VNC、SPI、I2C、Serial Port、1-Wire 和 Remote GPIO 等选项，如图 3-19 所示。

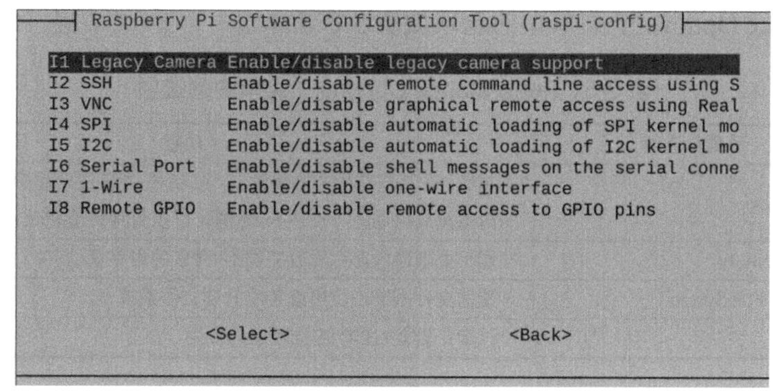

图 3-19　Interface Options 子菜单

Interface Options 子菜单中的选项如表 3-4 所示。

表 3-4　Interface Options 子菜单中的选项

序号	子菜单选项	功能
I1	Legacy Camera	传统相机：启用/禁用 CSI 相机接口
I2	SSH	安全外壳：启用/禁用 SSH 对树莓派的远程命令行访问。在默认情况下，SSH 处于禁用状态
I3	VNC	虚拟网络控制台：启用/禁用 RealVNC 虚拟网络计算服务器
I4	SPI	串行外围设备接口：启用/禁用 SPI 接口和 SPI 内核模块的自动加载功能
I5	I2C	集成电路总线：启用/禁用 I2C 接口和 I2C 内核模块的自动加载功能
I6	Serial Port	串行端口在串行连接上启用/禁用 Shell 和内核消息
I7	1-Wire	一线式串行总线的简称：启用/禁用 1-Wire 线接口
I8	Remote GPIO	远程 GPID：启用/禁用对 GPIO 引脚的远程访问功能

3.4.4 Performance Options

Performance Options 子菜单中包括 Overclock、GPU Memory、Overlay File System、Fan 等选项，如图 3-20 所示。

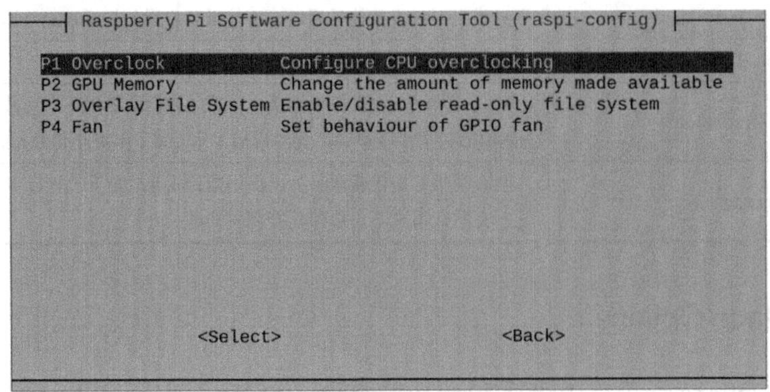

图 3-20 Performance Options 子菜单

Performance Options 子菜单中的选项如表 3-5 所示。

表 3-5 Performance Options 子菜单中的选项

序号	子菜单选项	功能
P1	Overclock	超频：在某些型号的树莓派上，可以对 CPU 进行超频设置。在这些型号的树莓派启动期间，按住 Shift 键，可以暂时禁用超频功能
P2	GPU Memory	图形处理器内存：修改提供给 GPU 的内存量
P3	Overlay File System	覆盖文件系统：启用或禁用只读文件系统
P4	Fan	风扇：设置 GPIO 连接风扇的行为

3.4.5 Localisation Options

Localisation Options 子菜单中包括 Locale、Timezone、Keyboard 和 WLAN Country 等选项，如图 3-21 所示。

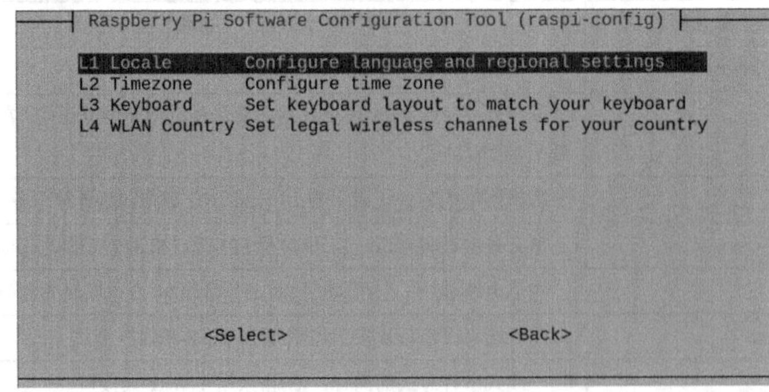

图 3-21 Localisation Options 子菜单

Localisation Options 子菜单中的选项如表 3-6 所示。

表 3-6　Localisation Options 子菜单中的选项

序号	子菜单选项	功能
L1	Locale	区域设置：选择一个区域并对其进行设置
L2	Timezone	时区：选择本地的时区，先选择一个地区，再选择这个地区的一个城市
L3	Keyboard	键盘：设置键盘布局
L4	WLAN Country	无线局域网国家：设置无线网络的国家/地区代码

3.4.6　Advanced Options

Advanced Options 子菜单中包括 Expand Filesystem、Compositor、Network Interface Names、Network Proxy Settings、Boot Order、Bootloader Version、Wayland 等选项，如图 3-22 所示。

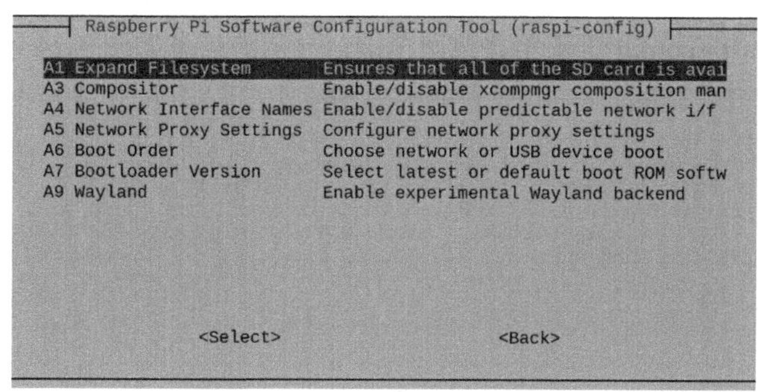

图 3-22　Advanced Options 子菜单

Advanced Options 子菜单中的选项如表 3-7 所示。

表 3-7　Advanced Options 子菜单中的选项

序号	子菜单选项	功能
A1	Expand Filesystem	扩展文件系统：在树莓派上安装的操作系统以填充的方式扩展到整个 Micro SD 卡，以便提供更多的存储空间，用于存储文件（在安装操作系统时，默认不占满整个 Micro SD 卡中的空间）
A3	Compositor	合成管理器：启用/禁用 Xcompmgr 合成管理器
A4	Network Interface Names	网络接口名称：启用/禁用可预测的网络接口名称
A5	Network Proxy Settings	网络代理设置：配置网络的代理设置
A6	Boot Order	启动顺序：在树莓派 4B 上，可以选择是 USB 启动还是网络启动
A7	Bootloader Version	引导加载程序版本：在树莓派 4B 上，可以使用最新的引导 ROM 软件
A9	Wayland	在 Wayland 上运行树莓派桌面操作系统，属于实验性设置，很多功能目前无法使用，不建议典型用户使用

3.4.7　Update

Update 子菜单主要用于将 raspi-config 工具更新到最新版本，选择该子菜单并按回车键会暂时返回 LX 终端界面，如图 3-23 所示。

```
pi@raspberrypi:~ $ sudo  raspi-config
命中:1 http://mirrors.tuna.tsinghua.edu.cn/raspbian/raspbian stretch InRelease
命中:2 http://mirrors.tuna.tsinghua.edu.cn/raspberrypi stretch InRelease
正在读取软件包列表... 完成
正在读取软件包列表... 完成
正在分析软件包的依赖关系树... 完成
正在读取状态信息... 完成
raspi-config 已经是最新版 (20220331)。
升级了 0 个软件包，新安装了 0 个软件包，要卸载 0 个软件包，有 2 个软件包未被升级。
Sleeping 5 seconds before reloading raspi-config
pi@raspberrypi:~ $
```

图 3-23　暂时返回 LX 终端

3.4.8　About raspi-config

选择 About raspi-config 子菜单并按回车键，显示的信息如图 3-24 所示。

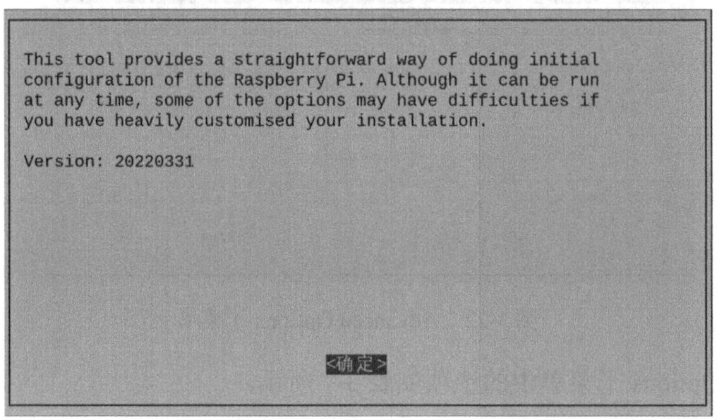

图 3-24　选择 About raspi-config 子菜单后显示的信息

3.4.9　完成配置

在完成所需配置后，按<Finish>按钮退出 raspi-config 工具。系统会询问是否要重新启动树莓派。在首次使用时，最好重新启动树莓派。尤其在调整了 Micro SD 卡的大小后，重新启动树莓派的时间通常会有所延迟。

3.5　有线网络和无线网络的配置方法

树莓派要与网络中的其他主机进行通信，不仅要有必要的网络连接设备，还要有正确的网络配置。网络配置通常包括主机名称、IP 地址、子网掩码、默认网关、DNS 服务器地址等项目。

假设树莓派的主机名称已经在安装时默认配置为 raspberrypi。对于有线网络，假设 IP 地址为 192.168.2.120，子网掩码为 255.255.255.0，默认网关为 192.168.2.1，DNS

服务器地址为 192.168.1.1。对于无线网络，假设 Wi-Fi 名称为 MacDingHomeWifi，密码为 12345678。在实际的网络配置中，各项数据和参数都要根据实际网络确定，如果不了解这些数据，则可以咨询网络管理员具体的网络参数。在网络配置过程中，通过键盘输入的数字要正确无误，数字间隔符是英文点号。

3.5.1　修改主机名称

我们可以使用以下两种方式修改树莓派的主机名称。

方式一：在树莓派的开始菜单中选择“首选项”→“Raspberry Pi Configuration”命令，打开 Raspberry Pi Configuration（树莓派的配置工具）窗口，在默认的 System 选项卡中，Hostname（主机名称）默认为 raspberrypi，将其修改为其他的主机名称，如 raspberrypi122，如图 3-25 所示，单击 OK 按钮，系统会弹出重启树莓派的提示框，如图 3-26 所示，单击 Yes 按钮，即可重启树莓派。

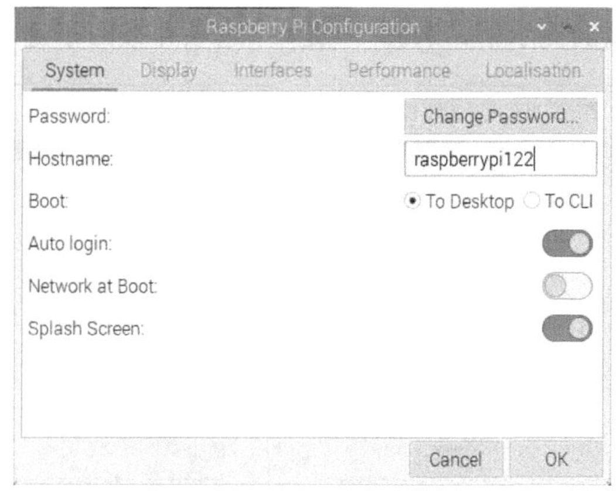

图 3-25　修改默认的主机名称

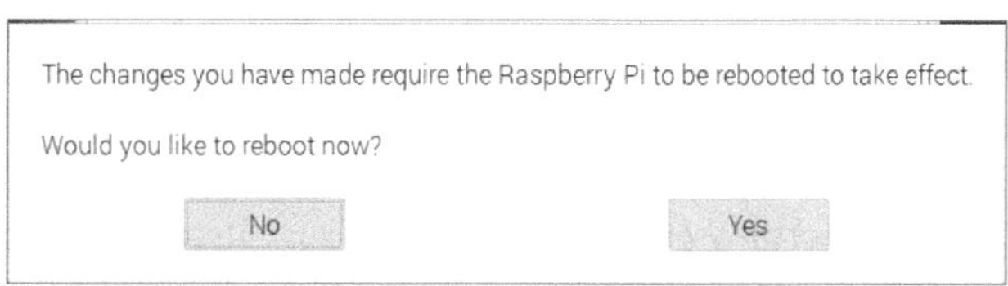

图 3-26　重启树莓派的提示框

方式二：在 LX 终端中运行 sudo raspi-config 命令，运行 raspi-config 配置工具，在 raspi-config 的主界面中选择 System Options 选项并按回车键，在 System Options 子菜单中选择 Hostname 选项并按回车键，弹出一个信息提示框，说明主机名称中可以包含小写字符 a～z、大写字符 A～Z、数字 0～9 和下画线，下画线不能出现在第一个和最后一个字符位置，其他字符和空格不允许出现在主机名称中，如图 3-27 所示。

```
Please note: RFCs mandate that a hostname's labels may contain
only the ASCII letters 'a' through 'z' (case-insensitive),
the digits '0' through '9', and the hyphen.
Hostname labels cannot begin or end with a hyphen.
No other symbols, punctuation characters, or blank spaces are
permitted.

                         <确定>
```

图 3-27 信息提示框

在图 3-27 所示信息提示框中选择“<确定>”选项并按回车键，系统会跳转到修改主机名称的界面，默认名称是 raspberrypi，如图 3-28 所示，将 raspberrypi 修改为 raspberrypi122，选择“<确定>”选项并按回车键，返回主菜单，选择<Finish>选项并按回车键，弹出重启树莓派的提示框，选择“<是>”选项并按回车键，重启树莓派。

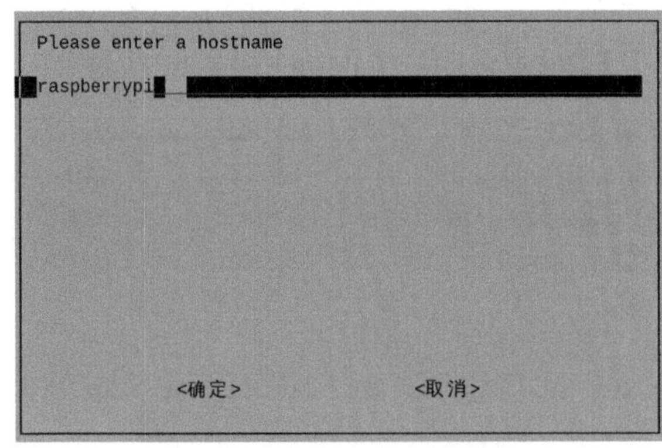

图 3-28 修改主机名称的界面

3.5.2 有线网络配置静态 IP 地址

有线网络可以通过修改配置文件来配置静态 IP 地址，也可以通过 Network Preferences 窗口配置静态 IP 地址。

方式一：修改配置文件。

要使用命令行命令配置静态 IP 地址，需要修改配置文件 dhcpcd.conf（路径：/etc/dhcpcd.conf）。在 LX 终端中运行以下命令。

```
sudo nano /etc/dhcpcd.conf
```

在 nano 编辑器中打开配置文件 dhcpcd.conf，在末尾添加以下内容。

```
interface eth0
static ip_address=192.168.2.122/24    #末尾的 24 表示子网掩码
static routers=192.168.2.1
static domain_name_servers=192.168.1.1
```

按快捷键 Ctrl+O 保存配置文件，按快捷键 Ctrl+X 退出 nano 编辑器，如果树莓派已经开启并连接无线网络，那么先使树莓派断开无线网络，再使其连接有线网络，树莓派桌面右上角的托盘图标中的网络图标会变成上下箭头，即有线网络图标，如图 3-29 所示，打开 Chromium 浏览器，输入一个常用网址，测试有线网络是否连接成功。

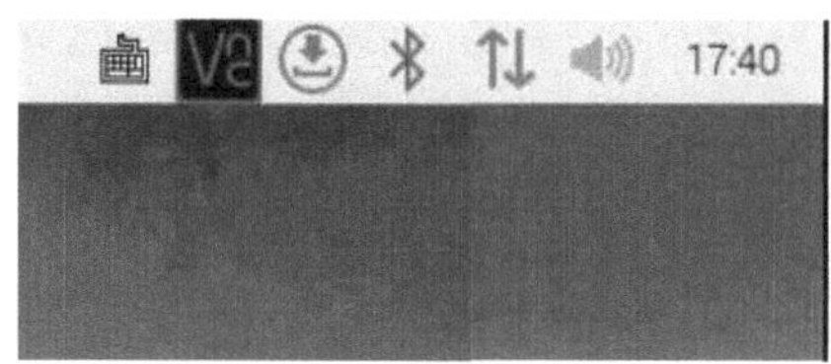

图 3-29　有线网络图标

此时，也可以在 LX 终端中运行 ifconfig -a 命令，查看是否有 eth0 的信息，如果配置成功，则会显示如图 3-30 所示的信息。

```
pi@raspberrypi122:~ $ ifconfig -a
eth0: flags=4163<UP,BROADCAST,RUNNING,MULTICAST>  mtu 1500
        inet 192.168.2.122  netmask 255.255.255.0  broadcast 192.168.2.255
        inet6 fe80::4d84:2fc5:70ff:3459  prefixlen 64  scopeid 0x20<link>
        ether dc:a6:32:5c:c5:22  txqueuelen 1000  (Ethernet)
        RX packets 24724  bytes 2684197 (2.5 MiB)
        RX errors 0  dropped 0  overruns 0  frame 0
        TX packets 33281  bytes 34230299 (32.6 MiB)
        TX errors 0  dropped 0 overruns 0  carrier 0  collisions 0

lo: flags=73<UP,LOOPBACK,RUNNING>  mtu 65536
        inet 127.0.0.1  netmask 255.0.0.0
        inet6 ::1  prefixlen 128  scopeid 0x10<host>
        loop  txqueuelen 1000  (Local Loopback)
        RX packets 29  bytes 2906 (2.8 KiB)
        RX errors 0  dropped 0  overruns 0  frame 0
        TX packets 29  bytes 2906 (2.8 KiB)
        TX errors 0  dropped 0 overruns 0  carrier 0  collisions 0
```

图 3-30　eth0 的信息

方式二：通过 Network Preferences 窗口。

右击树莓派桌面右上角的托盘图标中的网络图标，弹出快捷菜单，如图 3-31 所示。

图 3-31　网络图标的右键快捷菜单

在网络图标右键快捷菜单中选择 Wireless & Wired Network Settings 命令，打开 Network Preferences 窗口，如图 3-32 所示。

Configure 右侧的第一个下拉列表采用默认设置，即选择 interface 选项，在 Configure

右侧的第二个下拉列表中选择 eth0 选项，如图 3-33 所示。

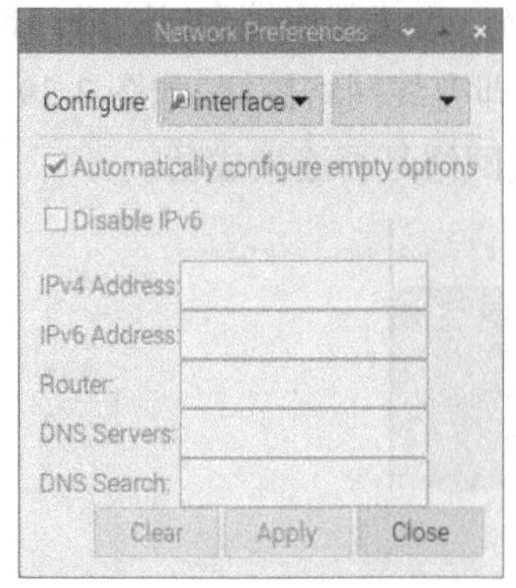

图 3-32　Network Preferences 窗口

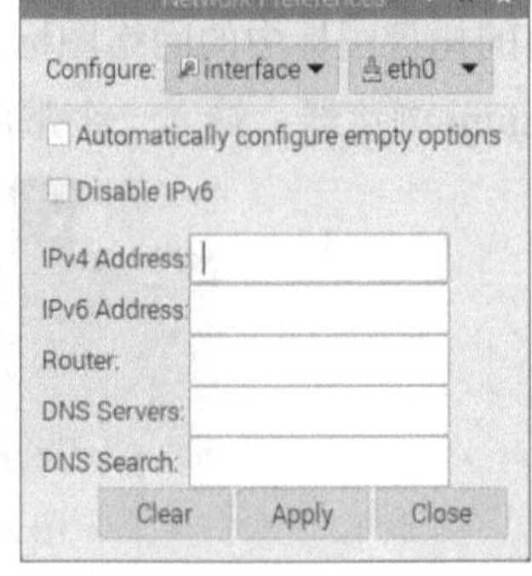

图 3-33　Network Preferences 窗口中的参数设置（1）

在 IPv4 Address 文本框中输入“192.168.2.122/24”，在 Router 文本框中输入“192.168.2.1”，在 DNS Servers 文本框中输入“192.168.1.1”，IPv6 Address 文本框和 DNS Search 文本框留空，勾选 Automatically configure empty options 复选框，如图 3-34 所示。先单击 Apply 按钮，再单击 Close 按钮，关闭 Network Preferences 窗口。连接有线网络，使用浏览器或 ifconfig -a 命令测试有线网络连接是否成功。

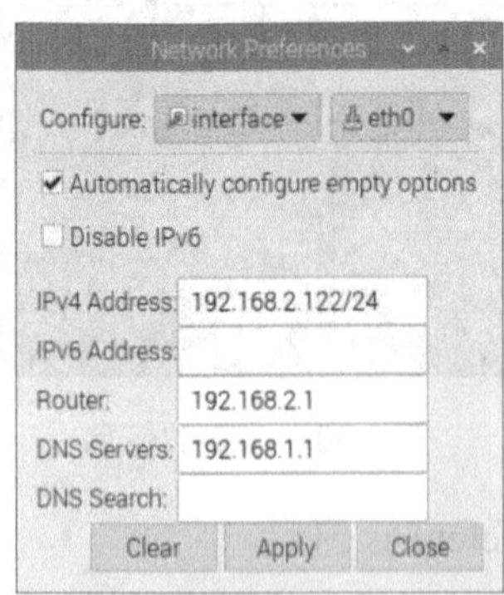

图 3-34　Network Preferences 窗口中的参数设置（2）

3.5.3　连接无线网络

树莓派可以通过图标方式连接无线网络，也可以通过 Network Preferences 窗口连接无线网络，还可以通过修改配置文件连接无线网络。

方式一：图标方式。

单击树莓派桌面右上角的托盘图标中的网络图标，在弹出的菜单中选择 Turn On Wi-Fi 命令，如图 3-35 所示。

再次单击网络图标，出现可用的 Wi-Fi 列表，如图 3-36 所示。

图 3-35　网络图标

选择要连接的 Wi-Fi，系统会打开 MacDingHomeWifi 窗口，如图 3-37 所示。输入正确的密码，然后单击 OK 按钮，等待片刻，树莓派即可连接所选的 Wi-Fi。使用浏览器或 ifconfig -a 命令测试无线网络连接是否成功。

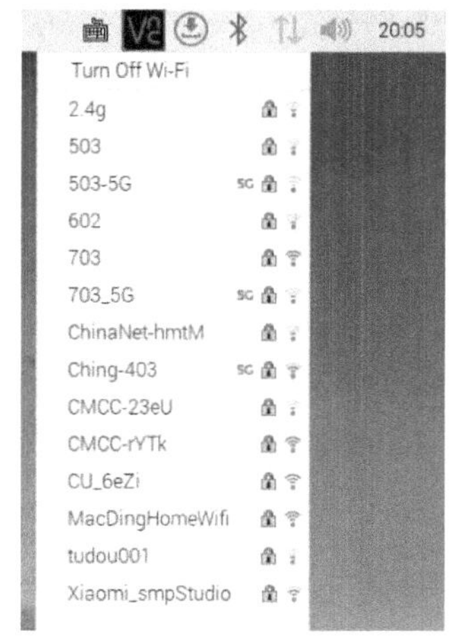

图 3-36　可用的 Wi-Fi 列表

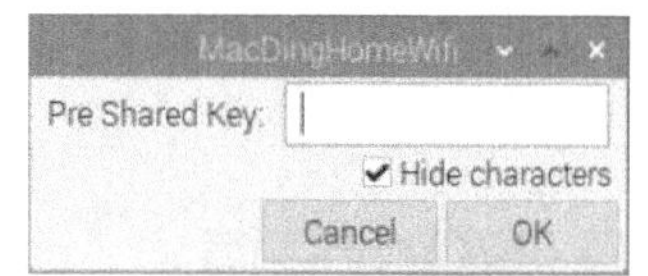

图 3-37　MacDingHomeWifi 窗口

方式二：通过 Network Preferences 窗口。

右击树莓派桌面右上角的托盘图标中的网络图标，在弹出的快捷菜单中选择 Wireless & Wired Network Settings 命令，打开 Network Preferences 窗口，在 Configure 右侧的第一个下拉列表中选择 SSID 选项，单击第二个下拉列表，会出现可用的 Wi-Fi 名称列表，如图 3-38 所示，这里我们选择 MacDingHomeWifi 选项。

在 IPv4 Address 文本框中输入“192.168.2.121/24”，在 Router 文本框中输入“192.168.2.1”，在 DNS Servers 文本框中输入 “192.168.1.1”，IPv6 Address 文本框和 DNS Search 文本框留空，如图 3-39 所示。先单击 Apply 按钮，再单击 Close 按钮，关闭 Network Preferences 窗口。使用浏览器或 ifconfig -a 命令测试无线网络连接是否成功。

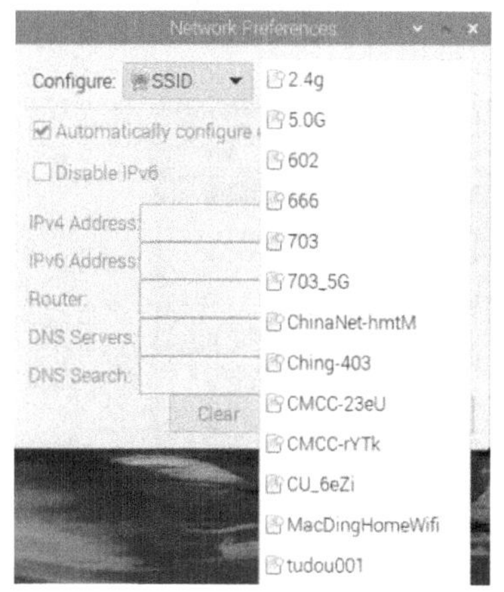

图 3-38　可用的 Wi-Fi 名称列表

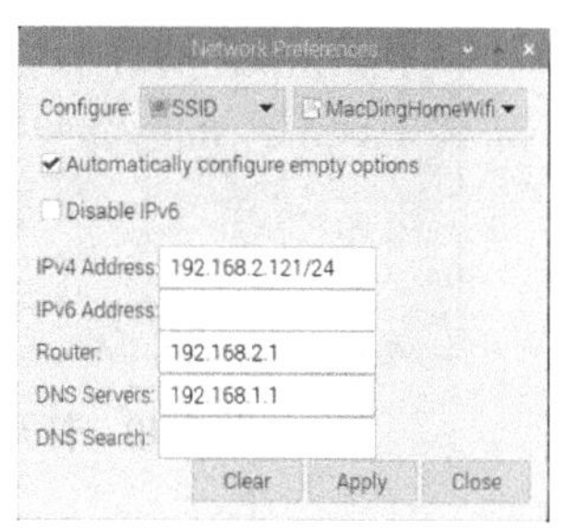

图 3-39　Network Preferences 窗口

方式三：修改配置文件。

要使用命令行连接无线网络，需要修改配置文件 wpa_supplicant.conf（路径：/etc/wpa_supplicant/wpa_supplicant.conf）。在 LX 终端中运行以下命令。

```
sudo  nano  /etc/wpa_supplicant/wpa_supplicant.conf
```

在 nano 编辑器中打开配置文件 wpa_supplicant.conf，在末尾添加以下内容。

```
network={
ssid=" MacDingHomeWifi "            #将引号中的名称换成自己的 Wi-Fi 名称
psk="12345678"                      #将引号中的密码换成自己的 Wi-Fi 密码
key_mgmt=WPA-PSK
}
```

按快捷键 Ctrl+O 保存配置文件，按快捷键 Ctrl+X 退出 nano 编辑器。重启树莓派，即可看到正常连接的 Wi-Fi。使用浏览器或 ifconfig -a 命令测试无线网络连接是否成功。

3.6 远程登录树莓派

在使用树莓派时，有时用户需要远程登录树莓派的桌面系统，简称远程登录树莓派。有公网固定 IP 地址的树莓派可以通过互联网远程登录，设置了局域网 IP 地址的树莓派可以通过局域网远程登录。我们可以通过 VNC Viewer、Windows 远程桌面、SSH 远程登录等多种方式远程登录树莓派。

3.6.1 VNC Viewer

在使用 VNC Viewer 远程登录树莓派前，首先需要让树莓派打开允许 VNC 远程登录的设置项。在 LX 终端中输入 sudo raspi-config 命令，运行 raspi-config 配置工具，在 raspi-config 的主界面中选择 Interface Options 选项并按回车键，打开 Interface Options 子菜单，如图 3-40 所示。

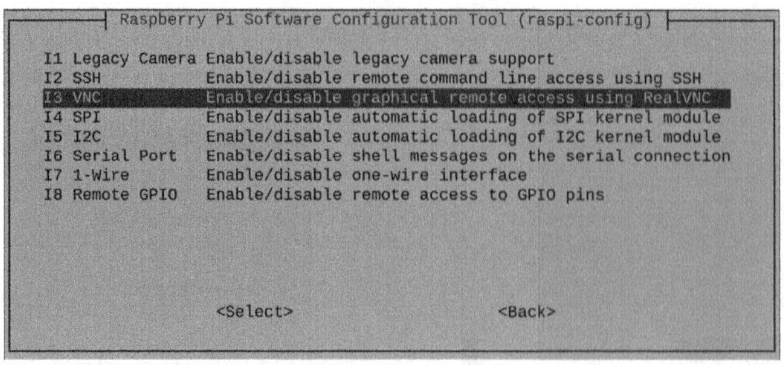

```
Raspberry Pi Software Configuration Tool (raspi-config)

I1 Legacy Camera Enable/disable legacy camera support
I2 SSH           Enable/disable remote command line access using SSH
I3 VNC           Enable/disable graphical remote access using RealVNC
I4 SPI           Enable/disable automatic loading of SPI kernel module
I5 I2C           Enable/disable automatic loading of I2C kernel module
I6 Serial Port   Enable/disable shell messages on the serial connection
I7 1-Wire        Enable/disable one-wire interface
I8 Remote GPIO   Enable/disable remote access to GPIO pins

                 <Select>                     <Back>
```

图 3-40　打开 Interface Options 子菜单

在 Interface Options 子菜单中选择 VNC 选项并按回车键，弹出一个信息提示框，询问是否打开 VNC Server 服务，如图 3-41 所示。

选择“<是>”选项并按回车键，系统会弹出一个新的信息提示框，提示 VNC Server 服务已经开启，如图 3-42 所示，选择“<确定>”选项并按回车键，然后选择<Finish>选项并按回车键，即可成功开启 VNC Server 服务。

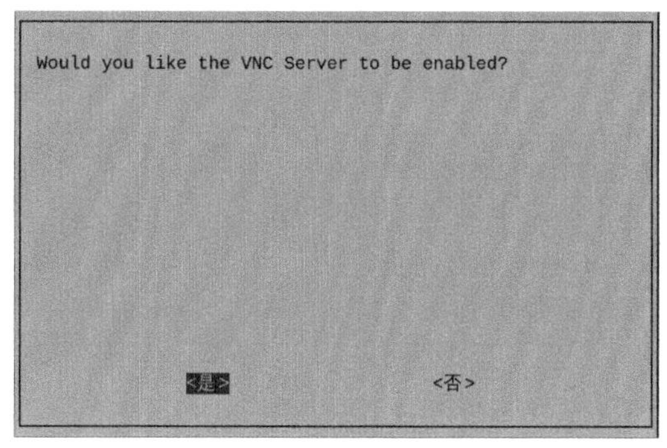

图 3-41　信息提示框（1）

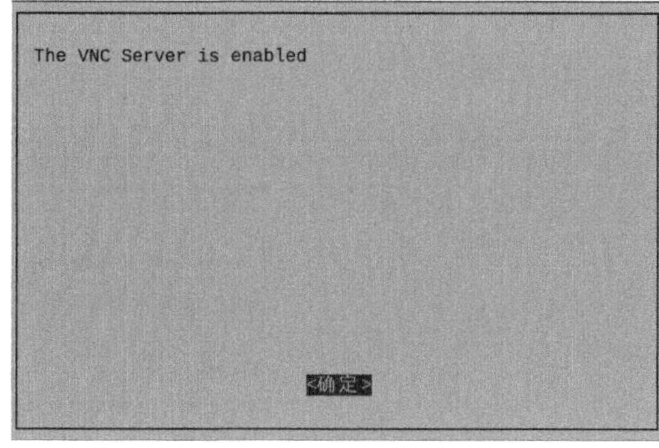

图 3-42　信息提示框（2）

也可以从树莓派的开始菜单中选择“首选项”→“Raspberry Pi Configuration”命令，打开 Raspberry Pi Configuration（树莓派的配置工具）窗口，选择 Interfaces 选项卡，打开 VNC 选项右边的开关，如图 3-43 所示，单击 OK 按钮，即可成功开启 VNC Server 服务。

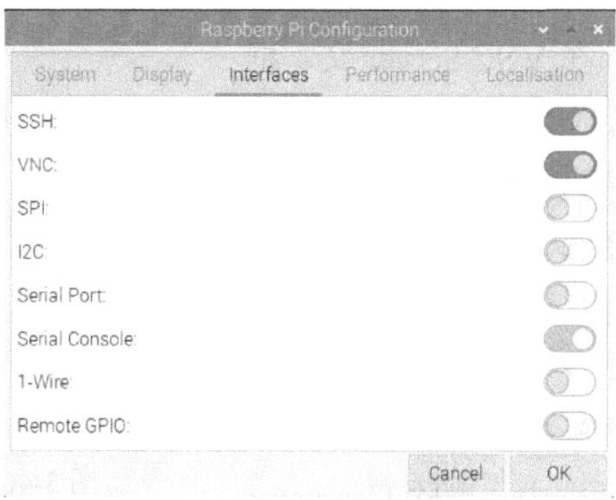

图 3-43　Interfaces 选项卡

在开启 VNC Server 服务后，在树莓派右上角的系统托盘中，键盘图标的旁边会出现 VNC Server 图标，如图 3-44 所示。

图 3-44　VNC Server 图标

在开启 VNC Server 服务后，在 Windows 操作系统中打开浏览器，找到 VNC Viewer 官方网站，下载 VNC Viewer 客户端软件。

启动 VNC Viewer 客户端软件，在菜单栏中选择 File→New Connection 命令，打开 Properties 窗口，如图 3-45 所示。

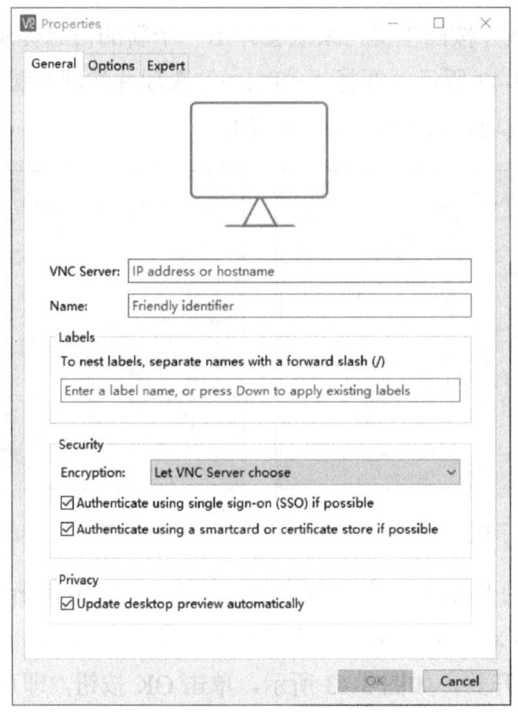

图 3-45 Properties 窗口

在 Properties 窗口中，在 VNC Server 文本框中输入树莓派的 IP 地址，如 192.168.2.121，在 Name 文本框中输入树莓派的标记名称，如 Raspi121，其他参数采用默认设置，单击 OK 按钮，在 VNC Server 的工作区会出现一个名称为 Raspi121 的图标，双击该图标，弹出 Authentication 对话框，如图 3-46 所示。

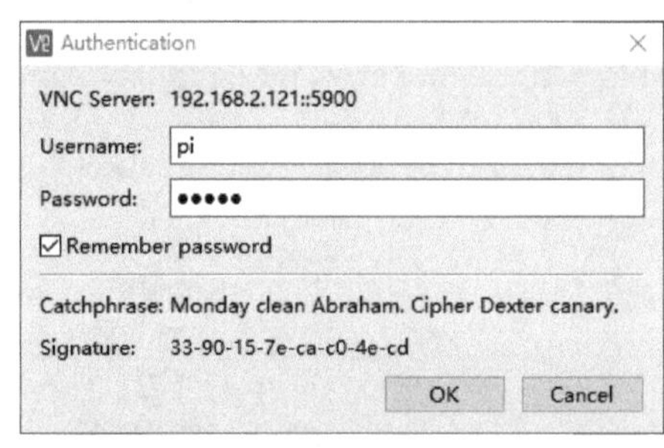

图 3-46 Authentication 对话框

在 Authentication 对话框中，删除 Username 文本框中默认的 Windows 同户名，输入树莓派的用户名 pi，在 Password 文本框中输入树莓派的登录密码，勾选 Remember password 复选框，单击 OK 按钮，系统会弹出 Identity Check 提示框，如图 3-47 所示，单击 Continue 按钮，即可远程登录树莓派。

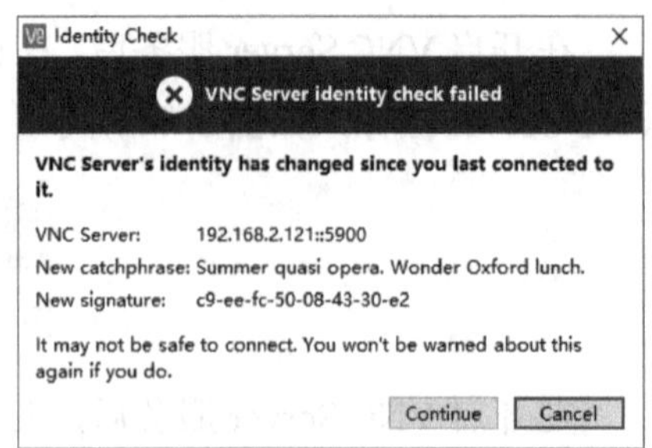

图 3-47 Identity Check 提示框

3.6.2 Windows 远程桌面

在 Windows 操作系统中，使用自带的远程桌面连接组件也可以远程登录树莓派。

在 LX 终端中运行以下命令，在树莓派上安装 tightvncserver 服务。

```
sudo apt-get install tightvncserver
```

在 tightvncserver 服务的安装过程中，会出现提示“您希望继续执行吗？[Y/n]”，如图 3-48 所示，输入“Y”并按回车键，等待安装完成。

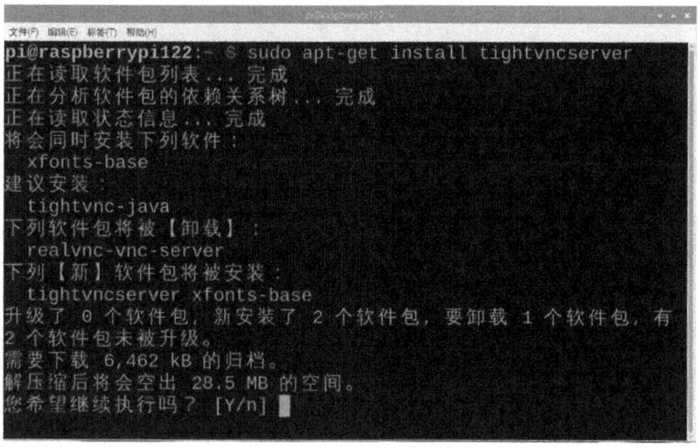

图 3-48　出现提示“您希望继续执行吗？[Y/n]”（1）

在 LX 终端中运行以下命令，在树莓派上安装 xrdp 服务。

```
sudo apt-get install xrdp
```

在 xrdp 服务的安装过程中，会出现提示“您希望继续执行吗？[Y/n]”，如图 3-49 所示，输入“Y”并按回车键，等待安装完成。

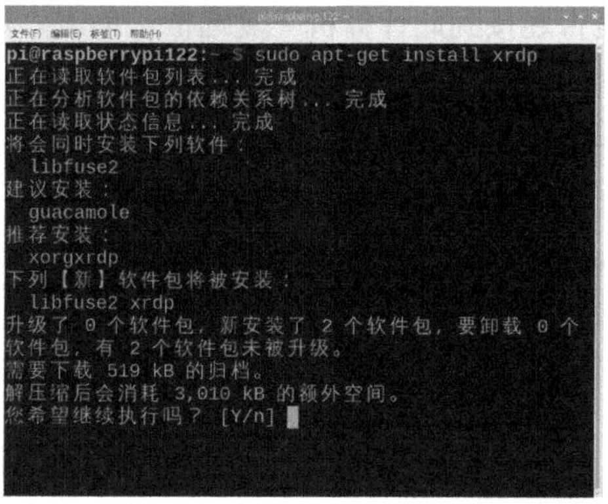

图 3-49　出现提示“您希望继续执行吗？[Y/n]”（2）

在 LX 终端中运行以下命令，重启 xrdp 服务。

```
sudo service xrdp restart
```

或者运行以下命令。

```
sudo /etc/init.d/xrdp restart
```

系统会返回以下信息并启用相应端口。

```
Restarting xrdp (via systemctl): xrdp.service.
```

在 LX 终端中运行以下命令，检查端口 3350、3389、5910 是否处于 LISTEN 状态。

```
netstat -tnl
```

在 Windows 操作系统的开始菜单中选择“Windows 附件”→“远程桌面连接”命令，

打开“远程桌面连接”窗口，在“计算机”下拉列表中输入树莓派的 IP 地址，如192.168.2.121，在“用户名”文本框中输入树莓派的用户名 pi，其他参数采用默认设置，如图 3-50 所示。

单击“连接”按钮，系统会弹出“远程桌面连接”对话框，如图 3-51 所示。

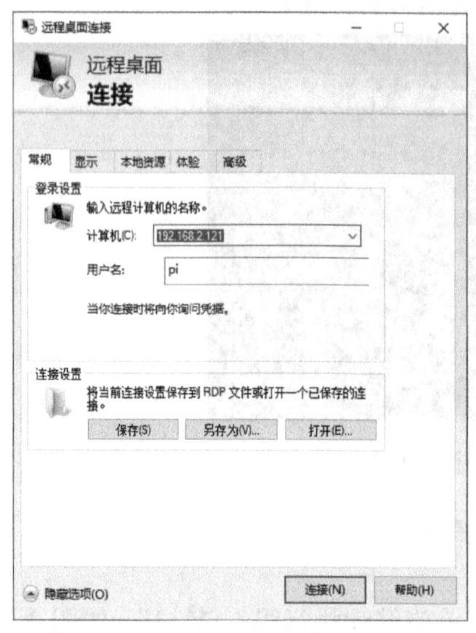

图 3-50 “远程桌面连接”窗口

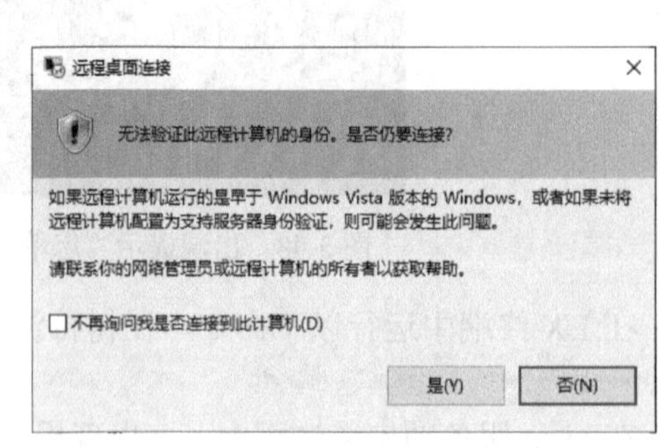

图 3-51 “远程桌面连接”对话框

勾选“不再询问我是否连接到此计算机”复选框，单击“是”按钮，打开顶部带有 IP 地址的 Windows 远程登录窗口，如图 3-52 所示，在 Session 下拉列表中选择 Xvnc 选项，在 username 文本框中输入树莓派用户名 pi，在 password 文本框中输入树莓派的密码，单击 OK 按钮，即可远程登录树莓派。

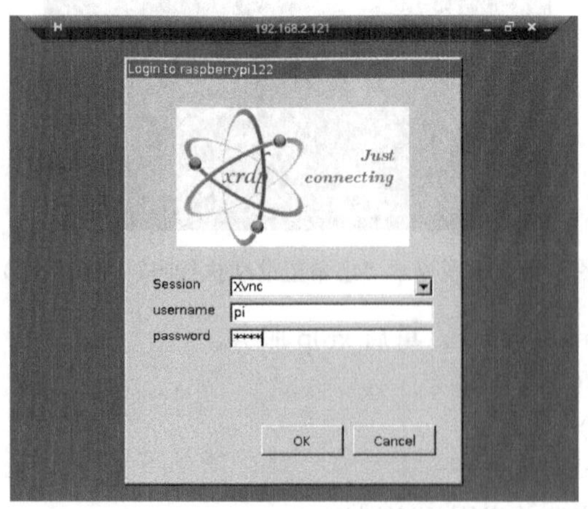

图 3-52 Windows 远程登录窗口

3.6.3 SSH 远程登录

SSH 远程登录是指通过命令行远程登录树莓派的方式。使用 SSH 工具可以远程登录树莓派，在登录后，只有命令行窗口，没有图形化界面。SSH 远程登录的优点是树莓派与所连接的计算机共用一套键盘、鼠标和显示器，采用简洁的命令行操作界面，连接速度快，占用的网络资源少。

树莓派操作系统内置了 SSH Server 服务。在树莓派的开始菜单中选择“首选项”→“Raspberry Pi Configuration”命令，打开 Raspberry Pi Configuration（树莓派的配置工具）窗口，选择 Interfaces 选项卡，打开 SSH 选项右边的开关，单击 OK 按钮，即可成功开启 SSH Server 服务，如图 3-53 所示。

Windows 操作系统中的 SSH 工具有很多，常用的有 PuTTY、Xshell、MobaXterm 等。其中，PuTTY 的功能单一，简单易用。

在 PuTTY 官方网站下载并安装 PuTTY。打开 PuTTY，在“主机名称（或 IP 地址）”文本框中输入树莓派的 IP 地址，“端口”和“连接类型”采用默认设置，如图 3-54 所示，单击“打开”按钮。

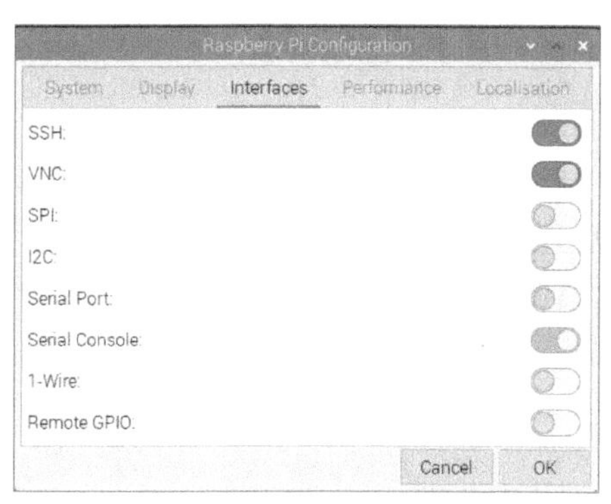

图 3-53　开启 SSH Server 服务

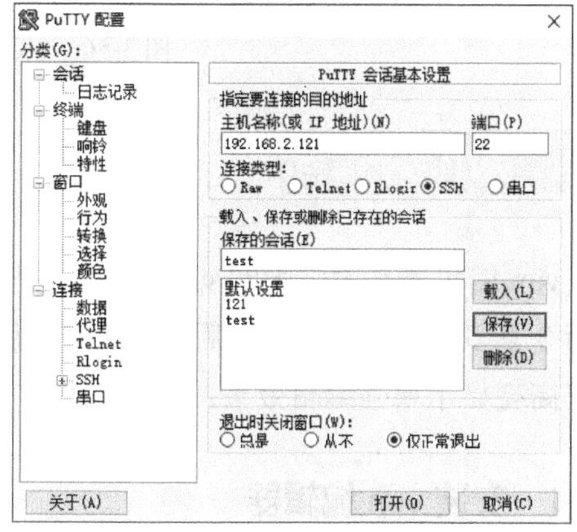

图 3-54　PuTTY 设置

弹出 puTTY Security Alert 对话框，单击“是”按钮，表示允许加密连接，如图 3-55 所示。

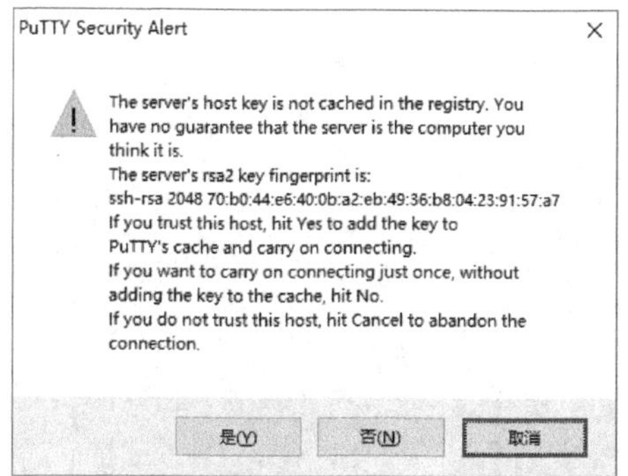

图 3-55　puTTY Security Alert 对话框

在新出现的 Putty(inactive)窗口中，在 login as 后面输入用户名并按回车键，在“用户名@IP 地址’s password：样式”后面输入用户密码并按回车键，即可远程登录树莓派。

例如，使用用户名 pi、IP 地址 192.168.2.121 远程登录树莓派，运行界面及返回信息如图 3-56 所示。

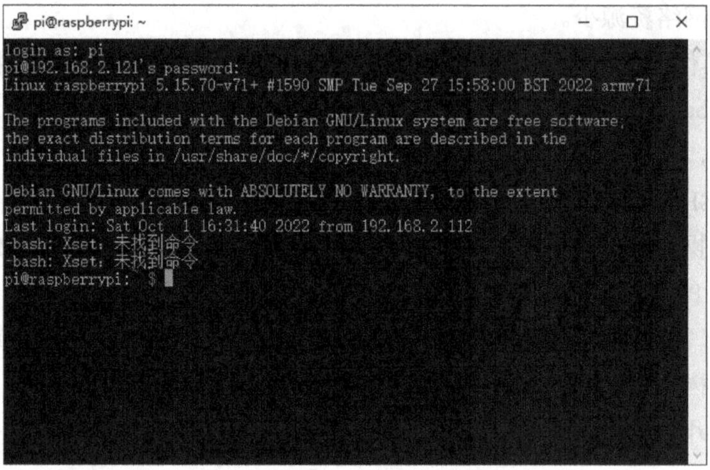

```
login as: pi
pi@192.168.2.121's password:
Linux raspberrypi 5.15.70-v7l+ #1590 SMP Tue Sep 27 15:58:00 BST 2022 armv7l

The programs included with the Debian GNU/Linux system are free software;
the exact distribution terms for each program are described in the
individual files in /usr/share/doc/*/copyright.

Debian GNU/Linux comes with ABSOLUTELY NO WARRANTY, to the extent
permitted by applicable law.
Last login: Sat Oct  1 16:31:40 2022 from 192.168.2.112
-bash: Xset: 未找到命令
-bash: Xset: 未找到命令
pi@raspberrypi:~ $
```

图 3-56　SSH 远程登录树莓派

3.7　vim 编辑器

vim 编辑器是增强版的 vi 编辑器，是树莓派上常用的编辑器，在使用初期可能会感觉命令繁多，但在使用熟练后，可以大幅度提高编辑效率，在使用过程中，可以通过 vim 代码高亮显示增强编辑效果。

3.7.1　安装 vim 编辑器

树莓派操作系统默认不安装 vim 编辑器。在 LX 终端中运行以下命令，如图 3-57 所示，即可安装 vim 编辑器。

```
sudo apt-get install -y vim
```

```
pi@raspberrypi121:~ $ sudo apt-get install -y vim
正在读取软件包列表... 完成
正在分析软件包的依赖关系树... 完成
正在读取状态信息... 完成
下列软件包是自动安装的并且现在不需要了：
  libfuse2
使用'sudo apt autoremove'来卸载它(它们)。
将会同时安装下列软件：
  vim-runtime
建议安装：
  ctags vim-doc vim-scripts
下列【新】软件包将被安装：
  vim vim-runtime
升级了 0 个软件包，新安装了 2 个软件包，要卸载 0 个软件包，有 154 个软件包未被升级。
需要下载 7,396 kB 的归档。
解压缩后会消耗 35.6 MB 的额外空间。
```

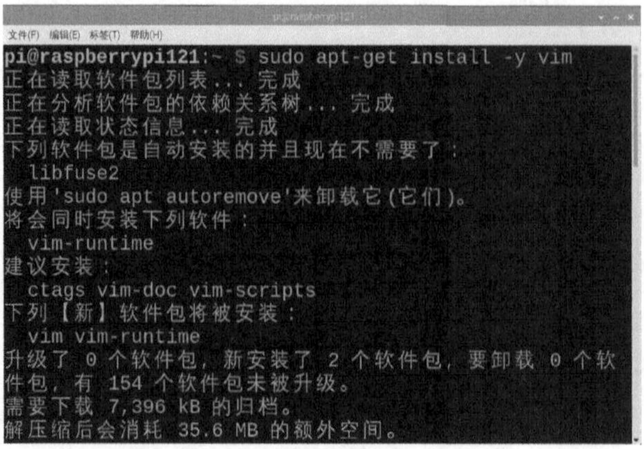

图 3-57　安装 vim 编辑器

3.7.2　vim 代码高亮显示

vim 编辑器在安装完成后，即可用于进行编辑操作，但此时代码并未高亮显示。打开 LX 终端，在~目录下新建.vimrc 文件，依次运行以下命令。

```
cd ~
sudo nano .vimrc
```

在 nano 编辑器中打开.vimrc 文件，输入以下内容。

```
set number
syntax on
set tabstop=4
```

首先在 nano 编辑器中按快捷键 Ctrl+O 保存.vimrc 文件，然后按回车键确认保存该文件，最后按快捷键 Ctrl+X 退出 nano 编辑器。打开 vim 编辑器，即可使代码高亮显示。

在树莓派上使用 vim 编辑器编辑新文件 newfile.txt，在 LX 终端中运行以下命令。

```
sudo vim newfile.txt
```

至此，在 LX 终端中出现了 vim 编辑器，如图 3-58 所示。

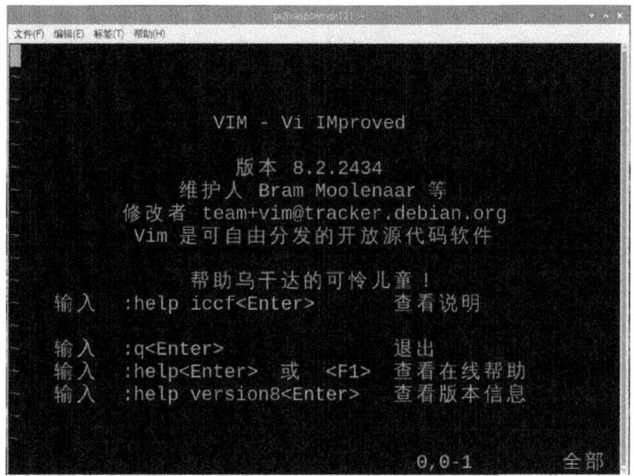

图 3-58　vim 编辑器

3.7.3　vim 编辑器的模式

vim 编辑器有 3 种模式：插入模式、命令模式、低行模式。

- 插入模式：可以输入字符。按 ESC 键，可以切换为命令模式。
- 命令模式：可以移动光标、删除字符等。
- 低行模式：可以保存文件、退出 vim 编辑器、设置 vim 编辑器、查找等。

3.7.4　打开、保存、关闭文件

在 LX 终端中运行以下命令，可以打开 newfile.txt 文件。

```
sudo vim newfile.txt
```

在 vim 编辑器中，保存文件和退出编辑器需要在命令模式下使用相应的 vim 命令实现。保存文件和退出编辑器的 vim 命令如表 3-8 所示。

表 3-8 保存文件和退出编辑器的 vim 命令

序号	vim 命令	实现功能
1	:w	保存文件
2	:w newfile2.txt	将当前文件 newfile.txt 中的内容保存到 newfile2.txt 文件中
3	:q	退出 vim 编辑器
4	:q!	退出 vim 编辑器，并且不保存文件
5	:wq	退出 vim 编辑器，并且保存文件

3.7.5 插入文本或行

在 vim 编辑器中，插入本文或行需要在命令模式下使用相应的 vim 命令实现。插入文本或行的 vim 命令如表 3-9 所示。在运行表 3-9 中的命令后，vim 编辑器会进入插入模式，按 ESC 键可以退出插入模式。

表 3-9 插入本文或行的 vim 命令

序号	vim 命令	实现功能
1	a	在当前光标位置的右边添加文本
2	i	在当前光标位置的左边添加文本
3	A	在当前行的末尾添加文本
4	I	在当前行的开头添加文本（非空字符的行首）
5	O	在当前行的上面新建一行
6	o	在当前行的下面新建一行
7	R	替换（覆盖）当前光标位置及后面的若干文本
8	J	将光标所在行与下一行合并为一行（依然在命令模式）

3.7.6 移动光标

在 vim 编辑器中，要移动光标，可以通过按键盘上的方向键实现，也可以在命令模式下使用相应的 vim 命令实现。移动光标的 vim 命令如表 3-10 所示。

表 3-10 移动光标的 vim 命令

序号	vim 命令	实现功能
1	h	向左
2	j	向下
3	k	向上
4	l	向右
5	空格键	向右
6	Backspace	向左
7	Enter	移动到下一行的行首
8	-	移动到上一行的行首

3.7.7 删除、恢复字符或行

在 vim 编辑器中，要删除、恢复字符或行，需要在命令模式下使用相应的 vim 命令实现。删除、恢复字符或行的 vim 命令如表 3-11 所示。

表 3-11 删除、恢复字符或行的 vim 命令

序号	vim 命令	实现功能
1	x	删除当前字符
2	nx	删除从光标开始的 n 个字符
3	dd	删除当前行
4	ndd	向下删除当前行在内的 n 行
5	u	撤销上一步操作
6	U	撤销对当前行的所有操作

3.7.8 搜索

在 vim 编辑器中，要执行搜索操作，需要在命令模式下使用相应的 vim 命令实现。执行搜索操作的 vim 命令如表 3-12 所示。

表 3-12 执行搜索操作的 vim 命令

序号	vim 命令	实现功能
1	/vpser	向光标下搜索 vpser 字符串
2	?vpser	向光标上搜索 vpser 字符串
3	n	向下执行前一个搜索操作
4	N	向上执行前一个搜索操作

3.7.9 跳转至指定行

在 vim 编辑器中，要跳转至指定行，需要在命令模式下使用相应的 vim 命令实现。跳转至指定行的 vim 命令如表 3-13 所示。

表 3-13 跳转至指定行的 vim 命令

序号	vim 命令	实现功能
1	n+	向下跳转 n 行
2	n-	向上跳转 n 行
3	nG	跳转至行号为 n 的行
4	G	跳转至文件的底部

3.7.10 设置是否显示行号

在 vim 编辑器中，要设置是否显示行号，需要在命令模式下使用相应的 vim 命令实现。设置是否显示行号的 vim 命令如表 3-14 所示。

表 3-14　设置是否显示行号的 vim 命令

序号	vim 命令	实现功能
1	:set nu	显示行号
2	:set nonu	取消显示行号

3.7.11　复制和粘贴

在 vim 编辑器中，要执行复制和粘贴操作，需要在命令模式下使用相应的 vim 命令实现。执行复制和粘贴操作的 vim 命令如表 3-15 所示。

表 3-15　执行复制和粘贴操作的 vim 命令

序号	vim 命令	实现功能
1	yy	将当前行复制到缓存区中。例如，使用 ayy 命令将当前行复制到缓存区中，其中，a 为缓存区，可以将 a 替换为 a～z 的任意字母作为缓存区
2	nyy	将当前行向下 n 行全部复制到缓存区中。例如，使用 anyy 命令将当前行复制，其中，a 为缓存区，可以将 a 替换为 a～z 的任意字母作为缓存区
3	yw	复制从光标位置开始到词尾的字符
4	nyw	复制从光标位置开始的 n 个单词
5	y^	复制从光标位置到行首的内容
6	y$	复制从光标位置到行尾的内容
7	p	在光标位置后粘贴剪切板中的内容
8	P	在光标位置前粘贴剪切板中的内容

3.7.12　替换

在 vim 编辑器中，要执行替换操作，需要在命令模式下使用相应的 vim 命令实现。执行替换操作的 vim 命令如表 3-16 所示。

表 3-16　执行替换操作的 vim 命令

序号	vim 命令	实现功能
1	:s/old/new	用 new 替换行中首次出现的 old
2	:s/old/new/g	用 new 替换行中的所有 old
3	:n,m s/old/new/g	用 new 替换从 n 到 m 行中的所有 old
4	:%s/old/new/g	用 new 替换当前文件中的所有 old

3.7.13　编辑其他文件

在 vim 编辑器中，要编辑其他文件，需要在命令模式下使用相应的 vim 命令实现。在 vim 编辑器的命令模式下输入以下命令并按回车键（运行以下命令），可以编辑文件名为 otherfilename 的文件。

```
e otherfilename
```

3.7.14　修改文件格式

要修改文件格式，需要在命令模式下使用相应的 vim 命令实现。在 vim 编辑器的命令模式下运行以下命令，可以将文件修改为 UNIX 格式，如果是 Windows 操作系统中的文本文件，那么它在 Linux 操作系统中会出现^M 符号。

```
set fileformat=unix
```

虽然树莓派的 vim 编辑器中的命令较多，但是只要勤加练习，就可以很快地将其掌握，从而提高工作或学习的效率。如果不知道自己处于什么模式，那么按两次 Esc 键，即可回到命令模式。需要注意的是，vim 命令区分大小写。

3.8　禁止显示器屏幕休眠

当使用树莓派的显示器作为演示器或监视器时，需要禁止长时间无响应的屏幕休眠。这时，我们需要设置树莓派禁止显示器屏幕在图形界面中休眠，或者禁止显示器屏幕在 Console 终端中休眠。

3.8.1　禁止显示器屏幕在图形界面中休眠

禁止显示器屏幕在图形界面中休眠，需要在树莓派操作系统的/etc/profile.d 路径下新建一个文件，如 Screen.sh，然后在 LX 终端中运行以下命令。

```
sudo nano /etc/profile.d/Screen.sh
```

使用 nano 编辑器打开 Screen.sh 文件，然后输入以下两条命令并保存，即可永久禁止显示器屏幕在图形界面中休眠，如图 3-59 所示。

```
xset dpms 0 0 0
xset s off
```

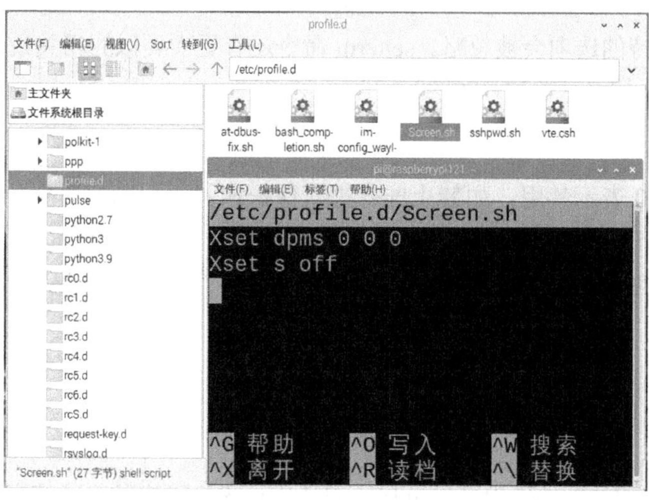

图 3-59　在 Screen.sh 文件中输入命令

首先在 nano 编辑器中按快捷键 Ctrl+O 保存文件，然后按回车键确认保存该文件，最后按快捷键 Ctrl+X 退出 nano 编辑器。

可以根据实际需求，使用 xset 命令对树莓派的显示器屏幕进行更多相关设置，经常用到的功能如表 3-17 所示。

表 3-17　xset 命令经常用到的功能

指令	实现功能
xset s off	禁用屏幕保护功能
xset s 3600 3600	设置空闲时间为 1 小时
xset -dpms	关闭 DPMS（显示器电源管理）
xset s off -dpms	禁用 DPMS 并阻止屏幕进入空闲状态
xset dpms force off	立即关闭屏幕
xset dpms force standby	强制屏幕进入待命状态
xset dpms force suspend	强制屏幕进入暂停状态

要了解关于 xset 命令的更多功能，可以在 LX 终端中输入以下命令进行查看。

```
xset --help
```

3.8.2　禁止显示器屏幕在 Console 终端中休眠

在很多工作场景中，需要树莓派在 Console 终端中禁止显示器屏幕休眠，在 Console 终端中运行以下命令即可实现。

```
setterm --blank 0      #注意：blank 前面有两个“-”
```

在每次开机或重启后，上述命令会失效。在每次开机或重启后会自动启动 /etc/bash.bashrc 脚本，因此可以将上述命令加入启动脚本，从而解决该问题。

setterm 命令的作用是向 Console 终端写一个指定字符串到标准输出，能够调用 Console 终端的特定功能。如果在虚拟终端中使用 setterm 命令，则会改变虚拟终端的输出特性。setterm 命令不支持的选项会被忽略。setterm 命令还有更多类似的相关设置，示例如下：

```
setterm -blank [0-60|force|poke]
setterm -powersave [on|vsync|hsync|powerdown|off]
setterm -powerdown [0-60]
```

参数为数字 0 表示禁用，如禁止屏幕进入保护和关闭状态的命令如下：

```
setterm --blank 0 --powerdown 0
```

要了解关于 setterm 命令的更多功能，可以在 LX 终端中运行以下命令进行查看。

```
setterm -help
```

3.9　设置 SWAP

树莓派中的 SWAP 又称为交换分区，是 Micro SD 卡中的一个有特殊用途的分区。当系统的物理内存不够用时，会将物理内存中的一部分空间释放出来，并且将其提供给当前运行的程序使用。这些被释放的存储空间可能来自一些长时间未进行操作的程序，它们被临时存储于 SWAP 中，在原来的程序再次运行时，就会从 SWAP 中将其恢复。在树莓派中，系统和数据都存储于 Micro SD 卡中，为 SWAP 分配太多的存储空间，会浪费 Micro SD 卡中的存储空间，如果 SWAP 中的存储空间太少，那么系统会发生错误。一般在树莓派内存空间小于 2G 的情况下，SWAP 的大小应设置为内存空间的 2 倍，当然也需要考虑 Micro SD 卡的容量和实际使用情况。

在 LX 终端中运行以下命令，查看内存大小。

```
free -m
```

系统返回的结果如下：

```
        total    used    free   shared  buff/cache   available
内存:   1872     211     211     83       1449         1478
交换:    99       1      98
```

在 LX 终端中运行以下命令，修改树莓派的 SWAP 大小。

```
sudo nano /etc/dphys-swapfile
```

使用 nano 编辑器打开/etc/dphys-swapfile 文件，该文件中的内容如图 3-60 所示。

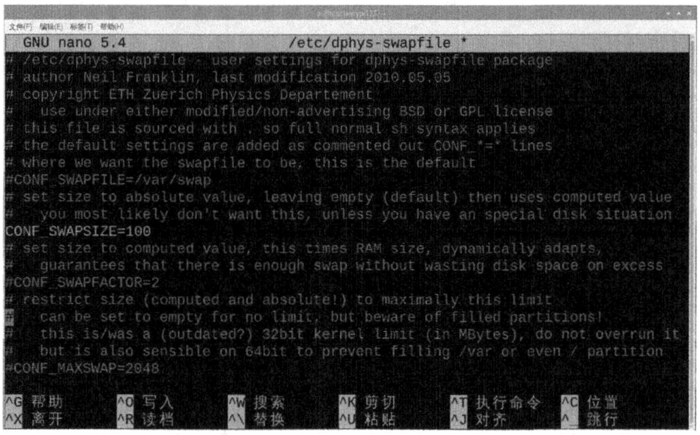

```
  GNU nano 5.4                 /etc/dphys-swapfile *
# /etc/dphys-swapfile - user settings for dphys-swapfile package
# author Neil Franklin, last modification 2010.05.05
# copyright ETH Zuerich Physics Departement
#   use under either modified/non-advertising BSD or GPL license
# this file is sourced with . so full normal sh syntax applies
# the default settings are added as commented out CONF_*=* lines
# where we want the swapfile to be, this is the default
#CONF_SWAPFILE=/var/swap
# set size to absolute value, leaving empty (default) then uses computed value
#   you most likely don't want this, unless you have an special disk situation
CONF_SWAPSIZE=100
# set size to computed value, this times RAM size, dynamically adapts,
#   guarantees that there is enough swap without wasting disk space on excess
#CONF_SWAPFACTOR=2
# restrict size (computed and absolute!) to maximally this limit
#   can be set to empty for no limit, but beware of filled partitions!
#   this is/was a (outdated?) 32bit kernel limit (in MBytes), do not overrun it
#   but is also sensible on 64bit to prevent filling /var or even / partition
#CONF_MAXSWAP=2048

^G 帮助     ^O 写入     ^W 搜索     ^K 剪切     ^T 执行命令   ^C 位置
^X 离开     ^R 读档     ^\ 替换     ^U 粘贴     ^J 对齐       ^_ 跳行
```

图 3-60　dphys-swapfile 文件中的内容

将"#CONF_SWAPFILE=/var/swap""#CONF_SWAPFACTOR=2""#CONF_MAXSWAP=2048"前面的注释符"#"去掉，这样，dphys-swapfile 文件中不是注释的内容有 4 行，分别如下：

```
CONF_SWAPFILE=/var/swap
CONF_SWAPSIZE=100
CONF_SWAPFACTOR=2
CONF_MAXSWAP=2048
```

CONF_SWAPFILE 命令主要用于指定 SWAP 的位置；CONF_SWAPSIZE 命令主要用于指定 SWAP 的空间大小，默认单位是 KB；CONF_SWAPFACTOR 命令主要用于指定 SWAP 是内存空间的几倍；CONF_MAXSWAP 命令主要用于指定 SWAP 的最大限定值，默认单位是 KB。例如，对于内存空间是 2GB 的树莓派，可以对这 4 个参数进行以下设置。

```
CONF_SWAPFILE=/var/swap
CONF_SWAPSIZE=4096
```

```
CONF_SWAPFACTOR=2
CONF_MAXSWAP=4096
```

在 nano 编辑器中修改、保存并关闭 dphys-swapfile 文件，然后退出 nano 编辑器。在 LX 终端中运行以下命令，重新启动 dphys-swapfile 文件服务并查看内存空间的大小。

```
sudo /etc/init.d/dphys-swapfile restart
```

系统返回的信息如下：

```
Restarting dphys-swapfile (via systemctl): dphys-swapfile.service.
```

继续运行 free -h 命令，返回内存空间的信息如下：

```
        total   used    free    shared  buff/cache  available
内存:    1872    222     243      67       1406        1483
交换:    1683      0    1683
```

3.10 磁盘用量和速度

在清理树莓派的存储空间时，需要搜索占用 Micro SD 卡中存储空间的文件有哪些。可以在树莓派操作系统中安装一个很有用的磁盘文件分析工具 ncdu，运行该工具，即可显示可以清理的磁盘空间。

3.10.1 磁盘文件分析工具 ncdu

ncdu（NCurses Disk Usage）是一个基于 ncurses 界面的磁盘文件分析工具，特点是快速、简单、容易使用，可以方便地应用于树莓派操作系统上。

在正常情况下，树莓派操作系统已经默认安装了 ncdu，如果没有安装 ncdu，则需要手动安装，可以在 LX 终端中运行以下命令进行安装。

```
sudo apt-get install -y ncdu
```

在 LX 终端中运行以下命令，运行 ncdu，默认会给出当前目录（/home/pi）的磁盘占用情况，如图 3-61 所示。

```
sudo ncdu
```

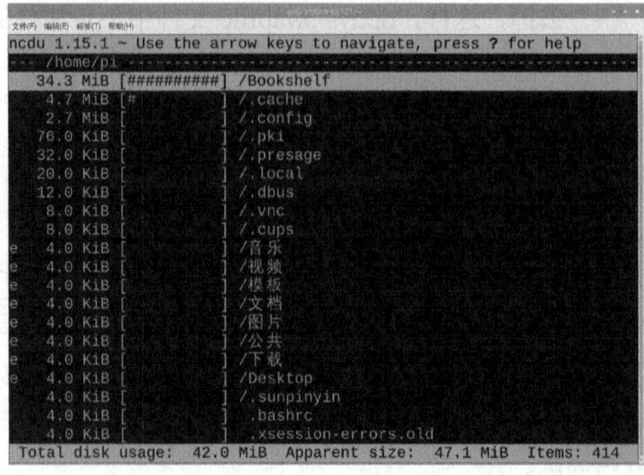

图 3-61 当前目录（/home/pi）的磁盘占用情况

如果要查看其他目录的磁盘占用情况，则可以先转到相应的目录下，再运行 ncdu；或者在输入命令时指定路径，举例如下：

```
sudo ncdu /
sudo ncdu /home/pi
sudo ncdu /etc
```

在指定目录时，尽量选择一个比较合理的目录结构，如果目录下的文件和子目录太多，那么磁盘分析时间会很久。可以配合使用方向键、回车键进入下一级目录。

在 ncdu 的运行界面中按“?”键，可以打开 ncdu 的帮助菜单，显示 ncdu 快捷键列表和如何退出 ncdu 的帮助菜单，如图 3-62 所示，连续按↓键，可以看到第二屏的快捷键列表。

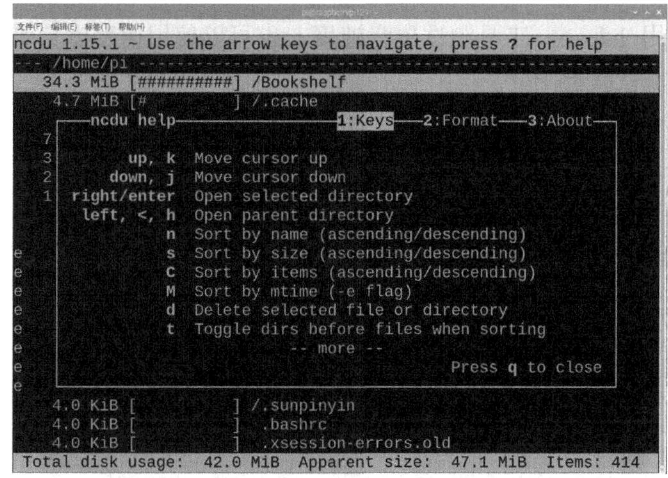

图 3-62　ncdu 的帮助菜单

ncdu 帮助菜单中的快捷键及其功能如表 3-18 所示。

表 3-18　ncdu 帮助菜单中的快捷键及其功能

序号	快捷键	功能
1	up、k	向上移动光标
2	down、j	向下移动光标
3	right、enter	打开所选目录
4	left、<、h	返回上一层目录
5	n	按照文件名排序（再按一下，可以倒序排列）
6	s	按照文件大小排序（再按一下，可以倒序排列）
7	C	按照项目数排序（再按一下，可以倒序排列）
8	M	按照时间排序
9	d	删除所选的文件或目录
10	t	在排序时，将目录放在文件前面
11	g	显示百分比或图形
12	a	切换磁盘用量显示模式
13	c	切换子项目数量显示模式

续表

序号	快捷键	功能
14	m	切换最近时间显示模式
15	e	显示/隐藏排除的文件或隐藏文件
16	i	显示所选项的更多信息
17	r	刷新/重新计算当前目录
18	b	在当前目录下打开 Shell
19	q	退出并关闭 ncdu
20	?	显示帮助界面

3.10.2 测试磁盘速度

我们可以使用 hdparm 工具测试磁盘速度，也可以使用树莓派自带的 Raspberry Pi Diagnostics 工具测试磁盘速度。

方式一：使用 hdparm 工具。

在 LX 终端中运行以下命令，安装 hdparm 工具。

```
sudo apt-get install hdparm
```

出现“您希望继续执行吗？[Y/n]”的提示，如图 3-63 所示，输入“Y”并按回车键。

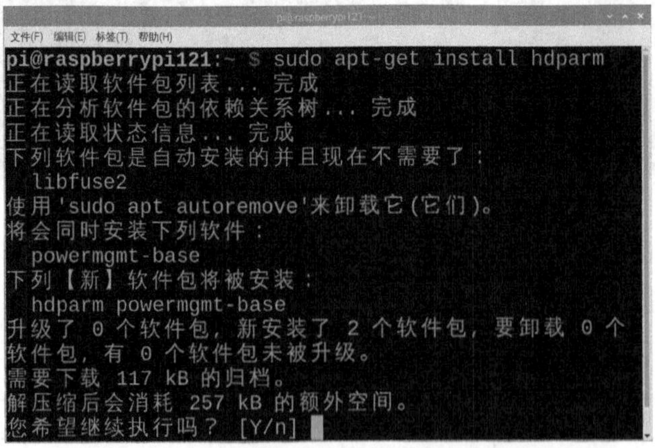

```
文件(F) 编辑(E) 标签(T) 帮助(H)
pi@raspberrypi121:~ $ sudo apt-get install hdparm
正在读取软件包列表... 完成
正在分析软件包的依赖关系树... 完成
正在读取状态信息... 完成
下列软件包是自动安装的并且现在不需要了：
  libfuse2
使用'sudo apt autoremove'来卸载它(它们)。
将会同时安装下列软件：
  powermgmt-base
下列【新】软件包将被安装：
  hdparm powermgmt-base
升级了 0 个软件包，新安装了 2 个软件包，要卸载 0 个软件包，有 0 个软件包未被升级。
需要下载 117 kB 的归档。
解压缩后会消耗 257 kB 的额外空间。
您希望继续执行吗？ [Y/n]
```

图 3-63 出现“您希望继续执行吗？[Y/n]”的提示

在 LX 终端中运行以下命令，测试本地 Micro SD 卡的读/写速度。

```
sudo hdparm -Tt /dev/mmcblk0
```

系统返回的信息如下：

```
/dev/mmcblk0:
Timing cached reads: 1272 MB in  2.00 seconds = 636.22 MB/sec
   Timing buffered disk reads: 132 MB in  3.04 seconds =  43.39 MB/sec
Hdparm 工具还有其他更详细的使用选项，可在 LX 终端直接输入 hdparm --help 命令查阅帮助。
```

方式二：使用 Raspberry Pi Diagnostics 工具。

在树莓派的开始菜单中选择“Windows 附件”→“Raspberry Pi Diagnostics”命令，打开 Raspberry Pi Diagnostics 窗口，如图 3-64 所示。

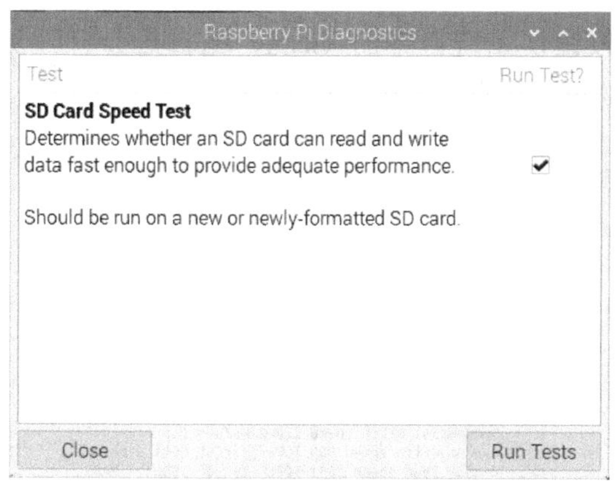

图 3-64　Raspberry Pi Diagnostics 窗口（1）

在 Raspberry Pi Diagnostics 窗口中采用默认的参数设置，直接单击 Run Tests 按钮，会出现测试进度条，如图 3-65 所示。

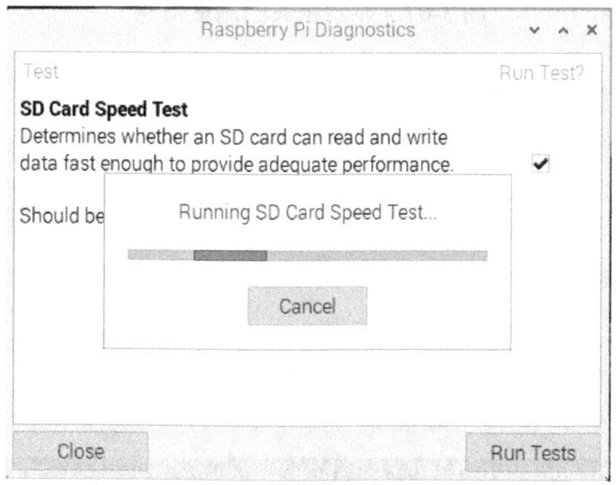

图 3-65　测试进度条

在测试进度条消失后，Raspberry Pi Diagnostics 窗口中的内容会发生变化，右侧列的标题“Run Test?”变为“Result”，该列中的内容变为“PASS”，Run Tests 按钮变为 Reset 按钮，旁边多出来一个 Show Log 按钮，如图 3-66 所示。

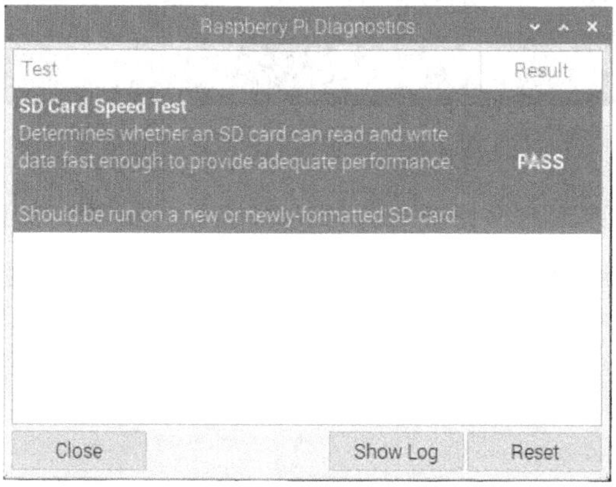

图 3-66　Raspberry Pi Diagnostics 窗口（2）

单击 Show Log 按钮，系统自带的 Geany 编辑器会打开测试日志文件/home/pi/rpdiags.txt，显示相关的测试信息，如图 3-67 所示。

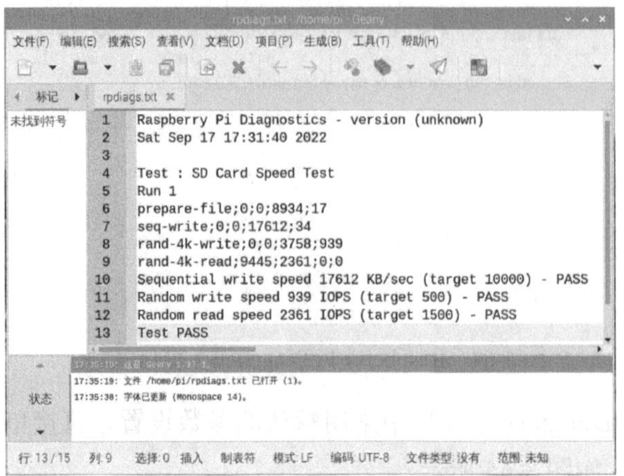

图 3-67　显示相关的测试信息

3.11　scrot 截屏工具

在使用树莓派时，经常需要在树莓派的桌面上使用 scrot 截屏工具。scrot 截屏工具的安装和使用方法都很简单。

在 LX 终端中运行以下命令，可以安装 scrot 截屏工具，如图 3-68 所示。

```
sudo apt-get install scrot
```

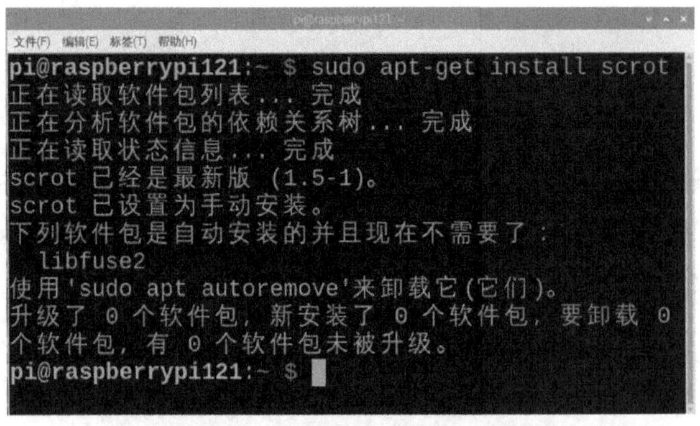

图 3-68　安装 scrot 截屏工具

在 LX 终端中运行以下命令，或者直接按 Print Screen 键，可以截取全屏幕，截取出来的图像会以“年-月-日-时分秒-图像大小_scrot.png”的格式存储于/home/pi 目录下，如图 3-69 所示。

```
sudo scrot
```

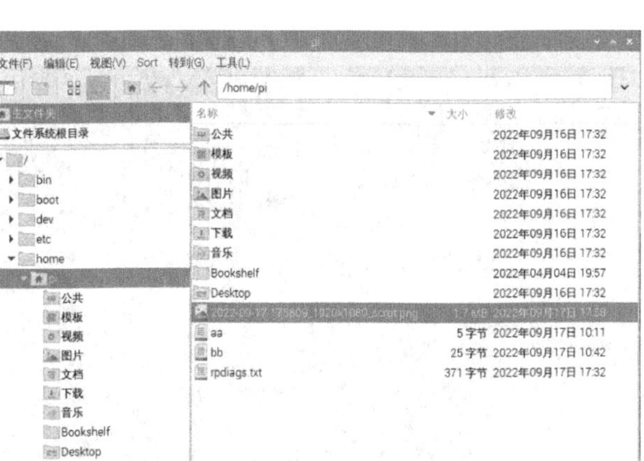

图 3-69　截图存储位置和文件名

在 LX 终端中运行以下命令，可以用鼠标选取屏幕区域进行截取。

```
sudo scrot -s
```

截取出来的图像依然会以“年-月-日-时分秒-图像大小_scrot.png”的格式存储于/home/pi 目录下。

scrot 截屏工具支持延时截屏，在命令行中可以自定义时间参数。例如，指定在 20 秒后截屏，命令如下：

```
sudo scrot -d20
```

关于 scrot 截屏工具的更多功能，可以在 LX 终端中运行以下命令进行查看。

```
sudo scrot -h
```

scrot 截屏工具支持指定路径和文件名。例如，将截屏文件 example.png 存储于/home/pi/Desktop/目录下，命令如下。需要注意的是，需要同时指定路径和文件名。

```
sudo scrot /home/pi/Desktop/example.png
```

除了 scrot 截屏工具，还有 shutter、raspi2pn 等截屏工具，可以根据个人喜好和使用习惯安装使用。

3.12　蓝牙

在树莓派 3B 及更高版本的树莓派中，主板上都集成有蓝牙功能，用于连接外围设备，如手机、键盘、游戏手柄、耳机等。早期生产的树莓派中没有集成蓝牙，可以使用 USB 蓝牙模块，但需要安装相关的驱动软件。对于安装了 Raspberry Pi OS 的树莓派 4B，默认开启蓝牙功能，但是需要按照其他步骤配对和连接蓝牙。

在 LX 终端中运行以下命令，更新软件源列表和软件版本。

```
sudo apt-get update && sudo apt-get upgrade
```

在 LX 终端中运行以下命令，升级或安装蓝牙相关软件包，运行结果如图 3-70 所示，输入“Y”并按回车键继续运行，等待更新或安装完成。

```
sudo apt-get install pi-bluetooth bluez bluez-firmware blueman
```

```
pi@raspberrypi121:~ $ sudo apt-get install pi-bluetooth bluez bluez-firmware blueman
正在读取软件包列表... 完成
正在分析软件包的依赖关系树... 完成
正在读取状态信息... 完成
bluez 已经是最新版 (5.55-3.1+rpt1)。
bluez 已设置为手动安装。
bluez-firmware 已经是最新版 (1.2-4+rpt8)。
bluez-firmware 已设置为手动安装。
pi-bluetooth 已经是最新版 (0.1.19)。
将会同时安装下列软件：
  bluez-obexd gir1.2-ayatanaappindicator3-0.1 gir1.2-nm-1.0
  libayatana-appindicator3-1 libbluetooth3 libdbusmenu-glib4
  libdbusmenu-gtk3-4 libical3 notification-daemon
下列【新】软件包将被安装：
  blueman bluez-obexd gir1.2-ayatanaappindicator3-0.1 gir1.2-nm-1.0
  libayatana-appindicator3-1 libbluetooth3 libdbusmenu-glib4
  libdbusmenu-gtk3-4 libical3 notification-daemon
升级了 0 个软件包，新安装了 10 个软件包，要卸载 0 个软件包，有 2 个软件包未被升级。
需要下载 1,685 kB 的归档。
解压缩后会消耗 6,389 kB 的额外空间。
您希望继续执行吗？ [Y/n]
```

图 3-70 升级或安装蓝牙相关软件包

在 LX 终端中运行以下命令，将用户 pi 添加到蓝牙组中。

```
sudo usermod -G bluetooth -a pi
```

在 LX 终端中运行以下命令，重启树莓派。

```
sudo reboot
```

在重启树莓派后，就可以按照各种方法正确使用蓝牙了。我们可以使用手机蓝牙连接，单击树莓派桌面右上角的托盘图标中的蓝牙图标，打开蓝牙菜单，如图 3-71 所示。

在蓝牙菜单中选择 Add Device...命令，打开 Add New Device 窗口，如图 3-72 所示。

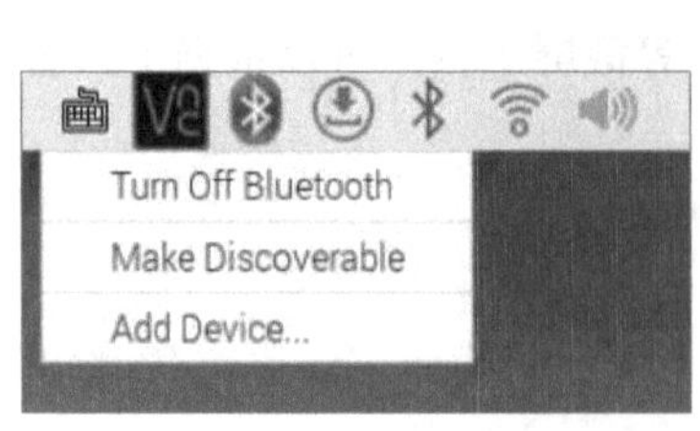

图 3-71 蓝牙菜单

图 3-72 Add New Device 窗口

打开手机蓝牙，Add New Device 窗口中会出现手机蓝牙的名称，选择手机蓝牙名称，然后单击 Pair 按钮，树莓派端会弹出一个用于确认连接手机的名称和配对码的提示框，如图 3-73 所示；手机端会弹出一个用于请求蓝牙配对的提示框，如图 3-74 所示。

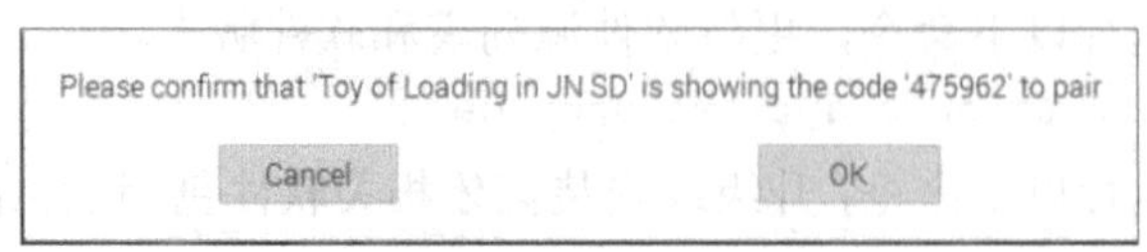

图 3-73 树莓派端用于确认连接手机的名称和配对码的提示框

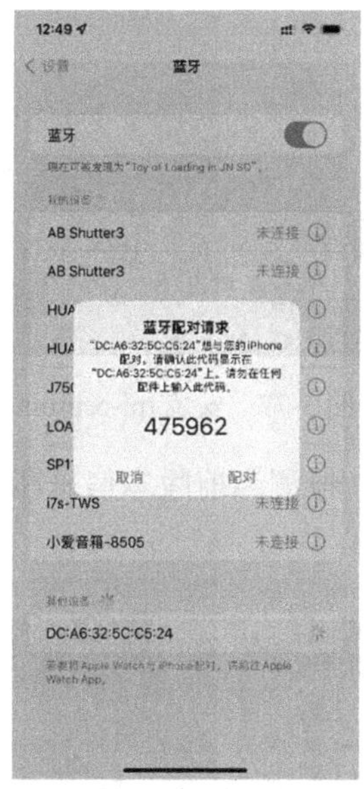

图 3-74　手机端用于请求蓝牙配对的提示框

在树莓派端的提示框中单击 OK 按钮，在手机端的提示框中单击“配对”按钮，树莓派端会弹出配对成功的提示框，如图 3-75 所示。

单击树莓派桌面右上角的系统托盘中的蓝牙图标，打开新的蓝牙菜单，如图 3-76 所示，可以看到，该菜单中已经包含蓝牙连接的手机名称了。

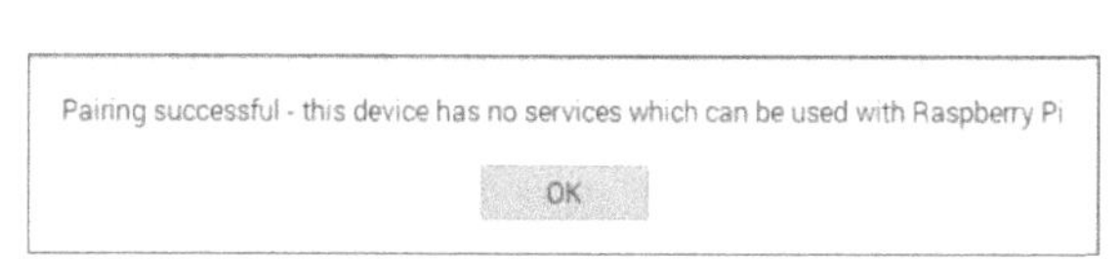

图 3-75　配对成功的提示框

图 3-76　新的蓝牙菜单

3.13　更新系统引导程序

树莓派 4B 的主板上集成了 EEPROM 芯片，参数为 4MBits/512KB，通过 SPI 协议读/写。树莓派在出厂时已经被写入了系统引导程序 Boot loader，通常不需要手动管理系统引导程序。如果有必要，则可以通过更新树莓派 EEPROM 中的系统引导程序获得最新的功能（需要在树莓派官方操作系统中进行更新操作）。

更新系统引导程序的方法如下。

在 LX 终端中运行以下命令，更新软件源列表和软件版本。

```
sudo apt-get update && sudo apt-get upgrade
```

在 LX 终端中运行以下命令，安装 rpi-eeprom，我们安装的是 13.16-1 版的 rpi-eeprom，如图 3-77 所示。

```
sudo apt install rpi-eeprom
```

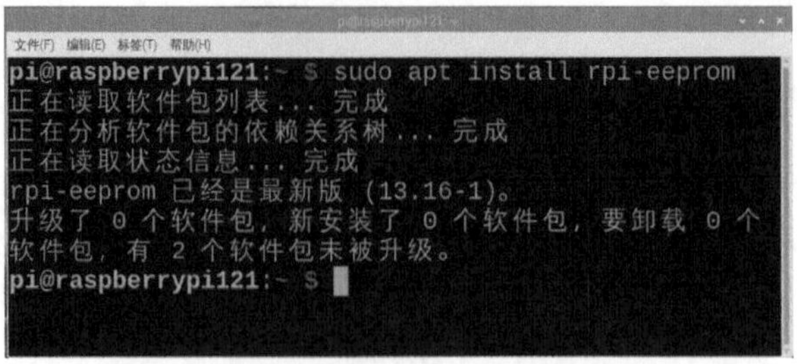

```
pi@raspberrypi121:~ $ sudo apt install rpi-eeprom
正在读取软件包列表... 完成
正在分析软件包的依赖关系树... 完成
正在读取状态信息... 完成
rpi-eeprom 已经是最新版 (13.16-1)。
升级了 0 个软件包，新安装了 0 个软件包，要卸载 0 个软件包，有 2 个软件包未被升级。
pi@raspberrypi121:~ $
```

图 3-77 安装 rpi-eeprom

在 LX 终端中运行以下命令，检测当前版本信息和最新版本信息，如图 3-78 所示。

```
sudo rpi-eeprom-update
```

```
pi@raspberrypi121:~ $ sudo rpi-eeprom-update
*** UPDATE AVAILABLE ***
BOOTLOADER: update available
   CURRENT: 2020年 09月 03日 星期四 12:11:43 UTC (1599135103)
    LATEST: 2022年 04月 26日 星期二 10:24:28 UTC (1650968668)
   RELEASE: default (/lib/firmware/raspberrypi/bootloader/default)
            Use raspi-config to change the release.

  VL805_FW: Dedicated VL805 EEPROM
     VL805: up to date
   CURRENT: 000138a1
    LATEST: 000138a1
pi@raspberrypi121:~ $
```

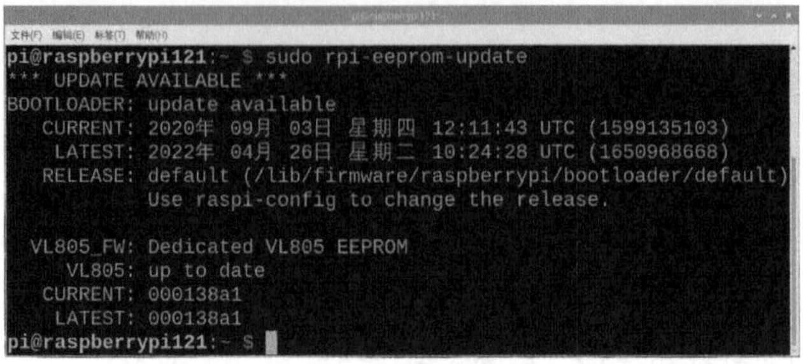

图 3-78 当前版本信息和最新版本信息

如果检测到了新版本，那么程序会提示需要更新，更新方式有以下两种。

1. 官方自动更新

建议将系统引导程序更新为最新的正式版。在 LX 终端中运行以下命令，系统返回的结果如图 3-79 所示。

```
sudo rpi-eeprom-update -a
```

```
pi@raspberrypi121:~ $ sudo rpi-eeprom-update -a
*** INSTALLING EEPROM UPDATES ***

BOOTLOADER: update available
   CURRENT: 2020年 09月 03日 星期四 12:11:43 UTC (1599135103)
    LATEST: 2022年 04月 26日 星期二 10:24:28 UTC (1650968668)
   RELEASE: default (/lib/firmware/raspberrypi/bootloader/default)
            Use raspi-config to change the release.

  VL805_FW: Dedicated VL805 EEPROM
     VL805: up to date
   CURRENT: 000138a1
    LATEST: 000138a1
   CURRENT: 2020年 09月 03日 星期四 12:11:43 UTC (1599135103)
    UPDATE: 2022年 04月 26日 星期二 10:24:28 UTC (1650968668)
    BOOTFS: /boot
Using recovery.bin for EEPROM update

EEPROM updates pending. Please reboot to apply the update.
To cancel a pending update run "sudo rpi-eeprom-update -r".
pi@raspberrypi121:~ $
```

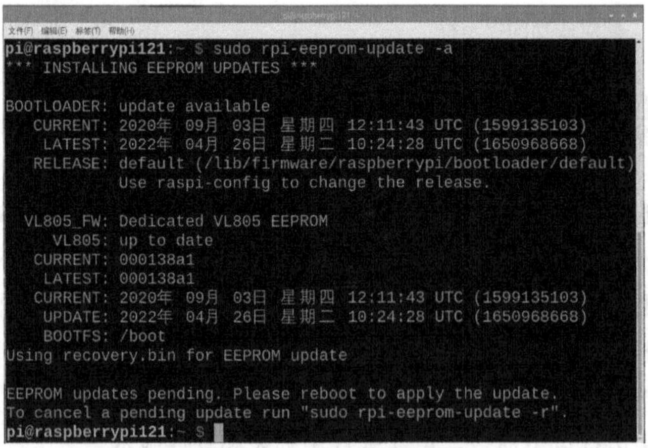

图 3-79 更新正式版最新固件

在更新完成后，在 LX 终端中运行以下命令，重启树莓派。

```
sudo reboot
```

在 LX 终端中运行以下命令，运行结果如图 3-80 所示，可以发现，系统引导程序已经更新为正式版。

```
sudo rpi-eeprom-update
```

```
pi@raspberrypi121:~ $ sudo rpi-eeprom-update
BOOTLOADER: up to date
   CURRENT: 2022年 04月 26日 星期二 10:24:28 UTC (1650968668)
    LATEST: 2022年 04月 26日 星期二 10:24:28 UTC (1650968668)
   RELEASE: default (/lib/firmware/raspberrypi/bootloader/default)
            Use raspi-config to change the release.

  VL805_FW: Dedicated VL805 EEPROM
     VL805: up to date
   CURRENT: 000138a1
    LATEST: 000138a1
pi@raspberrypi121:~ $
```

图 3-80　系统引导程序已经更新为正式版

2. 自定义更新

如果需要将系统引导程序更新为测试 beta 版本，则可以使用 wget 命令从 GitHub 上获取树莓派最新版本的 EEPROM 固件。

在/home/pi 目录下找到下载的 master.zip 文件，使用 unzip 命令解压缩该文件，然后进入相应的固件文件夹，命令如下：

```
unzip master.zip
cd rpi-eeprom-master/firmware/critical/
```

firmware 文件夹中的内容如图 3-81 所示。其中，beta 文件夹中的是测试版本的 EEPROM 固件，critical 文件夹中的是稳定版本的 EEPROM 固件，可以自行选择更新为哪个版本的 EEPROM 固件。测试版本的 EEPROM 固件要慎用，因为如果更新失败，则很难恢复。

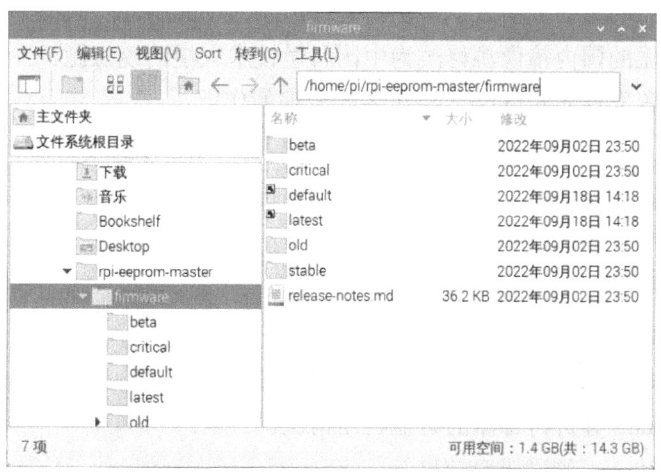

图 3-81　firmware 文件夹中的内容

更新固件 EEPROM，命令如下：

```
sudo rpi-eeprom-update -d -f 固件文件名
```

在更新完成后，会提示更新完成，需要重启。运行 sudo reboot 命令，重启树莓派。

本章小结

本章主要讲解了树莓派操作基础，具体如下。

- 安装中文字库和中文输入法，以便在树莓派中使用中文。
- 将更新源修改为国内镜像源，以便更快速地更新系统。
- 配置文件 config.txt 是用于配置树莓派操作系统的重要文件。
- 使用 raspi-config 可以快速、有效地对树莓派操作系统进行常用设置。
- 配置有线网络和无线网络，以便树莓派连接互联网或局域网。
- 讲解了远程登录树莓派的相关知识。
- 讲解了 vim 编辑器的相关知识，以便在树莓派中更好、更快地编辑文本或代码。
- 禁止显示器屏幕休眠，使树莓派可以更好地在特定环境中应用。
- 设置 SWAP，以便优化树莓派操作系统的物理内存空间。
- 讲解了磁盘用量和速度的相关知识，以便在树莓派中分析磁盘占用情况和测试磁盘速度。
- 讲解了 scrot 截屏工具的相关知识，以便在使用树莓派时进行截屏操作。
- 讲解了蓝牙的相关知识，以便树莓派中使用蓝牙功能连接更多的外围设备。
- 更新系统引导程序，以便树莓派获得最新的功能。

课后练习

（1）在树莓派的桌面上新建一个空白文件，输入中文内容“我爱树莓派”。

（2）将树莓派的国内镜像源修改为中国科学技术大学的镜像源。

（3）打开配置文件 config.txt，指出各配置项的作用。

（4）打开 raspi-config，浏览各项菜单并指出其实现的功能。

（5）根据所在网络环境，配置树莓派，使其连接互联网。

（6）使用个人计算机远程登录树莓派。

（7）熟练使用 vim 编辑器编辑文件。

（8）设置树莓派禁止显示器屏幕在图形界面中休眠。

（9）设置树莓派的 SWAP 大小为内存空间的 2 倍。

（10）使用 ncdu 分析树莓派的磁盘占用情况。

（11）使用 hdparm 测试磁盘速度。

（12）使用 scrot 截屏工具为树莓派桌面截屏。

（13）使用 rpi-eeprom 更新树莓派的 EEPROM 固件中的系统引导程序。

第 4 章 树莓派的常用命令

知识目标

- 了解 Linux、Raspbian 操作系统的目录结构。
- 掌握目录和文件命令。
- 掌握进程管理命令。
- 掌握用户和组命令。
- 掌握文件权限命令。
- 掌握搜索命令。
- 掌握压缩命令。
- 掌握网络命令。
- 掌握磁盘管理命令。
- 掌握系统信息命令。
- 掌握其他常用命令。
- 掌握软件安装和卸载命令。
- 掌握命令行快捷键。

技能目标

- 能够根据需求正确使用目录和文件命令、进程管理命令、用户和组命令、文件权限命令、搜索命令、压缩命令、网络命令、磁盘管理命令、系统信息命令、其他常用命令、软件安装和卸载命令等各类系统命令。
- 能够根据需求正确使用命令行快捷键。

任务概述

- 正确理解并运行目录和文件命令、进程管理命令、用户和组命令、文件权限命令、搜索命令、压缩命令、网络命令、磁盘管理命令、系统信息命令、其他常用命令、软件安装和卸载命令等各类系统命令。

- 正确理解并应用命令行快捷键。

4.1 Linux/Raspbian 目录结构

树莓派操作系统或 Linux 操作系统的初学者在给树莓派安装、卸载、配置软件时，会对软件和配置文件等内容存放在哪儿产生疑惑，也会遇到磁盘分区、U 盘挂载等涉及目录的问题。实际上，树莓派操作系统或 Linux 操作系统的目录是有非常明确的规则的。树莓派操作系统是 Linux 操作系统的一种，本章提及的 Linux 操作系统命令也适用于树莓派操作系统。

4.1.1 Linux 操作系统和 Windows 操作系统的区别

Linux 操作系统和 Windows 操作系统的一个显著区别是它们的目录结构不同，并且在不同位置存储的内容区别很大。

在 Windows 操作系统中，典型的路径范例为 D:\Folder\subfolder\file.txt；在 Linux 操作系统中，典型的路径范例为/Folder/subfolder/file.txt。Linux 操作系统中路径斜杠的倾斜方向与 Windows 操作系统中路径斜杠的倾斜方向不同，并且 Linux 操作系统中没有 C 盘、D 盘的概念。在启动 Linux 操作系统后，根分区就挂载在根目录“/”下，并且所有的文件、文件夹、设备及硬盘光驱都挂载在根目录“/”下。此外，Linux 操作系统对文件和路径名称中的字母大小写是敏感的，如/Folder/subfolder/file.txt 与/folder/subfolder/file.txt 不是同一个文件。

4.1.2 Linux 操作系统的目录说明

Linux 操作系统的目录结构是一个统一的目录结构，所有的目录和文件最终都统一到“/”根目录下。文件系统无论是不是挂载过来的，最终都分层排列到以“/”开始的文件系统中。

Linux 操作系统的目录结构遵循文件系统层次化标准（Filesystem Hierarchy Standard，FHS)，该标准是由自由标准组织（Free Standards Group）进行维护的，然而大部分 Linux 操作系统的发行版都与该标准有所背离。

4.1.3 根目录“/”及其子目录

“/”是 Linux 操作系统的根目录，在所有目录结构的底层。在 Linux 操作系统及与其兼容的操作系统中，“/”是一个单独的目录。根目录“/”下的子目录及其存储的内容如

表 4-1 所示。

表 4-1　根目录"/"下的子目录及其存储的内容

序号	子目录	存储的内容
1	/boot	存储 Linux 操作系统内核及其他用于启动树莓派的软件包，包含 GRUB、LILO、Kernel 等系统启动程序（Boot Loader），以及 initrd、system.map 等文件。initrd 是一个临时文件系统，在启动阶段被 Linux 操作系统内核调用，主要用于在根文件系统被挂载前进行准备工作
2	/sys	存储内核、固件及操作系统的相关文件
3	/sbin	存储超级用户使用的系统管理命令，包含系统运行所需的二进制文件及管理工具，主要是可执行文件
4	/bin	存储与树莓派有关的二进制可执行文件，包含单用户模式下的二进制文件及工具，用于运行 cat、ls、cp 等命令
5	/lib	存储/sbin 和/bin 目录下的二进制文件在运行时所需的库文件
6	/dev	虚拟文件夹之一，用于访问所有连接设备，包括存储卡必需的系统文件和驱动器
7	/etc	存储系统管理和配置文件、系统默认设置文件、网络配置文件及一些系统和应用程序的配置文件
8	/home	每个用户的该目录下都有一个以其用户名命名的目录，用于存储用户的个人设置文件，尤其是以 profile 结尾的文件；也有例外，root 用户的数据就不在该目录下，而是单独存储于/root 目录下
9	/media	一个给所有可移动存储驱动设备（如光驱、USB 外接盘、软盘）提供的常规挂载点
10	/mnt	用于手动挂载外部硬件驱动设备或存储设备的临时文件系统挂载点
11	/opt	可选软件的安装目录，主要用于存储非系统部分的软件
12	/usr	用户数据目录，包含属于用户的实用程序和应用程序，有很多重要但并不关键的文件系统挂载在该目录下
13	/usr/sbin	存储系统中非必备和不重要的系统二进制文件及网络应用工具
14	/usr/bin	存储用户的非必备和不重要的二进制文件
15	/usr/lib	存储/usr/sbin 与/usr/bin 目录下的二进制文件所需的库文件
16	/usr/share	存储与平台无关的共享数据
17	/usr/local	存储系统二进制文件、运行库等本地系统数据
18	/var	通常用于存储系统日志文件、打印机后台文件、定时任务、邮件、运行进程、进程锁文件等
19	/tmp	临时目录，用于存储临时文件，在重启 Linux 操作系统后，该目录下的临时文件会被清空。/var/tmp 目录下也存储着临时文件，但该目录下存储的临时文件受系统保护，即使重启 Linux 操作系统，该目录下的临时文件也不会被清空
20	/proc	驻留在 Linux 操作系统内存空间中的虚拟文件系统，主要用于存储文本格式的系统内核和进程信息
21	/lost+found	在一般情况下，该目录下是空的，在操作系统非法关机后，会在该目录下存储一些文件

Linux 操作系统的目录结构如图 4-1 所示。

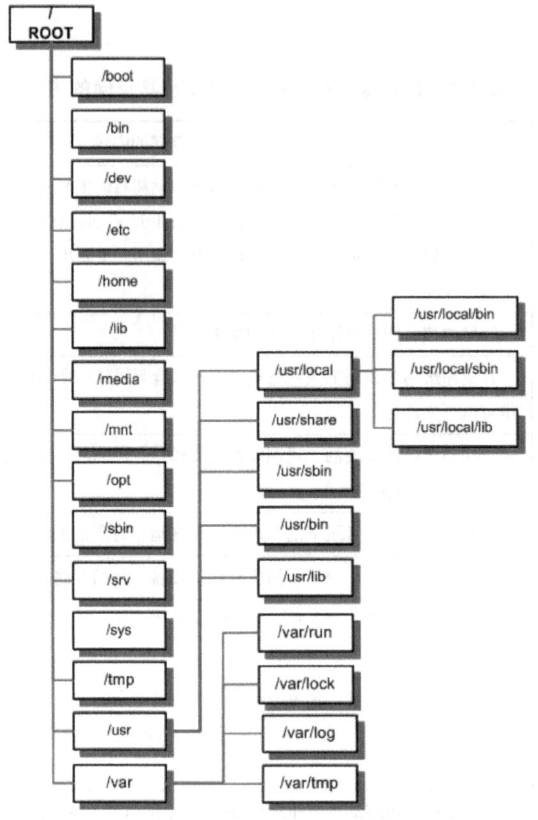

图 4-1 Linux 操作系统的目录结构

需要注意的是，不同发行版本的 Linux 操作系统的目录结构略有差异，但是大部分发行版本的 Linux 操作系统的目录结构都与图 4-1 中的目录结构相同。

4.1.4 Linux 操作系统中的命令

Raspberry Pi OS 是一个基于 Debian 的免费操作系统，采用 Linux 操作系统内核，针对 Raspberry Pi 硬件进行了优化。因此，学习树莓派操作系统中的命令，离不开 Linux 操作系统中的命令。

在 Linux 操作系统中，命令区分大小写。

在命令行中，可以使用 Tab 键自动补齐命令。输入命令的前几个字符，然后按 Tab 键，如果系统只找到一个与输入字符相匹配的命令、目录、文件，就会自动补齐，适合补齐长目录名或长文件名；如果系统找到多个匹配的内容，那么再按一下 Tab 键，会列出所有匹配的内容，供用户选择，在查找不熟悉的命令时非常方便。

例如，在 LX 终端中的命令提示符后输入“ls /d”，然后按 Tab 键，系统会自动补全命令“ls /dev/”；如果输入“mo”，然后连续按两次 Tab 键，那么系统会显示所有以“mo”开头的命令。

利用键盘上的↑键和↓键，可以翻查近期运行过的历史命令，在选中合适的命令后，直接按回车键，可以再次运行该命令。

如果要在一个命令行中输入多个命令，则可以使用英文分号分隔命令，示例如下：

```
cd /dev/;ls
```

如果要断开一个长命令行，则可以使用反斜杠符号将一个较长的命令分成多行，从而增强命令的可读性。在运行后，Shell 会自动显示提示符“>”，表示正在输入一个长命令，此时可以继续在新命令行中输入命令的后续部分，直至输入完整的命令。

在运行某个命令后，如果要使对应程序以后台方式运行，那么只需在要运行的命令后加一个“&”符号，如“ls&”。

绝对路径：从根目录“/”写起，如/usr/share/doc 目录。

相对路径：不从根目录“/”写起。例如，要从/usr/share/doc 目录下跳转至/usr/share/man 目录下，可以使用 cd .../man 命令。

如果需要了解某个命令的详细用法，则可以在该命令后面加上空格和参数--help 进行查看。

在 Coreutils - GNU core utilities 网页中也可以在线查阅某个命令的详细用法。

4.2 目录和文件命令

目录和文件命令是对目录和文件进行各种操作的命令。

1. pwd 命令

pwd 命令主要用于显示当前工作目录的名称。

pwd 命令的示例如下。

```
pwd
```

返回信息如下：

```
/home/pi
```

2. cd 命令

cd 命令主要用于切换不同的目录，或者改变 Shell 工作目录。

cd 命令的使用方法如下：

```
cd [目录]
```

用户在登录 Linux 操作系统后，默认会处于用户的家目录（Shell 变量 HOME）下。普通用户的家目录一般从/home 开始，后面紧跟用户名；root 用户比较特殊，家目录是/root。如果用户要切换到其他目录下，则可以在 cd 命令后加上要切换到的目录名。

在 Linux 操作系统中，“.”表示当前目录；“..”表示当前目录的父目录；“~”表示用户的家目录；root 用户的家目录是/root；不带任何参数的 cd 命令相当于 cd ~命令。

cd 命令的示例如下。

cd /：切换到根目录下。

cd /home/pi：使用绝对路径。

cd ~：切换到当前用户的家目录。

cd ..：切换到上级目录。

cd：切换到用户登录时的家目录。

cd ../../etc：切换到当前目录下的 etc 子目录。

cd /folder1/folder2：进入当前目录下的/folder1/folder2 目录。

3．ls 命令

ls 命令主要用于列出文件或目录（默认为当前目录）的信息。

ls 命令的使用方法如下：

```
ls [选项]... [文件]...
```

选项说明如下。

-a：显示全部文件，包括以“.”开头的隐藏文件。

-A：显示指定目录下的所有子目录和文件，包括隐藏文件，“.”和“..”除外。

-d：仅列出目录本身，不列出目录下的文件数据。

-c：按照文件最后修改的时间排序并显示，在与-l 选项一起使用时，会显示文件最后修改的时间并按照名称排序。

-C：由上至下列出目录和文件。

-l：使用较长格式列出文件和目录信息，包括文件的属性、权限、所有者等。

-g：与-l 选项类似，但不列出所有者。

-m：所有项目都使用英文逗号分隔，并且填满整行。

-t：按照时间排序，最新的文件或目录会排在最前面。

ls 命令的示例如下。

ls -lha：列出当前位置的文件和目录，显示全部信息，如果去掉后面的-lha，则会只列出文件名。

4．cat 命令

cat 命令主要用于连接所有指定文件并将结果写入标准输出设备。如果没有指定文件，或者文件为“-”，则从标准输入设备中读取内容。

cat 命令的使用方法如下：

```
cat [选项]... [文件]...
```

选项说明如下。

-n：为输出的所有行编号。

-b：为输出的非空行编号，并且取消-n 选项的效果。

-s：不输出多个空行。

通常使用 cat 命令查看文件内容，对于较长的文件，在输出内容时不能分页显示，如果要查看超过一屏的文件内容，则需要使用 more 或 less 命令。如果在 cat 命令中没有指定任何参数，或者文件为“-”，那么 cat 命令会从标准输入设备（如键盘）中读取内容。使用 cat 命令还可以合并多个文件。

cat 命令的示例如下。

cat f - g：首先输出 f 的内容，然后输出标准输入设备中的内容，最后输出 g 的内容。

cat：将标准输入设备中的内容复制到标准输出设备中。

cat file1：查看当前目录下 file1 文件中的内容。

cat file2 file1>file3：如果 file3 文件存在，则会将 file2 文件和 file1 文件中的内容合并为 file3 文件，并且覆盖 file3 文件。

cat file2 file1>>file3：如果 file3 文件存在，则会将 file2 文件和 file1 文件中的内容合并后追加到 file3 文件的末尾。

cat /proc/version：查看树莓派操作系统的版本。

cat /proc/cpuinfo：查看树莓派的 CPU 信息。

5．more 命令

more 命令主要用于逐页分屏显示文件中的内容。

more 命令的使用方法如下：

```
more [选项]... [文件]...
```

选项说明如下。

+<number>：指定从文件中的第 number 行开始显示文件内容。

-<number>：数字 number 主要用于指定分页显示的行数。

cat 命令适合用于显示短内容文件中的内容，如果要显示长内容文件中的内容，那么用户只能看到文件中的最后一部分；more 命令适合显示长内容文件中的内容。

在通常情况下，直接运行 more 命令，即可查看文件中的内容。在运行 more 命令后，进入 more 状态，按回车键可以向下移动一行，按空格键可以向下移动一页，按 Q 键退出 more 状态。

more 命令经常在管道中被调用，用于分屏显示各种命令的输出结果。

more 命令的示例如下。

more file1：分页查看 file1 文件中的内容。

cat file1 | more：以管道方式分页查看 file1 文件中的内容。

6．less 命令

less 命令主要用于以更加灵活的方式逐页分屏显示文件中的内容。

less 命令的使用方法与 more 命令的使用方法类似。

less 命令是 more 命令的改进版，功能更强大。使用 more 命令只能向下分页，而使用 less 命令可以向上、向下分页，也可以向左、向右移动。在运行 less 命令后，进入 less 状态，按回车键可以向下移动一行，按空格键可以向下移动一页，按 B 键可以向上移动一页，按方向键可以向上、向下、向左、向右移动，按 Q 键可以退出 less 状态。

less 命令支持在一个文本文件中进行快速查找操作，首先输入“/”，然后输入要查找的字符串，最后按回车键，即可在文本中进行快速查找操作，并且高亮显示找到的第一个搜索目标，如果希望继续查找，那么再次输入“/”并按回车键。

less 命令的示例如下。

less /etc/dhcpcd.conf：分页查看/etc/dhcpcd.conf 文件中的内容。

7．head 命令

head 命令主要用于输出指定文件中开头部分的内容。如果指定了多个文件，则会在每个文件的输出内容前附加文件名作为头部。如果没有指定文件，或者文件为“-”，那么从标准输入设备中读取内容。

head 命令的使用方法如下：

```
head [选项]... [文件]...
```

选项说明如下。

-c <number>：输出指定文件中的前 number 个字符。

-n <number>：输出指定文件中的前 number 行内容。

head 命令的示例如下。

head -n 20 /etc/dhcpcd.conf：输出/etc/dhcpcd.conf 文件中的前 20 行内容。

8．tail 命令

tail 命令主要用于输出指定文件中末尾部分的内容。如果指定了多个文件，则会在每个文件的输出内容前附加文件名作为头部。如果没有指定文件，或者文件为“-”，那么从标准输入设备中读取内容。

tail 命令的使用方法如下：

```
tail [选项]... [文件]...
```

选项说明如下。

-c <number>：输出指定文件中的末尾 number 个字符。

-n <number>：输出指定文件中的末尾 number 行内容。

+<number>：从第 number 行开始输出指定文件中的内容。

-f：随着文件的增长，即时输出新增数据。

tail 命令最强悍的功能是可以持续刷新一个持续增长的文件中的内容，适合用于查看最新日志文件中的内容。

tail 命令的示例如下。

tail -n 20 /etc/dhcpcd.conf：输出/etc/dhcpcd.conf 文件中的末尾 20 行内容。

tail -f /var/log/messages：持续刷新 messages 文件，按快捷键 Ctrl+Z 退出刷新状态。

9. mkdir 命令

mkdir 命令主要用于在指定目录不存在时创建目录，目录名可以采用绝对路径，也可以采用相对路径。

mkdir 命令的使用方法如下：

```
mkdir [选项]... 目录...
```

选项说明如下。

-m：设置权限模式（类似于 chmod 命令）。

-p：一次可以创建多个目录，即使这些目录已经存在，也不会发生错误，系统会自动创建不存在的目录。

-v：每次创建新目录都显示信息。

mkdir 命令的示例如下。

mkdir dir1：在当前目录下创建 dir1 目录。

mkdir -p dir2/subdir2：在当前目录的 dir2 目录下创建 subdir2 子目录，如果 dir2 目录不存在，则同时创建 dir2 目录和 subdir2 子目录。

10. rmdir 命令

rmdir 命令主要用于删除指定的空目录。目录名可以采用绝对路径，也可以采用相对路径。

rmdir 命令的使用方法如下：

```
rmdir [选项]... 目录...
```

选项说明如下。

-p：删除指定目录，如果要删除的目录存在空的父目录，则将其父目录一起删除。父目录必须为空目录，如果父目录不是空目录，则会报错。

-v：输出每个被处理目录的详细信息和诊断信息。

rmdir 命令的示例如下。

rmdir dir1：在当前目录下删除 dir1 目录。

rmdir -p dir2/subdir2：删除当前目录的 dir2 目录下的 subdir2 子目录，如果在删除 subdir2 子目录后，dir2 目录为空，则将其一起删除。

11. cp 命令

cp 命令主要用于复制文件和目录。

cp 命令的使用方法如下：

```
cp [选项]... [-T] 源文件 目标文件
```

或者

```
cp [选项]... 源文件... 目录
```

或者

```
cp [选项]... -t 目录 源文件...
```

选项说明如下。

-a：相当于-p、-d、-r 选项一起使用。

-d：当复制符号链接时，将目标文件或目录也创建为符号链接，并且使其指向与源文件或目录链接的原始文件或目录。

-f：如果有已存在的目标文件且无法打开，则将其删除并重试（在与-n 选项一起使用时会被忽略）。

-i：在覆盖前询问（使前面的-n 选项失效）。

-l：使用硬链接文件代替复制文件。

-n：不覆盖已存在的文件（会使前面的-i 选项失效）。

-p：连同文件的属性一起复制，而非使用默认属性（备份常用）。

-r：递归复制目录及其子目录下的所有内容。

-s：只创建符号链接，不复制文件。

-u：只在源文件比目标文件新或目标文件不存在时才进行复制。

cp 命令使用灵活，具有不同权限的用户在运行该命令时会产生不同的结果，尤其在使用-a、-p 选项时，运行该命令的结果差异非常大。因此，在使用 cp 命令时，要多注意用户权限的差别。

cp 命令的示例如下。

cp ~/.bashrc /tmp/bashr：将家目录下的.bashrc 文件复制到/tmp 目录下，并且将其重命名为 bashr。

cp -i ~/.bashrc /tmp/bashr：将家目录下的.bashrc 文件复制到/tmp 目录下，并且将其重命名为 bashr，如果/tmp 目录下已经存在.bashrc 文件，那么在覆盖该文件前会询问。

cp -r test/ newtest：将 test 目录下的所有文件复制到 newtest 目录下。

12．mv 命令

mv 命令主要用于将源文件重命名为目标文件，或者将源文件或目录移动至指定目录下。

mv 命令的使用方法如下：

```
mv [选项]... [-T] 源文件 目标文件
```

或者

```
mv [选项]... 源文件... 目录
```

或者

```
mv [选项]... -t 目录 源文件...
```

选项说明如下。

-f：无论目标文件或目录是否存在，直接覆盖，不会询问。

-i：如果目标文件或目录已存在，那么在覆盖前询问。

-n：如果目标文件或目录已存在，那么不覆盖已存在文件。

如果指定了-f、-i、-n 选项中的多个，那么仅最后一个选项生效。

-t：将所有源文件移动至指定目录下。

-T：将目标文件视为普通文件。

-u：仅在源文件比目标文件新或目标文件不存在时进行移动操作。

mv 命令的作用是移动文件和重命名文件，如果目标目录与原目录一致，并且指定了新文件名，那么 mv 命令的作用是仅重命名；如果目标目录与原目录不一致，并且没有指定新文件名，那么 mv 命令的作用是仅移动；如果目标目录与原目录不一致，并且指定了新文件名，那么 mv 命令的作用是移动并重命名。

mv 命令的示例如下。

mv bashrc mvtest1：将 bashrc 文件重命名为 mvtest1。

mv mvtest1 mvtest2：将 mvtest1 文件重命名为 mvtest2。

mv test1 test2：将 test1 文件重命名为 test2。

mv info/ logs：将 info 目录移动到 logs 目录下，如果 logs 目录不存在，则将 info 目录重命名为 logs。

mv /usr/runtest/* .：将/usr/runtest 目录下的所有文件和目录移动到当前目录下。

13．rm 命令

rm 命令主要用于删除指定的文件或目录。

rm 命令的使用方法如下：

```
rm [选项]... [文件]...
```

选项说明如下。

-d：删除空目录。

-f：强制删除，忽略不存在的文件，不提示确认信息。

-i：互动模式，在每次删除前都会提示确认信息。

-r：递归删除目录及其内容。

如果要删除文件名中第一个字符为“-”的文件，如删除-foo 文件，则可以使用以下命令（选择其中一条命令即可）。

```
rm -- -foo。
rm ./-foo。
```

使用 rm 命令删除的文件一般无法恢复，因此在使用该命令时要格外谨慎。

rm 命令的示例如下。

rm -r dirtest：删除 dirtest 目录及其内容。

rm filetest.txt：删除 filetest.txt 文件。

rm -r *：删除当前目录下的所有目录及文件。

14．touch 命令

touch 命令主要用于修改文件或目录的时间属性，包括访问时间和更改时间。如果文件不存在，那么系统会创建一个新的文件。

touch 命令的使用方法如下：

```
touch [选项]... 文件...
```

选项说明如下。

-a：将文件的访问时间修改为当前时间。

-c：不创建任何文件。

-d：使用指定的字符串表示时间。

-m：将文件的修改时间设置为当前时间。

-r：使用指定文件的时间属性。

-t：使用指定的时间戳。

touch 命令的示例如下。

touch testfile：将文件的时间属性修改为当前系统时间。

touch file1：创建一个名为 file1 的空白文件。

15. ln 命令

ln 命令主要用于为某个文件在其他位置建立一个同步的链接。如果需要在不同的目录下使用相同的文件，那么无须在每个目录下都存储该文件，只需在某个固定的目录下存储该文件，然后在其他目录下使用 ln 命令链接该文件，不必重复占用磁盘空间。

Linux 操作系统中的链接相当于文件的别名，链接可以分为两种：硬链接与软链接。

软链接是指生成一个特殊的文件，该文件中的内容是另一个文件的位置，以路径的形式存在，类似于 Windows 操作系统中的快捷方式，可以跨文件系统，也可以对不存在的文件进行链接，还可以对目录进行链接。

硬链接是指一个文件可以有多个名称，以文件副本的形式存在，不占用实际的磁盘空间。不允许给目录创建硬链接。只有在同一个文件系统中才可以创建硬链接，不可以跨文件系统创建硬链接。

无论是硬链接，还是软链接，都不会复制原本的文件，只会占用非常少量的磁盘空间。

ln 命令的使用方法如下：

```
ln [选项]... [-T] 目标 链接名
```

或者

```
ln [选项]... 目标
```

或者

```
ln [选项]... 目标... 目录
```

或者

```
ln [选项]... -t 目录 目标...
```

在上面 4 种使用方法中，第一种使用方法可以创建具有指定链接名且指向指定目标的链接；第二种使用方法可以在当前目录下创建指向指定目标的链接；第三种和第四种使用方法可以在指定目录下创建指向指定目标的链接。

ln 命令默认创建硬链接，在创建链接时，不应该存在与新链接名称相同的文件，并且链接目标必须存在。软链接可以指向任意位置，当链接解析正常时，可以将其解析为一个相对于其父目录的相对链接。

选项说明如下。

-b：在为目标文件创建链接前，将被删除或覆盖的文件先备份到当前目录下的一个隐藏文件中。

-d,-F：允许超级用户尝试创建指向目录的硬链接，该操作可能因系统限制而失败。

-f：强行删除任何已存在的目标文件。

-I：在删除目标文件前会进行确认。

-n：如果指定的链接是一个链接至某目录的软链接，那么将其当作普通文件处理。

-P：创建直接指向软链接文件的硬链接。

-r：创建相对于链接位置的软链接。

-s：创建软链接而非硬链接。

-S：自行指定备份文件的后缀。

-t：在指定目录下创建链接。

-T：总是将指定的链接当作普通文件处理。

ln 命令的示例如下。

ln -s logtest.log linktest：为 logtest.log 文件创建软链接 linktest，如果 logtest.log 文件丢失，那么 linktest 链接会失效。

ln logtest.log lntest：为 logtest.log 文件创建硬链接 lntest，logtest.log 文件与 lntest 链接的各项属性都相同。

4.3 进程管理命令

进程管理命令是对进程进行各种显示和设置的命令。

1. ps 命令

ps 命令主要用于查看当前系统的进程状态。默认的返回信息包含 4 项内容，PID 表示进程的进程号，TTY 表示进程所属的控制台号码，TIME 表示进程使用 CPU 的总时间，CMD 表示正在运行的系统命令行。ps 命令通常和重定向命令、管道命令等一起使用，用于查找所需的进程。

ps 命令的使用方法如下：

```
ps [选项]...
```

选项说明如下。

-A：显示所有进程。

-a：显示一个终端中除会话引线外的所有进程。

-x：显示没有控制终端的进程，并且显示各个命令的具体路径。

-u：显示进程的用户名和启动时间等信息。

-m：显示所有线程。

-w：加宽输出，可以显示更多信息。

-e：显示所有进程。

-l：使用长格式显示更详细的信息。

ps 命令的示例如下。

ps -ef | grep php：显示 php 进程。

ps -u root：显示 root 进程的用户信息。

ps -ef：显示所有命令，包括命令行。

2. pidof 命令

pidof 命令主要用于查找某个指定进程的进程号，即 PID。每个进程的 PID 都是唯一的，可以通过 PID 区分不同的进程。

pidof 命令的使用方法如下：

```
pidof [选项] ... [进程名称]
```

选项说明如下。

-s：表示只返回 1 个 PID。

-x：表示同时返回运行指定程序的 Shell 的 PID。

pidof 命令的示例如下。

pidof bash：查询本机上 bash 进程的 PID。

3. kill 命令

kill 命令主要用于向进程发送强制终止的信号，从而删除运行中的程序或工作。向 PID（进程号）或 JOBSPEC（任务声明）指定的进程发送一个以 SIGSPEC（信号声明）或 SIGNUM（信号编号）命名的信号，如果没有指定 SIGSPEC 或 SIGNUM，则默认发送以 SIGTERM（信号终止）命名的信号。可以使用 ps 命令或 jobs 命令查看程序或工作的 PID。

kill 命令的使用方法如下：

```
kill [-s 信号声明 | -n 信号编号 | -信号声明] 进程号 | 任务声明 ...
```

或者

```
kill -l [信号声明]
```

选项说明如下。

-l：列出所有信号种类，每种信号都有一个对应值。

kill 命令的示例如下。

使用 ps 命令查看 bash 进程的进程号，如果是 3969，并且 SIGKILL 信号编号是 9，那么使用以下命令可以结束 bash 进程并关闭 LX 终端。

```
kill -s SIGKILL 3969 或 kill -9 3969
```

kill 345：终止 PID 为 345 的进程。

kill -l：显示所有信号种类。

kill -9 $(ps -ef | grep user1)：终止指定用户的所有进程，过滤出用户 user1 的进程。

kill -u user1：终止指定用户 user1 的所有进程。

4．killall 命令

killall 命令主要用于终止指定服务对应的全部进程。

killall 命令的使用方法如下：

```
killall [选项]...进程名...
```

选项说明如下。

-e ：对于较长的进程名，要求严格匹配。

-I：在匹配进程名时忽略大小写。

-g：终止进程组。

-y：终止比指定时间短的进程。

-o：终止比指定时间长的进程。

-i：在终止进程前要求确认。

-l：列出所有的信号名。

-s：发送指定信号而不是 SIGTERM。

-u 用户：仅终止指定用户的进程。

-n 进程号：匹配与指定进程号具有相同命名空间的进程。

在通常情况下，复杂软件的服务程序会有多个进程同时为用户服务，使用 kill 命令逐个结束这些进程比较麻烦，使用 killall 命令批量结束相关进程比较简单。

killall 命令的示例如下。

killall -9 php-fpm：结束所有的 php-fpm 进程。

5．nice 命令

nice 命令主要用于以指定的优先级运行进程，会影响相应进程的调度。如果不指定进程，则会显示当前进程的优先级。优先级的取值范围是-20（最高优先级）～19（最低优先级）。

nice 命令的使用方法如下：

```
nice [选项]... [命令...]
```

选项说明如下。

-n 程序名称：在优先级数值上加上数字 n（默认为 10）。

--n 程序名称：在优先级数值上减去数字 n（需要超级用户权限）。

树莓派操作系统中有两个与进程有关的优先级，使用 ps -l 命令可以看到其中包含 PRI 和 NI 两个值。PRI 值是进程的实际优先级，由操作系统动态计算，其计算和 NI 值有关。NI 值可以被用户更改，NI 值越高，优先级越低。普通用户只能加大 NI 值，只有超级用户才能减小 NI 值。在改变 NI 值后，会影响 PRI 值。优先级高的进程被优先运行，在默认情况下，进程的 NI 值为 0。

nice 命令的示例如下。

nice -2 ps -l：提高优先级。

sudo nice --2 ps -l：降低优先级，不能缺少“sudo”。

6．renice 命令

renice 命令主要用于根据 PID 改变进程的优先级，或者指定进程的工作组名或用户名，并且修改所有隶属于该进程的工作组或用户的进程的优先级。

renice 命令的使用方法如下：

```
renice [选项]... [命令 ...]
```

选项说明如下。

-n　进程名称：在优先级数值上加上数字 n（默认为 10）。

--n 进程名称：在优先级数值上减去数字 n（需要超级用户权限）。

-p：改变该进程的优先级。

-g：指定进程的工作组名，修改所有隶属于该进程的工作组的进程的优先级。

-u：指定用户名，修改所有隶属于该用户的进程的优先级。

renice 命令的示例如下。

renice +1 987 -u daemon root -p 32：将 PID 为 987、32 的进程及隶属于用户 daemon、root 的进程的优先级加 1。

7．top 命令

top 命令主要用于显示当前系统正在运行的进程的相关信息，包括进程号、内存占用率、CPU 占用率等，并且可以实时监控进程的状况。在使用 top 命令后，屏幕每隔 5 秒都会自动刷新一次，前 5 行是当前系统的统计信息区：第一行是任务队列信息，第二行是任务信息，第三行是 CPU 状态信息，第四行是内存空间状态信息，第五行是 SWAP 信息。按快捷键 Ctrl+Z 可以退出 top 命令。

top 命令的使用方式如下：

```
top [选项]...
```

选项说明如下。

-b：批处理模式。

-c：显示完整的命令。

-d <时间>：设置自动刷新的时间间隔。

-s：保密模式。

-S：累积模式。

-u <用户名>：指定用户名。

-p <进程号>：指定进程号。

-n <次数>：指定刷新次数。

top 命令的示例如下。

top：显示进程信息。

top -c：显示完整的命令。

top -b：以批处理模式显示程序信息。

top -n 2：在刷新 2 次后停止刷新。

top -d 3：刷新时间间隔为 3 秒。

top -p 139：显示进程号为 139 的进程信息。

top -s：使用者不能利用交互式命令对进程下达命令。

8．jobs、fg、bg 命令

jobs 命令主要用于查看在后台运行的进程。

fg 命令主要用于将在后台运行的进程调到前台运行。

bg 命令主要用于将在前台运行的进程调到后台运行。

jobs、fg、bg 命令的示例如下。

jobs：显示当前的进程列表。

jobs -l：显示当前的进程及相应的 PID。

jobs -r：仅显示运行的进程。

jobs -s：仅显示暂停的进程。

fg：恢复带“+”标志的进程。

bg 1：将 PID 为 1 的进程放入后台运行。

fg 1：恢复 PID 为 1 的进程。

4.4　用户和组命令

Linux 操作系统是一个多用户、多任务的分时操作系统，要使用系统资源的用户必须先向系统管理员申请一个账号，再以该账号的身份进入系统。用户的账号一方面可以帮助系统管理员对使用系统资源的用户进行跟踪，并且控制他们对系统资源的访问；另一方面可以帮助用户组织文件，并且为用户提供安全性保护。

每个用户账号都具有唯一的用户名和相应的登录密码。用户在登录时，输入正确的用户名和登录密码，即可进入 Linux 操作系统和自己的家目录。

实现用户账号的管理，要完成的工作主要有用户账号的添加、删除与修改，以及用户密码和用户组的管理。

1．adduser 命令

adduser 命令主要用于创建一个普通用户或系统用户，或者将一个已存在的用户添加至一个已存在的用户组。adduser 命令与 useradd 命令的作用相同，但使用方法有所差异。在创建用户账号后，可以使用 passwd 命令设置用户账号的密码。使用 adduser 命令创建的账号信息实际上存储于/etc/passwd 文本文件中。

adduser 命令的使用方法如下：

```
adduser [选项]... 用户名
adduser -system [选项]...  用户名
adduser -group [选项]...  用户组名
adduser 用户名 用户组名
```

选项说明如下。

-g 用户组：指定用户所属的用户组。

-G 用户组：指定用户所属的附加组。

-s Shell 文件：指定用户的登录 Shell。

-u 用户号：指定用户的用户号（UID）。

adduser 命令的示例如下。

adduser david -u 544：添加 david 用户，设置的 UID 值应尽量大于 500，以免发生冲突。

adduser ora -g oin -G dba：添加 ora 用户，它属于 oin 用户组，也属于 dba 附加组。

2. passwd 命令

passwd 命令主要用于设置用户的认证信息，包括用户密码、密码过期时间等。系统管理员可以使用 passwd 命令管理系统用户的密码。只有系统管理员可以修改指定用户的密码，普通用户只能修改自己的密码。

passwd 命令的使用方法如下：

```
passwd [选项]... [登录名]
```

选项说明如下。

-a：查询所有用户的密码状态。

-d：删除指定用户的密码。

-e：强制用户在下次登录时修改密码。

-k：仅在密码过期后修改密码。

-i：在密码过期后锁定用户。

-l：锁定指定用户的登录密码。

-n：设置下次修改密码需要等待的最短天数。

-q：采用安静模式。

-r：修改密码。

-S：查询指定用户的密码状态。

-u：将已经锁定的指定用户解锁。

-w：设置过期警告天数。

-x：设置下次修改密码需要等待的最多天数。

passwd 命令的示例如下。

passwd：修改当前登录用户的登录密码。

passwd pi365：修改 pi365 用户的登录密码。

passwd -l pi365：锁定 pi365 用户的登录密码，之后不允许用户修改登录密码。

passwd -u pi365：将已经锁定的 pi365 用户解锁，之后允许用户修改登录密码。

passwd -e pi365：强制 pi365 用户在下次登录时修改登录密码。

passwd -d pi365：删除 pi365 用户的登录密码。在删除用户的登录密码后，用户在登录时无须使用登录密码。

passwd -S pi365：查询 pi365 用户的登录密码状态。

3．chage 命令

chage 命令主要用于修改账号和密码的有效期限。

chage 命令的使用方法如下：

```
chage [选项]... 登录名
```

选项说明如下。

-d：设置最近一次设置密码的时间。

-E：设置账号的过期时间。

-I：设置密码的过期天数，在密码到期后，账号被锁定；如果值为 0，那么账号在密码过期后不会被锁定。

-l：列出用户及其密码的有效期限。

-m：设置两次改变密码相距的最小天数。

-M：设置两次改变密码相距的最大天数。

-W：设置密码的过期警告天数。

chage 命令的示例如下。

```
#以下 3 行命令连续运行
useradd usrpi1        #创建新用户 usrpi1
passwd usrpi123       #设置用户 usrpi1 的密码为 usrpi123
chage -l usrpi1       #列出用户 usrpi1 及其密码的有效期限
#以下 4 行命令连续运行
useradd usrpi2        #创建新用户 usrpi2。
passwd usrpi234       #设置用户 usrpi2 的密码为 usrpi234
chage -E 0 usrpi2     #设置用户 usrpi2 的密码过期时间为立即过期
chage -d 0 usrpi2     #设置用户 usrpi2 最近一次设置密码的时间
```

4．usermod 命令

usermod 命令主要用于修改用户的各项设置。

usermod 命令的使用方法如下：

```
usermod [选项]... 登录名
```

选项说明如下。

-c：修改用户账号的备注字段。

-d：设置用户账号的新主目录。

-e：设置用户账号的过期日期。

-f：设置密码为失效状态的过期天数。

-g：强制使用新主工作组。

-G：设置新的附加工作组列表。

-a：将用户账号追加至附加工作组中，并且不将其从其他工作组中删除。

-l：设置新的用户账号登录名称。

-L：锁定用户账号。

-m：将家目录下的内容移动至新位置（与-d 选项一起使用）。

-o：允许用户账号使用重复的（非唯一的）UID。

-p：将加密过的密码设置为新密码。

-s：设置用户账号的新登录 Shell。

-u：设置用户账号的新 UID。

-U：解锁用户账号。

usermod 命令的示例如下。

usermod -d /home/userpi root：修改用户账号的主目录。

usermod -u 777 root：修改用户账号的 UID。

usermod -l userpi2 userpi1：修改用户账号 userpi2 的登录名称为 userpil。

usermod -L userpi：锁定用户 userpi 的账号。

usermod -U userpi：解锁用户 userpi 的账号。

5．userdel 命令

userdel 命令主要用于删除指定用户及相关文件。如果该命令后面不加选项，则仅删除用户账号，不删除相关文件。

userdel 命令的使用方法如下：

```
userdel [选项]... 用户名
```

选项说明如下。

-f：即使指定用户已经处于登录状态，也要强制删除该用户及其相关目录和文件。需要谨慎使用该选项。

-r：删除用户家目录和家目录下的所有文件。

userdel 命令的示例如下。

userdel userpi2：删除用户 userpi2，但不删除该用户家目录及家目录下的文件。

userdel -r userpi2：删除用户 userpi2，并且将该用户家目录及家目录下的文件一并删除。

6. groupadd 命令

groupadd 命令主要用于创建一个新的工作组，并且将新工作组的相关信息添加到系统文件中。

groupadd 命令的使用方法如下：

```
groupadd [选项]... 工作组
```

选项说明如下。

-f：如果指定的工作组已经存在，则强制创建工作组，并且以成功状态退出。

-g：指定新建工作组的 ID，即 GID。

-K：覆盖配置文件/ect/login.defs。

-o：允许使用和其他工作组相同的 GID 创建工作组。

-p：为新工作组指定密码。

-r：创建系统工作组，并且该系统工作组的 GID 小于 500。

groupadd 命令的示例如下。

groupadd -g 1005 grouppi：新建 grouppi 工作组，并且设置 GID 为 1005。

groupadd -r -g 368 sysgrouppi：创建系统工作组 sysgrouppi，并且设置 GID 为 368。

7. groupdel 命令

groupdel 命令主要用于删除指定的工作组及所有相关项目，并且修改系统账号文件，指定的工作组名必须是系统中已经存在的工作组名，如果该工作组中仍包含某些用户，那么必须在删除这些用户后，才能删除工作组。

groupdel 命令的使用方法如下：

```
groupdel [选项]... 工作组
```

选项说明如下。

-f：即使是用户的主工作组，也要将其删除。

groupdel 命令的示例如下。

groupdel grouppi：删除 grouppi 工作组。

8. groupmod 命令

groupmod 命令主要用于修改工作组识别码或名称。需要注意的是，尽量不要随意修改用户名、组名和 GID，因为非常容易导致工作组管理逻辑混乱。如果必须要修改用户名或组名，则建议先删除旧的，再建立新的。

groupmod 命令的使用方法如下：

```
groupmod [选项]... 工作组
```

选项说明如下。

-g：设置工作组的 GID。

-n：重命名为新工作组。

-o：允许使用重复的 GID。

-p：将密码修改为加密过的密码。

groupmod 命令的示例如下。

groupmod -n newgroup oldgroup：将工作组 oldgroup 重命名为 newgroup。

9. gpasswd 命令

gpasswd 命令主要用于管理工作组文件/etc/group 和/etc/gshadow，管理指定的工作组，将一个用户添加到工作组中，或者将一个用户从工作组中删除。

gpasswd 命令的使用方法如下：

```
gpasswd [选项]... 工作组
```

选项说明如下。

-a：向工作组中添加用户。

-d：从工作组中删除用户。

-r：移除工作组的密码。

-R：禁止通过密码访问工作组，但成员仍然可以切换到该工作组。

-M：设置工作组中的成员列表。

-A：设置工作组中的管理员列表。

gpasswd 命令的示例如下。

假设系统中已经有用户 userpi，该用户已经登录系统，并且该用户并不是 groupname 工作组中的成员。运行以下命令，可以让用户 userpi 暂时加入 groupname 工作组，成为该工作组中的成员，之后用户 userpi 创建的文件所属的工作组也会是 groupname。

```
gpasswd groupname
```

使用该方法可以暂时让用户 userpi 在创建文件时使用其他工作组，而不是用户 userpi 所在的工作组。

运行以下命令，使用户 userpi 成为 users 工作组的管理员。

```
gpasswd -A userpi users
```

用户 userpi 在成为 users 工作组的管理员后，即可使用管理员权限管理工作组中的其他用户，示例如下：

gpasswd -a mary users：将用户 mary 添加到 users 工作组中。

gpasswd -a allen users：将用户 allen 添加到 users 工作组中。

下面对 gpasswd 命令与 usermod 命令进行比较。

要添加用户到某个工作组中，我们也可以使用 usermod -G group_name user_name 命令，但是，该命令虽然可以将用户 user_name 添加到指定的工作组 group_name 中，但是 user_name 用户以前添加的工作组会被清空。

如果要将一个用户添加到一个工作组中，并且保留以前添加的工作组，则需要使用 gpasswd -a user_name group_name 命令实现。

10. su 命令

su 命令主要用于将当前用户切换为指定用户，或者以指定用户的身份运行命令或程序。例如，将普通用户切换为 root 用户，可以使用 su --或 su root 命令实现，但是必须输入 root 用户的密码；将 root 用户切换为普通用户，可以使用 su username 命令实现，不需要输入任何密码。

su 命令的使用方法如下：

```
su [选项]... [用户名]
```

选项说明如下。

-f：可以快速切换用户。在切换用户时，不加载用户的 Shell 配置文件。

-l：在切换身份时，工作目录及 HOME、SHELL、USER、LOGNAME、PATH 环境变量也会发生改变。

-m,-p：在切换身份时，不改变环境变量。

-c：在运行完指定的命令后，立即恢复原来的身份。

-s：将用户默认的 Shell 修改为新指定的 Shell。

su 命令的示例如下。

su -c ls root：切换为 root 用户，并且在运行 ls 命令后退出，恢复原来的身份。

su root -f：切换为 root 用户，并且不加载 Shell 配置文件。

su -userpi2：切换为 userpi2 用户，并且将工作目录修改为 userpi2 的家目录。

su userpi：切换为 userpi 用户，但环境变量仍然是 root 用户的环境变量。

su - userpi：切换为 userpi 用户，并且将环境变量修改为 userpi 用户的环境变量。

切换用户的测试过程如下。

```
whoami          #显示当前的用户名
pwd             #显示当前的工作目录
su root         #切换为 root 用户
su - root       #切换为 root 用户，并且修改环境变量
whoami          #再次显示当前的用户名
pwd             #再次显示当前的工作目录
```

由于 su 命令在将普通权限用户切换为超级权限用户 root 后，普通权限用户的权限太大，缺乏约束，因此 su 命令并不适合在多个管理员管理的系统中运行。如果使用 su 命令将普通权限用户切换为超级权限用户来管理系统，那么系统内的超级权限用户就太多了，无法明确哪些工作是由哪个超级权限用户完成的。对于超级权限用户的技术特长和管理范围，建议有针对性地下放管理权限，约定超级权限用户使用哪些管理工具完成与其有关的工作，这时我们就有必要使用 sudo 命令了。

使用 sudo 命令，我们可以将某些超级权限有针对性地下放，并且不需要普通用户知道 root 用户的密码，所以 sudo 命令与权限无限制性的 su 命令相比，是比较安全的，因此 sudo 命令又称为受限制的 su 命令。此外，sudo 命令是需要授权许可的，因此又称为授权许可的 su 命令。

sudo 命令的运行流程是，将当前用户切换为 root 用户，然后以 root 身份运行命令。在命令运行完成后，将其恢复为当前用户。

11. sudo 命令

sudo 命令主要用于让普通用户以系统管理员的身份运行相关命令。使用 sudo 命令，系统管理员可以授权给一些普通用户，使其可以执行一些需要具有 root 用户权限才能执行的操作，并且不需要知道 root 用户。

sudo 命令的使用方法如下：

```
sudo  [选项]...
```

选项说明如下。

-b：在后台运行命令。

-g：以指定的用户组或 ID 运行命令。

-H：将 HOME 环境变量设置为目标用户的家目录。

-h：在主机上运行命令。

-k：强迫使用者在下一次运行 sudo 命令时询问密码。

-l：列出用户权限或检查某个特定命令。

-p：使用指定的密码提示。

-s：以目标用户运行 Shell，并且指定一条命令。

-u：以指定用户或 ID 运行命令。

-v：更新用户的时间戳，但不运行命令。

command：以系统管理员身份运行的命令。

sudo 命令的示例如下。

sudo su：切换为 root 用户模式。

sudo -u userpi ls -l：指定 userpi 用户运行命令。

sudo !!：使用 root 用户权限运行上一条命令。

sudo -l：列出用户目前的权限。

sudo -u userpi vi ~www/index.html：指定 userpi 用户编辑 home/www 目录下的 index.html 文件。

sudo 命令的作用是添加用户权限，在命令行中需要运行的命令前添加“sudo”，相当于以 root 用户的身份运行这条命令。运行 sudo su 命令，可以切换为 root 用户进行操作。在用户登录系统后，命令行提示符有所差异，其中，“$”符号为普通用户提示符，“#”符号为超级用户（root 用户）提示符。如果 sudo 命令使用不当，则可能会造成事故，所以仅在需要使用超级用户权限时使用。

当有很多命令需要使用超级用户权限时，每次都输入“sudo”会很麻烦。因此可以首先使用 sudo su 命令开启超级用户权限，切换为 root 用户模式；然后以超级用户的身份运行所需的命令；最后使用 exit 命令退出 root 用户模式，切换为普通用户模式。这样不但可以减少 root 用户的登录和管理时间，而且可以提高安全性。

12．vipw 命令

vipw 命令主要用于编辑/etc/passwd 文件、/etc/shadow 文件、/etc/group 文件和/etc/gshadow 文件。使用该命令可以设置适当的锁，防止文件被多人同时编辑，导致文件被破坏。vipw 命令在运行时会寻找一个合适的编辑器，首先尝试使用环境变量$VISUAL 指定的编辑器，然后尝试使用环境变量$EDITOR 指定的编辑器，最后才会使用默认的编辑器 vi。

vipw 命令的使用方法如下：

```
vipw [选项]...
```

选项说明如下。

-g：编辑/etc/group 文件。

-p：编辑/etc/passwd 文件。

-q：采用安静模式。

-s：编辑/etc/shadow 文件或/etc/gshadow 文件。

vipw 命令的示例如下。

vipw -p：编辑/etc/passwd 文件。

vipw -g：编辑/etc/group 文件。

vipw -s：编辑/etc/shadow 文件。

vipw -sg：编辑/etc/gshadow 文件。

13．vigr 命令

vigr 命令主要用于编辑/etc/group 文件、/etc/shadow 文件、/etc/group 文件和/etc/gshadow 文件。vigr 命令在运行时会寻找一个合适的编辑器，首先尝试使用环境变量$VISUAL 指定的编辑器，然后尝试使用环境变量$EDITOR 指定的编辑器，最后才会使用默认的编辑器 vi。

vigr 命令的使用方法如下：

```
vigr [选项]...
```

选项说明如下。

-g：编辑/etc/group 文件。

-p：编辑/etc/passwd 文件。

-q：采用安静模式。

-s：编辑/etc/shadow 文件或/etc/gshadow 文件。

vigr 命令的示例如下。

vigr -p：编辑/etc/passwd 文件。

vigr -g：编辑/etc/group 文件。

vigr -s：编辑/etc/shadow 文件。

vigr -sg：编辑/etc/gshadow 文件。

14．pwck 命令

pwck 命令主要用于验证系统认证文件/etc/passwd 和/etc/shadow 中的内容和格式的完整性。

pwck 命令的使用方法如下：

```
pwck [选项]... [passwd [shadow]]
```

选项说明如下。

-q：只报告错误信息。

-r：显示错误和警告，以只读方式运行指令。

-s：验证密码文件的完整性，并且按照 UID 对/etc/passwd 和/etc/shadow 文件中的内容进行排序。

pwck 命令的示例如下。

rm -rf /home/userpi：删除 userpi 用户的家目录/home/userpi。

pwck：检验用户配置文件/etc/passwd 和/etc/shadow 中的内容是否合法和完整。

pwck -s：验证密码文件的完整性，并且按照 UID 对/etc/passwd 和/etc/shadow 文件中中的内容进行排序。

15．grpck 命令

grpck 命令主要用于验证组文件/etc/group 和/etc/gshadow 的完整性。使用 grpck 命令可以检查数据是否正确存放，每条记录是否都包含足够的信息，是否有一个唯一的组名，是否包含正确的用户，是否正确设置了组的管理员等。grpck 命令在发现错误后，会在命令行中询问用户是否删除错误的记录，如果用户没有明确回答删除记录，那么 grpck 命令会停止运行。

grpck 命令的使用方法如下：

```
grpck [选项]... [组 [gshadow]]
```

选项说明如下。

-r：显示错误和警告，以只读方式运行指令。

-s：按照 GID 对项目进行排序。

grpck 命令的示例如下。

grpck：验证工作组文件的完整性。

grpck /etc/group：验证工作组文件/etc/group 的完整性。

grpck -s：验证工作组文件的完整性，并且在工作组文件中按照 GID 对条目进行排序。

16．id 命令

id 命令主要用于输出指定用户的用户信息和用户所属的工作组信息，当没有指定用户信息（默认使用当前用户信息）时，使用 id 命令可以显示真实有效的用户 ID（UID）

和工作组 ID（GID）。UID 是对一个用户的单一身份标识，工作组 ID（GID）对应多个 UID。一些程序可能需要 UID、GID 来运行。使用 id 命令，可以使我们更容易找出用户的 UID 和 GID。

id 命令的使用方法如下：

```
id [选项]... [用户]...
```

选项说明如下。

-Z：仅显示当前用户的安全上下文。

-g：仅显示有效的 GID。

-G：显示所有的 GID。

-n：显示工作组名而非数字，与-u、-g、-G 选项一起使用。

-r：显示真实的 ID 而非有效 ID，与-u、-g、-G 选项一起使用。

-u：仅显示有效的 UID。

id 命令的示例如下。

id：显示当前用户的所有信息。

id -g：显示用户的有效 GID。

id -G：显示所有的 GID。

id userpi：显示指定的用户信息。

17．chfn 命令

chfn 命令主要用于改变用户的全名、房间号码、工作电话号码、家庭电话号码等信息。这些信息都存储于/etc 目录下的 passwd 文件中，如果不指定任何选项或用户名，那么 chfn 命令会进入交互问答式界面，设置当前用户的信息。

chfn 命令的使用方法如下：

```
chfn [选项]... [用户名]
```

选项说明如下。

-f：修改用户的全名。

-h：修改用户的家庭电话号码。

-o：修改用户的其他信息。

-r：修改用户的房间号码。

-w：修改用户的工作电话号码。

chfn 命令的示例如下。

chfn：进入交互问答式界面，修改当前用户的信息。

chfn -f：修改当前用户的全名。

chfn -f userpi：修改 userpi 用户的全名。

18．chsh 命令

chsh 命令主要用于显示或修改登录系统时使用的 Shell。如果不指定任何选项或用户名称，那么 chsh 命令会以交互问答的方式设置当前用户的 Shell。

chsh 命令的使用方法如下：

```
chsh [选项]... [登录名]
```

选项说明如下。

-l：打印/etc/shells 中列出的 Shell 并退出。

-s：将当前的 Shell 设置为指定的 Shell。

-u：打印当前使用的 Shell 信息并退出。

chsh 命令的示例如下。

chsh -l：打印/etc/shells 中列出的 Shell 并退出。

chsh -s /bin/csh：将当前的 Shell 设置为/bin/csh。

19. newgrp 命令

newgrp 命令主要用于以相同的账号和另一个工作组的名称再次登录系统。如果用户要使用 newgrp 命令切换工作组，那么该用户必须是该工作组中的用户，否则无法登录指定的工作组。要使单一用户同时属于多个工作组，需要利用交替用户的设置。如果不指定工作组名，那么 newgrp 命令会登录该用户的预设工作组。

newgrp 命令的使用方法如下：

```
newgrp [工作组名]
```

newgrp 命令的示例如下。

newgrp usergroup：将当前用户的工作组切换为 usergroup 工作组。

20. whoami 命令

whoami 命令主要用于显示与当前的有效用户 ID 相关联的用户名，与 id -un 命令的作用相同。

whoami 命令的使用方法如下：

```
whoami [用户名]
```

whoami 命令的示例如下。

whoami：显示当前用户的信息。

whoami root：显示 root 用户的信息。

4.5 文件权限命令

Linux 操作系统中的每个文件和目录都有访问许可权限，用于确定谁可以通过何种方式对文件和目录进行访问和操作。

文件或目录的访问权限分为 3 种，分别为读权限、写权限和执行权限。在文件的访问权限中，读权限表示只允许读取文件中的内容，禁止对文件进行任何修改操作；写权限表示可以修改文件；执行权限表示允许执行文件。在目录的访问权限中，读权限表示可以列出目录下的文件列表；写权限表示可以在目录下创建或删除文件；执行权限表示可以使用 cd 命令进入目录下。当某个文件被创建时，文件所有者自动拥有对该文件的读权限、写权限和执行权限，以便阅读和修改该文件。文件所有者也可以根据需要，将文件或目录的访问权限设置为所需的组合。

有 3 种不同类型的用户可以对文件或目录进行访问：文件所有者、同组用户、其他用户。文件所有者一般是文件的创建者，可以允许同组用户有访问文件的权限，还可以将文件的访问权限赋予系统中的其他用户。在这种情况下，系统中的每位用户都可以访问该用户拥有的文件和目录。

每个文件或目录的访问权限都有 3 组，每组都用 3 位表示，分别为文件所有者的读权限、写权限和执行权限，同组用户的读权限、写权限和执行权限，其他用户的读权限、写权限和执行权限。在使用 ls -l 命令显示文件或目录的详细信息时，最左边的一列为文件的访问权限。示例如下。

命令：ls -l abc.tgz。

返回结果：-rw-r--r-- 1 root root 483997 Jul 18 12:33 abc.tgz。

在返回结果中，除第一位外的横线一般表示空许可，r 表示读权限，w 表示写权限，x 表示执行权限。在通常情况下，一个目录也是一个文件。

Linux 操作系统中的文件权限一共包含 10 位，分成 4 段，具体如下。

第一段占用 1 位，表示文件类型，d 表示目录文件，-表示普通文件。

第二段占用 3 位，表示文件所有者权限，分别表示读权限、写权限、执权限行。

第三段占用 3 位，表示同组用户权限，分别表示读权限、写权限、执行权限。

第四段占用 3 位，表示其他用户权限，分别表示读权限、写权限、执行权限。

在确定了一个文件的访问权限后，用户可以使用 Linux 操作系统提供的 chmod 命令重新设置不同的访问权限，也可以使用 chown 命令修改某个文件或目录的所有者，还可以使用 chgrp 命令修改某个文件或目录的用户组。

1. chmod 命令

chmod 命令主要用于修改文件或目录的访问权限。

chmod 命令的使用方法如下：

```
chmod [选项] ...文件...
```

选项说明如下。

-c：当文件或目录的访问权限发生改变时，报告处理信息。

-f：不输出错误信息。

-R：处理指定目录及其子目录下的所有文件。

-v：在运行时显示详细的处理信息。

chmod 命令有两种用法，一种是包含字母和操作符表达式的文字设定法，另一种是包含数字的数字设定法。

1）文字设定法

语法格式如下：

```
chmod [who] [+ | - | =] [mode] 文件名
```

命令中各选项的含义如下。

操作对象 who 可以是下述字母中的任意一个或多个的组合。

u：用户（user），即文件或目录的所有者。

g：同组（group）用户，即与文件所有者有相同 GID 的所有用户。

o：其他（others）用户。

a：所有（all）用户，这是系统默认值。

操作符号如下。

+：添加某个权限。

-：取消某个权限。

=：赋予指定权限并取消其他所有权限（如果有的话）。

可以使用以下字母的任意组合设置 mode 表示的权限。

r：可读。

w：可写。

x：可执行，只有目标文件对某些用户是可执行的或该目标文件是目录时，才可以追加 x 属性。

s：在执行文件时，将进程的属主或 GID 设置为该文件的文件所有者。

u+s：设置文件的 UID 位。

g+s：设置 GID 位。

t：将程序的文本存储于交换设备中。

u：与文件所有者具有相同的权限。

g：与同组用户具有相同的权限。

o：与其他用户具有相同的权限。

文件名使用空格作为分隔符。要改变权限的文件列表支持使用通配符。

在一个命令行中可以给出多个权限方式，使用英文逗号作为分隔符。

示例如下。

chmod g+r,o+r example：使同组用户和其他用户对 example 文件有读权限。

chmod a+x sort：sort 文件的属性可以为以下几项。

- 文件所有者（u）：增加执行权限。
- 同组用户（g）：增加执行权限。
- 其他用户（o）：增加执行权限。

chmod ug+w,o-x text：设定文件 text 的属性可以为以下几项。

- 文件所有者（u）：增加写权限。
- 同组用户（g）：增加写权限。

- 其他用户（o）：删除执行权限。

chmod u+s abc.out：假设在运行该命令后，abc.out 的权限如下（运行 ls -l abc.out 命令后显示的结果）：

```
-rws-x-x 1 inin users 7192 Nov 4 14:22  abc.out
```

为了说明 s 选项的功能，假设运行文件 abc.out 要用到另一个文本文件 shiyan1.c，shiyan1.c 文件的存取权限为“-rw-----”，即只有 shiyan1.c 文件的属主具有读/写权限。当其他用户运行 abc.out 程序时，其用户身份会暂时变成 inin，所以可以读取 shiyan1.c 文件（虽然 shiyan1.c 文件被设定为其他用户不具备任何权限）。

以下 3 条命令的作用都是将文件 ftest.txt 的执行权限删除，并且设置的对象为所有使用者。

```
chmod a-x ftest.txt
chmod -x ftest.txt
chmod ugo-x ftest.txt
```

2）数字设定法

语法格式如下：

```
chmod [mode] 文件名
```

首先了解 mode 属性的含义：0 表示没有权限，1 表示可执行权限，2 表示可写权限，4 表示可读权限，然后将其相加。所以 mode 属性的格式应为 3 个取值范围为 0～7 的八进制数，其顺序是 u、g、o。

示例如下。

如果要让某个文件的属主有读和写两种权限，则需要设置 4（可读）+2（可写）=6（读/写）。

chmod 644 ftest.txt：设置 ftest.txt 文件的权限为-rw-r-r-。

- 文件所有者（u）inin：具有可读权限、可写权限。
- 同组用户（g）：具有可读权限。
- 其他用户（o）：具有可读权限。

chmod 750 ftest.txt：设置 ftest.txt 文件的权限为-rwxr-x-。

- 文件所有者（u）inin：具有可读权限、可写权限、可执行权限。
- 同组用户（g）：具有可读权限、可执行权限。
- 其他用户（o）：不具有任何权限。

2. umask 命令

umask 命令主要用于设置所创建的文件和目录的默认设置权限。

umask 命令的使用方法如下：

```
umask [-p] [-S] [选项]...
```

选项说明如下。

-p [MODE]：默认选项，以八进制数的形式显示或设置权限掩码。当没有提供 MODE

时，显示当前权限掩码。

-S [MODE]：以字符形式显示，或者设置新建文件的默认权限。当没有提供 MODE 时，显示新建文件的默认权限。

umask 命令的示例如下。

umask：以八进制数的形式显示当前权限掩码。

umask u=, g=w, o=rwx：取消工作组用户的写权限，并且取消其他用户的读权限、写权限和执行权限。

3. chattr 命令

chattr 命令主要用于改变文件或目录的属性。修改文件或目录的属性，可以提高系统的安全性，但不适用于所有目录。chattr 命令不能保护/、/dev、/tmp、/var 目录。

chattr 命令的使用方法如下：

```
chattr [选项]... [+/-/=<属性>] [文件]
```

选项说明如下。

-R：递归处理，将指定目录下的所有文件及子目录一并处理。

-v：设置文件或目录的版本。

-V：显示命令的执行过程。

+：开启文件或目录的该项属性。

--：关闭文件或目录的该项属性。

=：指定文件或目录的该项属性。

使用 chattr 命令可以改变存储于 ext2 文件系统中的文件或目录的属性，这些属性共有以下 8 种模式。

a：让文件或目录仅提供附加用途。

b：不更新文件或目录的最后存取时间。

c：将文件或目录压缩并存储。

d：将文件或目录排除在倾倒操作之外。

i：不允许任意删除或重命名文件或目录。

s：秘密删除文件或目录。

S：即时更新文件或目录。

u：预防意外删除。

chattr 命令的示例如下。

chattr +i /etc/resolv.conf：给 resolv.conf 文件加锁，防止系统中的关键文件被修改。

chattr -i /home/fold.txt：解锁 fold.txt 文件。

chattr +a /var/log/messages：让 messages 文件只能追加数据，不能删除数据，适用于日志文件。

4. lsattr 命令

lsattr 命令主要用于显示或改变文件或目录的属性。

lsattr 命令的使用方法如下：

```
lsattr [选项]... [文件]
```

选项说明如下。

-a：显示所有文件和目录，包括隐藏文件。

-d：只显示目录名称，不显示目录内容。

-R：递归地处理指定目录下的所有文件及子目录。

-v：显示文件或目录版本。

lsattr 命令的示例如下。

lsattr /etc/resolv.conf：显示 resolv.conf 文件的属性。

lsattr -E -H -l en0：显示 en0 设备当前的有效值。

lsattr -R -l en0 -a arp：显示 eno 设备的 arp 属性的值。

lsattr -l rmt0 -E：显示 rmt0 设备的当前属性值。

lsattr -l rmt0 -D：显示 rmt0 设备的默认属性值。

5. setfacl 命令

setfacl 命令主要用于在命令行中设置文件或目录的 ACL（Access Control List，访问控制列表），从而细分 Linux 操作系统中的文件权限。使用 chmod 命令可以将文件权限分为 u、g、o 共 3 组，使用 setfacl 命令可以对每个文件或目录设置更精确的文件权限。换句话说，使用 setfacl 命令可以更精确地控制权限的分配，如让某个用户对某个文件具有某种权限。这种独立于传统的 u、g、o 的 r、w、x 权限外的具体权限设置称为 ACL。ACL 可以针对单个用户、文件或目录进行 r、w、x 的权限控制，对需要特殊权限的使用状况有一定帮助，如不让单个用户访问某个文件。

setfacl 命令的使用方法如下：

```
setfacl [选项]... [目录|文件]
```

选项说明如下。

-m：更改文件的访问控制列表。

-M：从文件中读取访问控制列表条目并对其进行修改。

-x：根据文件中的访问控制列表移除条目。

-X：从文件中读取访问控制列表条目并删除。

-b：删除所有扩展访问控制列表条目。

-k：移除默认访问控制列表。

-n：不重新计算有效权限掩码。

-d：应用到默认访问控制列表的操作。

-R：递归设置 ACL，包括目录中的子目录和文件，如果要使用该选项，则需要将其放在-m 选项前面。

-L：依照系统逻辑，跟随符号链接。

-P：依照自然逻辑，不跟随符号链接。

--restore=file：恢复访问控制列表，与-R 选项的作用相反。

--test：测试模式，并不真正修改访问控制列表的属性。

--set=acl：设置替换当前的文件访问控制列表。

--set-file=file：从文件中读取访问控制列表条目并对其进行设置。

--mask：重新计算有效权限掩码。

setfacl 命令的示例如下。

```
getfacl test                          #查看 ACL
setfacl -m u:userpi:rw- test          #修改文件的 ACL 权限，添加一个用户权限
getfacl test                          #在修改后再次查看
setfacl -m g: userpi:r-w test         #添加一个组
getfacl test                          #在修改后次再查看
setfacl -m u::rwx test                #设置默认用户的读权限、写权限、执行权限
setfacl -x u: userpi test             #清除 userpi 用户对 test 文件的 ACL 权限
setfacl -b test                       #清除所有的 ACL
```

6．getfacl 命令

getfacl 命令主要用于显示文件或目录的 ACL 权限规则，对指定的文件或目录显示精准的权限控制信息。可以先使用 setfacl 命令设置文件或目录的 ACL 权限规则，再使用 getfacl 命令进行查看。

getfacl 命令的使用方法如下：

```
getfacl [选项]... [目录|文件]
```

选项说明如下。

-a：显示文件的 ACL。

-d：显示默认的 ACL。

-c：不显示注释标题。

-e：显示所有的有效权限。

-E：显示无效权限。

-s：跳过文件，只具有基本条目。

-R：递归到子目录。

-t：使用表格输出格式。

-n：显示用户的 UID 和工作组的 GID。

getfacl 命令的示例如下。

getfacl test.txt：查看 test.txt 文件的访问控制策略。

getfacl -c test.txt：查看 test.txt 文件的访问控制策略，不显示注释信息。

getfacl -t test.txt：以表格形式查看 test.txt 文件的访问控制策略。

4.6 搜索命令

1. whereis 命令

whereis 命令主要用于直接从数据库中寻找二进制命令的可执行文件、源代码文件和 man 帮助手册文件的所在位置。

whereis 命令的使用方法如下：

```
whereis [选项]... [命令名]
```

选项说明如下。

-b：只查找命令的二进制文件所在的位置。

-B：限制在指定的目录下搜索二进制文件。

-m：只查找命令的 man 帮助手册文件所在的位置。

-M：限制在指定的目录下搜索 man 帮助手册文件。

-s：只查找源代码文件。

-S：限制在指定的目录下搜索二进制文件。

-f：在使用了-B、-M、-S 中的任意一个选项后，必须加上-f 选项，然后指定要搜索的文件名。

whereis 命令的示例如下。

whereis ln：显示 ln 命令的程序及其 man 帮助手册文件的位置。

whereis -b ln：显示 ln 命令的二进制文件所在的位置。

whereis -m ln：显示 ln 命令的 man 帮助手册文件所在的位置。

2. whatis 命令

whatis 命令主要用于获取命令的简介，从某个程序的 man 帮助手册中抽出一行简单的介绍，可以帮助用户迅速了解这个程序的具体功能。

whatis 命令的使用方法如下：

```
whatis [选项]... 命令关键词
```

选项说明如下。

-d：输出调试信息。

-v：输出详细的警告信息。

-r：将每个关键词都当作正则表达式进行解读。

-w：关键词中包含通配符。

-l：不要将输出结果按照终端宽度截断。

whatis 命令的示例如下。

whatis ls：查询 ls 命令的简短描述信息。

3. find 命令

find 命令主要用于查找文件，默认路径为当前目录，默认表达式为-print。表达式可以由操作符、选项、测试表达式及动作组成。

find 命令的使用方法如下：

```
find [路径]... [选项] [查找和搜索范围]
```

选项说明如下。

-amin n：查找过去 n 分钟内被读取过的文件。

-cmin n：查找过去 n 分钟内被修改过的文件。

-newer <file>：查找比文件 file 的修改时间更晚的文件。

-anewer <file>：查找比文件 file 更晚被读取的文件。

-cnewer <file>：查找比文件 file 更晚的文件。

-name <file>：查找文件名完全匹配指定文件 file 的文件。

-user <username>：查找属于指定用户 username 的文件。

-group <group>：查找属于指定工作组 group 的文件。

-print：显示查找结果。

-size n[bcwkMG]：查找大小为 n 的文件。bcwkMG 表示单位，b 表示位，c 表示字节，w 表示双字，k 表示 KB，M 表示 MB，G 表示 GB。n 前面可以加“+”符号或“-”符号，+n 表示要查找文件大小大于 n 的文件，-n 表示要查找文件大小小于 n 的文件。

-type [bcdpfls]：查找指定类型的文件。bcdpfls 表示文件类型，b 表示块设备文件，c 表示字符设备文件，d 表示目录，p 表示管道，f 表示普通文件，l 表示符号链接文件，s 表示 socket。

-atime n：查找过去 n 天内被读取过的文件。

-ctime n：查找过去 n 天内被修改过的文件。

-depth n：查找指定目录的深度。

-maxdepth n：查找目录的最大深度。

-mindepth n：查找目录的最小深度。

-empty：只查找空文件或空目录。

-exec <command>{}\：对符合指定条件的文件运行 command 命令。

-ok <command>{}\：对符合指定条件的文件运行 command 命令，请求用户确认。

-perm <mode>：查找与指定权限匹配的文件。

find 命令的示例如下。

搜索/mnt/volumer 目录下名称匹配 foobar 的空文件，并且使用 rm 命令将其删除，命令如下：

```
find /mnt/volumer -empty -name foobar -exec rm
```

在根目录下查找文件 httpd.conf，表示在整个硬盘中进行查找，命令如下：

```
find / -name httpd.conf
```

在/etc 目录下查找文件 httpd.conf，命令如下：

```
find /etc -name httpd.conf
```

在/etc 目录下查找文件名中含有字符串'srm'（要使用通配符“*”）的文件，命令如下：

```
find /etc -name  '*srm*'
```

在当前目录下查找文件名开头是字符串'srm'的文件，命令如下：

```
find . -name 'srm*'
```

查找系统中最后 10 分钟访问的文件，命令如下：

```
find / -amin -10
```

查找系统中最后 48 小时访问的文件，命令如下：

```
find / -atime -2
```

查找系统中的空文件或空目录，命令如下：

```
find / -empty
```

查找系统中属于 cat 工作组的文件，命令如下：

```
find / -group cat
```

查找系统中最近 5 分钟内修改过的文件，命令如下：

```
find / -mmin -5
```

查找系统中最近 24 小时内修改过的文件，命令如下：

```
find / -mtime -1
```

查找系统中属于 userpi 用户的文件，命令如下：

```
find / -user userpi
```

查找文件大小大于 10 000 字节的文件，命令如下：

```
find / -size +10000c
```

查找文件大小小于 1 000KB 的文件，命令如下：

```
find / -size -1000k
```

4．grep 命令

grep 命令主要用于查找文件中包含指定字符串的行。

grep 命令的使用方法如下：

```
grep [选项]... 模式 [文件]
```

选项说明如下。

-v：列出不匹配的行。

-c：对匹配的行进行计数。

-l：只显示包含匹配模式的文件名。

-h：在输出时不显示文件名前缀。

-n：在输出的同时打印行号。

-i：在模式和数据中忽略字母的大小写。

“模式”中可以包括多个模式字符串，使用换行符进行分隔。模式说明如下。

-E：扩展正则表达式。

-F：字符串。

-G：基本正则表达式。

-P：Perl 正则表达式。

grep 命令的示例如下。

grep -c zwx file_*：输出匹配字符串行的数量。

grep -n zwx file_*：列出所有的匹配行，并且显示行号。

grep -vc zwx file_*：显示不包含模式的所有行。

grep -h zwx file_*：不再显示文件名。

grep -l zwx file_*：只列出匹配的文件名，不列出具体匹配的行。

grep -r zwx file_2 *：递归搜索，不仅搜索当前目录，还搜索子目录。

grep zw* file_1：匹配整词，相当于精确匹配。

grep -x zwx file_*：匹配整行，只有在文件中的整行与模式匹配时才打印。

grep -q zwx file_1：不输出任何结果，已退出状态表示结果。

grep -c ^$ file_1：查找一个文件中的空行和非空行。

grep ^z.x file_1：匹配任意字符或重复字符，使用“.”或“*”符号实现。

grep zwx file_* /etc/hosts：支持多文件查询，并且支持使用通配符。

grep -s zwx file1 file_1：不显示不存在或无匹配的文本信息。

5．command 命令

command 命令主要用于运行简单命令，或者显示命令的相关信息，可以带参数运行命令且抑制 Shell 函数查询，或者显示指定命令的信息，在存在相同名称的函数定义的情况下，可以启动磁盘中的命令。

command 命令的使用方法如下：

```
command [选项]... 命令
```

选项说明如下。

-p：使用 PATH 环境变量的默认值，确保所有的标准工具都能被找到。

-v：显示命令的描述。

-V：显示每个命令的详细描述。

command 命令的示例如下。

command ls /root：抑制正常的 Shell 函数查询。

6．uptime 命令

uptime 命令主要用于显示系统运行的总时间和系统的平均负载，可以显示的信息依次为现在的时间、系统运行时间、目前登录的用户数，以及系统在过去的 1 分钟、5 分钟和 15 分钟内的平均负载。

uptime 命令的使用方法如下：

```
uptime [选项]...
```

选项说明如下。

-p：以比较友好的格式输出系统的正常运行时间。

-s：系统启动时间。

uptime 命令的示例如下。

uptime：显示系统运行时间。

7．w 命令

w 命令主要用于显示已经登录系统的用户列表，并且显示用户正在运行的命令。运行该命令，可以获取目前登录系统的用户，以及正在运行的程序。单独运行 w 命令，会显示所有的用户，如果指定用户名，则可以显示指定用户的相关信息。

w 命令的使用方法如下：

```
w [选项]... [用户]
```

选项说明如下。

-h：不打印头信息。

-u：在显示当前进程和 CPU 时间时忽略用户名。

-s：使用短输出格式。

-f：显示用户从哪里登录。

-o：使用旧格式输出。

-i：尽量显示 IP 地址而不是主机名称。

w 命令的示例如下。

w：显示已登录当前系统的用户详细信息。

w userpi：只显示已登录系统的 userpi 用户的详细信息。

4.7　压缩命令

1．tar 命令

tar 命令主要用于对文件、目录进行打包和压缩，打包可以将多个文件、目录做成一个文件包，文件大小是不变的；压缩会改变文件的大小。

tar 命令的使用方法如下：

```
tar [选项]... [文件|目录]
```

选项说明如下。

-z：使用 gz 的方式压缩文件。

-j：使用 bz2 的方式压缩文件。

-J：使用 xz 的方式压缩文件。

-x：解压缩、提取打包的内容。

-t：查看压缩包中的内容。

-c：建立一个压缩包，用于打包文件。

-C：切换到指定目录下，指定用于存储解压缩或打包内容的目录。

-v：显示压缩或打包的内容。

-f：该选项后面要跟压缩后的文件名，一般排在其他选项的后面。

-P：保留绝对路径。

-p：保留备份数据的原本权限与属性，通常用于备份重要的配置文件。

tar 命令的示例如下。

tar -cvf myfile.tar test1.txt test2.txt test3.txt：打包文件。

tar -zcvf myfile.tar.zip test1.txt test2.txt.test3.txt：使用 gzip 的方式压缩文件。

tar -jcvf myfile.tar.bz2 myfile.tar：使用 bzip2 的方式压缩文件。

tar -Jcvf myfile.tar.xz myfile.tar：使用 xz 的方式压缩文件。

tar -xvf myfile.tar：解压缩到当前目录下，自动识别文件的压缩格式。

tar -xvf myfile.tar -C /home：解压缩到/home 目录下，自动识别 tar 文件的压缩格式。

tar -xvf myfile.tar.zip：解压缩到当前目录下，自动识别 zip 文件的压缩格式。

tar -xvf myfile.tar.bz2：解压缩到当前目录下，自动识别 bz2 文件的压缩格式。

tar -xvf myfile.tar.xz：解压缩到当前目录下，自动识别 xz 文件的压缩格式。

2．gzip 命令

gzip 命令主要用于对文件进行压缩和解压缩。使用 gzip 命令不仅可以压缩大的、较少使用的文件，以便节省磁盘空间，还可以和 tar 命令一起构成 Linux 操作系统中比较流行的压缩文件格式。据统计，gzip 命令对文本文件有 60%～70%的压缩率。gzip 是一个应用广泛的压缩命令，文件在经它压缩后，其名称后面会添加扩展名“.gz”。

gzip 命令的使用方法如下：

```
gzip [选项]... [文件或目录]
```

选项说明如下。

-a：使用 ASCII 文字模式。

-c：将压缩后的文件输出到标准输出设备中，并且不更改原始文件。

-d：解压缩文件。

-f：强行压缩文件，不论文件名是否存在、硬链接是否存在、文件是否为符号链接。

-l：列出压缩文件的相关信息。

-L：显示版本与版权信息。

-n：在压缩文件时，不保存原来的文件名及时间戳。

-N：在压缩文件时，保存原来的文件名及时间戳。

-q：不显示警告信息。

-r：递归处理，将指定目录下的所有文件及子目录一并处理。

-S：更改压缩字尾字符串。

-t：测试压缩文件是否正确。

-：显示命令运行过程。

-V：显示版本信息。

-num：使用指定的数字 num 调整压缩的速度，-1 或--fast 表示采用最快的压缩方法（低压缩率），-9 或--best 表示采用最慢的压缩方法（高压缩率）。默认值为 6。

gzip 命令的示例如下。

gzip *：将当前目录下的每个文件都压缩成.gz 文件。

gzip -dv *：将当前目录下的每个压缩文件都解压缩并列出详细的信息。

gzip -l *：详细显示当前目录下的每个压缩文件的信息，但不解压缩。

gzip -r log.tar：压缩一个 tar 备份文件，压缩文件的扩展名为.tar.gz。

gzip -rv dirtest：递归地压缩目录 dirtest。

gzip -dr dirtest：递归地解压缩目录 dirtest。

递归地压缩目录，所有 dirtest 目录下的文件格式都会变为*.gz，目录依然存在，只是目录下的文件格式变成了*.gz。因为是对目录进行的操作，所以需要加上-r 选项，以便对子目录进行递归压缩。

3. xz 命令

xz 命令主要用于以.xz 格式压缩或解压缩文件。如果没有指定文件，或者文件为“-”，则从标准输入设备中读取。xz 命令会对系统文件进行压缩和解压缩，在压缩完成后，系统会自动在原文件后加上扩展名.xz 并删除原文件。xz 命令只能对文件进行压缩，不能对目录进行压缩。

xz 命令的使用方法如下：

```
xz [选项]... [文件]
```

选项说明如下。

-z：强制压缩。

-d：强制解压缩。

-t：测试压缩文件的完整性。

-l：列出.xz 文件中的信息。

-k：保留（不要删除）输入文件。

-f：强制覆盖输出文件和（解）压缩链接。

-c：向标准输出设备写入，同时不要删除输入文件。

-0～-9：压缩预设等级，默认值为 6，如果要使用 7～9 的等级，则需要先考虑压缩和解压缩所需的内存空间。

-e：尝试使用更多 CPU 时间改进压缩率，不会影响解压缩的内存空间需求量。

-T：使用最多指定数量的线程，默认值为 1。将线程数量设置为 0，可以使用与处理器内核数量相同的线程数。

-q：不显示警告信息，如果指定两次，则可以不显示错误信息。

-v：输出详细信息，如果指定两次，则可以输出更详细的信息。

xz 命令的示例如下。

xz test.txt：压缩一个文件 test.txt，在压缩成功后，生成 test.txt.xz 文件，原文件会被删除。

xz -d -k test.txt.xz：解压缩 test.txt.xz 文件，并且使用-k 选项保证原文件不被删除。

xz -k test：压缩 test 文件并保留原文件。

xz -d test.xz：将 test.xz 文件解压缩并直接删除压缩文件。

首先将/var/log/messages 复制到当前目录的 mes 目录下，然后对其进行压缩操作，最后删除原文件，命令如下：

```
mkdir mes
cd mes
cp /var/log/messages ./
xz messages
```

4．bzip2 命令

bzip2 命令主要用于压缩或解压缩 bzip2 文件。bzip2 命令是在 Linux 操作系统中经常使用的一个对文件进行压缩和解压缩的命令，使用 Burrow-Wheeler 块排序文本压缩算法和 Huffman 编码将文件压缩为后缀为.bz2 的 bzip2 文件，压缩率一般比基于 LZ77、LZ78 的压缩软件高得多，其性能接近于 PPM 族统计类压缩软件。因此可以使用 bzip2 命令压缩大的、较少使用的文件，用于节省磁盘空间。此外，bzip2 命令可以和 tar 命令一起使用，用于对文件进行打包和压缩。减少文件大小有两个明显的好处，一是可以减少存储空间；二是在通过网络传输文件时，可以减少传输的时间。

bzip2 命令的使用方法如下：

```
bzip2 [选项]... [文件]
```

选项说明如下。

-c：将数据压缩或解压缩，并且将结果输出至标准输出设备中。

-d：强制解压缩。

-z：-d 选项的补充选项，无论运行的是哪个程序，都要强制进行压缩操作。

-t：检查指定文件的完整性，但并不对其进行解压缩操作。

-f：强制覆盖输出文件。

-k：在压缩、解压缩时保留输入文件。

-s：在压缩、解压缩及检查时减少内存空间用量。

-q：在压缩时忽略不重要的警告信息，但不会忽略 I/O 错误及其他严重事件的相关信息。

-v：显示每个被处理文件的压缩率。

-1～-9：在压缩时，将块长度设置为 100KB、200KB、……、900KB。对解压缩操作没有影响。

--：将后面的所有命令行变量都看作文件名，即使这些变量以“-”符号开头。

bzip2 命令的示例如下。

bzip2 -v temp.bz2：解压缩文件，显示详细的处理信息。

bzip2 /etc/passwd：不保留原文件地进行压缩，在压缩后，/etc/passwd 变为/etc/passwd.bz2。

bzip2 -k /etc/passwd：保留原文件地进行压缩。

bzip2 -v /etc/passwd：在压缩时，显示命令运行过程。

bzip2 -d /etc/passwd.bz2：解压缩.bz2 文件，不保留原文件。

bzip2 -dk /etc/passwd.bz2：解压缩.bz2 文件，保留原文件。

bzip2 -tv /etc/passwd.bz2：测试.bz2 压缩文件的完整性，但不将其解压缩。

bzip2 -c /etc/passwd > /etc/passwd.bz2：保留原文件，将其压缩为/etc/passwd.bz2 并将结果输出至标准输出设备中。

bzip2 -dc /etc/passwd.bz2 > /etc/passwd：解压缩.bz2 文件，保留原文件，并且将结果输出至/etc/passwd 文件中。

4.8　网络命令

1．ping 命令

ping 命令主要用于检测计算机之间的连接情况，通过发送数据包并接收应答信息，检测两台计算机之间的网络是否连通。当网络出现故障时，可以使用 ping 命令检测故障和确定故障地点。如果 ping 命令运行成功，则说明当前主机与目标主机之间存在一条连通的路径；如果 ping 命令运行不成功，则需要检查网线是否连通、网卡设置是否正确、IP 地址是否可用等。

Linux 操作系统中的 ping 命令与 Windows 操作系统中的 ping 命令略有不同。在 Windows 操作系统中运行 ping 命令，通常在发出 4 个请求后，就会停止运行该命令；在 Linux 操作系统中不会自动停止，需要我们手动按快捷键 Ctrl+C 使其停止，或者使用-c 选项为 ping 命令指定发送请求的次数。

ping 命令的使用方法如下：

```
ping [选项]... [目标主机]
```

选项说明如下。

-a：将目标主机标识转换为 IP 地址。

-t：如果使用者不人为中断，则会不断地 ping 下去。

-c count：要求 ping 命令连续发送数据包，直到发出并接收 count 个请求。

-d：为使用的套接字开启调试状态。

-f：一种快速方式，每个请求都用一个句点表示，每个响应都打印一个空格。

-i seconds：设置相邻两次数据包发送操作间隔 seconds 秒。不能与-f 选项一起使用。

-n：只输出数值。

-p pattern：设置填满数据包的范本样式。

-q：不显示命令运行过程，开头和结尾的相关信息除外。

-R：在数据包中记录路由过程。

-r：忽略普通的路由表，直接将数据包发送到远端主机上。

-s：设置数据包的大小。

-v：显示命令的详细运行过程。

ping 命令的示例如下。

ping 192.168.1.1：查看树莓派和 IP 为 192.168.1.1 的设备之间的连接状况。

ping www.baidu.com：ping 百度网站，检测是否连通。

ping -c 2 www.huawei.com：指定接收包的次数为 2。

ping -c 4 -i 3 www. baidu.com：设置发送请求次数为 4 次，时间间隔为 3 秒。

ping -c 1 baidu.com | grep from | cut -d " " -f 4：获取指定网站的 IP 地址。

2．ifconfig 命令

ifconfig 命令主要用于显示系统中所有网卡的信息或设置网络设备。Linux 操作系统中的网卡命名规律如下：eth0 表示第一块有线网卡；Lo 表示环回接口；IP 地址固定为 127.0.0.1；掩码为 8 位，表示树莓派自身；wlan0 表示第一块无线网卡。

ifconfig 命令的使用方法如下：

```
ifconfig [选项]...
```

选项说明如下。

add<地址>：为网络设备设置 IPv6 的 IP 地址。

del<地址>：为网络设备删除 IPv6 的 IP 地址。

down：关闭指定的网络设备。

<hw<网络设备类型><硬件地址>：设置网络设备的类型与硬件地址。

io_addr<I/O 地址>：设置网络设备的 I/O 地址。

irq<IRQ 地址>：设置网络设备的 IRQ 地址。

media<网络媒介类型>：设置网络设备的媒介类型。

mem_start<内存地址>：设置网络设备在主内存中占用的起始地址。

metric<数目>：指定在计算数据包的转送次数时，需要加上的数目。

mtu<字节>：设置网络设备的 MTU。

netmask<子网掩码>：设置网络设备的子网掩码。

tunnel<地址>：建立 IPv4 与 IPv6 之间的隧道通信地址。

up：启动指定的网络设备。

-broadcast<地址>：将要发送到指定地址的数据包作为广播数据包进行处理。

-pointopoint<地址>：与指定地址的网络设备建立直接连线，该模式具有保密功能。

-promisc：关闭或启动指定网络设备的 promiscuous 模式。

[IP 地址]：指定网络设备的 IP 地址。

[网络设备]：指定网络设备的名称。

ifconfig 命令的示例如下。

ifconfig：列出网络配置信息。

ifconfig eth0 down：关闭网卡 eth0。

ifconfig eth0 up：启用网卡 eth0。

ifconfig eth0 arp：启用 ARP 协议。

ifconfig eth0 -arp：关闭 ARP 协议。

ifconfig eth0 mtu 1500：设置最大传输单元。

ifconfig eth0 192.168.1.56：配置 IP 地址。

ifconfig eth0 add 33ffe:3240:800:1005::2/ 64：为网卡设置 IPv6 地址。

ifconfig eth0 del 33ffe:3240:800:1005::2/ 64：为网卡删除 IPv6 地址。

ifconfig eth0 hw ether 00:AA:BB:CC:DD:EE：修改 MAC 地址。

ifconfig eth0 192.168.1.56 netmask 255.255.255.0：配置 IP 地址并添加子网掩码。

ifconfig eth0 192.168.1.56 netmask 255.255.255.0 broadcast 192.168.1.255：给 eth0 网卡配置 IP 地址，添加子网掩码，添加广播地址。

3．wget 命令

wget 工具是非交互式的网络文件下载工具，支持 HTTP、HTTPS 和 FTP 协议，并且支持 HTTP 代理，它可以在用户退出系统后在后台运行，直到任务完成。wget 运行得非常稳定，在带宽很窄的情况下和不稳定网络中有很强的适应性。如果因网络问题导致下载失败，那么 wget 会不断地尝试下载，直到整个文件下载完毕。如果服务器打断下载过程，那么它会再次连接服务器，并且从停止的地方继续下载，这对从限定了链接时间的服务器上下载大文件非常有用。

wget 命令主要用于从网络上下载资源，如果没有指定目录，那么下载的资源默认存储于当前目录。wget 命令的功能强大、使用简单，支持断点续传功能，支持 FTP 和 HTTP 下载方式，支持代理服务器，设置方便、简单，程序小，完全免费。

wget 命令的使用方法如下：

```
wget [选项]... [URL 地址]
```

启动选项说明如下。

-V：显示 wget 的版本信息并退出。

-b：在启动后转入后台。

-e：运行一个.wgetrc 风格的命令。

日志和输入文件选项说明如下。

-o：将日志信息写入文件。

-a：将信息添加至文件中。

-d：打印大量的调试信息。

-q：安静模式（无信息输出）。

-v：详尽输出模式（此为默认值）。

-nv：退出详尽输出模式，但不进入安静模式。

-i：下载本地或外部文件中的 URL。

-F：将输入文件作为 HTML 文件。

-B：解析相对于 URL 的 HTML 输入文件链接。

下载选项说明如下。

-t：设置重试次数（0 表示无限制）。

-O：将文件下载到相应的目录下，并且修改文件名。

-nc：不要下载要被覆盖的文件。

-c：以断点续传的方式下载文件。

-N：只获取比本地文件新的文件。

-S：打印服务器响应信息。

-T：设置响应超时的秒数。

-w：设置两次尝试之间间隔的秒数。

-Q：设置获取配额字节数。

-4：仅连接至 IPv4 地址。

-6：仅连接至 IPv6 地址。

目录选项说明如下。

-nd：不创建目录。

-x：强制创建目录。

-nH：不要创建主（host）目录。

-P：将文件保存到目录。

HTTP 选项说明如下。

--http-user=<用户>：设置 HTTP 用户名。

--http-password=<密码>：设置 HTTP 密码。

--no-cache：不使用服务器缓存的数据。

--default-page=<NAME>：改变默认页（通常是“index.html”）。

-C：允许/不允许服务器端的数据缓存（在一般情况下允许）。

-E --adjust-extension：以合适的扩展名保存 HTML/CSS 文件。

--ignore-length：忽略头部的 Content-Length 区域。

--header=<字符串>：在头部插入<字符串>。

--compression=<类型>：选择压缩类型，值可以为 auto、gzip 和 none，默认值为 none。

--max-redirect：每页允许的最大重定向。

--proxy-user=<用户>：使用<用户>作为代理用户名。

--proxy-password=<密码>：使用<密码>作为代理密码。

--referer=URL：设置 HTTP 请求头包含 Referer: URL。

--save-headers：将 HTTP 头保存至文件。

-U --user-agent=<代理>：标识自己为<代理>，而不是 Wget/VERSION。

--no-http-keep-alive：禁用 HTTP keep-alive（持久连接）。

--no-cookies：不使用 cookies。

--load-cookies=<文件>：在会话开始前，从<文件>中载入 Cookies。

--save-cookies=<文件>：在会话结束后，将 Cookies 保存至<文件>中。

--keep-session-cookies：载入并保存会话（非永久）Cookies。

--post-data=<字符串>：使用 POST 方式，将<字符串>作为数据发送。

--post-file=<文件>：使用 POST 方式，发送<文件>内容。

--method=HTTP 方法：在请求中使用指定的<HTTP 方法>。

--post-data=<字符串>：将<字符串>作为数据发送，必须设置--method。

--post-file=<文件>：发送<文件>内容，必须设置--method。

--content-disposition：当选择本地文件名时，允许保留 Content-Disposition 头部信息。

--content-on-error：在服务器发生错误时，输出接收到的内容。

--auth-no-challenge：不等待服务器询问，就发送基本的 HTTP 验证信息。

HTTPS(SSL/TLS)选项说明如下。

--secure-protocol=PR：选择安全协议，值可以为 auto、SSLv2、SSLv3、TLSv1、TLSv1_1、TLSv1_2 和 PFS。

--https-only：只跟随安全的 HTTPS 链接。

--no-check-certificate：不要验证服务器的证书。

--certificate=<文件>：客户端证书文件。

--certificate-type=类型：客户端证书类型，PEM 或 DER。

--private-key=<文件>：私钥文件。

--private-key-type=<类型>：私钥文件类型，PEM 或 DER。

--ca-certificate=<文件>：带有一组 CA 证书的文件。

--ca-directory=<DIR>：保存 CA 证书的哈希列表的目录。

--pinnedpubkey=<文件/散列值>：用于验证节点的公钥（PEM/DER）文件或任何数量的 sha256 散列值，采用 base64 编码，以“sha256//”为开头，使用“;”符号间隔。

--ciphers=STR：直接设置 priority string(GnuTLS)或 cipher list string (OpenSSL)。

HSTS 选项的说明如下。

--no-hsts：禁用 HSTS。

--hsts-file：HSTS 数据库路径（将覆盖默认值）。

FTP 选项的说明如下。

--ftp-user=<用户>：设置 FTP 用户名。

--ftp-password=<密码>：设置 FTP 密码。

--no-remove-listing：不要删除.listing 文件。

--no-glob：不在 FTP 文件名中使用通配符展开。

--no-passive-ftp：禁用 passive 传输模式。

--preserve-permissions：保留远程文件的权限。

--retr-symlinks：在递归目录时，获取链接的文件，而非目录。

FTPS 选项的说明如下。

--ftps-implicit：使用隐式 FTPS（默认端口为 990）。

--ftps-resume-ssl：在打开数据连接时，继续控制连接中的 SSL/TLS 会话。

--ftps-clear-data-connection：只加密控制信道，数据传输使用明文。

--ftps-fallback-to-ftp：如果目标服务器不支持 FTPS，那么回落到 FTP。

WARC 选项的说明如下。

--warc-file=<文件名>：在一个.warc.gz 文件中保持请求/响应数据。

--warc-header=<字符串>：在头部插入<字符串>。

--warc-max-size=<数字>：将 WARC 的最大尺寸设置为<数字>。

--warc-cdx：写入 CDX 索引文件。

--warc-dedup=<文件名>：不要记录该 CDX 文件中的记录。

--no-warc-compression：不要以 GZIP 格式压缩 WARC 文件。

--no-warc-digests：不要计算 SHA1 摘要。

--no-warc-keep-log：不要在 WARC 记录中存储日志文件。

--warc-tempdir=<目录>：WARC 写入器的临时文件目录。

递归下载选项的说明如下。

-r：指定递归下载。

-l --level=数字：最大递归深度（值为 inf 或 0，表示无限制，即全部下载）。

--delete-after：在下载完成后删除本地文件。

-k --convert-links：使下载得到的 HTML 或 CSS 中的链接指向本地文件。

--convert-file-only：只转换 URL 的文件部分。

--backups=N：在写入文件前，轮换移动最多 N 个备份文件。

-K --backup-converted：在转换文件 X 前，先将该文件备份为 X.orig。

-m -mirror：-N -r -l inf --no-remove-listing 的缩写形式。

-p --page-requisites：下载所有用于显示 HTML 页面的图片之类的元素。

--strict-comments：用严格方式（SGML）处理 HTML 注释。

递归接受/拒绝的选项说明如下。

-A：使用英文逗号分隔的可接受的扩展名列表。

-R --reject=<列表>：使用英文逗号分隔的要拒绝的扩展名列表。

--accept-regex=<REGEX>：匹配接受的 URL 的正则表达式。

--reject-regex=<REGEX>：匹配拒绝的 URL 的正则表达式。

--regex-type=<类型>：正则类型（posix|pcre）。

-D --domains=<列表>：使用英文逗号分隔的可接受的域名列表。

--exclude-domains=<列表>：使用英文逗号分隔的要拒绝的域名列表。

--follow-ftp：跟踪 HTML 文件中的 FTP 链接。

--follow-tags=<列表>：使用英文逗号分隔的跟踪的 HTML 标识列表。

--ignore-tags=<列表>：使用英文逗号分隔的忽略的 HTML 标识列表。

-H：在递归时转向外部主机。

-L：仅跟踪相对链接。

-I --include-directories=<列表>：允许目录的列表。

--trust-server-names：使用重定向 URL 的最后一段作为本地文件名。

-X：排除目录的列表。

-np：不追溯至父目录。

wget 命令的示例如下。

使用 wget 命令下载单个文件，具体命令如下：

```
wget 下载地址
```

使用 wget -O 命令下载并以不同的文件名保存，具体命令如下：

```
wget -O wordpress.zip 下载地址
```

使用 wget --limit -rate 命令限速下载，wget 命令默认会占用全部可能的宽带下载。但是当下载一个大文件，还需要下载其他文件时，就有必要限速了，具体命令如下：

```
wget --limit-rate=300k 下载地址
```

使用 wget -c 命令断点续传，重新启动下载中断的文件，对于下载大文件时突然出于网络等原因中断非常有帮助，我们可以继续下载，而不是重新下载同一个文件，具体命令如下：

```
wget -c 下载地址
```

使用 wget -b 命令在后台下载。在下载非常大的文件时，我们可以使用-b 选项进行后台下载，具体命令如下：

```
wget -b 下载地址
```

使用以下命令察看下载进度，具体命令如下：

```
tail -f wget-log
```

有些网站可以通过判断代理名称不是浏览器而拒绝下载请求，可以使用--user-agent 选项伪装代理，具体命令如下：

```
wget --user-agent="Mozilla/5.0 (Windows; U; Windows NT 6.1; en-US)
AppleWebKit/534.16 (KHTML, like Gecko) Chrome/10.0.648.204 Safari/534.16" 下载地址
```

使用 wget --spider 命令测试下载链接，当打算进行定时下载时，在预定时间测试下载链接是否有效，具体命令如下：

```
wget --spider AURL（AURL 换成实际地址）
```

使用 wget --tries 命令增加重试次数，默认重试 20 次，如果网络有问题或下载一个大文件有可能失败，则使用-tries 选项增加重试次数，具体命令如下：

```
wget --tries=40 AURL
```

使用 wget --mirror 命令镜像网站，具体命令如下：

```
wget --mirror -p --convert-links -P ./LOCAL AURL
```

使用 wget --reject 命令过滤指定格式下载，如果不希望下载图片，具体命令如下：

```
wget --reject=gif AURL
```

使用 wget -o 命令将下载信息存入日志文件，不希望下载信息直接显示在终端，而是将其保存到日志文件中，具体命令如下：

```
wget -o download.log AURL
```

使用 wget -Q 命令限制下载文件总大小，当下载的文件超过 5MB 时停止下载，-Q 选项对单个文件下载不起作用，只在递归下载时才有效，具体命令如下：

```
wget -Q5m -i filelist.txt
```

使用 wget -r -A 命令下载指定格式文件，具体命令如下：

```
wget -r -A.pdf AURL
```

使用 wget ftp 命令下载文件，具体命令如下：

```
wget ftp-AURL
wget --ftp-user=USERNAME --ftp-password=PASSWORD  AURL
```

使用 wget -i 命令下载多个文件。首先，保存一份下载链接文件，具体命令如下：

```
cat > filelist.txt
url1
url2
url3
url4
```

接着使用这个文件和选项-i 下载，具体命令如下：

```
wget -i filelist.txt
```

4. scp 命令

scp 命令是基于 SSH 登录对远程文件和目录进行复制的命令。在 Linux 操作系统中，使用 scp 命令可以在 Linux 服务器之间复制文件和目录。scp 命令主要用于在 Linux 操作系统中远程复制文件和目录，和 scp 命令类似的命令有 cp 命令，但 cp 命令只在本机中进行复制，不能跨服务器，而且 scp 命令传输是加密的。

当服务器硬盘变为只读 read only system 时，使用 scp 命令可以将文件移出来。此外，scp 命令占用的资源非常少，系统负荷非常低。

scp 命令的使用方法如下：

```
scp [选项]... [源绝对路径] [目标绝对路径]
```

选项说明如下。

-1：使用 SSH1 协议。

-2：使用 SSH2 协议。

-4：只使用 IPv4 寻址。

-6：只使用 IPv6 寻址。

-B：使用批处理模式（传输过程中不询问传输口令或短语）。

-C：允许压缩（将-C 标志传递给 SSH，从而打开压缩功能）。

-p：保留原文件的修改时间、访问时间和访问权限。

-q：不显示传输进度条。

-r：递归复制整个目录。

-v：以详细方式显示输出结果。

-c cipher：使用 cipher 对数据传输进行加密，该选项会被直接传递给 SSH。

-F ssh_config：指定一个替代的 SSH 配置文件，该选项直接传递给 SSH。

-i identity_file：从指定文件中读取传输时使用的密钥文件，该选项直接传递给 SSH。

-l limit：限定用户使用的带宽，单位为 Kbit/s。

-o ssh_option：使用 ssh_config(5)中的参数传递方式。

-P port：指定数据传输使用的端口号。

-S program：指定加密传输时使用的程序。

scp 命令的基本用法如下。

- scp [-r] 文件/文件夹 user@host:dir：需要输入密码。
- scp [-r] 文件/文件夹 host:dir：需要输入用户名和密码。

scp 命令的示例如下。

scp framework.jar 192.168.1.10:/tmp/：复制文件，提示输入用户名和密码。

scp userpi@192.168.1.10:/home/pi/test.txt：从服务器中下载文件。

scp -r userpi@192.168.1.10/home/pi/test /tmp/local_dir：从服务器中下载目录。

scp /var/www/test.php userpi@192.168.1.10:/var/www/：将本地文件上传到服务器中。

scp -r test userpi@192.168.1.10:/var/www/：将目录上传到服务器中。

scp -p /root/install.log root@192.168.1.10:/tmp：保留文件的最后修改时间、访问时间和权限。

5. hostnamectl 命令

hostnamectl 命令主要用于显示与设置主机名称。基于/etc/hostname 配置文件修改主机名称需要重启服务器才可生效，而使用 hostnamectl 命令设置的主机名称可以立即生效，效率更高。

hostnamectl 命令的使用方法如下：

```
hostnamectl [选项]... 指令...
```

选项说明如下。

-H --host=[USER@]HOST：操作远程主机。

-M --machine=CONTAINER：在本地容器上进行操作，指定要连接的容器名称。

指令说明如下。

status：显示当前主机名称的相关信息。

set-hostname NAME：设置系统主机名称。

set-icon-name NAME：设置主机的图标名称。

set-chassis NAME：设置主机的机箱类型。

set-deployment NAME：设置主机的部署环境。

set-location NAME：设置主机位置。

hostnamectl 命令的示例如下。

hostnamectl status：显示当前主机名称的相关信息。

hostnamectl set-hostname www.test.com：将系统主机名称设置为 www.test.com，不用重启。

6. systemctl 命令

systemctl 命令主要用于控制系统和服务管理器 Systemd，可以方便地管理需要启动的服务，实现开机自启动、出错重启和定时重启等功能。Systemd 是一个系统管理守护进程、工具和库的集合，可以代替 System V 初始进程，其功能是集中管理和配置类 UNIX 操作系统。在 Linux 生态系统中，Systemd 被部署到大部分标准 Linux 操作系统发行版中，通常是其他守护进程的父进程。

systemctl 命令的使用方法如下：

```
systemctl [选项]... 命令
```

选项说明如下。

start：立刻启动后面接的 Unit。

stop：立刻关闭后面接的 Unit。

restart：立刻关闭后启动后面接的 Unit。

reload：在不关闭后面接的 Unit 的情况下，重载配置文件，让设定生效。

enable：设置在下次开机时，后面接的 Unit 会被启动。

disable：设置在下次开机时，后面接的 Unit 不会被启动。

status：目前后面接的 Unit 的状态，会列出是否正在运行、是否开机启动等信息。

is-active：判断目前是否正在运行中。

is-enable：检查开机时有没有启用该 Unit。

kill：向运行 Unit 的进程发送信号。

show：列出 Unit 的配置。

Mask：注销 Unit，在注销后，就无法启动该 Unit 了。

Unmask：取消对 Unit 的注销。

list-units：列出目前启动的 Unit。如果加上-all 选项，则会列出没启动的 Unit。

list-unit-files：列出所有已安装的 Unit 及其开机启动状态。

--type=TYPE：指定 Unit 类型，主要有 service、socket、target 等。

get-default：取得目前的 target。

set-default：将后面接的 target 设置为默认的操作模式。

isolate：切换为后面的模式。

安装的服务的启动脚本存储于/usr/lib/systemd/system/目录下，用户自定义的启动脚本存储于/etc/systemd/system/目录下，添加自定义 Service 启动脚本（作为服务、守护进程、Unit 文件）。

Service 启动脚本的 Unit 文件结构通常由以下 3 部分组成。

[Unit]：定义与 Unit 类型无关的通用选项，用于提供 Unit 的描述信息、Unit 行为及依赖关系等。

[Service]：与特定类型有关的专用选项，此处为 Service 类型。

[Install]：定义由 systemctl enable/disable 命令在实现服务启用或禁用时用到的选项。

[Unit]段中常用选项的说明如下。

Description：描述信息，意义性描述。

After：定义 Unit 的启动顺序，表示当前 Unit 应晚于哪些 Unit 启动，其功能与 Before 相反。

Requires：强依赖到其他 Unit，如果被依赖的 Unit 无法激活，那么当前的 Unit 也无法激活。

Wants：弱依赖到其他 Unit。

Confilcts：定义 Unit 的冲突关系。

[Service]段中常用选项的说明如下。

Type：用于定义影响 ExecStart 及相关参数功能的 Unit 进程类型，包括 simple、forking、oneshot、dbus、notify、idle。

EnvironmentFile：环境配置文件。

ExecStart：指定启动 Unit 要运行的命令或脚本。

ExecStop：指定停止 Unit 要运行的命令或脚本。

Restart：重启。

[Install]段中常用选项的说明如下。

Alias：指定别名。

RequiredBy：指定被哪些 Unit 依赖。

WantedBy：指定被哪些 Unit 依赖。

[Service]段中服务类型的说明如下。

simple：默认值，运行 ExecStart 指定的命令，启动主进程。

forking：以 fork 方式在父进程中创建子进程，在创建子进程后，父进程会立即退出。

oneshot：一次性进程，Systemd 进程会在当前服务退出后，继续向下运行。

dbus：当前服务通过 D-Bus 启动。

notify：在当前服务启动完毕后，会先通知 Systemd 进程，再继续向下运行。

idle：在其他任务运行完毕后，当前服务才会运行。

用户需要手动运行以下命令，使 Systemd 进程重新读取 Service 启动脚本。

```
systemctl daemon-reload
```

Unit 文件 chronyd.service 的样例如下：

```
[Unit]
Description=NTP client/server
Documentation=man:chronyd(8) man:chrony.conf(5)
After=ntpdate.service sntp.service ntpd.service
Conflicts=ntpd.service systemd-timesyncd.service
ConditionCapability=CAP_SYS_TIME
[Service]
Type=forking
PIDFile=/var/run/chronyd.pid
EnvironmentFile=-/etc/sysconfig/chronyd
ExecStart=/usr/sbin/chronyd $OPTIONS
ExecStartPost=/usr/libexec/chrony-helper update-daemon
PrivateTmp=yes
ProtectHome=yes
ProtectSystem=full
[Install]
WantedBy=multi-user.target
```

systemctl 命令的示例如下。

systemctl start nfs-server.service：启动 NFS 服务。

systemctl enable nfs-server.service：设置开机自启动。

systemctl disable nfs-server.service：取消开机自启动。

systemctl status nfs-server.service：查看服务的当前状态。

systemctl restart nfs-server.service：重新启动服务。

systemctl list-units --type=service：查看所有已启动的服务。

4.9 磁盘管理命令

1. fdisk 命令

fdisk 命令主要用于观察硬盘设备的使用情况，以及对硬盘进行分区，它采用传统的问答式界面，使用比较方便。

fdisk 命令的使用方法如下：

```
fdisk [选项]...
```

选项说明如下。

-b：指定每个分区的大小。

-l：列出指定设备的分区表情况。

-s：将指定的分区大小输出到标准输出设备中，单位为区块。

-u：搭配-l 选项，使用分区数目代替柱面数目，从而表示每个分区的起始地址。

fdisk 命令的示例如下。

目前有一张 16GB 的 Micro SD 卡，插入读卡器，在 PC 端使用 SDFormatter 软件将其格式化后，将 Micro SD 卡接入 Linux 操作系统，然后使用 fdisk 命令对该磁盘进行分区。

先查看 Micro SD 卡在 Linux 操作系统中生成的设备文件节点，命令如下：

```
ls -al /dev/sda1
```

再使用 fdisk 命令对该磁盘设备进行分区管理：

```
sudo fdisk /dev/sda1
```

其他类似的示例和说明如下。

fdisk -l：查看所有分区的情况。

fdisk /dev/sda1：选择分区磁盘。

fdisk -lu：显示磁盘中每个分区的情况。

2. mkfs 命令

mkfs 命令主要用于在特定的分区中创建 Linux 文件系统，常见的文件系统有 ext2、ext3、ext4、ms-dos、vfat 等，默认创建 ext2 文件系统。

mkfs 命令的使用方法如下：

```
mkfs [选项]... 设备
```

选项说明如下。

device：预备检查的硬盘分区，如/dev/sda1。

-t fstype：fstype 是要创建的文件系统的类型，如 ext2、ext3、ext4 等。

-V：显示详细输出，包括文件系统的相关信息。

mkfs 命令的示例如下。

mkfs -V -t msdos -c /dev/sda1：在/dev/sda1 分区中创建一个 msdos 档案系统，检查是否有坏轨存在，并且将过程详细列出来。

mkfs -t ext3 /dev/sda1：将/dev/sda1 分区格式化为 ext3 格式。

3. fsck 命令

fsck 命令主要用于检查文件系统并尝试修复文件系统问题。如果系统掉电或磁盘的文件系统发生问题，则可以使用 fsck 命令检查并修复 Linux 文件系统，可以同时检查一个或多个 Linux 文件系统。

fsck 命令的使用方法如下：

```
fsck [选项]... [文件系统]
```

选项说明如下。

-a：自动修复文件系统，不询问任何问题。

-A：按照/etc/fstab 配置文件中的内容，检查文件中列出的所有文件系统。

-N：不运行命令，仅列出实际运行会进行的操作。

-P：当搭配-A 选项使用时，会同时检查“/”目录下的文件系统。

-r：采用交互模式，在进行修复时询问，让用户确认并决定处理方式。

-R：当使用-A 选项检查所有文件系统时，跳过“/”目录下的文件系统。

-t <文件系统类型>：指定要检查的文件系统类型。

-C：显示完整的检查进度。

-y：关闭交互模式。

-c：检查坏块，并且将它们添加到坏块列表中。

-p：自动修复文件系统问题。

-f：强制检查，即使文件系统被标记为干净的。

fsck 命令的示例如下。

fsck /dev/sda1：检查磁盘分区/dev/sda1 中的文件系统。

fsck -f /dev/sda1：强制检查磁盘分区/dev/sda1 中的文件系统。

fsck -rV -t ext4 /dev/sda1：检查和修复磁盘分区中的文件系统，会进行询问，并且显示详细过程。

fsck -C -t ext4 /dev/sda1：检查磁盘分区中的文件系统，显示完整的检查进度。

fsck -t msdos -a /dev/sda1：检查磁盘分区中的 msdos 文件系统是否正常，如果发生异常，则自动进行修复。

4. dd 命令

dd 命令主要用于读取、转换并输出数据，可以从标准输入设备或文件中读取数据，根据指定的格式转换数据，然后将其输出到文件、设备或标准输出设备中。

dd 命令的使用方法如下：

```
dd [选项]...
```

选项说明如下。

bs=字节数：一次读/写的比特数（默认值为 512），会覆盖 ibs 和 obs 选项。

cbs=字节数：一次转换的字节数。

count=块数：只复制指定数量的输入块。

ibs=字节数：一次读取的字节数（默认值为 512）。

if=文件：从指定文件而非标准输入设备中读取数据。

obs=字节数：一次写入指定的字节数（默认值为 512）。

of=文件：写入指定文件而非标准输出设备。

seek=块数：在输出开始处跳过指定的 obs 大小的块数。

skip=块数：在输入开始处跳过指定的 ibs 大小的块数。

conv=关键字：关键字可以有以下 12 种。

- conversion：用指定的参数转换文件。
- ascii：将 EBCDIC 码转换为 ASCII 码。
- ebcdic：将 ASCII 码转换为 EBCDIC 码。
- ibm：将 ASCII 码转换为 ALTERNATE EBCDIC 码。
- block：将换行符转换为 cbs 参数所设置数目的空格符。
- unblock：将 cbs 参数所设置数目的空格符转换为换行符。
- lcase：将大写字母转换为小写字母。
- ucase：将小写字母转换为大写字母。
- swap：交换输入的每对字节。
- noerror：在出错时不停止。
- notrunc：不对输出文件进行截断处理。
- sync：将每个输入块填充到 ibs 字节中，并且使用空字符（NUL）补齐不足的部分。

块数和字节数后可以带有一个或多个后缀：c=1，w=2，b=512，kB=1000，K=1024，MB=1000×1000，M=1024×1024，xM=M，GB=1000×1000×1000，G=1024×1024×1024。

dd 命令的示例如下。

dd if=boot.img of=/dev/sda1 bs=1440k：制作启动盘。

dd if=tf2 of=tf1 conv=ucase：先将 tf2 中的所有英文字母都转换为大写字母，再将其转换为 tf1 文件。

dd conv=ucase：首先从标准输入设备中读入字符串，然后将字符串转换成大写字母，最后将其输出到标准输出设备中。

在输入命令后按回车键，输入字符串，再按回车键，按快捷键 Ctrl+D 退出。

dd if=/dev/mmcblk0 of=/dev/sda1：将本地的/dev/mmcblk0 全部备份到/dev/sda1 中。

gzip -dc /root/image.gz | dd of=/dev/sda1：将压缩的备份文件恢复到指定硬盘中。

dd if=/dev/sda1 of=/dev/sda1：修复硬盘。

5. df 命令

df 命令主要用于显示系统上可使用的磁盘空间。默认单位为 KB，建议使用 df -h 命令，根据磁盘容量自动变换合适的单位，更利于阅读。

df 命令的使用方法如下：

```
df [选项]... [文件]...
```

选项说明如下。

-a：包含虚拟、重复和无法访问的文件系统。

-B：使用指定字节数的块。

-h：以 1024 为基底显示大小。

-H：以 1000 为基底显示大小。

-i：显示 inode 信息而非块使用量。

-k：区块为 1024 字节。

-l：只显示本机的文件系统。

-P：使用 POSIX 兼容的输出格式。

-t：只显示指定文件系统为指定类型的信息。

-T：显示文件系统类型。

-x：只显示文件系统不是指定类型的信息。

df 命令的示例如下。

df -h：以可读格式查看 SD 存储卡的剩余存储空间。

df -i：显示 inode 信息而非块使用量。

df test：显示 test 目录所在的磁盘使用的文件系统信息。

df -BM、df -H、df -k、df -T：只是显示的数据块的单位不同。

df -t tmpfs、df -x tmpfs：打印指定文件系统类型的磁盘使用情况。

df /etc/dhcp：显示指定文件所在分区的磁盘使用情况。

df -t ext4：显示文件类型为 ext4 的磁盘使用情况。

6. du 命令

du 命令主要用于显示磁盘用量的统计信息，计算每个文件的磁盘用量，对于目录，计算其磁盘总用量。du 命令和 df 命令的作用不同，du 命令侧重文件夹和文件的磁盘占用情况，而 df 命令侧重文件系统级别的磁盘占用情况。

du 命令的使用方法如下：

```
du [选项]... [文件]...
```

选项说明如下。

-0：每行输出都使用空字符（NUL）结尾，不使用换行符结尾。

-a：输出所有文件的磁盘用量。

-B：以指定大小为单位输出块大小。

-b：在显示目录或文件大小时，以 Byte 为单位。

-c：显示总计信息。

-D：只在符号链接显式在命令行中列出时对其进行解引用。

-h：以人类可读的格式输出大小。

-k：以 KB 为单位。

-L：解引用所有符号链接。

-l：如果采用硬链接，则重复计算其尺寸。

-m：以 MB 为单位。

-P：不跟随任何符号链接（默认行为）。

-S：在显示个别目录的大小时，不包含其子目录的大小。

-s：分别计算命令列中每个参数所占的总用量。

-X：指定目录或文件。

-x：跳过位于不同文件系统中的目录。

du 命令的示例如下。

du：显示当前目录下的子目录大小和当前目录的总大小。

du log2022.log：显示指定文件所占的存储空间。

du -h test：以方便阅读的格式显示 test 目录所占的存储空间。

du -h：查看当前目录下的所有子目录大小。

du -sh：统计当前目录占用的存储空间大小。

7．mount 命令

mount 命令主要用于将文件系统（设备等）挂载到指定位置，通常用于挂载 cdrom，使树莓派可以访问 cdrom 中的数据。

mount 命令的使用方法如下：

```
mount [选项]...
```

选项说明如下。

-t：设置挂载类型。

-l：返回已加载的文件系统列表。

-h：返回帮助信息并退出。

-V：返回程序版本。

-n：加载没有写入/etc/mtab 文件中的文件系统。

-r：将文件系统加载为只读模式。

-a：加载/etc/fstab 文件中描述的所有文件系统。

mount 命令的示例如下。

mount -V：查看命令的版本信息。

mount -a：启动所有挂载。

mount /dev/cdrom /mnt：将/dev/cdrom 挂载到/mnt 目录下。

mount -t nfs /123 /mnt：挂载 NFS 格式的文件系统。

mount /dev/sda1 /mnt：将/dev/sda1 分区挂载到/mnt 目录下。

mount -o ro /dev/sda1 /mnt：将/dev/sda1 分区用只读模式挂载到/mnt 目录下。

mount -t ext4 -o loop,default /dev/sda1 /etc：将第 1 块盘的第 1 个分区/dev/sda1 挂载

到/etc 目录下。

mount -o loop /tmp/image.iso /mnt/cdrom：将/tmp/image.iso 光碟的 ISO 文件使用 loop 模式挂载到/mnt/cdrom 目录下。

8．umount 命令

umount 命令主要用于卸载树莓派中已安装的文件系统、目录或文件。

umount 命令的使用方法如下：

```
umount [选项]...
```

选项说明如下。

-a：卸载/etc/mtab 文件中记录的所有文件系统。

-n：在卸载文件系统时，不要将信息存储于/etc/mtab 文件中。

-r：如果无法成功卸载文件系统，则尝试以只读的方式重新挂载文件系统。

-t：仅卸载选项中指定类型的文件系统。

-v：在运行时显示详细的信息。

umount 命令的示例如下。

umount -v /dev/sda1：通过设备名卸载文件系统。

umount -v /mnt/mymount：通过挂载点卸载文件系统。

umount -vl /mnt/mymount/：在系统文件正忙时延迟卸载文件系统。

umount /media/Epan：卸载挂载在/media/Epan 目录下的文件系统。

umount /home/user/test：卸载文件和目录。

4.10 系统信息命令

1．dmesg 命令

dmesg 命令主要用于显示开机信息，检查和控制内核的环形缓冲区，使用实例名和物理名标识连接到系统上的设备，显示系统诊断信息、操作系统版本号、物理内存大小及其他信息。

在系统启动时，屏幕上会显示系统 CPU、内存、网卡等硬件信息，通常显示速度较快，用户通常来不及看清楚，可以在系统启动后使用 dmesg 命令进行查看。

dmesg 命令的使用方法如下：

```
dmesg [选项]...
```

选项说明如下。

-c：在显示信息后，清除 ring buffer 中的内容。

-s：预设置缓冲区大小为 8 196 字节，正好为内核环形缓冲区的大小。

-n：设置记录信息的层级。

dmesg 命令的示例如下。

dmesg | grep sda：搜索开机信息的关键词。

dmesg | grep -i memory：忽略大小写搜索关键词。

dmesg | head -20：显示开机信息的前 20 行。

dmesg | tail -20：显示开机信息的最后 20 行。

dmesg -c：清空 dmesg 环形缓冲区中的日志。

2．free 命令

free 命令主要用于查看系统中物理上的空闲和已用内存空间、交换分区的大小及使用情况、内核使用的缓冲区和缓存空间。在运行 free 命令时，如果不带任何选项，则会显示系统内存空间，包括空闲、已用、交换、缓冲和缓存的内存空间总数。

free 命令的使用方法如下：

```
free [选项]...
```

选项说明如下。

-b：以字节为单位显示内存空间的使用情况。

-k：以 KB 为单位显示内存空间的使用情况。

-m：以 MB 为单位显示内存空间的使用情况。

-g：以 GB 为单位显示内存空间的使用情况。

-s：持续显示内存。

-h：按照阅读习惯输出。

-l：显示使用内存空间的最高状态和最低状态。

-t：显示内存空间和交换分区的总量。

-w：宽版输出。

free 命令的示例如下。

free：显示内存空间的使用情况。

free -m：以 MB 为单位显示内存空间的使用情况。

free -k：以 KB 为单位显示内存空间的使用情况。

free -t：以总和的形式显示内存空间和交换分区的使用总量。

free -s 10：周期性查询内存空间的使用情况。

3．date 命令

date 命令主要用于以指定格式字符串的形式显示或设置系统的日期和时间。可以设置要显示的格式，将格式设置为一个加号后面跟着数个标记。如果不使用加号作为开头，则表示要设置时间，时间格式为 MMDDhhmm[[CC]YY][.ss]，其中 MM 为月份，DD 为日，hh 为小时，mm 为分钟，CC 为年份前两位数字，YY 为年份后两位数字，ss 为秒数。

date 命令的使用方法如下：

```
date [选项]... [+格式]
```

选项说明如下。

-d：显示指定字符串描述的时间，而非当前时间。

-f：使用指定日期文件，一次处理一行。

-I：以 ISO 8601 格式输出日期或时间。

-R：以 RFC 5322 格式输出日期或时间。

-r：显示指定文件的最后修改时间。

-s：按照指定字符串描述的时间设置时间。

-u：按照协调世界时（UTC）显示或设置时间。

可以使用指定格式输出日期和时间。格式控制符的说明如下。

%%：一个文字的%。

%a：当前 locale 的星期名缩写，如日表示星期日。

%A：当前 locale 的星期名全称，如星期日。

%b：当前 locale 的月名缩写，如一表示一月。

%B：当前 locale 的月名全称，如一月。

%c：当前 locale 的日期和时间，如 2022 年 5 月 1 日 星期四 23:05:25。

%C：世纪，如%Y，通常为省略当前年份的后两位数字。

%d：按月计的日期。

%D：按月计的日期，相当于%m/%d/%y。

%e：按月计的日期，添加空格，相当于%_d。

%F：完整日期格式，相当于%+4Y-%m-%d。

%g：采用 ISO-8601 格式的年份的最后两位。

%G：采用 ISO-8601 格式的年份，一般只和%V 结合使用。

%h：相当于%b。

%H：小时，取值范围为 00～23。

%I：小时，取值范围为 00～12。

%j：按年计的日期，取值范围为 001～366。

%k：小时，使用空格补充空白位，取值范围为 0～23。

%l：小时，使用空格补充空白位，取值范围为 1～12。

%m：月份，取值范围为 01～12。

%M：分钟，取值范围为 00～59。

%n：换行。

%N：纳秒，取值范围为 0～999 999 999。

%p：当前地区时间设置中 AM 或 PM 的等效值（“上午”或“下午”），如果未设置，则为空。

%P：类似于%p，但使用小写格式。

%q：一年中的季度，取值范围为 1～4。

%r：当前地区时间中十二小时制钟表时间，如下午 11 时 11 分 04 秒。

%R：24 小时制的时间和分钟。

%s：自 1970-01-01 00:00:00 以来的秒数。

%S：秒钟，取值范围为 00～59。

%t：输出制表符 Tab。

%T：时间，相当于%H:%M:%S。

%u：星期，1 表示星期一。

%U：一年中的第几个星期，以星期日为每星期的第一天，取值范围为 00～53。

%V：在 ISO-8601 格式规范下的一年中第几个星期，以星期一为每星期的第一天，取值范围为 01～53。

%w：一个星期中的第几日，取值范围为 0～6，值为 0 表示星期一。

%W：一年中的第几个星期，以星期一为每星期的第一天，取值范围为 00～53。

%x：当前 locale 的日期描述，如 12/31/99。

%X：当前 locale 的时间描述，如 23:13:48。

%y：年份最后两位数位，取值范围为 00～99。

%Y：年份。

%z +hhmm：数字时区，如-0800。

%:z +hh:mm：数字时区，如-08:00。

%::z +hh:mm:ss：数字时区，如-08:00:00。

%:::z：带有必要精度的数字时区，如-08、+05:30。

%Z：按字母表排序的时区缩写，如 EDT。

在默认情况下，日期的数字区域使用 0 填充。

可以跟在“%”符号后面的可选标记如下。

- -：连字符，不填充该区域。
- _：下画线，使用空格填充。
- 0：数字 0，以 0 填充。
- +：使用 0 填充，并且在大于 4 个数位的未来年份之前放置“+”符号。
- ^：如果可能，使用大写字母。
- #：如果可能，使用相反的大小写。

在标记后，允许指定一个可选的域宽度，它是一个十进制数字。

date 命令的示例如下。

date：以默认格式显示当前时间。

date '+%c'：带格式显示当前时间。

date '+usr_time: $1:%M %P -hello'：以自定义的格式输出。

date '+%T%n%D'：在显示时间后跳行，并且显示当前日期。

date '+%B %d'：显示月份与日数。

date --date '12:34:56'：显示日期与设定时间（12:34:56）。

date '+%D'：显示完整的时间。

date '+%x'：显示数字日期。

date '+%T'：显示日期，年份用 4 位数表示。

date '+%X'：以 24 小时制显示时间。

date +"%Y-%m-%d"：显示年月日。

date -d "+1 day" +%Y%m%d：显示后一天的日期。

date -d "-1 day" +%Y%m%d：显示前一天的日期。

date -d "-1 month" +%Y%m%d：显示上个月的日期。

date -d "+1 month" +%Y%m%d：显示下个月的日期。

date -d "-1 year" +%Y%m%d：显示上一年的日期。

date -d "+1 year" +%Y%m%d：显示下一年的日期。

date -d "1 day ago" +"%Y-%m-%d"：输出昨天的日期。

date -d "20 second" +"%Y-%m-%d %H:%M.%S"：输出 20 秒后的时间。

date -d "2022-12-12" +"%Y/%m/%d %H:%M.%S"：转换时间格式。

date -s：设置当前时间，要具有 root 权限才能设置，其他权限只能查看。

date -s 20220501：将日期设置成 20220501，将具体时间设置成 00:00:00。

date -s 01:01:01：设置具体时间，不会对日期进行更改。

date -s "01:01:01 2022-05-01"：设置日期和时间。

date -s "01:01:01 20220501"：设置日期和时间。

date -s "2022-05-01 01:01:01"：设置日期和时间。

date -s "20220501 01:01:01"：设置日期和时间。

4．lscpu 命令

lscpu 命令主要用于显示 CPU 的相关信息，如 CPU 的制造商、架构、数量、型号、主频、缓存及支持的虚拟化技术等。

lscpu 命令的使用方法如下：

```
lscpu [选项]...
```

选项说明如下。

-a：包含上线和离线的 CPU 的数量，该选项只能与选项-e、-p 一起指定。

-b：只显示上线的 CPU 数量，该选项只能与选项-e、-p 一起指定。

-c：只显示离线的 CPU 数量，该选项只能与选项-e、-p 一起指定。

-e：以人性化的格式显示 CPU 信息。

-p：优化命令输出，以便进行分析。

选项-e、-p 可用的输出列表项如表 4-2 所示。

表 4-2　选项-e、-p 可用的输出列表项

序号	显示项	说明
1	CPU	逻辑 CPU 颗数量
2	CORE	逻辑核心数量
3	SOCKET	逻辑 CPU 座数量
4	NODE	逻辑 NUMA 节点数量
5	BOOK	逻辑 book 数
6	DRAWER	逻辑抽屉数
7	CACHE	CPU 之间的共享缓存数
8	POLARIZATION	虚拟硬件上的 CPU 调度模式
9	ADDRESS	CPU 物理地址
10	CONFIGURED	管理程序是否分配了 CPU
11	ONLINE	在使用的 CPU 数
12	MAXMHZ	CPU 的最大频率
13	MINMHZ	CPU 的最小频率

lscpu 命令的示例如下。

lscpu -e 命令的输出信息如下：

```
CPU SOCKET CORE ONLINE   MAXMHZ     MINMHZ
   0      0    0    yes   1500.0000   600.0000
   1      0    1    yes   1500.0000   600.0000
   2      0    2    yes   1500.0000   600.0000
   3      0    3    yes   1500.0000   600.0000
```

lscpu 命令的部分输出信息如下：

```
Architecture:              armv7l
Byte Order:                Little Endian
CPU(s):                    4
On-line CPU(s) list:       0-3
Thread(s) per core:        1
Core(s) per socket:        4
Socket(s):                 1
Vendor ID:                 ARM
Model:                     3
Model name:                Cortex-A72
Stepping:                  r0p3
CPU max MHz:               1500.0000
CPU min MHz:               600.0000
  …
```

5. lsusb 命令

lsusb 命令主要用于显示本机的 USB 设备列表及其详细信息。

lsusb 命令的使用方法如下：

```
lsusb [选项]...
```

选项说明如下。

-v：显示 USB 设备的详细信息。

-vv：显示 USB 设备的完整信息。

-s：仅显示指定总线或设备号的设备。

-d：仅显示指定厂商或产品编号的设备。

-D：设备路径。不扫描/proc/bus/usb，使用指定的设备路径代替。

-t：以树状结构显示物理 USB 设备的层次。

lsusb 命令的示例如下。

lsusb：显示 USB 设备的信息。

lsusb -v：显示 USB 设备的详细信息。

lsusb -vv：显示 USB 设备的完整信息。

lsusb -t：以树状结构显示物理 USB 设备的层次。

6. vcgencmd 命令

vcgencmd 命令主要用于通过发送指令查看硬件状态。

vcgencmd 命令的使用方法如下：

```
vcgencmd  [选项]... [-t] commands
```

选项说明如下。

-t：返回完成命令所用的时间。

使用 vcgencmd commands 命令可以返回可用的 commands 命令列表，运行后返回的结果如下：

```
commands="commands, set_logging, bootloader_config, bootloader_version,
cache_flush, codec_enabled, get_mem, get_rsts, measure_clock, measure_temp,
measure_volts, get_hvs_asserts, get_config, get_throttled, pmicrd, pmicwr,
read_ring_osc, version, set_vll_dir, set_backlight, get_lcd_info, arbiter,
otp_dump, test_result, get_camera, enable_clock, scaling_kernel,
scaling_sharpness, hdmi_ntsc_freqs, hdmi_adjust_clock, hdmi_status_show,
hvs_update_fields, pwm_speedup, force_audio, hdmi_stream_channels,
hdmi_channel_map, display_power, memtest, dispmanx_list, schmoo, render_bar,
disk_notify, inuse_notify, sus_suspend, sus_status, sus_is_enabled,
sus_stop_test_thread, egl_platform_switch, mem_validate, mem_oom,
mem_reloc_stats, hdmi_cvt, hdmi_timings, readmr, file, vcos,
ap_output_control, ap_output_post_processing, vchi_test_init, vchi_test_exit,
pm_set_policy, pm_get_status, pm_show_stats, pm_start_logging,
pm_stop_logging, vctest_memmap, vctest_start, vctest_stop, vctest_set,
vctest_get"
```

vcgencmd 命令的返回值及其含义如下。

0：commands 命令运行成功。

-1：VCHI 存在问题。

-2：VideoCore 返回一个错误。

vcgencmd 命令的示例如下。

查看时钟频率，可以查看 arm、core、h264、isp、v3d、uart、pwm、emmc、pixel、vec、hdmi、dpi 的频率，示例命令如下：

```
vcgencmd measure_clock arm
vcgencmd measure_clock core
```

查看硬件电压，可以查看 core、sdram_c、sdram_p 的电压，示例命令如下：

```
vcgencmd measure_volts core
vcgencmd measure_volts sdram_c
vcgencmd measure_volts sdram_p
```

查看 CPU 的温度，命令如下：

```
vcgencmd measure_temp
```

查看解码器是否开启，解码器包括 H264、MPG2、WVC1、MPG4、WMV9 等，示例命令如下：

```
vcgencmd codec_enabled H264
vcgencmd codec_enabled MPG2
```

4.11　其他常用命令

1．clear 命令

clear 命令主要用于清除 LX 终端屏幕中的内容，运行效果与按快捷键 Ctrl+L 的效果相同。在运行 clear 命令后，会刷新屏幕，使终端显示页向后翻一页，向上滚动屏幕，仍然可以看到之前的操作信息。

clear 命令的示例如下。

clear：清空屏幕。

2．uname 命令

uname 命令主要用于提供关于操作系统不同方面的详细信息，如主机名称、内核名称、内核版本号、硬件架构、操作系统类型等。如果不带参数，则默认使用-s 选项，只显示操作系统的内核名称。

uname 命令的使用方法如下：

```
uname [选项]...
```

选项说明如下。

-a：显示操作系统的所有相关信息。

-s：显示操作系统的内核名称。

-n：显示操作系统的主机名称。

-r：显示操作系统的内核发行版本号。

-v：显示操作系统的内核版本。

-m：显示计算机的硬件架构。

-p：显示主机的处理器类型。

-i：显示操作系统的硬件平台。

-o：显示操作系统的名称。

uname 命令的示例如下：

uname -a：显示操作系统的所有相关信息。包括主机名称、内核发行版本号、CPU 类型等。

uname -n：仅显示操作系统的主机名称。

uname -r：显示当前操作系统的内核发行版本号。

uname -i：显示当前操作系统的硬件平台。

3．man 命令

man 命令主要用于列出命令的帮助信息。使用 man 命令可以列出一份完整的说明，内容包括该命令的语法格式、各选项的意义及相关命令。此外，使用 man 命令不仅可以查看 Linux 操作系统中命令的帮助信息，还可以查看软件服务配置文件、系统调用、库函数等的帮助信息。man 帮助手册文件存储于/usr/share/man 目录下。

man 命令的使用方法如下：

```
man [选项]... [章节] 手册页...
```

普通选项说明如下。

-C：使用当前用户的配置文件。

-d：输出调试信息。

-D：将所有选项都重置为默认值或开启 groff 警告。

用于设置运行模式的选项说明如下。

-f：显示指定关键字的简短描述信息。

-k：搜索关键词对应的 man 帮助手册概述并显示所有的匹配结果。

-K：在所有 man 帮助手册文件中搜索指定文字。

-l：将 man 帮助手册文件参数作为本地文件名进行解读。

-w：输出 man 帮助手册文件的物理位置。

-W：输出 cat 文件的物理位置。

-c：由 catman 命令使用，可以对过时的 cat 文件重新进行排版。

-R：以指定编码输出 man 帮助手册的源代码。

用于搜索 man 帮助手册文件的选项说明如下。

-L<区域>：定义本次搜索 man 帮助手册文件采用的搜索区域。

-m：使用来自其他操作系统的 man 帮助手册文件。

-M：设置 man 帮助手册文件的搜索路径。

-S：使用以半角冒号分隔的章节列表。

-e：将搜索限制在扩展类型为“扩展”的 man 帮助手册文件内。

-i：在搜索 man 帮助手册文件时不区分大小写（默认）。

-I：在搜索 man 帮助手册文件时区分大小写。

-a：寻找所有匹配的 man 帮助手册文件。

-u：强制进行缓存一致性检查。

控制格式化输出的选项说明如下。

-P：使用 PAGER 程序显示输出文本。

-r：给 less 分页器提供一个提示行。

-7：显示某些 Latin1 字符的 ASCII 码。

-E：使用选中的输出编码。

-p：设置要运行的预处理器。

-t：使用 troff 格式化 man 帮助手册文件，并且将其输出到标准输出设备中。

-T：使用 groff 格式化 man 帮助手册文件，并且以适合的方式将其输出到某个非默认输出设备中。

-H：使用 groff 格式化 man 帮助手册文件，将其转换为 HTML 格式并在浏览器中显示结果。

-X：使用 gxditview 程序在一个图形窗口中显示 groff 的输出结果。

-Z：groff 会运行 troff 并使用合适的后处理器，以便生成适合所选设备的输出格式。

man 命令使用的快捷键如下。

Q：退出。

Enter：按行下翻。

Space：按页下翻。

B：上翻一页。

/字符串：在 man 帮助手册文件中查找指定字符串。

man 命令后的数字主要用于指定从哪类 man 帮助手册文件中搜索帮助信息，具体如下。

1：用户在 Shell 环境中可操作的命令或可执行文件。

2：系统内核可调用的函数和工具等。

3：一些常用的函数（function）与函数库（library），大部分为 C 语言的函数库（libc）。

4：设备文件说明，通常为/dev 目录下的文件说明。

5：配置文件或某些文件格式。

6：游戏（games）。

7：惯例与协议等，如文件系统、网络协议等说明。

8：系统管理员可用的管理命令。

9：与 kernel 有关的文件。

在 LX 终端中运行 man ls 命令，会在屏幕左上角显示“LS（1）”，这里，LS 表示 man 帮助手册名称，（1）表示该手册位于第 1 章节。相应地，在 LX 终端中运行 man ifconfig

命令，会在屏幕左上角显示“IFCONFIG（8）”。

man 命令是按照 man 帮助手册章节号的顺序进行搜索的，示例如下。

man sleep：只显示 sleep 命令的 man 帮助手册。

man 3 sleep：查看库函数 sleep。

man -w 5 passwd：查看/etc/passwd 文件所在的位置。

man 命令还有其他使用方法，示例如下。

man cp：查看 cp 命令的 man 帮助手册。

man /etc/passwd：查看/etc/passwd 文件的相关信息。

man -w passwd：查看 passwd 命令的 man 帮助手册文件所在的位置。

4．shutdown 命令

shutdown 命令主要用于在指定时间关闭操作系统，包括关闭所有程序，并且根据用户的需要重新开机或关机。

shutdown 命令的使用方法如下：

```
shutdown [选项]... [参数]
```

选项说明如下。

-H：相当于 halt 命令。

-P：相当于 poweroff 命令。

-r：相当于 reboot 命令。

-h：在关闭操作系统后关闭电源。

-k：并不会真的关闭操作系统，只是给每位登录者发送警告信号。

-c：取消目前正在运行的关闭操作系统操作。

参数中的时间可以采用以下几种形式。

now：表示立刻。

hh:mm：指定绝对时间，hh 表示小时，mm 表示分钟。

+m：表示在 m 分钟后关闭操作系统。

使用 shutdown 命令可以安全地关闭操作系统。有些用户会通过直接断掉电源来关闭树莓派操作系统，这是十分危险的。因为树莓派后台运行着许多进程，所以强制关机可能会导致进程数据丢失，使操作系统处于不稳定状态，有时甚至会损坏硬件设备。在关闭操作系统前使用 shutdown 命令，系统管理员会通知所有登录的用户操作系统将要关闭，并且 login 指令会被冻结，使新的用户不能登录。

shutdown 命令的示例如下。

shutdown -h now：指定立刻关闭操作系统，然后关闭电源。

shutdown -r now：指定立刻重启操作系统。

shutdown -h +10：指定在 10 分钟后关闭操作系统，然后关闭电源。

shutdown -h 03:20：指定在凌晨 3 点 20 分关闭操作系统，然后关闭电源。

shutdown -c：取消按预定时间关闭操作系统的操作。

shutdown +5 "System will shutdown after 5 minutes"：指定在 5 分钟后关闭操作系统，并且给登录的用户发送警告信息。

5. halt 命令

halt 命令主要用于立即关闭操作系统，不关闭电源，需要人工关闭电源。

与 poweroff 命令不同的是，使用 halt 命令会在关机前停止所有 CPU 功能。在运行 half 命令后，会终止应用进程、执行 sync 系统调用操作，在文件系统写操作完成后，就会停止内核。推荐使用这种方法关机。

half 命令的使用方法如下：

```
halt [选项]...
```

选项说明如下。

-n：在关机前不会将记录写回磁盘。

-w：并不会真正的重启或关闭操作系统，只是将记录写入/var/log/wtmp 文件。

-d：不将记录写入/var/log/wtmp 文件（-n 选项的功能包含-d 选项的功能）。

-f：不调用 shutdown 命令，强制重启或关闭操作系统。

-i：在重启或关闭操作系统前关闭所有的网络接口。

-p：该选项为默认选项，在关闭操作系统时，会顺便关闭电源。

halt 命令的示例如下。

halt：关闭操作系统。

halt -p：关闭操作系统并关闭电源，相当于 poweroff 命令。

halt -d：关闭操作系统，但不留下记录。

halt -f：强制关闭操作系统，但不关闭电源。

6. reboot 命令

reboot 命令主要用于立即重启操作系统，需要有 root 用户权限，相当于 shutdown -r now 命令。

reboot 命令的使用方法如下：

```
reboot [选项]...
```

选项说明如下。

-n：在重启操作系统前，不将记录写回磁盘。

-w：并不会真的重启操作系统，只是将记录写入/var/log/wtmp 文件。

-d：不将记录写入/var/log/wtmp 文件（-n 选项的功能包含-d 选项的功能）。

-f：强制重启操作系统，不调用 shutdown 命令。

-i：在重启操作系统前，关闭所有的网络服务。

reboot 命令的示例如下。

reboot：重启操作系统。

reboot -w：模拟重启操作系统。

7. poweroff 命令

poweroff 命令主要用于立即关闭操作系统，并且关闭电源，需要有 root 用户权限，相当于 shutdown -h now 命令。

poweroff 命令的使用方法如下：

```
poweroff [选项]...
```

选项说明如下。

-n：在关闭操作系统前，不会将记录写回磁盘。

-w：并不会真的关闭操作系统，只是将记录写入/var/log/wtmp 文件。

-d：不将记录写入/var/log/wtmp 文件。

-i：在关闭操作系统前，关闭所有的网络服务。

-p：在关闭操作系统前，将操作系统中的所有硬件都设置为备用模式。

poweroff 命令的示例如下。

poweroff：关闭操作系统。

poweroff -w：模拟关闭操作系统。

8. alias

alias 命令主要用于设置或显示命令的别名。该命令在不带参数时，会列出操作系统中已经设置的所有别名。使用 alias 命令可以将一些较长的命令简化，作用域只局限于本次登录的操作。如果需要在每次登录后都能够使用这些命令的别名，则可以将相应的 alias 命令存储于 bash 的初始化文件/etc/bashrc 或.profile 文件中。

alias 命令的使用方法如下：

```
alias [别名]=[命令名称] 或 alias [选项]...
```

选项说明如下。

-p：打印已经设置的命令别名。

树莓派操作系统中默认设置的命令别名如下：

```
alias egrep='egrep --color=auto'
alias fgrep='fgrep --color=auto'
alias grep='grep --color=auto'
alias ls='ls --color=auto'
```

alias 命令的示例如下。

alias -p：查看操作系统中已经设置的命令别名。

alias lx=ls：将 ls 命令的别名设置为 lx。

9. unalias 命令

unalias 命令主要用于从别名设置列表中取消原来设置的别名。如果需要取消任意一个命令的别名，则可以使用该命令的别名作为 unalias 命令的参数。如果使用-a 选项，则表示取消所有已经存在的命令别名。

unalias 命令的使用方法如下：

```
unalias [选项]... [别名]
```

-a：删除设置的所有别名。

unalias 命令的示例如下。

```
alias lx=ls #将 ls 命令的别名设置为 lx
unalias lx  #删除别名 lx
unalias -a  #删除设置的所有别名
```

10．history 命令

history 命令主要用于显示或操作历史命令列表，这些历史命令默认存储于~/.bash_history 文件中，每一条命令前面都有一个序列号。

history 命令的使用方法如下：

```
history  [选项]... [文件名]
```

选项说明如下。

-c：删除所有历史命令，从而清空历史命令列表。

-d：从指定位置删除历史命令，如果是负偏移量，则会从历史命令列表末尾开始计数。

-a：将当前会话的历史命令追加到~/.bash_history 文件中。

-n：从~/.bash_history 文件中读取所有未被读取的行，并且将它们追加到历史命令列表中。

-r：将~/.bash_history 文件中的内容读取到当前历史命令缓冲区中。

-w：将当前历史命令缓冲区中的命令写入~/.bash_history 文件。

history 命令的示例如下。

history：查看历史命令列表，会显示两列信息：编号和历史命令。

history 2：显示刚刚执行过的前两条命令。

history -w：将当前历史命令缓冲区中的命令写入~/.bash_history 文件。

history -a：将当前会话的历史命令追加到~/.bash_history 文件中。

history -c：清空历史命令列表。

11．who 命令

who 命令主要用于显示当前已登录的用户信息，可以快速地显示所有正在登录本机的用户名及开启的终端信息。

who 命令的使用方法如下：

```
who [选项]...
```

选项说明如下。

-a：相当于-b -d --login -p -r -t -T -u 选项组合。

-b：操作系统上次启动的时间。

-H：输出头部的标题列。

-l：显示操作系统登录进程。

-m：只面对和标准输入设备有直接交互的主机和用户。

-p：显示由 init 进程衍生的活动进程。

-q：列出所有已登录用户的登录名称与数量。

-r：显示当前的运行级别。

-s：只显示名称、线路和时间（默认）。

-u：列出已登录的用户。

who 命令的示例如下。

who -H：显示用户登录信息，列标题包括“名称”“线路”“时间”“备注”。

who -H -a：显示全部信息。

who -b：显示操作系统最近启动的时间。

who -l：显示操作系统登录进程。

who -q：以精简模式显示。

who -l -H：显示用户登录来源。

who -T -H：显示终端属性。

who -m -H：只显示当前用户。

12. last 命令

last 命令主要用于显示近期用户或终端的登录情况，通过查看系统记录的日志文件内容，管理员可以获知曾经登录的操作系统。

last 命令的使用方法如下：

```
last [选项]...
```

选项说明如下。

-R：省略主机名称 hostname 的列。

-a：将登录系统的主机名称或 IP 地址显示在最后一行。

-d：将 IP 地址转换为主机名称。

-f：指定记录文件。

-i：显示 IP 地址。

-n<显示行数>或-<显示行数>：显示名单的行数。

-w：显示用户全名和域名。

-x：显示系统关机信息、重新开机信息、用户登录和退出系统的历史信息。

username：显示指定用户 username 的登录信息。

tty：设置登录的终端，tty 的名称可以缩写，如 last 0 命令与 last tty0 命令的作用相同。

last 命令的示例如下。

last：显示近期用户或终端的登录情况。

last -R -2：显示两行，并且省略主机名称的列。

last -n 5 -R：简略显示，并且指定显示的行数。

last -n 5 -a -i：在最后一行显示主机的 IP 地址。

13. wc 命令

wc 命令主要用于计算字数，输出每个指定文件的行数、单词计数和字节数。如果指定了超过一个文件，则继续给出所有相关数据的总计。如果没有指定文件，或者文件为“-”，则从标准输入设备中读取数据。

wc 命令的使用方法如下：

```
wc [选项]... [文件]...
```

选项说明如下。

-c：输出字节数统计。

-l：输出行数统计。

-m：输出字符数统计。

-w：显示单词计数。

-L：显示最长行的长度。

wc 命令的示例如下。

wc testfile：显示指定文件的行数、字数及字节数的统计信息。

wc -w testfile：统计字数。

wc -c testfile：统计字节数。

wc -m testfile：统计字符数。

wc -l testfile：统计行数。

wc -L testfile：显示最长行的长度。

wc tf1 tf2 tf3：显示 3 个文件的统计信息。

14. set 命令

set 命令主要用于设置或取消设置 Shell 选项和位置参数的值，可以依照不同的需求进行相应的设置，或者显示 Shell 变量的名称和值。

set 命令的使用方法如下：

```
set [选项]...
```

选项说明如下。

-a：标记已修改的变量，以便将其输出到环境变量中。

-b：使被终止的后台程序立刻回报执行状态。

-e：如果一个命令以非零状态退出，则立即退出 Shell。

-f：禁用文件名生成（模式匹配）。

-h：当查询命令时，记住它们的位置。

-k：所有的赋值参数都被放在命令环境中。

-m：启用任务控制功能。

-n：读取命令，但不运行。

-o 选项名：设置与选项名对应的变量，包括 emacs、history、ignoreeof、posix、vi 等。

-p：在真实 UID 和有效 UID 不匹配时，禁止对$ENV 文件进行处理，并且禁止导入 Shell 函数。

-t：在读取并运行一个命令后退出 Shell。

-u：将未定义的变量当作错误对待。

-v：在读取 Shell 输入行时将它们打印。

-x：在运行该命令后，打印该命令及其参数。

-C：在选择该选项后，禁止以重定向输出的方式覆盖常规文件。

-E：在使用该选项后，ERR 陷阱会被 Shell 函数继承。

-H：Shell 可以使用“!”加<指令编号>的方式运行操作命令历史列表中出现过的命令。

-P：在运行该命令时，会用实际的文件或目录代替符号链接。

-T：在使用该选项后，DEBUG 陷阱会被 Shell 函数继承。

--：所有剩余的参数都会被赋值给位置参数。如果没有剩余的参数，那么位置参数不会被设置。

-：所有剩余的参数都会被赋值给位置参数。

set 命令的示例如下。

set：显示 Shell 环境中所有环境变量的定义代码。

使用 declare 命令定义一个新的环境变量 mytest，将其值设置为 Visual C++，具体命令如下：

```
declare mytest='Visual C++'
```

使用 set 命令将新定义的变量输出为环境变量，具体命令如下：

```
set -a mytest
```

在运行以上命令后，会新添加对应的环境变量。用户可以使用 env 命令和 grep 命令分别显示和搜索环境变量 mytest，具体命令如下：

```
env | grep mytest
```

15. env 命令

env 命令主要用于查看和设置环境变量。

env 命令的使用方法如下：

```
env [选项]...
```

选项说明如下。

-i：以无定义的环境启动。

-0：使用空字符结束每个输出行，不使用换行符结束每个输出行。

-u：从当前环境中移除一个变量。

-C：将工作目录修改为指定目录。

-v：为每个处理流程输出详细信息。

env 命令的示例如下。

env：查看系统中的所有环境变量。

16．export 命令

export 命令主要用于将 Shell 变量输出为环境变量，或者将 Shell 函数输出为环境变量。在创建一个变量时，该变量不会自动被在它之后创建的 Shell 进程感知。使用 export 命令可以向后面的 Shell 传递一个或多个变量的值，可以将传递的变量值应用在任意一个后续脚本中。

该命令的使用方法如下：

```
export [选项]...
```

选项说明如下。

-f：表示变量名称为函数名称。

-n：删除指定的变量。变量实际上并未被删除，只是不会输出到后续命令的运行环境中。

-p：列出所有的 Shell 赋予程序的环境变量。

export 命令的示例如下。

export -p：列出所有的 Shell 赋予程序的环境变量。

export TESTENV：定义环境变量。

export TESTENV = 3：定义环境变量并给其赋值。

如果要修改 PATH 环境变量，或者查看 PATH 环境变量是否已经设置好，则可以在 LX 终端中运行以下命令。

```
export PATH=$PATH:要设置或查看的路径
```

使用“PATH=$PATH:路径”命令可以将该路径加入 PATH 环境变量，但是在退出操作系统后，该命令所设置的 PATH 环境变量就失效了，一劳永逸的方法是将该路径加入环境变量。

要使设置的 PATH 环境变量永久生效，需要将 PATH 环境变量的相关设置添加到环境变量文件中。系统中有两个环境变量文件可选，分别为/etc/profile 文件和用户主目录下的.bash_profile 文件，/etc/profile 文件对系统中的所有用户都有效，用户主目录下的.bash_profile 文件只对当前用户有效。

使用 sudo nano /etc/profile 命令编辑/etc/profile 文件，在/etc/profile 文件中加入以下内容。

```
export PATH="$PATH:路径"
```

或者使用 sudo nano /当前用户/.bashrc 命令编辑/当前用户/.bashrc 文件，在/当前用户/.bashrc 文件中加入以下内容。

```
export PATH="$PATH:路径"
```

这两种方法一般需要重新启动操作系统才能生效。

使用 echo 命令查看修改后的 PATH 环境变量，命令如下：

```
echo $PATH
```

17．nano 命令

nano 命令主要用于对文本文件进行编辑。nano 是一个很小的、免费的、友好的文本编辑器。

如果需要在启动时将光标放置在文件的特定行上，在文件名前使用“+”符号加行号进行指定。如果需要同时指定特定列，则可以在其后添加英文逗号和列号。当文件名为“-”时，nano 会从标准输入设备中读取数据。

nano 命令的使用方法如下：

```
nano [选项]... [[+行[,列]] 文件名]...
```

选项说明如下。

-A：启用智能 HOME 键。

-B：存储已有文件的备份。

-C 〈目录〉：指定存储唯一备份文件的目录。

-D：用粗体代替颜色反转。

-E：将已输入的制表符转换为空白字符。

-F：默认从文件中读入一个新的缓冲区。

-G：使用（vim 风格）锁文件。

-H：记录与读取搜索或替换的历史字符串。

-I：不要参考 nanorc 文件。

-J <数字>：在数字栏中显示一个竖着的导引条。

-K：修正数字键区域按键混淆的问题。

-L：不要自动添加换行符。

-M：强制在换行时移除末尾的空白字符。

-N：编辑的内容不要从 DOS 格式或 Mac 格式进行转换。

-O：使用空白字符作为起始字符，表示新的段落。

-P：记录并读取光标位置。

-Q：匹配引用的正则表达式。

-R：限制对文件系统的访问。

-S：以多行显示过长的行。

-T：将制表符宽度设置为指定行数。

-U：在下一次按键后清除状态栏中的内容。

-V：显示 nano 编辑器的版本信息并退出 nano 编辑器。

-W：更正确地侦测单字边界。

-X：指定哪些特殊字符是单词的一部分。

-Y：用于加亮语法定义。

-Z：通过按退格键或删除键清除选中的区域。

-a：在将文本长行自动换行时，会选择在空白处进行。

-b：自动强制将过长的行换行。

-c：持续显示游标位置。

-d：修正退格键和删除键混淆的问题。

-e：保持标题栏下面的行一直为空。

-f <文件>：只使用指定文件配置 nano 编辑器。

-g：在文件浏览器和帮助文本中显示游标。

-h：显示本帮助文本并退出。

-i：自动缩进新行。

-j：按半屏幕滚动文本，不按行。

-k：从游标位置剪切至行尾。

-l：在文本前显示行号。

-m：启用鼠标功能。

-n：不要读取文件（仅写入）。

-o：设置操作目录。

-p：保留 XON(^Q)和 XOFF(^S)按键。

-q：显示光标位置及部分指示器。

-r：设置强制换行宽度并进行重排。

-s：使用指定程序代替拼写检查程序。

-t：在退出时自动保存修改，但不提示。

-u：默认将文件保存为 UNIX 格式。

-v：查看（只读）模式。

-w：不要将过长行强制换行（默认）。

-x：不要显示辅助区。

-y：按快捷键 Ctrl+→，可以在单词末尾处停止。

-z：启用挂起功能。

-%：在标题栏显示某些状态。

4.12　软件安装和卸载命令

1．apt-get 命令

apt-get 命令主要用于自动从互联网的软件仓库中搜索、安装、升级、卸载软件或操作系统，适用于 deb 包管理式的操作系统。

apt-get 命令的使用方法如下：

```
apt-get [选项]... [命令] [软件包]
```

选项说明如下。

-h：显示帮助文件。

-q：输出到日志，无进展指示。

-qq：不输出信息，错误除外。

-d：仅下载，不安装或解压缩归档文件。

-s：不实际安装，模拟运行命令。

-y：在需要确认的场景中回应 yes。

-f：尝试修正系统依赖损坏处。

-m：如果归档无法定位，则继续尝试。

-u：显示更新软件包的列表。

-b：在获取源代码包后对其进行编译。

-v：显示详细的版本号。

常用命令的相关说明如下。

update：更新软件包列表信息。

upgrade：进行一次升级。

install：安装新的软件包。

reinstall：重新安装软件包。

remove：卸载软件包。

purge：卸载并清除软件包的配置。

autoremove：卸载所有自动安装且不再使用的软件包。

dist-upgrade：发行版升级。

dselect-upgrade：根据 dselect 的选择进行升级。

build-dep：为源代码包配置所需的编译依赖关系。

satisfy：使系统满足依赖关系的字符串。

clean：删除所有已下载的包文件。

autoclean：删除已下载的旧包文件。

check：确认系统依赖关系的完整性。

source：下载源代码包文件。

download：将指定的二进制包下载到当前目录下。

changelog：下载指定的软件包，并且显示其 changelog 变更日志。

apt-get 命令的示例如下。

apt-get install softname1 softname2...：安装软件 softname1、softname2 等。

apt-get --reinstall softname1：重新安装软件 softname1。

apt-get -f install：强制安装或修复软件。

apt-get remove softname1 softname2...：卸载软件 softname1、softname2 等。

apt-get remove -purge softname1：卸载并清除配置。

apt-get autoremove --purge softname1：删除包及其依赖的软件包、配置文件等。

apt-get source softname1：下载包的源代码。

apt-get build-dep softname1：安装相关的编译环境。

apt-get update：更新软件信息数据库或更新源。

apt-get upgrade：更新已安装的包。

apt-get dist-upgrade：升级系统。

apt-get dselect-upgrade：使用 dselect 升级系统。

apt-get check：检查是否有损坏的依赖。

apt-get clean && sudo apt-get autoclean：清理下载文件的存档，并且只清理过时的包。

2. apt-cache 命令

apt-cache 命令主要用于查询软件源和软件包的相关信息，查询高级打包工具 apt-get 的包缓存，搜索软件包和软件包名称，对于跟踪软件依赖性很有帮助。

apt-cache 命令的使用方法如下：

```
apt-cache [选项]... [命令] [软件包]
```

选项说明如下。

-p：选择文件以存储程序包缓存。

-s：选择要存储源缓存的文件。

-q：安静模式，产生适合记录的输出，省略进度指示器。

-i：仅打印重要的依赖项。

-f：搜索时打印完整的包裹记录。

-a：打印所有可用版本的完整记录。

-g：进行程序包高速缓存的自动更新，而不是照原样使用高速缓存。该选项为默认选项。

-c：指定要使用的配置文件。

-o：设置配置选项，设置一个任意配置选项。

常用命令的相关说明如下。

showsrc：显示源文件的各项记录。

search：根据正则表达式搜索软件包列表。

depends：显示该软件包的依赖关系信息。

rdepends：显示所有依赖于该软件包的软件包名称。

show：以便于阅读的格式介绍该软件包。

pkgnames：列出所有软件包的名字。

policy：显示软件包的安装设置状态。

apt-cache 命令的示例如下。

apt-cache pkgnames：列出系统的所有可用包。

apt-cache stats：显示缓存统计。

apt-cache search softname1：搜索包 softname1。

apt-cache show softname1：获取包的相关信息，如说明、大小、版本等。

apt-cache depends　softname1：了解使用依赖。

apt-cache rdepends softname1：了解某个具体的依赖。

apt-cache show softname1：显示特定包的基本信息。

3．dpkg 命令

dpkg 命令主要用于安装、删除、构建和管理 Debian 的软件包，从而安装、更新和移除软件。

dpkg 命令的使用方法如下：

```
dpkg [选项]... [软件包]
```

选项说明如下。

-i：安装软件包。

-r：删除软件包。

-P：删除软件包，并且删除其配置文件。

-L：显示与软件包相关联的文件。

-l：显示已安装的软件包列表。

-V：检查包的完整性。

-c：显示软件包内文件列表。

-s：显示指定软件包的详细状态。

-p：显示可供安装的软件版本。

-S：搜索含有指定文件的软件包。

-C：检查是否有软件包残损。

--unpack：解开软件包。

--confiugre：配置软件包。

--remove：删除安装包，不删除配置。

--purge：删除安装包和配置文件。

dpkg 命令的示例如下。

dpkg -i package.deb：安装 package.deb 包。

dpkg -r package.deb：删除 package.deb 包。

dpkg -P package.deb：删除包，包括配置文件。

dpkg -L package.deb：列出与该包相关联的文件。

dpkg -l package.deb：显示该包的版本。

dpkg --unpack package.deb：解开 deb 包中的内容。

dpkg -S keyword：搜索所属的包内容。

dpkg -l：列出当前已安装的包。

dpkg -c package.deb：列出 deb 中包的内容。

dpkg --configure package.deb：配置包。

4．make 命令

make 命令主要用于自动完成大批量源文件的编译工作，建立不同文件之间的依赖关系，自动识别被修改的源文件并重新编译，避免不必要的编译。管理员使用 make 命令可以编译和安装很多开源的工具，程序员使用 make 命令可以管理大型复杂的项目编译问题。

make 命令的使用方法如下：

```
make [选项]... [目标] ...
```

选项说明如下。

-B：无条件制作 make 命令后面指定的所有目标。

-C <目录>：在运行该命令前，先切换到指定目录下。

-d：打印大量的调试信息。

-e：使用环境变量覆盖 makefile 中的变量。

-f：从文件中读入 makefile。

-i：忽略来自命令配置的错误。

-I：在目录中搜索被包含的 makefile。

-j <N>：同时允许执行 *N* 个任务，如果无参数，则表示允许执行无限个任务。

-k：当某些目标无法制作时仍然继续。

-l：在系统负载高时不启动多个任务。

-L：使用软链接及软链接目标中修改时间较晚的一个。

-n：只打印命令配置，不实际运行命令。

-o：当作旧文件，不必重新制作。

-O <类型>：使用指定的类型同步并行任务输出。

-p：打印 make 命令使用的内部数据库。

-q：不运行任何配置，会在退出状态返回的提示信息中说明是否已全部更新。

-r：禁用内置隐含规则。

-R：禁用内置变量设置。

-s：不输出配置命令。

-W <文件>：将指定的文件作为最新文件。

下面举例说明 make 命令的准备工作、规则的写法和 Makefile 文件的使用方法。

1）准备工作

将所有项目中要处理的文件放到同一个文件目录下，然后在该目录下打开 LX 终端，运行以下命令，即可在该目录下新建一个名为 Makefile 的文件。

```
sudo nano Makefile
```

在 Makefile 文件中可以编写多条语句，这些语句可以理解为一条条的规则，如文件之间的依赖关系、源文件的编译方法等。

2）规则的写法

源文件的编译顺序为源文件→汇编文件→目标文件→可执行文件。

首先处理单个源文件，如 demo.c，将其生成对应的目标文件 demo.o，命令如下：

```
demo.o:demo.c
        gcc -c demo.c        gcc 前的空白区域是一个 Tab，下同
```

然后将生成的目标文件 demo.o 转换成可执行文件，命令如下：

```
demo:demo.o
        gcc -o demo demo.o
```

如果有多个源文件，如文件 main.c 和 test.c，则先将两个源文件生成对应的目标文件 main.o 和 test.o，再将两个目标文件 main.o 和 test.o 一起生成一个名为 mainall 的可执行文件，命令如下：

```
mainall:main.o test.o
        gcc -o mainall main.o test.o
main.o:main.c
        gcc -c main.c
test.o:test.c
        gcc -c test.c
```

最后清除所有生成文件规则，删除所有目标文件和可执行文件，代码如下：

```
clean:
        rm -rf mainall demo *.o
```

3）Makefile 文件的使用方法

在 Makefile 文件编写完成后，就可以在终端中运行 make 命令了，命令的格式如下：

```
make+空格+规则名
```

运行生成源文件 demo.c 的可执行文件，命令如下：

```
make demo
```

运行以上命令，就会在当前目录下生成可执行文件 demo。

5．install 命令

install 命令主要用于复制文件和设置属性，将源文件复制到目标文件或将多个源文件复制到一个已存在的目录下，并且设置其所有权和权限模式，或者创建目标目录下的所有组件。

install 命令的使用方法如下：

```
install [选项]... [文件或目录]
```

选项说明如下。

--backup：为每个已存在的文件创建备份。

-b：类似于 backup 选项，但不接受参数。

-C：比较每组源文件和目标文件，在某些情况下不修改目标文件。

-d：将所有参数视为目录名称，或者为指定的目录创建所有组件。

-D：创建目标文件的所有必要的父目录。

-g：显式设置文件所属组，而不是进程目前的所属组。

-m：显式设置权限模式。

-o：显式设置所有者。

-p：修改源文件的访问/修改时间，以便与目标文件保持一致。

-s：拆解符号表或二进制文件的程序。

-S：覆盖常用备份文件的后缀。

-t：将源文件的所有参数复制到指定目录。

-T：将目标文件视为普通文件。

-v：在创建目录时显示其名称。

install 命令的示例如下。

install -d testdir：创建目录 testdir。

install testfile.php testdir：将 testfile.php 文件复制到 testdir 目录下。

install -t testdir test1.php test2.php：将 test1.php 文件和 test2.php 文件复制到 testdir 目录下。

4.13　命令行快捷键

在树莓派的 LX 终端中使用命令操作时，光标的移动很不方便，有时命令输入完了，在运行后发现缺少权限，然后不得不移动光标到行首加 sudo，有的命令又很长。如果结合与命令行有关的快捷键，那么不但可以提高效率，而且使用起来很方便。

打开命令行，可以使用 LX 终端或控制台界面。在图形界面中按快捷键 Alt+Ctrl+F1，可以调出命令行环境；按快捷键 Alt+（F2～F6），可以启动另外 5 个控制台界面；按快捷键 Alt+F7，可以返回图形界面。打开 Shell 终端的 Edit 菜单中的“快捷方式”标签页，可以进行快捷键设置，这里有一些默认的快捷键，当然也可以自定义快捷键，不过默认的快捷键比较通用，因此我们主要介绍默认的快捷键。

1. 常用的快捷键

常用的快捷键如表 4-3 所示。

表 4-3 常用的快捷键

序号	快捷键	实现功能
1	Ctrl+←/→	在单词之间跳转
2	Ctrl+a	跳转到本行的行首
3	Ctrl+e	跳转到页尾
4	Ctrl+u	删除当前光标前面的文字（具有剪切功能）
5	Ctrl+k	删除当前光标后面的文字（具有剪切功能）
6	Ctrl+L	进行清除屏幕操作
7	Ctrl+y	粘贴快捷键 Ctrl+u 或 Ctrl+k 剪切的内容
8	Ctrl+w	删除光标前面的单词的字符
9	Alt-d	从光标位置开始，向右删除单词，向行尾删

2．移动光标的快捷键

移动光标的快捷键如表 4-4 所示。

表 4-4 移动光标的快捷键

序号	快捷键	实现功能
1	Ctrl-a	移动到行首
2	Ctrl-e	移动到行尾
3	Ctrl-b	向前（左）移动一个字符
4	Ctrl-f	向后（右）移动一个字符
5	Alt-b	向前（左）移动一个单词
6	Alt-f	向后（右）移动一个单词
7	Ctrl-xx	在命令行尾和光标之间移动
8	M-b	向前（左）移动一个单词
9	M-f	向后（右）移动一个单词

3．编辑命令的快捷键

编辑命令的快捷键如表 4-5 所示。

表 4-5 编辑命令的快捷键

序号	快捷键	实现功能
1	Ctrl-h	删除光标左方位置的字符
2	Ctrl-d	删除光标右方位置的字符（注意：如果当前命令行没有任何字符，则会注销系统或结束终端）
3	Ctrl-w	从光标位置开始，向左删除单词。向行首删
4	Alt-d	从光标位置开始，向右删除单词。向行尾删
5	M-d	从光标位置开始，删除单词，直到该单词结束
6	Ctrl-k	从光标所在位置开始，删除右方所有的字符，直到该行结束
7	Ctrl-u	从光标所在位置开始，删除左方所有的字符，直到该行开始

续表

序号	快捷键	实现功能
8	Ctrl-y	将之前删除的内容粘贴到光标后
9	Ctrl-t	交换光标处和之前两个字符的位置
10	Alt+ .	使用上一条命令的最后一个参数
11	Ctrl-_	回复之前的状态。撤销操作
12	Ctrl-a 和 Ctrl-k 组合 Ctrl-e 和 Ctrl-u 组合 Ctrl-k 和 Ctrl-u 组合	每组快捷键都可以删除整行命令

4．Bang(!)命令的快捷键

Bang(!)命令的快捷键如表 4-6 所示。

表 4-6　Bang(!)命令的快捷键

序号	快捷键	实现功能
1	!!	运行上一条命令
2	^foo^bar	将上一条命令中的“foo”替换为“bar”，并且运行该命令
3	!wget	运行最近的以“wget”开头的命令
4	!wget:p	仅打印最近的以“wget”开头的命令，不运行
5	!$	上一条命令的最后一个参数，与 Alt-.和$_相同
6	!*	上一条命令的所有参数
7	!*:p	打印上一条命令的所有参数，即!*的内容
8	^abc	删除上一条命令中的“abc”
9	^foo^bar^	将上一条命令中的“foo”替换为“bar”
10	!-n	运行前面的 n 条命令。例如!-1 表示运行上一条命令，!-5 表示运行前 5 条命令

5．查找历史命令的快捷键

查找历史命令的快捷键如表 4-7 所示。

表 4-7　查找历史命令的快捷键

序号	快捷键	实现功能
1	Ctrl-p	显示当前命令的上一条历史命令
2	Ctrl-n	显示当前命令的下一条历史命令
3	Ctrl-r	搜索历史命令，随着输入会显示历史命令中的一条匹配命令，按回车键，运行匹配命令；按 Esc 键，在命令行显示而不运行匹配命令
4	Ctrl-g	从历史搜索模式退出

6．控制命令的快捷键

控制命令的快捷键如表 4-8 所示。

表 4-8　控制命令的快捷键

序号	快捷键	实现功能
1	Ctrl-l	在清除屏幕后，在屏幕最上方重新显示目前光标所在行的内容
2	Ctrl-o	运行当前命令，并且选择上一条命令

续表

序号	快捷键	实现功能
3	Ctrl-s	阻止屏幕输出
4	Ctrl-q	允许屏幕输出
5	Ctrl-c	终止命令
6	Ctrl-z	挂起命令

7. 重复执行操作的快捷键

M-操作次数：指定操作次数，重复执行指定的操作。

本章小结

本章主要讲解了树莓派的目录结构、常用命令和命令行快捷键，具体如下。

- Linux/Raspbian 目录结构的相关知识。
- 目录和文件命令：pwd、cd、ls、cat、more、less、head、tail、mkdir、rmdir、cp、mv、rm、touch、ln。
- 进程管理命令：ps、pidof、kill、killall、nice、renice、top、jobs、fg、bg。
- 用户和组命令：adduser、passwd、chage、usermod、userdel、groupadd、groupdel、groupmod、gpasswd、su、sudo、vipw、vigr、pwck、grpck、id、chfn、chsh、newgrp、whoami。
- 文件权限命令：chmod、umask、chattr、lsattr、setfacl、getfacl。
- 搜索命令：whereis、whatis、find、grep、command、uptime、w。
- 压缩命令：tar、gzip、xz、bzip2。
- 网络命令：ping、ifconfig、wget、scp、hostnamectl、systemctl。
- 磁盘管理命令：fdisk、mkfs、fsck、dd、df、du、mount、umount。
- 系统信息命令：dmesg、free、date、lscpu、lsusb、vcgencmd。
- 其他常用命令：clear、uname、man、shutdown、halt、reboot、poweroff、alias、unalias、history、who、last、wc、set、env、export、nano。
- 软件安装和卸载命令：apt-get、apt-cache、dpkg、make、install。
- 命令行快捷键：常用的快捷键、移动光标的快捷键、编辑命令的快捷键、Bang(!)命令的快捷键、查找历史命令的快捷键、控制命令的快捷键、重复执行操作的快捷键。

课后练习

（1）使用搜索引擎查阅树莓派根路径的详细作用。

（2）运行每个命令后面的示例，并且说明其实现的功能。

（3）练习使用命令行快捷键。

第 5 章 树莓派网络应用

知识目标

- 掌握 NAS 系统服务器的安装和配置方法。
- 掌握 DLNA 流媒体服务器的安装和配置方法。
- 掌握 BT 下载服务器的安装和配置方法。
- 掌握 BT 下载机的安装和配置方法。
- 掌握 SFTP 远程安全传输文件的安装和使用方法。
- 掌握 FTP 服务器的安装和配置方法。
- 掌握无线 AP 的安装和配置方法。
- 掌握板载网卡配置 Wi-Fi 热点的安装和配置方法。
- 掌握外置 USB 无线网卡配置 Wi-Fi 热点的安装和配置方法。
- 掌握 UFW 防火墙的安装和配置方法。

技能目标

- 能够在树莓派上安装和配置 Samba、MiniDLNA、Transmission、Aria2、vsftpd。
- 能够在 Windows 操作系统中安装和使用 SFTP 远程安全传输文件工具 FileZilla。
- 能够在树莓派上安装和配置无线 AP-RaspAP。
- 能够在树莓派上使用板载网卡、USB 无线网卡安装和配置 Wi-Fi 热点。
- 能够在树莓派上安装和配置 UFW 防火墙。

任务概述

- 在树莓派上安装和配置 Samba，搭建 NAS 内网服务器系统。
- 在树莓派上安装和配置 MiniDLNA，搭建 DLNA 流媒体服务器。
- 在树莓派上安装和配置 Transmission，搭建 BT 下载服务器。

- 在树莓派上安装和配置 Aria2，搭建 BT 下载机。
- 在 Windows 操作系统中安装和使用 FileZilla，进行 SFTP 远程安全文件传输。
- 在树莓派上安装和配置 vsftpd，搭建 FTP 服务器。
- 在树莓派上安装和配置 RaspAP，搭建无线 AP。
- 在树莓派上使用板载网卡安装和配置 Wi-Fi 热点。
- 在树莓派上使用 USB 无线网卡安装和配置 Wi-Fi 热点。
- 在树莓派上安装和配置 UFW 防火墙。

5.1 NAS 系统服务器软件 Samba

在树莓派上使用 Samba 建立一个简单的内网 NAS 系统服务器，可以实现简易服务器的功能，经济实惠，传输速度稳定，性价比较高。

网络附属存储（Network Attached Storage，NAS）又称为网络存储器，具备资料存储功能，是一种特殊的专用数据存储服务器。其以数据为中心，将存储设备与服务器彻底分离，集中管理数据，从而释放带宽、提高性能、降低总成本、提高效率，并且提供跨平台文件共享功能。

Samba 是在 Linux 和 UNIX 操作系统中实现 SMB（Server Messages Block，信息服务块）协议的一个免费软件，由服务器及客户端程序构成。SMB 是一种在局域网上共享文件和打印机的通信协议，它可以为局域网内的不同计算机提供文件及打印机等资源的共享服务。SMB 协议是客户机—服务器型协议，客户机可以通过该协议访问服务器上的共享文件系统、打印机及其他资源。

下面我们在树莓派上通过安装和设置 Samba，使 NAS 系统服务器与 Windows 计算机之间可以共享文件。

首先安装程序，在 LX 终端中依次输入以下命令并按回车键。

```
sudo apt-get install samba samba-common-bin
sudo apt-get install netatalk        #可选，用于支持 AFP
sudo apt-get install avahi-daemon    #可选，用于支持网内的计算机自动发现
```

接着使用 nano 编辑器打开 smb.conf 文件，命令如下：

```
sudo nano /etc/samba/smb.conf
```

在打开的 smb.conf 文件的末尾添加以下内容。

```
[public]
comment = Public Storage        #对共享目录的备注
valid users = pi                #指定用户，根据实际用户进行修改
path = /home/pi                 #指定路径，根据实际路径进行修改
read only = no                  #所有人都具有访问、修改权限
#因为是公共文件夹，所以给了所有用户全部权限，可以自定义
Writable = yes                  #允许写入
browseable = yes                #允许浏览
create mask = 0777              #新创建文件的默认属性
```

```
directory mask = 0777        #新创建文件夹的默认属性
guest ok = yes               #默认的访问用户名为 guest
browseable = yes             #允许浏览
```

找到[homes]配置部分，对其中的 browseable 和 read only 配置进行修改，具体如下。

```
[homes]
     comment = Home Directories
     browseable = yes       #此处将 no 修改为 yes
   # By default, the home directories are exported read-only. Change the
   # next parameter to 'no' if you want to be able to write to them.
     read only = no         #此处将 yes 修改为 no
```

保存并关闭 smb.conf 文件，然后退出 nano 编辑器。使用 chmod 命令修改/home/pi 的访问权限，命令如下：

```
sudo chmod -R 777 /home/pi
```

Samba 使用一套和树莓派登录用户不同的用户账号资料库，可以使用 smbpasswd 命令向该库中添加账号信息。首先使用 smbpasswd -a 命令添加系统用户，然后使用 smbpasswd -e 命令激活用户。

```
sudo smbpasswd -a pi      #期间需要输入两次密码
sudo smbpasswd -e pi
```

检测配置是否有错，命令如下：

```
sudo testparm
```

重启 smbd 服务，命令如下：

```
sudo smbd restart
```

如果有需要，则可以重启树莓派。打开 Windows 计算机的资源管理器，通过网上邻居查找共享的树莓派，或者在资源管理器的地址栏中输入“\\”+IP 地址，如输入“\\192.168.2.121”，即可在树莓派和 Windows 计算机之间传输文件。

5.2 DLNA 流媒体服务器软件 MiniDLNA

DLNA（Digital Living Network Alliance，数字生活网络联盟）是一个非营利性的具有合作性质的商业组织，旨在保障 PC、消费电器、移动设备等的无线网络和有线网络之间的连通性，使数字媒体和内容服务可以无限制地共享和增长。DLNA 不可以创造技术，但可以形成一种解决的方案，提供一种大家可以遵守的规范。所以，DLNA 选择的各种技术和协议都是当前应用很广泛的技术和协议。DLNA 将应用程序分成 5 个功能组件，从下到上依次为网络互连，网络协议，媒体传输，设备的发现、控制和管理，媒体格式。

DLNA 实现的功能如下。

- 探索：在网络上寻找无配置的设备并确定其提供的性能。
- 浏览：浏览内容并使用不同的方式分类。
- 搜索：在设备中寻找特定的内容。

- 分流：全网发送多媒体内容。
- 服务：网络通知通讯录。
- 打印：向网络附属打印机发送内容。
- 控制：使用网络改变设备状态。
- 上传：向服务器发送内容。
- 下载：接收并存储内容。
- 自动译码：修改分辨率或内容格式，从而确保设备正确翻译。
- 服务保证：区分网络传输优先级，如果网络超载，则优先放弃优先权最低的网络传输。
- DLNA 能够识别的最大文件数为 8000 个。

DLNA 支持的媒体格式如下。

- 图片：JPEG、PNG、GIF、TIFF。
- 音频：LPCM、AAC、AC-3、ATRAC 3 Plus、MP3、WMA9。
- 视频：MPEG-2、MPEG-1、MPEG-4、AVC、WMV9。

现在的平板电视通常都支持 DLNA，在树莓派上安装一个 MiniDLNA，即可在平板电视上直接播放树莓派上的影音资源，将 DLNA 和 Samba 结合使用会更加方便。

（1）安装 MiniDLNA 程序，在 LX 终端中依次输入以下命令并按回车键。

```
sudo apt-get install minidlna
```

（2）使用 nano 编辑器打开 minidlna.conf 文件，命令如下：

```
sudo nano /etc/minidlna.conf
```

（3）在 minidlna.conf 文件的末尾添加以下内容。

```
#A 表示该目录主要用于存储音乐，MiniDLNA 会自动加载该目录下的音乐文件
media_dir=A,/samba/DLNA/Music
#P 表示该目录主要用于存储图片，MiniDLNA 会自动加载该目录下的图片文件
media_dir=P,/samba/DLNA/Picture
#V 表示该目录主要用于存储视频，MiniDLNA 会自动加载该目录下的视频文件
media_dir=V,/samba/DLNA/Video
#配置 MiniDLNA 的数据库数据的存储目录
db_dir=/samba/DLNA/db
#配置 MiniDLNA 的日志目录
log_dir=/samba/DLNA/log
```

（4）保存并关闭 minidlna.conf 文件，然后退出 nano 编辑器。在上面的配置中，/samba/DLNA/*目录可以自定义，但需要确保该目录存在，并且将该目录的权限设置为可读/写。下面依次创建配置中的自定义目录并设置其读/写权限，命令如下：

```
sudo mkdir -p  /samba/DLNA/Music
sudo chmod 777  /samba/DLNA/Music
sudo mkdir -p  /samba/DLNA/Picture
sudo chmod 777  /samba/DLNA/Picture
sudo mkdir -p  /samba/DLNA/Video
sudo chmod 777  /samba/DLNA/Video
```

```
sudo mkdir -p  /samba/DLNA/db
sudo chmod 777  /samba/DLNA/db
sudo mkdir -p  /samba/DLNA/log
sudo chmod 777 /samba/DLNA/log
```

将 DLNA 目录共享到局域网中，可以更方便地管理媒体文件。

（5）重启 MiniDLNA，期间会要求输入密码，命令如下：

```
/etc/init.d/minidlna restart
```

（6）测试 MiniDLNA 的状态，命令如下：

```
/etc/init.d/minidlna status
```

返回的状态信息如图 5-1 所示，表示 MiniDLNA 可以正常使用。

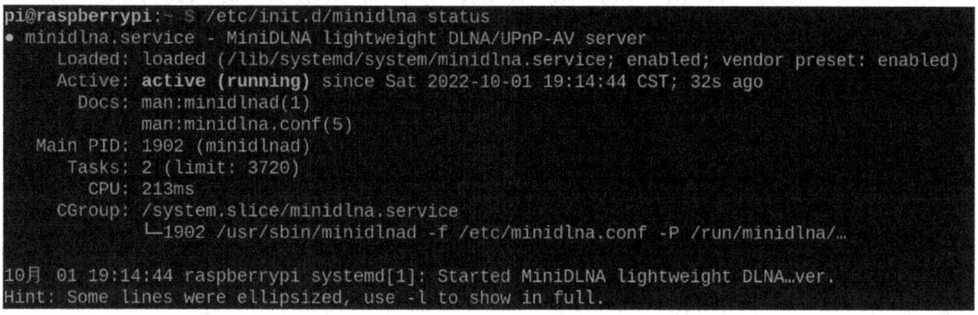

```
pi@raspberrypi:~ $ /etc/init.d/minidlna status
● minidlna.service - MiniDLNA lightweight DLNA/UPnP-AV server
     Loaded: loaded (/lib/systemd/system/minidlna.service; enabled; vendor preset: enabled)
     Active: active (running) since Sat 2022-10-01 19:14:44 CST; 32s ago
       Docs: man:minidlnad(1)
             man:minidlna.conf(5)
   Main PID: 1902 (minidlnad)
      Tasks: 2 (limit: 3720)
        CPU: 213ms
     CGroup: /system.slice/minidlna.service
             └─1902 /usr/sbin/minidlnad -f /etc/minidlna.conf -P /run/minidlna/…

10月 01 19:14:44 raspberrypi systemd[1]: Started MiniDLNA lightweight DLNA…ver.
Hint: Some lines were ellipsized, use -l to show in full.
```

图 5-1　返回的状态信息

此时，我们就可以通过平板电视、计算机、手机发现媒体设备并播放 DLNA 目录下的媒体资源了。

我们还可以对 MiniDLNA 进行其他管理和设置，示例如下。

（1）在浏览器中输入以下网址，查看资源数量和连接的客户端。

```
http://树莓派的 IP 地址:8200/
```

（2）设置 MiniDLNA 开机自动启动，命令如下：

```
sudo update-rc.d minidlna defaults
```

（3）启动 MiniDLNA 服务，命令如下：

```
sudo service minidlna start
```

（4）在修改配置文件或更新媒体资源时，需要强制刷新，以便 MiniDLNA 对最新的媒体文件进行索引，命令如下：

```
sudo service minidlna force-reload
```

（5）禁止 MiniDLNA 开机自动启动，命令如下：

```
sudo update-rc.d -f minidlna remove
```

（6）停止 MiniDLNA 的服务，命令如下：

```
sudo service minidlna stop
```

（7）停止 MiniDLNA 所有进程，命令如下：

```
sudo killall minidlna
```

（8）卸载 MiniDLNA，命令如下：

```
sudo apt-get remove --purge minidlna
```

5.3 BT 下载客户端软件 Transmission

如果要在树莓派上搭建BT下载客户端，则可以使用Transmission软件实现。Transmission是Linux操作系统中的一款BT下载客户端软件，使用资源较少，适合运行在树莓派上。

Transmission具有一个跨平台的后端和简洁的用户界面，是MIT许可证和GNU通用公共许可证授权的一款自由软件。

Transmission的全称是TransmissionBittorrent，由C语言开发而成，硬件资源消耗极少，界面极度精简，支持 Linux、Windows、BSD、Solaris、macOS 等多种操作系统，Networked Media Tank、WD MyBook、ReadyNAS、D-Link DNS-323 & CH3SNAS、Synology等多种设备，以及GTK+、命令行、Web等多种界面。

Transmission的特性如下。

- 开源、跨平台，由社区志愿者开发。
- 没有各种广告及浏览器工具栏插件等。
- 完全免费。
- 支持数据加密、损坏修复。
- 来源交换（支持BitTorrent、Ares、迅雷、Vuze和µTorrent等）。
- 硬件资源消耗极少，甚至比某些命令行BT工具的硬件资源消耗都少。
- 可以在BT种子中选择要下载的文件。
- 支持Encryption、Web界面、远程控制、磁力链接、DHT、uTP、UPnP、NAT-PMP。
- 支持目录监控、全局或单一速度限制。
- 可以快速制作BT种子。
- 支持黑名单，可以按时升级。
- 支持单一监听端口，支持带宽管理。
- 支持HTTPS Tracker，支持Tracker编辑功能。
- 支持IPv6。
- 在不同的平台上有特定的图形用户界面。

Transmission非常适合在树莓派上使用，具体使用方法如下。

（1）在LX终端中输入以下命令并按回车键，安装Transmission程序。

```
sudo apt-get install transmission-daemon
```

（2）创建下载目录，一个是下载完成的目录，另一个是未下载完成的目录，具体目录可以根据实际情况决定，命令如下：

```
sudo mkdir -p /home/pi/incomplete         #未下载完成的目录
sudo mkdir /home/pi/complete              #下载完成的目录
```

（3）配置两个新建目录的权限，命令如下：

```
sudo usermod -a -G debian-transmission pi
```

如果使用FAT格式的移动硬盘，则忽略下面的修改，使用mount命令指定用户和读/

写权限即可。以下命令主要用于修改 Micro SD 卡中新建的两个目录的读/写权限。

```
sudo chgrp debian-transmission /home/pi/incomplete
sudo chgrp debian-transmission /home/pi/complete
sudo chmod 770 /home/pi/incomplete
sudo chmod 770 /home/pi/complete
```

（4）使用 nano 编辑器打开配置文件 settings.json，命令如下：

```
sudo nano /etc/transmission-daemon/settings.json
```

settings.json 是一个 JSON 格式的文件，配置项有很多，我们重点修改以下配置项。

```
"download-dir": "/home/pi/complete",         #完成的下载目录
"incomplete-dir": "/home/pi/incomplete",     #未完成的下载目录
"rpc-whitelist": "192.168.2.*",              #允许 Web 访问的白名单地址
```

（5）保存并关闭 settings.json 文件，然后退出 nano 编辑器。重启 Transmission，按顺序运行以下命令，如果单独运行 restart 命令，则不会保存修改的配置项。

```
sudo service transmission-daemon reload
sudo service transmission-daemon restart
```

在浏览器中访问 Transmission 需要使用 IP 地址加 9091 端口，如 http://192.168.2.121:9091/。在 Transmission 访问界面中输入默认的用户名和密码(二者都是 transmission)，即可登录 Transmission，登录后的界面如图 5-2 所示。

图 5-2　登录后的 Transmission 界面

5.4　BT 命令行下载工具 Aria2

Aria2 是一个开源、多平台、轻量级的命令行下载工具，具有优秀的性能及较低的资源占用率，其架构非常轻巧，可以简化不同设备和服务器之间的下载过程，支持磁力链接、BT 种子、HTTP 等类型的文件下载，支持 JSON-RPC 和 XML-RPC 接口远程调用，支持 HTTP、FTP、BitTorrent 等多协议、多来源、多线程的下载资源，可以最大程度地利用网络带宽，非常适合在树莓派上使用。

5.4.1　安装 Aria2

在 LX 终端中输入以下命令并按回车键，安装 Aria2。

```
sudo apt-get install aria2
```

5.4.2　配置 Aria2

（1）创建目录和配置文件，命令如下：

```
mkdir -p ~/.config/aria2/
```

```
touch ~/.config/aria2/aria2.session
```

（2）使用 nano 编辑器打开配置文件 aria2.config，命令如下：

```
sudo nano ~/.config/aria2/aria2.config
```

（3）在 aria2.config 文件中添加以下配置信息。

```
#设置个人目录
dir=/home/pi/       #根据实际情况设置目录
disk-cache=32M
file-allocation=trunc
continue=true
max-concurrent-downloads=10
max-connection-per-server=16
min-split-size=10M
split=5
max-overall-download-limit=0
#max-download-limit=0
#max-overall-upload-limit=0
#max-upload-limit=0
disable-ipv6=false
#根据实际情况，将/home/pi 修改为实际的目录
save-session=/home/pi/.config/aria2/aria2.session
input-file=/home/pi/.config/aria2/aria2.session
save-session-interval=60
enable-rpc=true
rpc-allow-origin-all=true
rpc-listen-all=true
rpc-secret=secret
#event-poll=select
rpc-listen-port=6800
# for PT user please set to false
enable-dht=true
enable-dht6=true
enable-peer-exchange=true
# for increasing BT speed
listen-port=51413
#follow-torrent=true
#bt-max-peers=55
#dht-listen-port=6881-6999
#bt-enable-lpd=false
#bt-request-peer-speed-limit=50K
peer-id-prefix=-TR2770-
user-agent=Transmission/2.77
seed-ratio=0
#force-save=false
#bt-hash-check-seed=true
bt-seed-unverified=true
bt-save-metadata=true
```

```
#以下内容在树莓派的配置文件中实际为一行
bt-tracker=http://93.158.213.92:1337/announce,
udp://151.80.120.114:2710/announce,udp://62.210.97.59:1337/announce,
udp://188.241.58.209:6969/announce,udp://80.209.252.132:1337/announce,
udp://208.83.20.20:6969/announce,udp://185.181.60.67:80/announce,
udp://194.182.165.153:6969/announce,udp://37.235.174.46:2710/announce,
udp://5.206.3.65:6969/announce,udp://89.234.156.205:451/announce,
udp://92.223.105.178:6969/announce,udp://51.15.40.114:80/announce,
udp://207.241.226.111:6969/announce,udp://176.113.71.60:6961/announce,
udp://207.241.231.226:6969/announce
```

（4）启动 Aria2，命令如下：

```
sudo aria2c --conf-path=/home/pi/.config/aria2/aria2.config
```

在 Aria2 启动成功后，会返回以下信息。

```
[NOTICE] IPv4 RPC: 正在监听 TCP 端口 6800
[NOTICE] IPv6 RPC: 正在监听 TCP 端口 6800
```

5.4.3　设置 Aria2 开机启动

（1）在/lib/systemd/system/目录下创建 aria2.service 文件，命令如下：

```
sudo nano /lib/systemd/system/aria2.service
```

（2）aria2.service 配置中的 User,conf-path 需要分别换成自己树莓派对应的用户名和目录，命令如下：

```
[Unit]
   Description=Aria2 Service
   After=network.target
[Service]
   User=pi        #将 pi 换成实际用户名
   ExecStart=/usr/bin/aria2c --conf-path=/home/pi/.config/aria2/aria2.config
[Install]         #将/home/pi/修改为实际目录
WantedBy=default.target
```

（3）重载服务并设置开机启动，命令如下：

```
sudo systemctl daemon-reload
sudo systemctl enable aria2
sudo systemctl restart nginx 或 sudo /usr/sbin/nginx -s reload
sudo systemctl status aria2
```

（4）在运行查看状态命令 sudo systemctl status aria2 后，如果出现以下信息，则说明 Aria2 启动成功。此时需要记录 TCP 端口 6800，因为后期的 AiraNg 配置及公网端口映射都需要使用该数据。

```
aria2.service - Aria2 Service
    Loaded: loaded (/lib/systemd/system/aria2.service; enabled; vendor
preset: enabled)
    Active: active (running) since Sun 2022-10-02 15:11:59 CST; 1min 9s ago
    Main PID: 512 (aria2c)
```

```
      Tasks: 1 (limit: 3720)
        CPU: 236ms
     CGroup: /system.slice/aria2.service
             └─512 /usr/bin/aria2c --conf-
path=/home/pi/.config/aria2/aria2.config
 10月 02 15:11:59 raspberrypi systemd[1]: Started Aria2 Service.
 10月 02 15:12:00 raspberrypi aria2c[512]: 10/02 15:12:00 [NOTICE] IPv4 RPC: 正在监听 TCP 端口 6800
 10月 02 15:12:00 raspberrypi aria2c[512]: 10/02 15:12:00 [NOTICE] IPv6 RPC: 正在监听 TCP 端口 6800
```

5.4.4 安装 AriaNg

AriaNg 是一个可以让 Aria2 更容易使用的现代 Web 前端工具。AriaNg 使用 HTML & JavaScript 开发，不需要任何编译器或运行环境，将 AriaNg 放在 Web 服务器中，然后在浏览器中将其打开，即可使用。AriaNg 使用响应式布局，支持多种计算机或移动设备，适合在树莓派上运行。

在树莓派上使用 AriaNg 需要 Nginx 的支持。

Nginx 是一个高性能的 HTTP 和反向代理 Web 服务器，提供了 IMAP/POP3/SMTP 服务，源代码以类似于 BSD 许可证的形式发布，具有稳定性高、功能集丰富、配置文件简单和系统资源消耗少等特点。

Nginx 也是一款轻量级的 Web 服务器、反向代理服务器及电子邮件（IMAP/POP3）代理服务器，在 BSD-like 协议下发行。其特点是占用的内存空间少，并发能力强。

Nginx 作为负载均衡服务器，既可以在内部直接支持 Rails 和 PHP 程序对外进行服务，又可以作为 HTTP 代理服务器对外进行服务。

Nginx 的代码是使用 C 语言编写的，已经被移植到许多体系结构和操作系统中，包括 Linux、FreeBSD、Solaris、OS X、AIX 及 Windows。

Nginx 的安装简单、配置文件简洁、Bug 少、启动容易，可以不间断地运行，非常适合在树莓派上运行。

1．安装和配置 Nginx 和 PHP-FPM

（1）安装 Nginx 和 PHP-FPM，命令如下：

```
sudo apt-get install nginx -y
sudo apt-get install php-fpm
```

（2）使用 nano 编辑器打开 Nginx 的配置文件，命令如下：

```
sudo nano /etc/nginx/sites-available/default
```

（3）在打开的配置文件中检查以下配置项，继续使用 80 端口监听。

```
# Default server configuration
server {
       listen 80 default_server;
```

```
    listen [::]:80 default_server;
```

（4）在配置项“root /var/www/html;”后面的 index 配置项中手动追加 index.php，使用英文逗号隔开。其中，“root /var/www/html;”主要用于说明 Nginx 的默认根目录是 /var/www/html，Web 页面文件存储于该目录下。

```
# include snippets/snakeoil.conf;
    root /var/www/html;
    # Add index.php to the list if you are using PHP
    index index.html index.htm index.nginx-debian.html index.php;
```

后面与 location 有关的原始配置项如下：

```
# pass PHP scripts to FastCGI server
    #location ~ \.php$ {
    #       include snippets/fastcgi-php.conf;
    #
    #       # With php-fpm (or other unix sockets):
    #       fastcgi_pass unix:/run/php/php7.4-fpm.sock;
    #       # With php-cgi (or other tcp sockets):
    #       fastcgi_pass 127.0.0.1:9000;
    #}
```

对与 location 有关的原始配置项进行修改，去掉 4 个注释符号“#”，修改后的配置项如下：

```
# pass PHP scripts to FastCGI server
    #
    location ~ \.php$ {
            include snippets/fastcgi-php.conf;
    #
    #       # With php-fpm (or other unix sockets):
            fastcgi_pass unix:/run/php/php7.4-fpm.sock;
    #       # With php-cgi (or other tcp sockets):
    #       fastcgi_pass 127.0.0.1:9000;
    }
```

（5）保存并关闭配置文件，然后退出 nano 编辑器，依次运行以下命令。

```
sudo systemctl enable nginx
sudo systemctl start nginx
sudo systemctl restart nginx
sudo systemctl status nginx.service
```

在以上 4 行命令运行完成后，会有很多返回信息。在返回信息中，如果有“active (running)”字样，则表示 Nginx 配置和运行成功了。

（6）在树莓派中打开浏览器，在地址栏中输入“http://”+IP 地址+“/index.nginx-debian.html”，如 http://127.0.0.1/index.nginx-debian.html，用于测试 Nginx 是否正常运行。Nginx 正常运行的界面如图 5-3 所示。

图 5-3　Nginx 正常运行的界面

2. 安装 AriaNg

我们在安装 AriaNg 前，可以到 GitHub 上找到最新版本的 AriaNg，下面以 1.2.5 版本为例进行说明。

首先使用 wget 下载和安装 AriaNg 程序，在 LX 终端中运行以下命令。

```
cd /var/www/html
sudo 下载地址
sudo unzip AriaNg-1.2.5.zip -d aira
```

在/var/www/html 目录解压缩后，先查看压缩文件是否被解压缩到 aira 目录下，再在浏览器中访问 http://IP 地址/aira，如 http://192.168.2.121/aira，即可打开 AriaNg，如图 5-4 所示。

图 5-4　在浏览器中打开 AriaNg

在 AriaNg 左侧的边栏菜单中，“AriaNg 状态”显示“未连接”。在“AriaNg 设置”→“RPC192.168.2.121：6800”→“Aria2 RPC 密钥”一栏中输入“secret”，然后刷新浏览器页面，AriaNg 状态就会变为“已连接”。在 AriaNg 左侧的边栏菜单中选择“AriaNg 状态”选项，即可在右侧的工作区中显示 AriaNg 的状态信息，如图 5-5 所示。

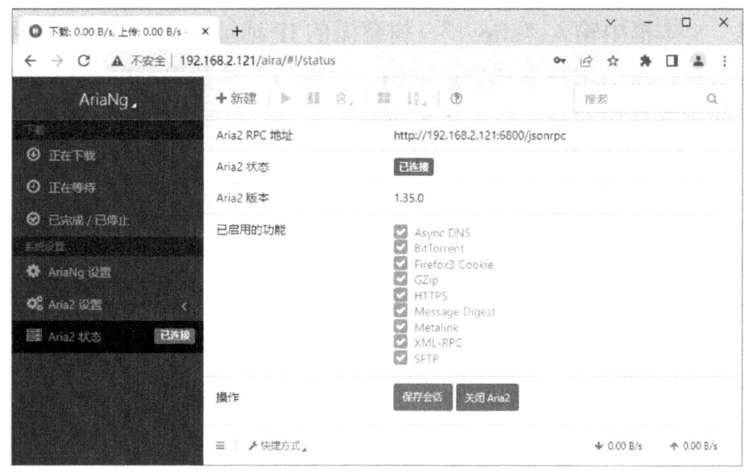

图 5-5　AriaNg 的状态信息

在 AriaNg 右侧的工作区中单击左上角的"新建"按钮，然后添加下载链接，即可下载相关文件。

5.5　FileZilla

树莓派中附带 SFTP（安全 FTP）功能，用于进行与 FTP 类似的上传文件、下载文件、管理文件等操作。大部分 FTP 软件都支持 SFTP 功能。例如，FTP 软件 FileZilla 的设置和使用都很简单，是一种快速和可信赖的 FTP 客户端，开源免费，自带中文版。

如果要正常使用 SFTP 功能，那么要先检查树莓派操作系统的 SSH 设置，需要将 SSH 设置为打开状态。

在 FileZilla 的官方网站下载相应操作系统（如 Windows 操作系统）的 FileZilla 安装包，然后根据提示完成 FileZilla 的安装。FileZilla 的主界面如图 5-6 所示。

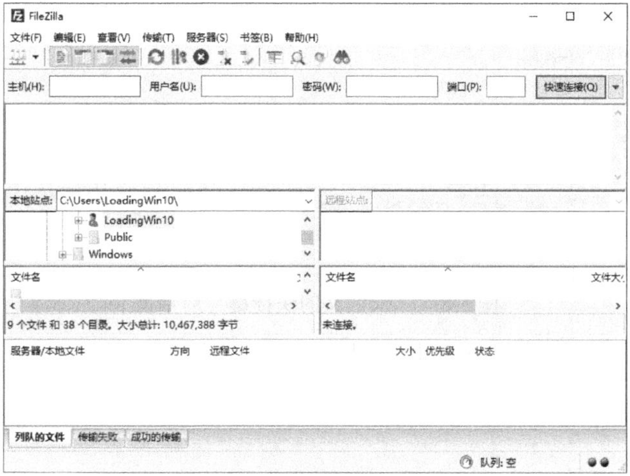

图 5-6　FileZilla 的主界面

在“主机”文本框中输入“sftp://”+树莓派的 IP 地址，在“用户名”和“密码”文本框中分别输入树莓派的用户名和登录密码，“端口”参数采用默认设置，单击“快速连接”按钮，即可登录树莓派，如图 5-7 所示。

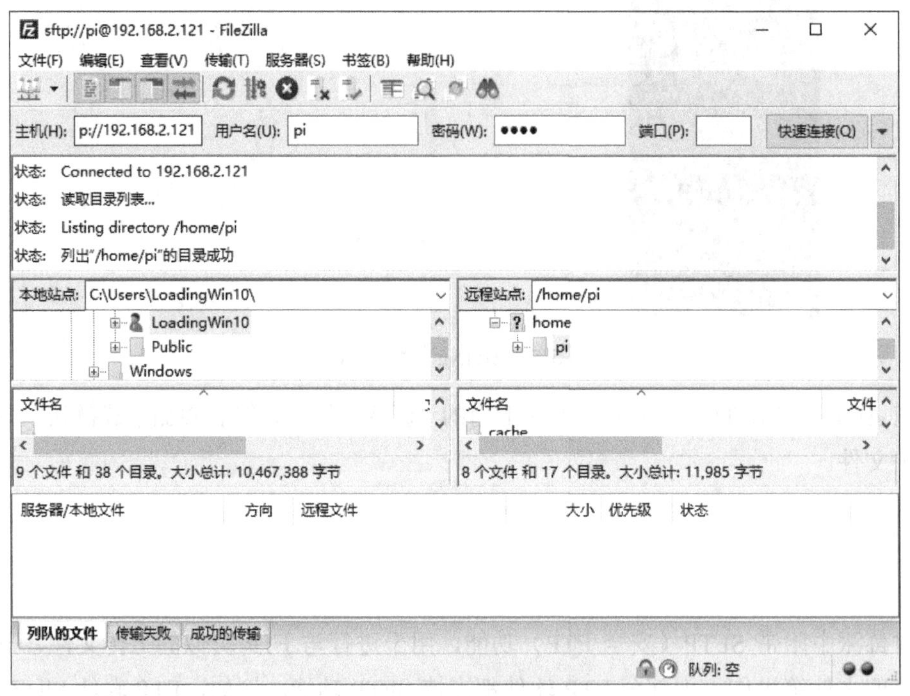

图 5-7 FileZilla 登录树莓派

在首次登录树莓派后，会弹出“未定义的快捷键”对话框，要求确认密钥，勾选“总是信任该主机，并将该密钥加入缓存”复选框，单击“确定”按钮，如图 5-8 所示。

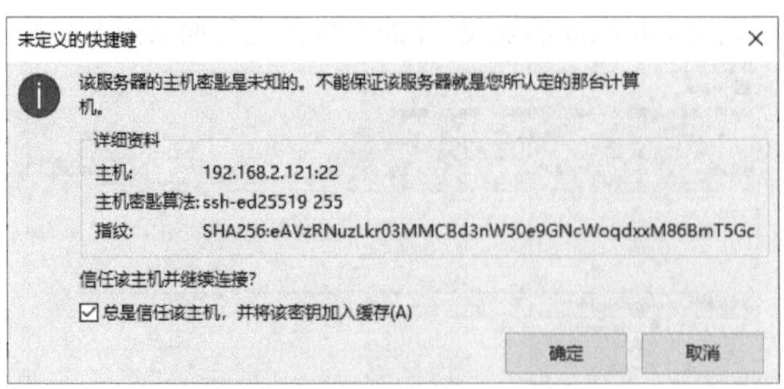

图 5-8 “未定义的快捷键”对话框

这种方式在每次登录时都需要手动输入信息，为了后期使用方便，可以在“文件”菜单中选择“站点管理器”命令，弹出“站点管理器”对话框，新建一个永久的链接，如图 5-9 所示。

图 5-9 “站点管理器”对话框

5.6 vsftpd

vsftpd（very secure FTP daemon）是一款在 Linux 发行版中非常受推崇的 FTP 服务器程序，它小巧、轻快、安全、易用、免费、开源，具有支持虚拟用户、支持带宽限制、良好的可伸缩性、可创建虚拟用户、支持 IPv6、速率高等特性，可以运行在 Linux、BSD、Solaris、HP-UNIX 等操作系统上。

vsftpd 可以使用一般身份启动服务，因此对 Linux 操作系统的使用权限较低，对 Linux 操作系统的危害相对较低。vsftpd 可以使用 chroot()函数修改根目录，使系统工具不会被 vsftpd 服务误用。所有需要具有较高执行权限的 vsftpd 命令都会被一个特殊的上层程序控制，在不影响 Linux 操作系统的情况下，该上层程序的较高执行权限被限制得非常低。来自客户端、需要使用上层程序提供的较高执行权限的 vsftpd 命令的所有需求，都会被当作不可信任的要求进行处理，只有在经过相当程度的身份确认后，才可以使用该上层程序的功能。此外，在该上层程序中，依然使用 chroot()函数限制使用者的执行权限。

在树莓派上使用 vsftpd 搭建带完整权限控制的 FTP 服务器，可以进行工作文件的存储、分享及数字产品的发布。vsftpd 对使用 FTP 方式登录的不同用户进行不同权限的控制管理，兼顾服务器的安全性，关闭实体用户登录功能，使用虚拟账号验证机制，对不同的虚拟账号设置不同的权限。为了提高服务器的性能，vsftpd 会根据用户的等级管理客户端的连接数及下载速度。

5.6.1 安装 vsftpd 和 db-util 程序

在 LX 终端中输入以下命令并按回车键，安装 vsftpd 和 db-util 程序。

```
sudo apt-get install vsftpd db-util
```

5.6.2 创建用户数据库

（1）创建 vsftpd 目录和虚拟账号文件 vsftpd_virtualuser.txt，添加公共账号 share 及客户账号 upload，这两个账号都是虚拟账号，命令如下：

```
sudo mkdir /etc/vsftpd
sudo touch /etc/vsftpd/vsftpd_virtualuser.txt
sudo nano /etc/vsftpd/vsftpd_virtualuser.txt
```

（2）打开 vsftpd_virtualuser.txt 文件并添加以下信息。

```
share       #公共账号的名称 share
123456      #公共账号 share 密码
upload      #客户账号的名称 upload
987654      #客户账号 upload 密码
```

（3）保存并关闭 vsftpd_virtualuser.txt 文件，然后退出 nano 编辑器。

（4）生成用户数据库，因为存储虚拟账号和密码的文本文件无法被系统账号直接调用，所以需要使用 db_load 命令生成 db 格式的数据库文件，命令如下：

```
sudo db_load -T -t hash -f /etc/vsftpd/vsftpd_virtualuser.txt
/etc/vsftpd/vsftpd_virtualuser.db
```

（5）修改数据库文件 vsftpd_virtualuser.db 的访问权限。vsftpd_virtualuser.db 文件中存储着虚拟账号和密码，为了防止非法用户盗取，我们需要修改该文件的访问权限，将其设置为只对 root 用户可读/写，命令如下：

```
sudo chmod 600 /etc/vsftpd/vsftpd_virtualuser.db
```

5.6.3 配置 PAM 文件

为了使 FTP 服务器能够使用数据库文件 vsftpd_virtualuser.db，对客户端进行身份验证，需要调用系统的 PAM 模块。PAM（Plugable Authentication Module）是可插拔认证模块，因此需要修改配置文件/etc/pam.d/vsftpd，用于调整 PAM 模块的认证方式。

修改 vsftpd 对应的 PAM 配置文件/etc/pam.d/vsftpd，命令如下：

```
sudo nano /etc/pam.d/vsftpd
```

在 nano 编辑器中，在所有默认配置前添加注释符“#”，使其成为注释，然后添加相应的字段，命令如下：

```
auth     required  pam_userdb.so db=/etc/vsftpd/vsftpd_virtualuser
account  required  pam_userdb.so db=/etc/vsftpd/vsftpd_virtualuser
```

保存并关闭/etc/pam.d/vsftpd 文件，然后退出 nano 编辑器。

5.6.4　创建虚拟账号对应的系统用户

对公共账号和客户账号要配置不同的权限，可以将两个账号的目录分隔，从而控制不同用户的文件访问权限。设置公共账号 share 对应的系统账号为 ftpshare，并且指定其主目录为/home/pi/ftp/share；设置客户账号 upload 对应的系统账号为 ftpupload，并且指定其主目录为/home/pi/ftp/upload。

依次运行以下命令。

```
sudo mkdir /home/pi/ftp
sudo mkdir /home/pi/ftp/share
sudo mkdir /home/pi/ftp/upload
sudo useradd -d /home/pi/ftp/share ftpshare
sudo useradd -d /home/pi/ftp/upload ftpupload
sudo chmod -R 500 /home/pi/ftp/share/
sudo chmod -R 700 /home/pi/ftp/upload/
```

公共账号 share 只允许下载，因此将 share 目录下的其他用户权限均设置为 rx（可读、可执行）。客户账号 upload 允许上传和下载，因此将 upload 目录的权限设置为 rwx（可读、可写、可执行）。

5.6.5　创建配置文件

设置多个虚拟账号的不同权限，如果使用一个配置文件无法实现该功能，则需要为每个虚拟账号都创建独立的配置文件，并且根据需要进行相应的设置。

（1）使用 nano 编辑器打开主配置文件 vsftpd.conf，命令如下：

```
sudo nano /etc/vsftpd.conf
```

（2）修改主配置文件 vsftpd.conf，添加虚拟账号的共同设置并添加 user_config_dir 字段，定义虚拟账号的配置文件目录，禁用匿名用户登录功能并启用本地用户登录功能，具体设置如下：

```
anonymous_enable=NO
local_enable=YES
chroot_local_user=YES    #将所有本地用户限制在家目录中，如果将该值设置为 NO，则表示不限制
pam_service_name=vsftpd #配置 vsftpd 使用的 PAM 为 vsftpd
user_config_dir=/etc/vsftpd/vuserconfig  #设置虚拟账号的主目录为/vuserconfig
max_clients=100                          #设置 FTP 服务器的最大接入客户端数为 100 个
max_per_ip=10                            #设置每个 IP 地址的最大连接数为 10 个
allow_writeable_chroot=YES
pasv_enable=YES
pasv_min_port=10000
pasv_max_port=20000
```

（3）创建虚拟账号配置文件。在 user_config_dir 指定的路径下，创建与虚拟账号同名的配置文件并添加相应的配置字段。

创建公共账号 share 的配置文件，命令如下：

```
sudo mkdir /etc/vsftpd/vuserconfig
sudo nano /etc/vsftpd/vuserconfig/share
```

在 nano 编辑器中进行以下修改。

```
guest_enable=yes                  #启用虚拟账号登录功能
guest_username=ftpshare           #设置 ftp 对应的公共账号为 ftpshare
anon_world_readable_only=no #允许匿名用户浏览整个服务器的文件系统
anon_max_rate=500000              #限定传输速率为 500KB/s
```

在实际使用中，vsftpd 对文件传输速度的限制并不是一个绝对的数值，而是一个取值范围（80%～120%）。例如，设置传输速度为 100KB/s，实际的传输速度为 80～120KB/s。

创建客户账号 upload 的配置文件，命令如下：

```
sudo nano /etc/vsftpd/vuserconfig/upload
```

在 nano 编辑器中进行以下修改。

```
guest_enable=yes                  #启用虚拟账号登录功能
guest_username=ftpupload          #设置 ftp 对应的客户账号为 ftpupload
anon_world_readable_only=no #不允许匿名用户浏览整个服务器的文件系统
write_enable=yes                  #允许在文件系统中写入文件
anon_mkdir_write_enable=yes #允许创建文件夹
anon_upload_enable=yes            #开启匿名账号的上传功能
anon_max_rate=1000000             #限定匿名账号传输速度为 1000KB/s
anon_other_write_enable=YES #允许匿名账号在文件系统中写入文件
```

5.6.6 重启 vsftpd

重启 vsftpd，使配置生效，命令如下：

```
sudo systemctl restart vsftpd
sudo service vsftpd restart
```

5.7 RaspAP

RaspAP 是一个功能丰富的无线路由器软件，适用于大部分基于 Debian 操作系统的设备，其中包括树莓派。RaspAP 支持 20 多种语言，有一个简洁、易用的操作界面，并且对移动客户端非常友好，可以在短时间内完成安装和配置。

RaspAP 是一个可以将树莓派轻松部署成无线 AP（Access Point）的软件，它具有一套响应式的 WebUI，主要用于控制 Wi-Fi，用起来和家用路由器一样方便。RaspAP 可以运行在 Raspbian 操作系统上，在树莓派上安装好 Raspbian 操作系统，即可使用快速安装脚本轻松完成 RaspAP 的安装和配置。

如果使用的是没有集成无线网卡的老版本树莓派或板载无线网卡损坏的树莓派，则需要准备一个带 USB 接口的无线网卡。

下面介绍 RaspAP 的安装和配置方法。

更新为最新版本的 Raspbian，包括核心程序和固件程序都更新，然后重启系统，命令如下：

```
sudo apt-get update
sudo apt-get dist-upgrade
sudo reboot
```

在 LX 终端中运行 sudo raspi-config 命令，进入 Raspberry Pi Software Configuration Tool(raspi-config)界面，在菜单中设置 Localisation Options→WLAN Country→Change Wi-fi Country→CN China，按回车键确认，设置 Wi-Fi 地区为 CN。

完成上面这些准备工作之后，就可以依据下面的步骤进行快速安装了。

在 LX 终端中调用 RaspAP 的快速安装程序，命令如下：

```
sudo curl -sL https://install.raspap.com | bash
```

在运行上述命令后，会打开 RaspAP 的快速安装界面，如图 5-10 所示。

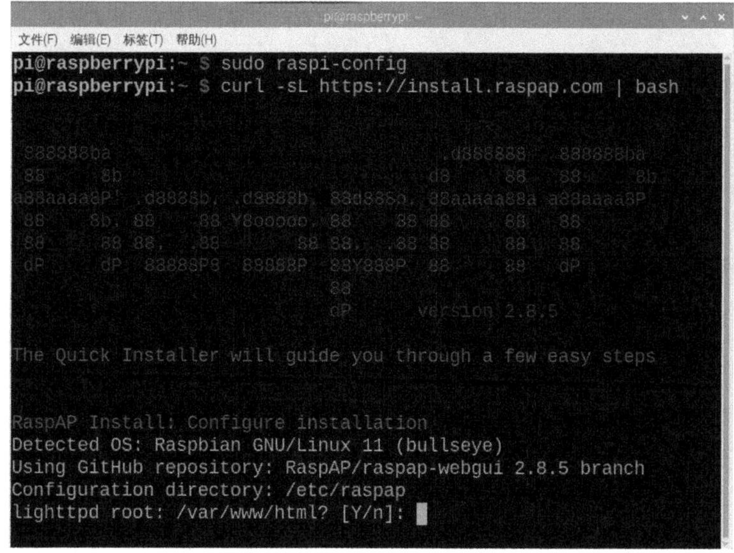

图 5-10　RaspAP 的快速安装界面

在后续的安装过程中，对于询问[Y/n]的步骤，全部输入“y”。安装需要一段时间，需要耐心等待安装完成。

在 RaspAP 安装完成后，重启树莓派，无线网卡默认会被配置为热点，RaspAP 的默认配置如下：

```
IP address: 10.3.141.1
Username: admin
Password: secret
DHCP range: 10.3.141.50 - 10.3.141.255
SSID: raspi-webgui
WiFi 密码: ChangeMe
AP - WiFi 客户端模式
```

打开浏览器，在地址栏中输入“http://”+树莓派 IP 地址并按回车键，在打开的网页中，将“用户名”和“密码”分别设置为“admin”和“secret”，单击“登录”按钮，进入 RaspAP 界面，如图 5-11 所示。

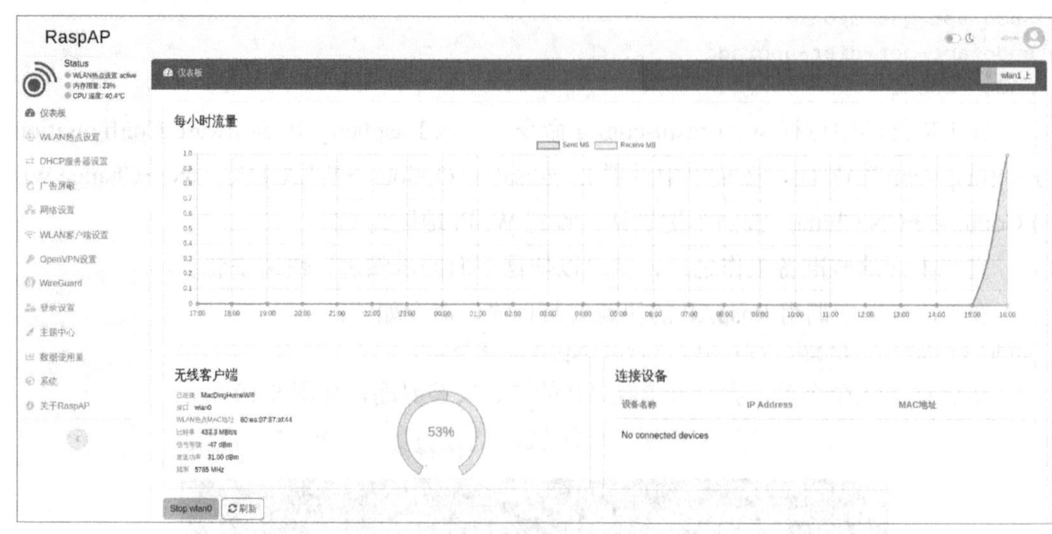

图 5-11　RaspAP 界面

可以在“WLAN 热点设置”界面中修改 Wi-Fi 热点的配置，如图 5-12 所示。

图 5-12 “WLAN 热点设置”界面

在移动端访问 RaspAP 界面，如图 5-13 所示。

可以通过笔记本、手机、平板等设备搜索相应的 Wi-Fi 热点（默认 SSID 为 raspi-webgui）进行连接。

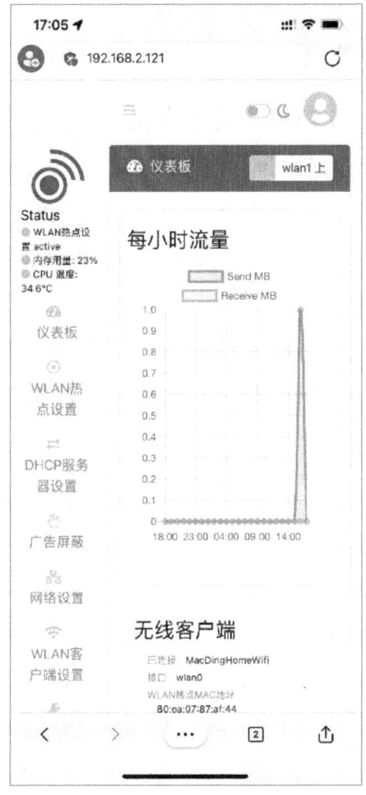

图 5-13 在移动端访问 RaspAP 界面

RaspAP 允许将树莓派通过有线网卡接入网络，并且利用无线网卡开启 AP 模式，实现对网络的共享。在“WLAN 热点设置”界面的“高级”选项卡中，首先开启“桥接 AP 模式”，然后单击“保存设置”按钮，最后单击“重新启动 Wi-Fi 热点”按钮，如图 5-14 所示。这样，无须重启树莓派，就可以成功搭建 Wi-Fi 热点。

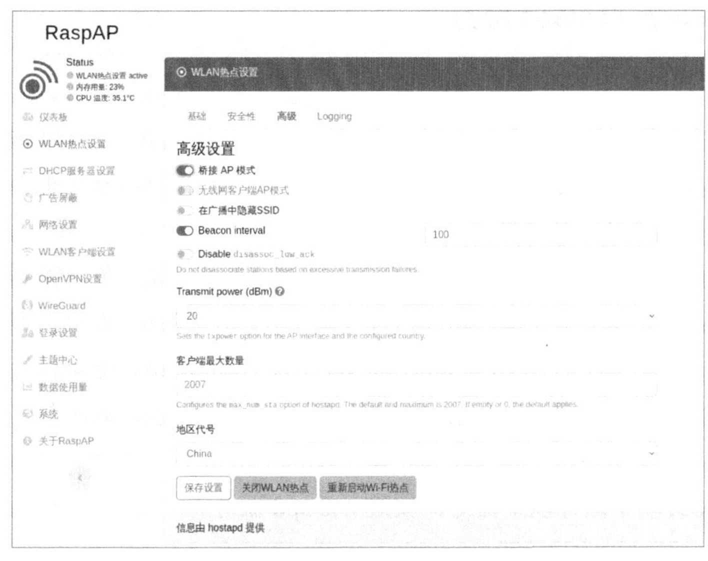

图 5-14 “WLAN 热点设置”界面的“高级”选项卡

5.8 使用板载网卡配置 Wi-Fi 热点

要使用板载网卡配置 Wi-Fi 热点，首先需要一个受驱动支持的无线网卡，配置的结果是将树莓派的有线网络通过无线网卡分享出来，可以将分享的 Wi-Fi 热点作为路由器连接其他设备，如手机、平板，从而使这些设备连接到网络上。

建议重新烧录一个新的操作系统，然后将更新源修改为国内的镜像源，安装中文字库和中文输入法，设置 SWAP，更新系统引导程序。

如果前期已经配置了有线网络或无线网络，那么保留有线网络的配置，删除无线网络的配置。使用 sudo nano /etc/dhcpcd.conf 命令打开有线网络的配置文件 dhcpcd.conf，检查有线网络的配置是否正确。

```
interface eth0
static ip_address=192.168.2.122/24    #末尾的 24 表示子网掩码
static routers=192.168.2.1
static domain_name_servers=192.168.1.1
```

使用 sudo nano /etc/wpa_supplicant/命令打开无线网络的配置文件 wpa_supplicant.conf。

```
network={
ssid="MacDingHomeWifi"      #将引号中的名称换成自己的 Wi-Fi 名称
psk="12345678"              #将引号中的密码换成自己的 Wi-Fi 密码
key_mgmt=WPA-PSK
}
```

将配置文件 wpa_supplicant.conf 末尾的内容删除，保存并关闭 wpa_supplicant.conf 文件，然后退出 nano 编辑器。

将树莓派打造成一个功能强大的无线热点，需要安装和配置 hostapd 服务、配置 WLAN 静态 IP 地址、安装和配置 DNSmasq 服务、配置 IP 转发数据包功能。

5.8.1 安装和配置 hostapd 服务

hostapd 是一个运行在用户态、提供热点访问和认证的服务端进程，它实现了与 IEEE 802.11 有关的接入管理和 IEEE 802.1X/WPA/WPA2/EAP 认证管理，可以作为 RADIUS 客户端、EAP 服务器和 RADIUS 认证服务器使用。Linux 操作系统支持的驱动有 Host AP、madwifi 和基于 mac80211 的驱动。

hostapd 的功能是作为 AP 的认证服务器，模拟 AP 的功能，负责控制、管理 stations 的接入和认证；通过 hostapd 可以将无线网卡切换为 AP/master 模式。通过修改配置文件，可以建立一个不加密的 WEP、WPA 或 WPA2 的无线网络，还可以设置无线网卡的各种参数，包括频率、信号、beacon 包时间间隔、是否发送 beacon 包、如何响应探针请求等。

（1）在 LX 终端中运行以下命令，安装 hostapd 服务。

```
sudo apt-get install hostapd
sudo systemctl stop hostapd
```

（2）配置热点参数，打开并编辑配置文件/etc/hostapd/hostapd.conf，命令如下：

```
sudo nano /etc/hostapd/hostapd.conf
```

（3）在打开的 hostapd.conf 文件中添加以下配置。

```
interface=wlan0              #接入点设备名称，不包含 ap 后缀
driver=nl80211               #设置无线驱动
ssid=CABwifi                 #Wi-Fi 名称，包含 8～64 个字符，使用英文字母，不使用特殊字符
hw_mode=g                    #指定 802.11 协议
channel=7                    #设置无线频道
wmm_enabled=0
macaddr_acl=0
auth_algs=1
ignore_broadcast_ssid=0
wpa=2
wpa_passphrase=12345678 # Wi-Fi 密码，使用英文加数字，不使用特殊字符
wpa_key_mgmt=WPA-PSK
wpa_pairwise=TKIP
rsn_pairwise=CCMP
```

hostapd.conf 文件中的 hw_mode 配置项主要用于设置 Wi-Fi 网络模式，在指定 802.11 协议时一般将其设置为 g，也可以将其设置为 a，表示启用 5G 频段。

```
a = IEEE 802.11a (5 GHz)
b = IEEE 802.11b (2.4 GHz)
g = IEEE 802.11g (2.4 GHz)
```

保存并关闭 hostapd.conf 文件，然后退出 nano 编辑器。hostapd.conf 文件中的配置如图 5-15 所示。

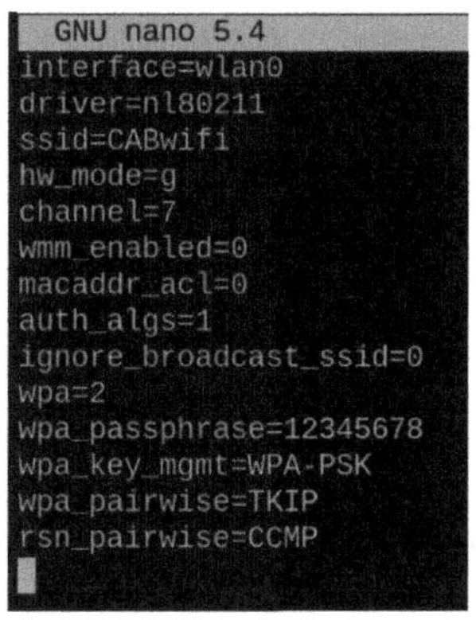

图 5-15　hostapd.conf 文件中的配置

（4）为 hostapd 指定配置文件，告诉 hostapd 要从/etc/hostapd/hostapd.conf 文件中读取配置参数。使用 sudo nano /etc/default/hostapd 命令打开配置文件，删除 DAEMON_CONF 一行前面的#符号，配置值的引号内输入“/etc/hostapd/hostapd.conf”，如图 5-16 所示。保存并关闭 hostapd 文件，然后退出 nano 编辑器。

```
  GNU nano 5.4                                          /etc/default/hostapd
# Defaults for hostapd initscript
#
# WARNING: The DAEMON_CONF setting has been deprecated and will be removed
#          in future package releases.
#
# See /usr/share/doc/hostapd/README.Debian for information about alternative
# methods of managing hostapd.
#
# Uncomment and set DAEMON_CONF to the absolute path of a hostapd configuration
# file and hostapd will be started during system boot. An example configuration
# file can be found at /usr/share/doc/hostapd/examples/hostapd.conf.gz
#
DAEMON_CONF="/etc/hostapd/hostapd.conf"

# Additional daemon options to be appended to hostapd command:-
#       -d   show more debug messages (-dd for even more)
#       -K   include key data in debug messages
#       -t   include timestamps in some debug messages
#
# Note that -B (daemon mode) and -P (pidfile) options are automatically
# configured by the init.d script and must not be added to DAEMON_OPTS.
#
#DAEMON_OPTS=""
```

图 5-16　修改后的 hostapd 配置

（5）依次使用以下命令启动 hostapd 服务。

```
sudo systemctl unmask hostapd
sudo systemctl enable hostapd
sudo systemctl start hostapd
```

等待片刻，使用手机或笔记本即可看到 CABwifi 的 Wi-Fi 信号，但是这个 Wi-Fi 还没有连接网络，也不能给客户端分配 IP 地址。后面会解决这个问题。

如果 hostapd 服务启动失败，如报错“"systemctl status hostapd.service" and "journalctl -xe" for details”，则可以按如下步骤逐一排查。

（1）重启树莓派，再次尝试启动 hostapd 服务。

（2）运行 sudo /usr/sbin/hostapd /etc/hostapd/hostapd.conf 命令，启动 hostapd 服务，观察输出日志，一般都能发现问题。常见的问题如下。

- hostapd.conf 配置文件错误导致启动失败。检查 hostapd.conf 配置文件，在将其修改正确后，重新启动 hostapd 服务。
- wlan0 端口未开启导致启动失败。运行 sudo ifconfig wlan0 up 命令，开启 wlan0 端口，重新运行 sudo /usr/sbin/hostapd /etc/hostapd/hostapd.conf 命令，启动 hostapd 服务，如果启动成功，则会看到显示“ENABLED”字样的信息。

5.8.2　配置 WLAN 静态 IP 地址

用于 Wi-Fi 热点的 wlan0 端口需要有固定的 IP 地址。假设树莓派 Wi-Fi 热点的 IP 网段为 192.168.4.x，则需要将 wlan0 的 IP 地址设置成静态 IP 地址 192.168.4.1。

树莓派由 dhcpcd 服务通过 DHCP（动态主机配置协议）获取自己的 IP 地址，所以我们需要修改 dhcpcd 服务的配置，使 wlan0 端口有静态 IP 地址。

在 LX 终端中编辑 dhcpcd 服务的配置文件 dhcpcd.conf，命令如下：

```
sudo nano /etc/dhcpcd.conf
```

在 dhcpcd.conf 文件的末尾添加以下信息。

```
interface wlan0
static ip_address=192.168.4.1/24
nohook wpa_supplicant
```

保存并关闭 dhcpcd.conf 文件，然后退出 nano 编辑器。再次重启 dhcpcd 服务，命令如下：

```
sudo systemctl restart dhcpcd
```

在 LX 终端中运行 sudo ifconfig 命令，可以看到返回信息，wlan0 的 IP 地址已经固定成 192.168.4.1 了，如图 5-17 所示，如果 IP 地址没有正确改变，则需要重启树莓派，再次检查。

```
wlan0: flags=4099<UP,BROADCAST,MULTICAST>  mtu 1500
        inet6 fe80::dea6:32ff:fe5c:c523  prefixlen 64  scopeid 0x20<link>
        ether dc:a6:32:5c:c5:23  txqueuelen 1000  (Ethernet)
        RX packets 4297  bytes 564967 (551.7 KiB)
        RX errors 0  dropped 0  overruns 0  frame 0
        TX packets 6216  bytes 7765377 (7.4 MiB)
        TX errors 0  dropped 0 overruns 0  carrier 0  collisions 0
```

图 5-17　wlan0 的 IP 地址

5.8.3　安装和配置 DNSmasq 服务

DNSmasq 是一个用于配置 DNS 和 DHCP 的工具，小巧且方便，适用于小型网络，可以提供 DNS 功能和可选择的 DHCP 功能。DNSmasq 主要服务那些只在本地适用的域名，这些域名是不会在全球的 DNS 服务器中出现的。将 DHCP 服务器和 DNS 服务器结合，并且允许 DHCP 分配的地址在 DNS 中正常解析，而这些 DHCP 分配的地址和相关命令可以配置到每台主机中，也可以配置到一台核心设备中（如路由器）。DNSmasq 支持静态和动态两种 DHCP 配置方式。DHCP 服务器也支持使用 BOOTP（Bootstrapping Protocol，引导协议）、TFTP（Trivial File Transfer Protocol，普通文件传送协议）、PXE（Preboot Execution Environment，预启动运行环境）启动无磁盘的网络设备。

DNSmasq 适用于 NAT 的家庭网络，它使用 modem、cable modem、ADSL 设备连接因特网，对资源消耗低且配置方便、简单的小型网络来说是一个很好的选择。

支持 DNSmasq 的操作系统包括 Linux、BSD、Solaris 和 OS X。

DNSmasq 的主要特点如下。

- 对使用了防火墙的设备来说，DNS 的配置是比较简单的，并且不依赖于 ISP 的 DNS 服务器。
- 在客户端中进行 DNS 查找时，如果连接因特网的 modem 被关闭了，那么查找操作会立即暂停。
- 在使用了防火墙的设备中，/etc/hosts 文件中存储了一部分主机名称，DNSmasq 可以为这些主机提供服务，如果本地主机的名称都在该文件中，那么所有的主机都能被服务到，无须在每个主机中都维护/etc/hosts 目录。

- 集成的 DHCP 服务器，支持静态和动态的 DHCP 租约服务、多态的网络和多样的 IP 范围，它通过 BOOTP 继电器工作，并且支持 DHCP 的一些选项，包括 RFC3397、DNS 选项列表。使用 DHCP 配置的机器可以自动获取它们的域名信息，这些信息包含在 DNS 中，并且这些名称可以靠机器自己指定，或者在 DNSmasq 配置文件中将一个域名和一个 MAC 地址绑定存储。
- DNSmasq 将因特网地址和地址-域名映射关系存储于 cache 中，用于减轻服务器负担，并且提升性能（尤其在 modem 连接中）。
- DNSmasq 可以自动配置地址信息，这些地址信息是使用 PPP 或 DHCP 配置请求从上行域名解析服务器中获取的，如果获取的地址信息后期发生改变，那么它会自动重载这些信息。
- 在支持 IPv6 的设备中，DNSmasq 既能够通过 IPv6 与上行服务器交互，又能够通过 IPv6 提供 DNS 服务。在支持双协议栈（IPv4 和 IPv6）的设备中，DNSmasq 能够与两种协议交互，甚至可以完成 IPv4 和 IPv6 之间的转换、转发工作。
- 通过配置 DNSmasq 可以向特定的上行服务器发送特定的域名解析请求，从而简单地与私有的 DNS 服务器结合使用。

安装和配置 DNSmasq 服务的具体步骤如下。

（1）在树莓派上使用以下命令安装 DNSmasq 服务。

```
sudo apt-get install dnsmasq
sudo systemctl stop dnsmasq
```

（2）配置 DNSmasq 服务的参数。使用 sudo nano /etc/dnsmasq.conf 命令打开配置文件 dnsmasq.conf，将其中的内容都使用“#”符号注释掉，并且在文件末尾添加以下新的配置项。

```
interface=wlan0
dhcp-range=192.168.4.2,192.168.4.20,255.255.255.0,24h
```

（3）保存并关闭 dnsmasq.conf 文件，然后退出 nano 编辑器。dhcp-range 配置项的作用是配置 DHCP 服务。给客户端分配 192.168.4.2～192.168.4.20 的 IP 地址空间，租期为 24 小时。修改后的配置文件 dnsmasq.conf 中的内容如图 5-18 所示。

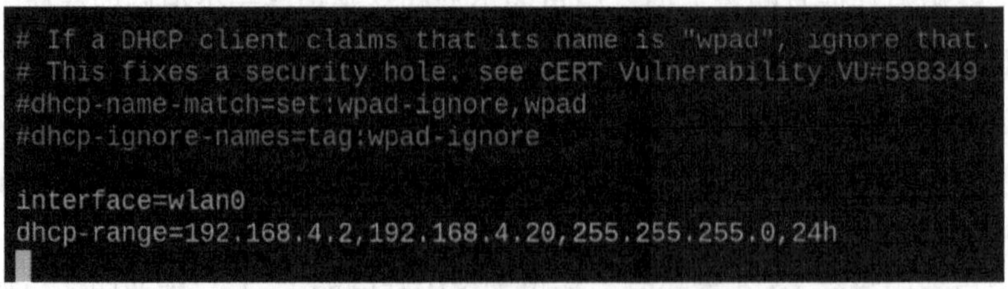

```
# If a DHCP client claims that its name is "wpad", ignore that.
# This fixes a security hole. see CERT Vulnerability VU#598349
#dhcp-name-match=set:wpad-ignore,wpad
#dhcp-ignore-names=tag:wpad-ignore

interface=wlan0
dhcp-range=192.168.4.2,192.168.4.20,255.255.255.0,24h
```

图 5-18　修改后的配置文件 dnsmasq.conf 中的内容

（4）重启 DNSmasq 服务，命令如下：

```
sudo systemctl stop dnsmasq
```

```
sudo systemctl reload dnsmasq
```

此时，使用手机连接 Wi-Fi 热点，可以看到成功分配了动态 IP 地址，如图 5-19 所示。

图 5-19 成功分配了动态 IP 地址

5.8.4 配置 IP 转发数据包功能

前面我们给树莓派安装了 hostapd 热点服务和 DNSmasq 服务，已经可以让手机连接 Wi-Fi 热点并分配到动态 IP 地址了，但此时手机依然不能连网，因此需要为树莓派配置 IP 转发数据包功能，使手机在连接 Wi-Fi 热点后可以正常上网。

开启 Linux 内核的 IP 转发数据包功能。使用 sudo nano /etc/sysctl.conf 命令打开系统配置文件 sysctl.conf，查找并删除 net.ipv4.ip_forward=1 配置项前面的“#”符号，使该配置项生效，如图 5-20 所示。

```
# Uncomment the next line to enable TCP/IP SYN cookies
# See http://lwn.net/Articles/277146/
# Note: This may impact IPv6 TCP sessions too
#net.ipv4.tcp_syncookies=1

# Uncomment the next line to enable packet forwarding for IPv4
net.ipv4.ip_forward=1

# Uncomment the next line to enable packet forwarding for IPv6
#  Enabling this option disables Stateless Address Autoconfiguration
#  based on Router Advertisements for this host
#net.ipv6.conf.all.forwarding=1
```

图 5-20 修改配置项

出于安全考虑，Linux 操作系统默认禁止转发数据包。转发是指当主机具有多于一块的网卡时，其中一块网卡收到数据包，会根据数据包的目的 IP 地址将数据包发给本机的另一块网卡，该网卡会根据路由表继续发送数据包，这通常是路由器要实现的功能。

要让 Linux 操作系统具有路由转发功能，需要配置 Linux 的内核参数 net.ipv4.ip_forward。该参数指定了 Linux 操作系统当前对路由转发功能的支持情况，如果该参数的值为 0，则表示禁止 IP 转发数据包功能；如果该参数的值为 1，则说明 IP 转发数据包功能已经打开。

使用以下命令，修改 Linux 防火墙规则，完成报文源地址目标转换。

```
sudo iptables -t nat -A  POSTROUTING -o eth0 -j MASQUERADE
```

使用以下命令，设置开机自动导入防火墙规则。

```
sudo sh -c "iptables-save > /etc/iptables.ipv4.nat"
```

在 LX 终端中使用 sudo nano /etc/rc.local 命令，将 iptables-restore < /etc/iptables.ipv4.nat 添加到 rc.local 文件中最后一行（exit 0）的前面，保存并关闭 rc.local 文件，然后退出 nano 编辑器。修改后的 rc.local 文件中的内容如图 5-21 所示。

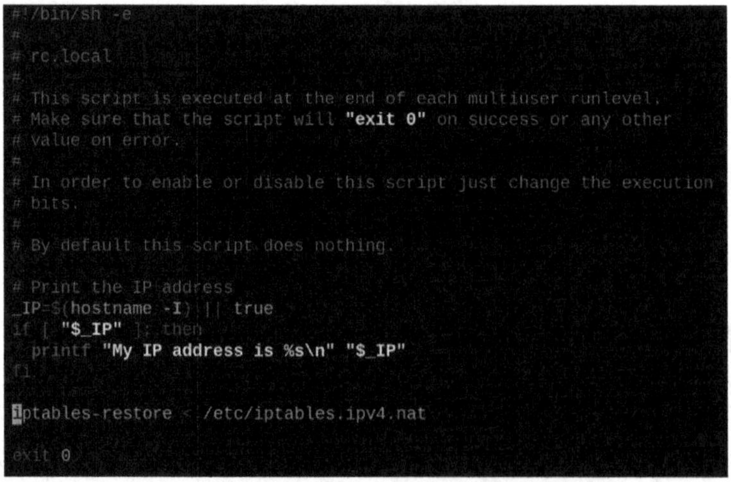

```
#!/bin/sh -e
#
# rc.local
#
# This script is executed at the end of each multiuser runlevel.
# Make sure that the script will "exit 0" on success or any other
# value on error.
#
# In order to enable or disable this script just change the execution
# bits.
#
# By default this script does nothing.

# Print the IP address
_IP=$(hostname -I) || true
if [ "$_IP" ]; then
  printf "My IP address is %s\n" "$_IP"
fi

iptables-restore < /etc/iptables.ipv4.nat

exit 0
```

图 5-21　修改后的 rc.local 文件中的内容

在重启树莓派后，使用手机连接树莓派 Wi-Fi 热点，在正常情况下，手机可以正常上网。

5.9　搭建可移动的 Wi-Fi 热点

将树莓派作为 Wi-Fi 热点的常用方法是使用板载的有线网卡接入互联网，使用树莓派板载无线网卡和一块外置 USB 无线网卡搭建 Wi-Fi 热点。本节我们使用树莓派板载无线网卡和一块外置 USB 无线网卡，不使用板载的有线网卡，为树莓派搭建 Wi-Fi 热点，使其成为可移动的 Wi-Fi 热点。

建议重新烧录一个新的操作系统。在安装新的操作系统后，修改更新源为国内镜像源、安装中文字库和中文输入法、设置 SWAP、更新系统引导程序。

如果前期我们已经配置了有线网络或无线网络，那么现在需要保留有线网络的配置（可以使用 VPN 远程登录），删除无线网络的配置。

使用 sudo nano /etc/dhcpcd.conf 命令打开有线网络的配置文件 dhcpcd.conf，具体如下。检查该文件中的内容是否正确。

```
interface eth0
static ip_address=192.168.2.122/24    #末尾的 24 表示子网掩码
static routers=192.168.2.1
static domain_name_servers=192.168.1.1
```

使用 sudo nano /etc/wpa_supplicant/wpa_supplicant.conf 命令打开无线网络的配置文件 wpa_supplicant/wpa_supplicant.conf，具体如下：

```
network={
ssid="MacDingHomeWifi"        #将引号中的名称换成自己的 Wi-Fi 名称
psk="12345678"                #将引号中的密码换成自己的 Wi-Fi 密码
key_mgmt=WPA-PSK
}
```

将配置文件 wpa_supplicant/wpa_supplicant.conf 末尾的内容删除，相当于清除原有网络的配置，保存并关闭 wpa_supplicant.conf 文件，然后退出 nano 编辑器。

后续还要配置网络、配置 UDHCPD、配置 HOSTAPD、配置 DNSmasq、配置其他项，才能完成可移动 Wi-Fi 热点的搭建。

5.9.1　配置网络

在 LX 终端中运行以下命令，安装 dnsmasq、hostapd 和 udhcpd 程序。

```
sudo apt-get update
sudo apt-get install dnsmasq hostapd udhcpd
```

将无线网接口 wlan0（树莓派板载网卡）的 IP 地址配置成静态 IP 地址，外置无线网接口 wlan1（USB 无线网卡）默认使用 DHCP 配置并接入因特网。在树莓派操作系统中，默认使用 DHCPCD 配置网络接口。

使用 nano 编辑器打开配置文件 dhcpcd.conf，命令如下：

```
sudo nano /etc/dhcpcd.conf
```

在 dhcpcd.conf 文件的末尾增加以下参数配置，给 wlan0 分配静态 IP 地址 192.168.2.121。

```
interface wlan0
static ip_address=192.168.10.1/24
nohook wpa_supplicant
```

保存并关闭 dhcpcd.conf 文件，然后退出 nano 编辑器。继续使用 nano 编辑器打开配置文件 interfaces，命令如下：

```
sudo nano /etc/network/interfaces
```

在配置选项中，设置 wlan1 采用 DHCP 模式并可以自动连接公共网络 Wi-Fi 或其他网络 Wi-Fi，设置 wlan0 采用固定 IP 地址（192.168.10.1），在配置文件 interfaces 的末尾添加以下信息。

```
auto lo                       # 表示使用 localhost
iface lo inet loopback
  auto wlan1                  # wlan1 自动获取 IP
iface wlan1 inet dhcp         #wlan1 采用 DHCP 模式并可以自动连接 Wi-Fi
pre-up wpa_supplicant -Dwext -i wlan1 -c
/etc/wpa_supplicant/wpa_supplicant.conf -B
auto wlan0                    # wlan0 采用静态 IP 地址
allow-hotplug wlan0
iface wlan0 inet static
address 192.168.10.1          # wlan0 采用固定 IP 地址
netmask 255.255.255.0         #子网掩码
```

保存并关闭 interfaces 文件，然后退出 nano 编辑器。interfaces 文件中的配置内容如图 5-22 所示。

```
# interfaces(5) file used by ifup(8) and ifdown(8)
# Include files from /etc/network/interfaces.d:
source /etc/network/interfaces.d/*
# 表示使用 localhost
auto lo
iface lo inet loopback

# wlan1 自动获取 IP
auto wlan1
iface wlan1 inet dhcp
pre-up wpa_supplicant -Dwext -i wlan1 -c /etc/wpa_supplicant/wpa_supplicant.conf -B

# wlan0 为静态 IP
auto wlan0
allow-hotplug wlan0
iface wlan0 inet static
address 192.168.10.1
netmask 255.255.255.0
```

图 5-22　interfaces 文件中的配置内容

先重启 DHCP 服务，再重启树莓派，命令如下：

```
sudo service dhcpcd restart
sudo reboot
```

树莓派在重启 DHCP 服务时如果报错，则可以按顺序运行以下两条命令。

```
sudo systemctl daemon-reload
sudo service dhcpcd restart
```

5.9.2　配置 UDHCPD

在 LX 终端中使用 nano 编辑器打开配置文件 udhcpd.conf，命令如下：

```
sudo nano /etc/udhcpd.conf
```

在 udhcpd.conf 文件中，修改“# The start and end of the IP lease block”下的配置项 start 和 end，具体如下：

```
start 192.168.10.2   #配置网段开始
end 192.168.10.30    #配置网段结束
```

修改“# The interface that udhcpd will use”下的配置项，具体如下：

```
interface wlan0      #uDHCP 监听 wlan0
```

```
Remaini                 #手动添加
ng yes                  #手动添加
```

修改“#Examles”下的配置项，具体如下：

```
opt dns 192.168.10.1 8.8.8.8
opt subnet 255.255.255.0
opt router 192.168.10.1      #无线 wlan 网段
option  domain  local
opt lease 864000             # 租期为 10 天
```

保存并关闭 udhcpd.conf 文件，然后退出 nano 编辑器。修改后的 udhcpd.conf 文件中的配置内容如图 5-23 所示。

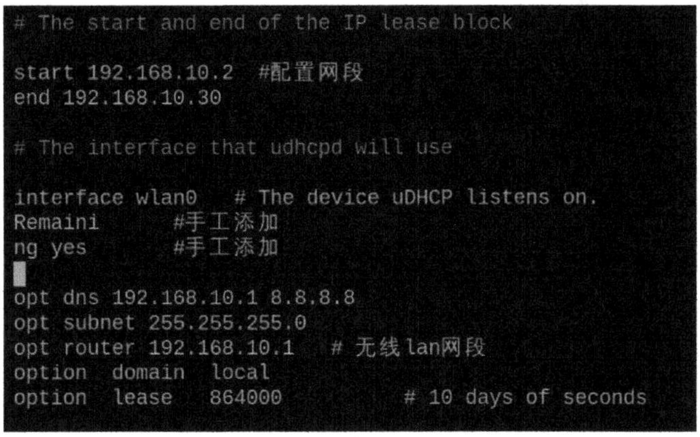

```
# The start and end of the IP lease block

start 192.168.10.2  #配置网段
end 192.168.10.30

# The interface that udhcpd will use

interface wlan0   # The device uDHCP listens on.
Remaini       #手工添加
ng yes        #手工添加

opt dns 192.168.10.1 8.8.8.8
opt subnet 255.255.255.0
opt router 192.168.10.1    # 无线lan网段
option  domain  local
option  lease  864000          # 10 days of seconds
```

图 5-23 修改后的 udhcpd.conf 文件中的配置内容

5.9.3 配置 HOSTAPD

在 LX 终端中，使用 nano 编辑器创建一个新的配置文件/etc/hostapd/hostapd.conf，命令如下：

```
sudo nano /etc/hostapd/hostapd.conf
```

在 hostapd.conf 文件中添加以下内容。

```
interface=wlan0              #板载 Wi-Fi 网卡 wlan0
driver=nl80211
ssid=DOUWIFI                 #USB 无线网卡使用的 Wi-Fi 名称
hw_mode=g
channel=7                    #USB 无线网卡使用的 Wi-Fi 连接频道
wmm_enabled=1
macaddr_acl=0
auth_algs=1
ignore_broadcast_ssid=0
wpa=2
wpa_passphrase=12345678      #USB 无线网卡使用的 Wi-Fi 密码
wpa_key_mgmt=WPA-PSK
wpa_pairwise=TKIP
rsn_pairwise=CCMP
```

保存并关闭 hostapd.conf 文件，然后退出 nano 编辑器。使用 nano 编辑器修改配置文件/etc/default/hostapd，命令如下：

```
sudo nano /etc/default/hostapd
```

为了让树莓派操作系统每次启动都能自动加载 AP 模式下的配置，在 hostapd 文件末尾添加以下内容。

```
DAEMON_CONF="/etc/hostapd/hostapd.conf"
```

保存并关闭 hostapd 文件，然后退出 nano 编辑器。

在 LX 终端中运行以下命令，设置开机启动。

```
sudo update-rc.d hostapd enable
```

5.9.4 配置 DNSmasq

使用备份 DNSmasq 默认配置文件 dnsmasq.conf 的命令进行备份，命令如下：

```
sudo mv /etc/dnsmasq.conf /etc/dnsmasq.conf.bak
```

使用 nano 编辑器打开配置文件 dnsmasq.conf，命令如下：

```
sudo nano /etc/dnsmasq.conf
```

在 dnsmasq.conf 配置文件中添加以下内容。

```
interface=wlan0
bind-interfaces
server=114.114.114.114
server=8.8.8.8
domain-needed
bogus-priv
dhcp-range=192.168.10.2,192.168.10.30,12h
```

设置 IPv4 转发，打开系统配置文件 sysctl.conf，命令如下：

```
sudo nano /etc/sysctl.conf
```

在“# Uncomment the next line to enable packet forwarding for IPv4”的后面找到“#net.ipv4.ip_forward=1”，删除“#”符号，将注释变成真正的配置项，保存并关闭 sysctl.conf 文件，然后退出 nano 编辑器。

为了将外置无线网接口共享给 wlan0，用于连接网络，需要按顺序运行以下命令，用于配置 NAT。

```
sudo iptables -F
sudo iptables -X
sudo iptables -t nat -APOSTROUTING -o wlan1 -j MASQUERADE
sudo iptables -A FORWARD -i wlan1 -o wlan0 -m state --state
RELATED,ESTABLISHED -j ACCEPT      #这两行命令在命令行中输入时是一行
sudo iptables -A FORWARD -i wlan0 -o wlan1 -j ACCEPT
```

保存以上防火墙规则，命令如下：

```
sudo sh -c "iptables-save> /etc/iptables.ipv4.nat"
```

使用编辑器打开配置文件 interfaces，命令如下：

```
sudo nano /etc/network/interfaces
```

在 interfaces 文件的末尾增加一行，设置为在开机启动时运行以下命令。

```
up iptables-restore < /etc/iptables.ipv4.nat
```

保存并关闭 interfaces 文件，然后退出 nano 编辑器。继续使用 nano 编辑器打开配置文件 iptables，命令如下：

```
sudo nano /etc/network/if-pre-up.d/iptables
```

在 iptables 文件中添加以下代码。

```
#!/bin/bash
/sbin/iptables-restore < /etc/iptables.ipv4.nat
```

保存并关闭 iptables 文件，然后退出 nano 编辑器。继续使用以下命令修改 iptables 权限。

```
sudo chmod 755 /etc/network/if-pre-up.d/iptables
```

使用 nano 编辑器创建配置文件 70-ipv4-nat，命令如下：

```
sudo nano /lib/dhcpcd/dhcpcd-hooks/70-ipv4-nat
```

在 70-ipv4-nat 文件中添加以下内容。

```
sudo iptables-restore < /etc/iptables.ipv4.nat
```

保存并关闭 70-ipv4-nat 文件，然后退出 nano 编辑器。重启服务和树莓派，命令如下：

```
sudo systemctl unmask hostapd
sudo systemctl enable hostapd
sudo service hostapd start
sudo service dnsmasq start
sudo reboot
```

如果服务启动失败，如报错“"systemctl status hostapd.service" and "journalctl -xe" for details”，则可以按照以下步骤逐一排查。

（1）重启树莓派，再次尝试启动 hostapd 服务。

（2）运行 sudo /usr/sbin/hostapd /etc/hostapd/hostapd.conf 命令，启动 hostapd 服务，观察输出日志，一般都能发现问题。常见的问题如下。

- hostapd.conf 配置文件错误导致启动失败。检查 hostapd.conf 配置文件，在将其修改正确后，重新启动 hostapd 服务。
- wlan0 端口未开启导致启动失败。运行 sudo ifconfig wlan0 up 命令开启 wlan0 端口，重新运行 sudo /usr/sbin/hostapd /etc/hostapd/hostapd.conf 命令，启动 hostapd 服务，如果启动成功，则会看到显示“ENABLED”字样的信息。

5.9.5　配置其他项

设置 wlan1 自动连接区域内的 Wi-Fi，命令如下：

```
sudo nano /etc/wpa_supplicant/wpa_supplicant.conf
```

在文件的末尾添加 Wi-Fi 的名称和密码，命令如下，将 Wi-Fi 的名称和密码替换为实际 Wi-Fi 的名称和密码即可。

```
network={
    ssid="SSID"                    #Wi-Fi 名称
```

```
    psk="wifi_password"          #Wi-Fi 密码
}
```

使用 sudo wpa_cli reconfigure 命令启动 wlan1 自动连接区域内的 Wi-Fi，在运行后返回以下内容。

```
Selected interface 'wlan1'
OK
```

重启树莓派，即可连接树莓派的可移动 Wi-Fi 热点。

5.10 UFW 防火墙

防火墙技术通过有机结合各类用于进行安全管理与筛选的软件和硬件设备，帮助计算机在内网和外网之间构建一道相对隔绝的保护屏障，从而保证用户资料与信息的安全。

防火墙技术的主要功能为，及时发现并处理计算机网络运行时可能存在的安全风险、数据传输等问题，处理措施包括隔离与保护，并且可以对计算机网络安全中的各项操作进行记录与检测，从而确保计算机网络运行的安全性，保障用户资料与信息的完整性，为用户提供更好、更安全的计算机网络使用体验。

iptables 是一个非常优秀的防火墙工具，它免费且功能强大，可以对流入、流出的信息进行细化控制，实现防火墙、NAT（网络地址翻译）和数据包的分割等功能，让用户定义规则集的表结构。因为 iptables 的操作过于烦琐，规则有些复杂，所以我们在树莓派上安装一个基于 iptables 的防火墙工具 UFW（Uncomplicated Firewall）。UFW 可以简化 iptables 的某些设置，其后台仍然是 iptables。对于一些复杂的设置，仍然要使用 iptables。

（1）在 LX 终端中运行以下命令，安装 UFW。

```
sudo apt-get install ufw
```

（2）运行以下两条命令，启用 UFW。

```
sudo ufw enable
sudo ufw default deny
```

在运行以上两条命令后，树莓派会开启 UFW 防火墙，并且设置 UFW 防火墙在树莓派操作系统启动时自动开启，禁止所有外网计算机对树莓派进行访问，允许树莓派正常访问外网计算机，从而保障树莓派的安全性。如果需要开启某些服务，则可以使用 sudo ufw allow 命令开启。

（3）设置树莓派 UFW 防火墙的默认策略。默认策略是拒绝所有传入连接，允许所有传出连接，命令如下：

```
sudo ufw default deny incoming
sudo ufw default allow outgoing
```

（4）设置树莓派 UFW 防火墙允许 SSH 连接，代码如下：

```
sudo ufw allow ssh
sudo ufw allow 22
```

在树莓派的安全性有了基础保障之后，下面继续讲解 UFW 防火墙的相关命令和参数。

1. ufw 命令

使用 ufw 命令可以启动、关闭、重新载入 ufw 服务。

```
ufw enable              #启动 ufw 服务
ufw disable             #关闭 ufw 服务
ufw reload              #重新载入 ufw 服务
```

使用 ufw 命令可以默认允许、阻止、拒绝访问本机或向外访问的规则。

```
ufw default allow [incoming|outgoing]    # 默认允许访问本机或向外访问的规则
ufw default deny [incoming|outgoing]     # 默认阻止访问本机或向外访问的规则
ufw default reject [incoming|outgoing]  # 默认拒绝访问本机或向外访问的规则
```

其中，incoming 是访问本机的规则，outgoing 是向外访问的规则；如果使用 reject 选项，则可以让访问者知道数据被拒绝并回馈拒绝信息；如果使用 deny 选项，则会直接丢弃访问数据，访问者不知道是访问被拒绝还是不存在该主机。

使用 ufw 命令可以开启日志、关闭日志、显示日志级别。

```
ufw logging on          #开启日志
ufw logging off         #关闭日志
ufw logging LEVEL   #显示日志级别
```

使用 ufw 命令可以复位 ufw 服务。

```
ufw reset        #复位 ufw 服务
```

使用 ufw 命令可以显示详细的状态或通过规则编号显示状态。

```
ufw status verbose      #显示详细的状态
ufw status numbered     #通过规则编号显示状态
```

使用 ufw 命令可以显示报告类型。

```
ufw show REPORT         #显示报告类型
```

使用 ufw 命令可以对端口或协议进行删除或插入操作，可以允许、阻止、拒绝、限制数据包的进出，还可以记录新连接或所有数据包。命令格式如下：

```
ufw [delete] [insert NUM] allow|deny|reject|limit  [in|out][log|log-all]
PORT[/protocol]
```

使用 ufw 命令可以根据规则名称或编码删除规则。

```
ufw delete RULE         #根据规则名称删除规则
ufw delete NUM          #根据编码删除规则
```

使用 ufw 命令可以通过防火墙对应用程序进行列表、显示信息、显示默认策略、显示更新策略等操作。

```
ufw app list            #对应用程序进行列表
ufw app info            #显示应用程序信息
ufw app default         #显示应用程序默认策略
ufw app update          #显示应用程序更新策略
```

2. ufw 命令的参数

-version：显示程序版本号。

-h，-help：显示帮助信息。

-dry-run：不实际运行，只将涉及的更改显示出来。

enable：激活防火墙，在开机时自动启动。

disable：关闭防火墙，在开机时不启动。

reload：重新载入防火墙。

default allow|deny|reject 方向：方向是指向内（incoming）或向外（outgoing）。如果修改了默认策略，则可能需要手动修改一些已经存在的规则。

logging on|off|LEVEL：切换日志状态。日志记录使用的是系统日志，级别有多个，默认级别为低级（low）。

reset [--force]：关闭防火墙，并且将其复位至初始安装状态。如果使用--force 选项，则忽略确认提示。

status：显示防火墙的状态和已经设置的规则，可以使用 status verbose 命令显示更详细的信息。其与 any、anywhere、0.0.0.0/0 具有相同的意义。

show 报告类型：显示防火墙的运行信息。

limit 规则：目前只适用于 IPv4，还不支持 IPv6。

下面我们在树莓派上练习使用几个常用的 ufw 命令。

```
sudo ufw enable          #开启 UFW 防火墙
sudo ufw disable         #关闭 UFW 防火墙
sudo ufw status          #查看防火墙的状态
sudo ufw logging on      #将日志状态转换为打开
sudo ufw logging off     #将日志状态转换为关闭
sudo ufw version         #查看防火墙的版本
```

下面在树莓派上练习使用打开、关闭端口或服务的命令。

```
sudo ufw allow 22/tcp               #允许所有的外部 IP 访问本机的 22/tcp（SSH）端口
sudo ufw allow 53                   #允许外部 IP 访问 53（TCP/UDP）端口
sudo ufw deny smtp                  #禁止外部 IP 访问 SMTP 服务
sudo ufw allow smtp                 #允许外部 IP 访问 SMTP 服务
sudo ufw delete allow smtp          #删除建立的 SMTP 规则
sudo ufw allow 80                   #允许外部 IP 访问 80 端口
sudo ufw delete allow 80            #禁止外部 IP 访问 80 端口
sudo ufw allow from 192.168.1.100   #允许此 IP 访问所有的本机端口
#拒绝所有的流量从 TCP 的 10.0.0.0/8 到端口 22 的地址 192.168.0.1
sudo ufw deny proto tcp from 10.0.0.0/8to 192.168.0.1 port
#拒绝所有的流量从 UDP 的 192.168.0.1 到端口 53 的地址 192.168.0.255
sudo ufw allow proto udp 192.168.0.1 port 53 to 192.168.0.255 port 53
#允许按照 8、12、16 的网络分级访问本机
sudo ufw allow from 10.0.0.0/8
sudo ufw allow from 172.16.0.0/12
sudo ufw allow from 192.168.0.0/16
```

3．UFW 防火墙的默认策略

在默认情况下，UFW 防火墙会禁止所有的传入连接，并且允许所有的出站连接。这意味着任何试图访问树莓派的用户都无法连接上树莓派，除非打开该端口，而树莓派上

运行的所有应用程序和服务都能够访问外部网络。

默认策略被定义在/etc/default/ufw 文件中，可以手动修改该文件，也可以使用以下命令修改该文件。

```
sudo ufw default <policy> <chain>
```

防火墙策略是构建更详细的和用户定义的规则的基础。在通常情况下，刚安装的 UFW 的默认策略就是一个很好的防火墙策略。

4. 应用程序配置

在使用 apt 安装软件包时，会在/etc/ufw/applications.d 目录下添加应用程序配置文件，该目录下包含 ufw 服务配置文件和 ufw 服务配置描述文件。

如果要列出树莓派中/etc/ufw/applications.d 目录下所有可用的应用程序的配置文件，则可以运行以下命令。

```
sudo ufw app list
```

以上命令的返回信息如下（可用应用程序为树莓派操作系统中已经安装的可用应用程序）：

```
可用应用程序：OpenSSH
```

如果要查找关于可用应用程序的配置文件和包含规则的更多信息，则可以使用以下命令：

```
sudo ufw app info 'OpenSSH'
```

以上命令的返回信息如下：

```
Profile: OpenSSH
Title: Secure shell server, an rshd replacement
Description: OpenSSH is a free implementation of the Secure Shell protocol.
Port:22/tcp
```

5. 允许 SSH 连接

在启用 UFW 防火墙前，需要添加一个允许传入 SSH 连接的规则。如果要远程连接树莓派，并且在明确允许传入 SSH 连接前启用 UFW 防火墙，则无法连接上树莓派。

配置 UFW 防火墙，允许传入 SSH 连接，命令如下：

```
sudo ufw allow ssh
```

以上命令的返回信息如下：

```
规则已添加
规则已添加 (v6)
```

如果要将 SSH 端口修改为自定义端口，而不是默认端口 22，则需要打开自定义端口功能。例如，如果 SSH 守护进程在 5522 端口上进行侦听，则可以运行以下命令，使防火墙允许 5522 端口上的 tcp 连接。

```
sudo ufw allow 5522/tcp
```

6. 启用 UFW 防火墙

现在，UFW 防火墙已经被配置为允许传入 SSH 连接了。我们可以使用以下命令启用 UFW 防火墙。

```
sudo ufw enable
```

7. 允许其他端口上的连接

根据特定需求和树莓派上运行的应用程序，需要允许树莓派对其他端口的传入访问。下面举例进行说明。

运行以下命令，打开 HTTP 端口或 80/tcp 端口，可以允许 HTTP 连接。

```
sudo ufw allow http       #打开 HTTP 端口
sudo ufw allow 80/tcp     #使用 80/tcp 端口打开，而不是使用 HTTP 端口打开
```

也可以使用应用程序配置文件。例如，运行以下命令，打开应用程序 Nginx 的 HTTP 端口。

```
sudo ufw allow 'Nginx HTTP'          #打开应用程序 Nginx 的 HTTP 端口
```

运行以下命令，打开 HTTPS 端口或 443/tcp 端口，可以允许 HTTP 连接。

```
sudo ufw allow https       #打开 HTTPS 端口
sudo ufw allow 443/tcp     #使用 443/tcp 端口打开，而不是使用 HTTPS 端口打开
```

如果要运行 Tomcat 或在 8080 端口上侦听其他应用程序，从而允许传入连接，则运行以下命令，打开 8080 端口。

```
sudo ufw allow 8080/tcp              #打开 8080 端口
```

8. 指定端口范围

UFW 允许我们指定访问端口的范围，而不只允许访问单个端口。在使用 UFW 指定访问端口的范围时，必须指定协议类型，即 TCP 或 UDP。例如，如果要允许访问 TCP 或 UDP 上的端口范围是从 8000 到 8100，则运行以下命令。

```
sudo ufw allow 8000:8100/tcp
sudo ufw allow 8000:8100/udp
```

9. 允许特定的 IP 地址

如果树莓派上的所有端口都允许接受来自 IP 地址 55.56.57.58 的访问，则需要在 IP 地址之前指定，命令如下：

```
sudo ufw allow from 55.56.57.58       #所有端口都允许接受来自特定 IP 地址的访问
```

10. 允许子网

允许连接到指定 IP 地址的子网的命令需要指定子网掩码。例如，如果要允许访问 192.168.1.1～192.168.1.254 到端口号 3306（MySQL）的 IP 地址，则可以运行以下命令。

```
sudo ufw allow from 192.168.1.0/24 to any port 3306
```

11. 允许连接到特定的网络接口

为了允许在特定端口上访问，需要指定允许接入的网络接口的名称。例如，端口 3306 仅适用于特定的网络接口 eth2，命令如下：

```
sudo ufw allow in on eth2 to any port 3306
```

12. 拒绝连接

所有传入连接的默认策略都被设置为拒绝，如果没有进行修改，那么 UFW 防火墙会阻止所有传入连接，除非专门打开某些传入连接。

假设打开了端口 80 和 443，并且你的服务器受到 33.34.35.0/34 网络的攻击，那么为了拒绝来自 33.34.35.0/34 的所有连接，可以使用以下命令。

```
sudo ufw deny from 33.34.35.0/34
```

如果只需要拒绝对端口 80 和 443 的访问，则可以使用以下命令。

```
sudo ufw deny from 23.24.25.0/24 to any port 80
sudo ufw deny from 23.24.25.0/24 to any port 443
```

编写拒绝规则与编写允许规则的方法类似，只需将允许替换为拒绝。

13. 删除 UFW 规则

删除 UFW 规则有两种不同的方法：通过规则编号删除 UFW 规则和通过指定实际端口删除 UFW 规则。其中，通过规则编号删除 UFW 规则更容易。

1）通过规则编号删除 UFW 规则

（1）列出所有规则及其编号，命令如下：

```
sudo ufw status numbered
```

在执行上述命令后，返回的信息如下：

```
状态： 激活
至 动作 来自
- -- --
[ 1] Nginx Full ALLOW IN Anywhere
[ 2] 22/tcp ALLOW IN Anywhere
[ 3] 5522/tcp ALLOW IN Anywhere
[ 4] 80/tcp ALLOW IN Anywhere
[ 5] Nginx HTTP ALLOW IN Anywhere
[ 6] 443/tcp ALLOW IN Anywhere
[ 7] Nginx HTTPS ALLOW IN Anywhere
[ 8] 8080/tcp ALLOW IN Anywhere
[ 9] Nginx Full (v6) ALLOW IN Anywhere (v6)
[10] 22/tcp (v6) ALLOW IN Anywhere (v6)
[11] 5522/tcp (v6) ALLOW IN Anywhere (v6)
[12] 80/tcp (v6) ALLOW IN Anywhere (v6)
[13] Nginx HTTP (v6) ALLOW IN Anywhere (v6)
[14] 443/tcp (v6) ALLOW IN Anywhere (v6)
[15] Nginx HTTPS (v6) ALLOW IN Anywhere (v6)
[16] 8080/tcp (v6) ALLOW IN Anywhere (v6)
```

（2）删除 8 号规则（允许连接到端口 8080 的规则），命令如下：

```
sudo ufw delete 2
```

2）通过指定实际端口删除 UFW 规则

下面举例进行说明。如果添加了一条规则，打开端口 8168，那么运行以下命令，可以通过指定端口 8168 删除 UFW 规则。

```
sudo ufw delete allow 8168
```

14. 禁用 UFW 防火墙

如果要禁用 UFW 防火墙并停用原先使用的所有规则，则可以使用以下命令。

```
sudo ufw disable
```

如果需要重新启用 UFW 防火墙并激活所有规则，则可以使用以下命令。

```
sudo ufw enable
```

15. 重置 UFW 防火墙

如果要恢复所有更改并重新开始，则可以重置 UFW 防火墙。重置 UFW 防火墙会禁用 UFW 防火墙，并且删除所有活动规则。

重置 UFW 防火墙的命令如下：

```
sudo ufw reset
```

输出结果如下：

```
所有规则将被重设为安装时的默认值。要继续吗 (y|n)?
```

在树莓派上安装和配置 UFW 防火墙，确保允许系统正常运行所需的所有传入连接，并且限制所有不必要的连接。

本章小结

本章主要讲解了树莓派在网络方面的应用，具体如下。

- 在树莓派上使用 NAS 系统服务器软件 Samba 建立一个简单的内网 NAS 系统服务器，并且实现简易的服务器功能。
- 使用 DLNA 流媒体服务器软件 MiniDLNA 保障无线网络和有线网络的连通性，使数字媒体和内容服务可以无限制共享和增长。
- 使用 Transmission 搭建 BT 下载客户端。
- BT 命令行下载工具 Aria2 的相关知识，包括安装 Aria2、配置 Aria2、设置 Aria2 开机启动、安装 AriaNg。
- SFTP 远程安全传输文件软件 FileZilla 的相关知识。
- FTP 服务器 vsftpd 的相关知识，包括安装 vsftpd 和 db-util 程序、创建用户数据库、配置 PAM 文件、创建虚拟账号对应的系统用户、创建配置文件、重启 vsftpd。
- 无线路由器软件 RaspAP 的相关知识。
- 使用板载网卡配置 Wi-Fi 热点。
- 使用树莓派板载无线网卡和一块外置 USB 无线网卡，为树莓派搭建 Wi-Fi 热点，使其成为可移动的 Wi-Fi 热点。
- UFW 防火墙的相关知识。

课后练习

（1）在树莓派上使用 Samba 建立内网 NAS 系统服务器。

（2）在树莓派上使用 MiniDLNA 搭建 DLNA 流媒体服务器，然后使用手机访问树莓派中的影音资源。

（3）在树莓派上使用 Transmission 搭建 BT 下载服务器。

（4）在树莓派上使用 Aria2 搭建 BT 下载机。

（5）在 PC 上使用 FileZilla 与树莓派进行文件传输。

（6）在树莓派上使用 vsftpd 搭建 FTP 服务器。

（7）在树莓派上使用 RaspAP 搭建无线 AP。

（8）使用树莓派板载网卡在树莓派上搭建 Wi-Fi 热点。

（9）使用树莓派板载无线网卡和一块外置 USB 无线网卡为树莓派搭建 Wi-Fi 热点，使其成为可移动的 Wi-Fi 热点。

（10）在树莓派上安装和配置 UFW 防火墙。

第 6 章 树莓派 Web 应用

知识目标

- 掌握搭建 LANMP 环境和 phpMyAdmin 环境的方法。
- 掌握 WordPress 的安装和配置方法。
- 掌握 Pi Dashboard 的安装和配置方法。
- 掌握 Syncthing 的安装和配置方法。

技能目标

- 能够在树莓派上搭建 LANMP 环境和 phpMyAdmin 环境。
- 能够在树莓派上安装和配置 WordPress。
- 能够在树莓派上安装和配置 Pi Dashboard。
- 能够在树莓派上安装和配置 Syncthing。

任务概述

- 在树莓派上搭建 LANMP 环境和 phpMyAdmin 环境，用于运行 PHP 程序和管理 MariaDB 数据库。
- 在树莓派上安装和配置 WordPress。
- 在树莓派上安装和配置 Pi Dashboard。
- 在树莓派上安装和配置 Syncthing。

6.1 搭建 LANMP 环境和 phpMyAdmin 环境

LANMP 表示 Linux 操作系统中的 Apache+Nginx+MySQL+PHP 网站服务器架构，phpMyAdmin 是以 PHP 为基础的 MySQL 数据库管理工具。

- Linux 是一类 UNIX 操作系统的统称，是目前非常流行的免费操作系统。
- Apache 是一款开放源代码的网页服务器，是最流行的 Web 服务器端软件之一。
- Nginx 是一款高性能的 HTTP 和反向代理服务器，也是一款 IMAP/POP3/SMTP 代理服务器。
- MySQL 是一款小型关系型数据库管理系统。
- PHP 是一种在服务器端运行的嵌入 HTML 文件的脚本语言。
- phpMyAdmin 是一款以 PHP 为基础，以 Web-Base 方式架构在网站主机上的 MySQL 数据库管理工具，可以让管理员使用 Web 接口管理 MySQL 数据库。

以上软件均为免费的开源软件，将其组合到一起，即可得到一个免费、高效、扩展性强的网站服务系统。

我们可以在树莓派上搭建 LANMP+phpMyAdmin 环境。Apache 和 Nginx 共存在一个操作系统中，默认的访问端口都是 80 端，需要我们给它们设置不同的访问端口，设置 Apache 使用 8080 端口，Nginx 使用 80 端口。

6.1.1　安装 MariaDB 数据库

MariaDB 数据库是 MySQL 数据库的一个分支，主要由开源社区维护，采用 GPL 授权许可。在树莓派中，无法直接安装 MySQL 数据库，在安装 MySQL 数据库时，系统会自动建议安装 MariaDB 数据库，它和 MySQL 数据库同源。因此，我们在树莓派中安装 MariaDB 数据库。

MariaDB 数据库需要用到树莓派 root 用户的密码（root 密码）。使用 sudo passwd root 命令可以给 root 用户更新密码。

在 LX 终端中，使用以下命令安装 mariadb-server 和 mariadb-client。

```
sudo apt-get install mariadb-server mariadb-client
```

6.1.2　安装 PHP 和 Apache

如果树莓派操作系统中已经启动了 Nginx 服务，则需要依次运行以下命令，停止 Nginx 服务，如果没有启动 Nginx 服务，则可以略过这一步。

```
sudo systemctl disable nginx
sudo systemctl stop nginx
sudo systemctl status nginx.service
```

如果在返回的信息中看到"Active: inactive (dead)"，则说明 Nginx 服务已经停止。

在安装 MariaDB 数据库后，才能安装 phpMyAdmin，这样设置过程才不会发生数据库连接错误的情况。在安装 phpMyAdmin 时，会自动将其他相关依赖都安装好。在安装过程中会出现选择提示框，需要按空格键，设置其与 Apache2 协同，如图 6-1 所示。还可以设置 phpMyAdmin 的用户名和密码。为了防止遗忘，建议记录并保存 phpMyAdmin

的用户名和密码。

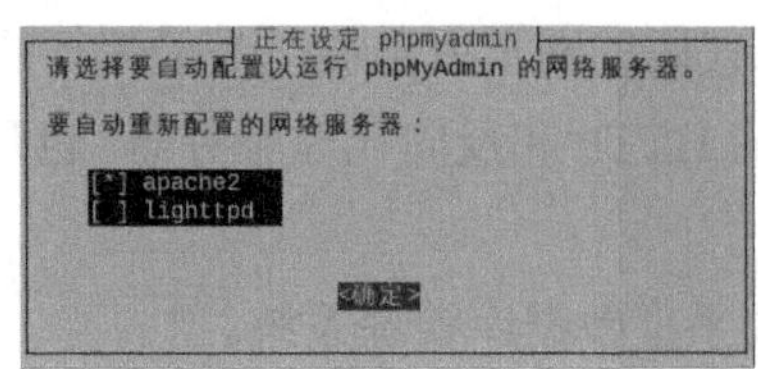

图 6-1　设置 phpMyAdmin 与 Apache2 协同

要正确安装 PHP 和 Apache，需要依次运行以下安装命令。

```
sudo apt-get install phpmyadmin
sudo apt-get install apache2   #在安装 phpMyAdmin 时，也许已经自动安装过
sudo apt-get install libapache2-mod-php   #解析 PHP 代码
sudo ln -s /usr/share/phpmyadmin/ /var/www/html/  #在 Apache 默认的 Web 目录下添加
软链接
```

在设置 phpMyAdmin 的用户名和密码时，会出现 3 个界面，在第一个界面中选择“是”选项，如图 6-2 所示；在第二个界面中输入密码并选择“确定”选项，如图 6-3 所示；在第三个界面中再次输入密码并选择“确定”选项，如图 6-4 所示。

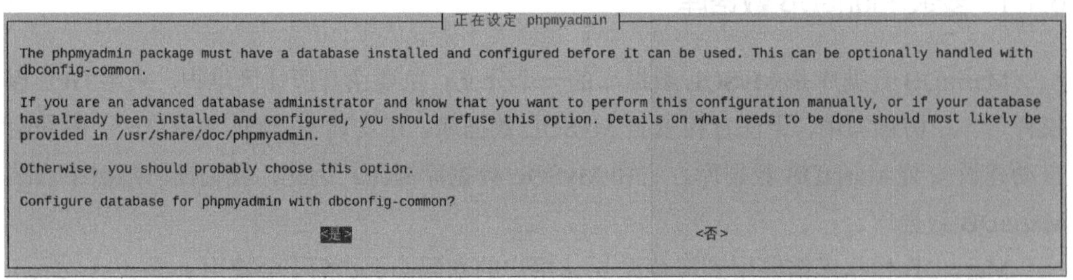

图 6-2　第一个界面

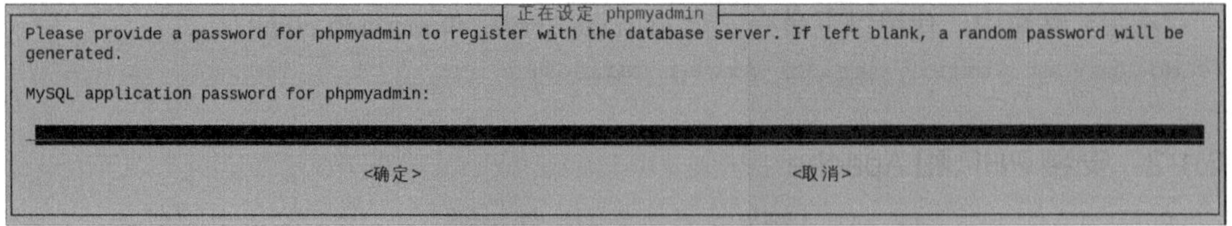

图 6-3　第二个界面

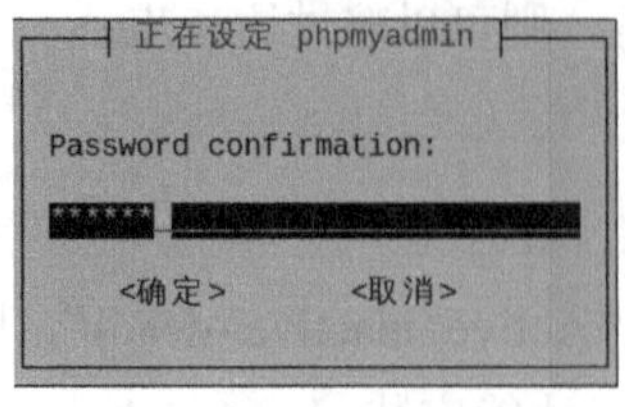

图 6-4　第三个界面

6.1.3　测试 PHP 和 Apache 的协同

在树莓派中打开浏览器，在地址栏中输入“http://127.0.0.1”并按回车键，测试

Apache2 是否正常启动。Apache2 正常启动的情况如图 6-5 所示。

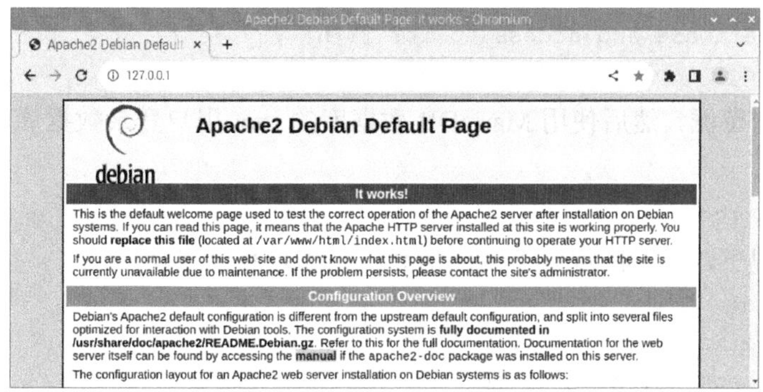

图 6-5　Apache2 正常启动的情况

在默认的网站根目录/var/www/html/下新建一个文件 phpinfo.php，用于测试 PHP 页面是否正常，命令如下：

```
sudo nano /var/www/html/phpinfo.php
```

在 phpinfo.php 文件中添加以下内容。

```
<?php phpinfo(); ?>
```

在树莓派中打开浏览器，在地址栏中输入“http://127.0.0.1/phpinfo.php”并按回车键，访问 phpinfo.php 文件对应的 PHP 页面。PHP 页面正常的情况如图 6-6 所示。

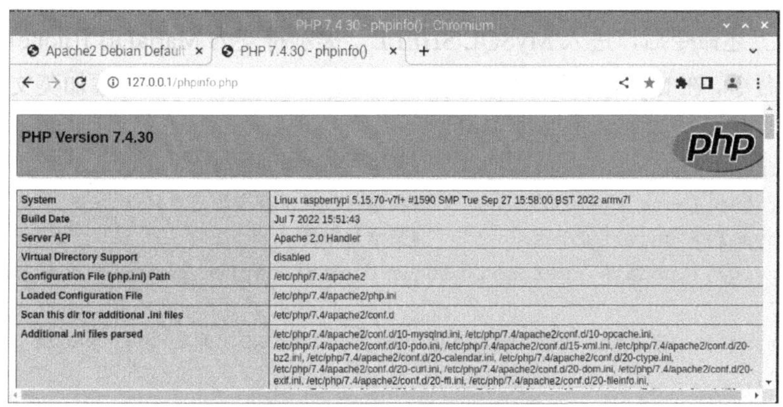

图 6-6　PHP 页面正常的情况

6.1.4　修改 MariaDB 数据库的配置

在 LX 终端中，使用 sudo mysql_secure_installation 命令可以设置 root 密码、是否删除匿名用户、是否只允许 localhost 连接、是否删除 test 库，并且可以进行更新权限等相关操作。为了避免遗忘，建议记录并保存 MariaDB 数据库的用户名和密码。

整个运行过程会出现多次交互会话，运行过程和输入信息如下：

```
Enter current password for root (enter for none): #输入MariaDB数据库的root密码
Switch to unix_socket authentication [Y/n] y
Change the root password? [Y/n] y  #需要输入两次密码
```

```
Remove anonymous users? [Y/n] y
Disallow root login remotely? [Y/n] y
Remove test database and access to it? [Y/n] y
Reload privilege tables now? [Y/n] y
```

建议重启树莓派，然后使用 MariaDB 数据库的 root 用户登录数据库，在 LX 终端中输入以下命令。

```
sudo mysql -u root -p
```

在正常情况下，如果出现以下返回信息，则表示登录成功。

```
Enter password:
Welcome to the MariaDB monitor.  Commands end with ; or \g.
Your MariaDB connection id is 40
Server version: 10.5.15-MariaDB-0+deb11u1 Raspbian 11
Copyright (c) 2000, 2018, Oracle, MariaDB Corporation Ab and others.
Type 'help;' or '\h' for help. Type '\c' to clear the current input
statement.
MariaDB [(none)]>
```

可以在提示符后使用 MySQL 数据库的退出命令 quit 退出 MariaDB 数据库。

```
MariaDB [(none)]>quit     #退出 MariaDB 数据库
```

如果返回报错信息"ERROR 1698 (28000): Access denied for user 'root'@'localhost'"，那么在 LX 终端中输入以下命令。

```
sudo mysql -u root
```

在运行上述命令后，进入 MySQL SHELL，提示符变为 MariaDB [(none)]>，即可运行 MySQL 命令。在 MySQL 命令后面需要添加英文分号，如果忘记添加英文分号，那么在出现"->"符号后需要补上英文分号。

```
MariaDB [(none)]>show databases;     #显示已经存在的数据库
MariaDB [(none)]>use mysql;          #在运行后提示符会改变为 MariaDB [mysql]>
MariaDB [mysql]> show tables;        #显示数据表
MariaDB [mysql]> update user set plugin='mysql_native_password' where
user='root';
MariaDB [mysql]> update user set password=PASSWORD('新密码')  where
user='root';
MariaDB [mysql]> flush privileges;
MariaDB [mysql]> quit
```

重新使用 root 用户登录，在正常情况下可以成功登录。

```
sudo mysql -u root -p
```

如果需要重启 MySQL 服务，则需要使用以下命令。

```
sudo service mysql restart
```

6.1.5 测试数据库连接

下面我们使用 PHP 语言在 nano 编辑器中编写使用 PDO 连接数据库的程序文件 testdblink.php，用于测试数据库连接能否成功：

```
sudo nano /var/www/html/testdblink.php
```

在使用 nano 编辑器打开的 testdblink.php 文件中输入以下 PHP 代码。

```
<?php
  $servername = "localhost";
  $dbName = "mysql";
  $username = "root";
  $password = "此处录入 root 的密码";
try {
        $conn = new PDO("mysql:host=$servername;dbname=$dbName", $username, 
$password);
        echo "PDO 方式连接数据库成功";
          }
catch(PDOException $e)
   {
         echo $e->getMessage();
   }
?>
```

保存并关闭 testdblink.php 文件，然后退出 nano 编辑器。使用树莓派资源管理器检查默认目录/var/www/html 下的 testdblink.php 文件是否成功保存，然后打开树莓派中的浏览器，在地址栏中输入“http://127.0.0.1/testdblink.php”并按回车键进行测试，返回结果为“PDO 方式连接数据库成功”，如图 6-7 所示。

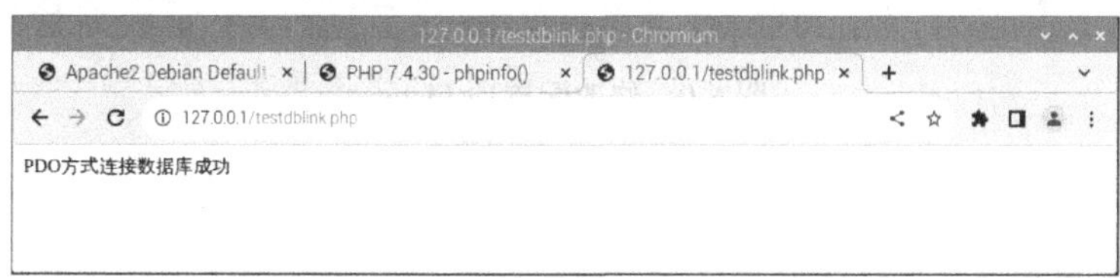

图 6-7　返回结果为“PDO 方式连接数据库成功”

因为前面已经安装了 phpMyAdmin，所以具备 PHP 运行环境，并且可以直接通过 Web 管理数据库。打开树莓派中的浏览器，在地址栏中输入“http://”+IP 地址+“/phpmyadmin/index.php”并按回车键，如输入“http://127.0.0.1/phpmyadmin/index.php”并按回车键，就会出现 phpMyAdmin 的登录界面，如图 6-8 所示，输入用户名和密码，在正常情况下会成功登录。

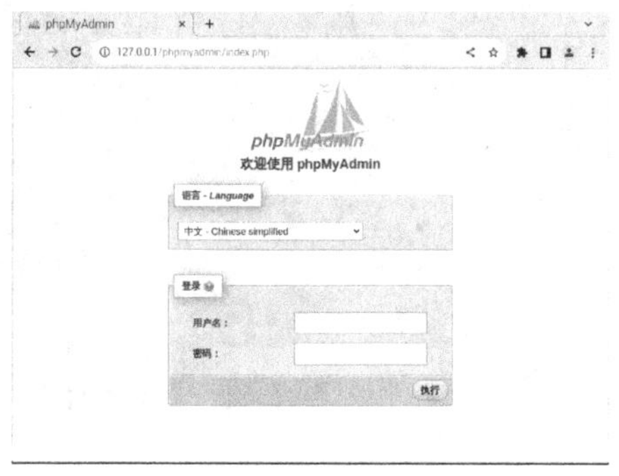

图 6-8　phpMyAdmin 的登录界面

6.1.6 修改 Apache2 的监听端口

Apache2 默认的监听端口为 80 端口，我们将 80 端口留给 Nginx，将 Apache2 的监听端口设置为 8080 端口。

运行以下命令，打开配置文件 ports.conf。

```
sudo nano /etc/apache2/ports.conf
```

在打开的 ports.conf 文件中，将 Listen 80 修改为 Listen 8080，如图 6-9 所示。

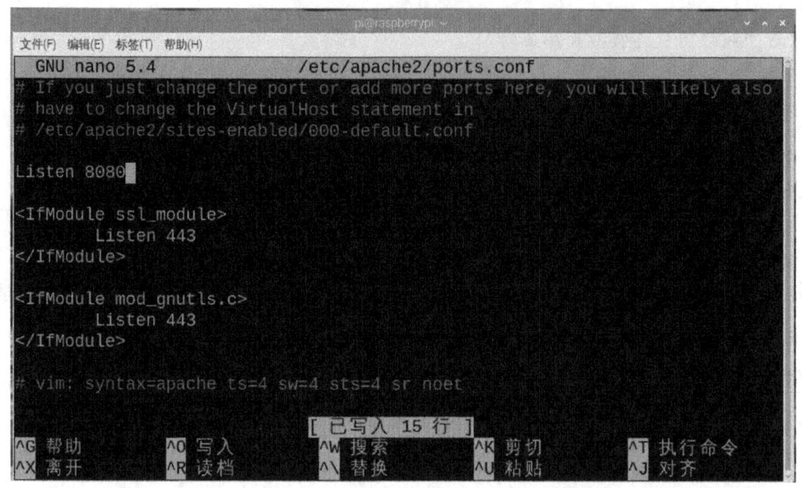

图 6-9 修改配置项 Listen

保存并关闭 ports.conf 文件，然后退出 nano 编辑器。继续运行以下命令，打开配置文件 000-default.conf。

```
sudo nano  /etc/apache2/sites-enabled/000-default.conf
```

在打开的 000-default.conf 文件中，将配置项<VirtualHost *:80>修改为<VirtualHost *:8080>，如图 6-10 所示。

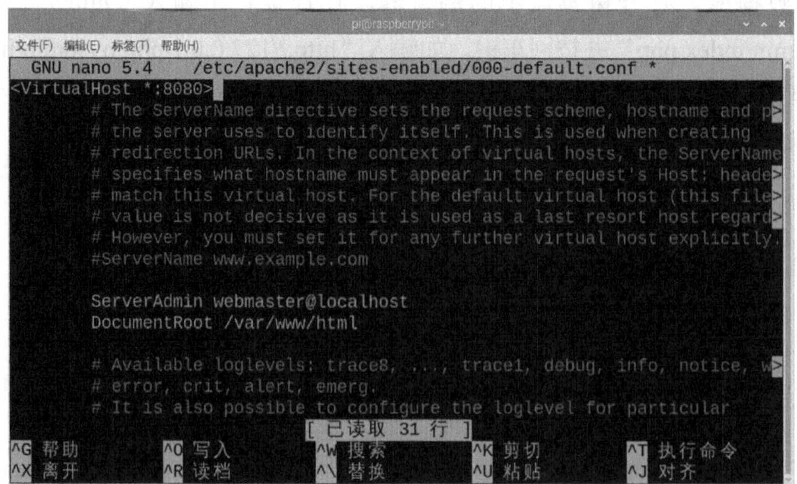

图 6-10 修改配置项 VirtualHost

保存并关闭两个配置文件，然后退出 nano 编辑器。重启 Apache2 服务，命令如下：

```
sudo service apache2 restart
```

打开树莓派中的浏览器，在地址栏中依次输入“http://127.0.0.1:8080/”和“http://127.0.0.1:8080/phpinfo.php”并按回车键，测试 Apache2 是否正常运行。

6.1.7　重新启动 Nginx

在前面的课程中已经讲解了如何安装、配置 Nginx 和 php-fpm，下面只需重新启动 Nginx，依次运行以下命令。

```
sudo systemctl enable nginx
sudo systemctl start nginx
sudo systemctl restart nginx 或 sudo /usr/sbin/nginx -s reload
sudo systemctl status nginx.service
```

打开树莓派中的浏览器，在地址栏中输入“http://127.0.0.1/index.nginx-debian.html”并按回车键，测试 Nginx 是否正常运行。

6.1.8　最终测试

打开树莓派中的浏览器，在地址栏中依次输入“http://127.0.0.1/phpinfo.php”和“http:// 127.0.0.1:8080/phpinfo.php”并按回车键，测试 Apache2 和 Nginx 支持 PHP 的情况。可以发现，Apache2 和 Nginx 的 PHP 页面在 Server API、Virtual Directory Support、Configuration File (php.ini) Path、Loaded Configuration File、Scan this dir for additional .ini files 等项目中都有所不同。Nginx 的测试结果如图 6-11 所示，Apache2 的测试结果如图 6-12 所示。

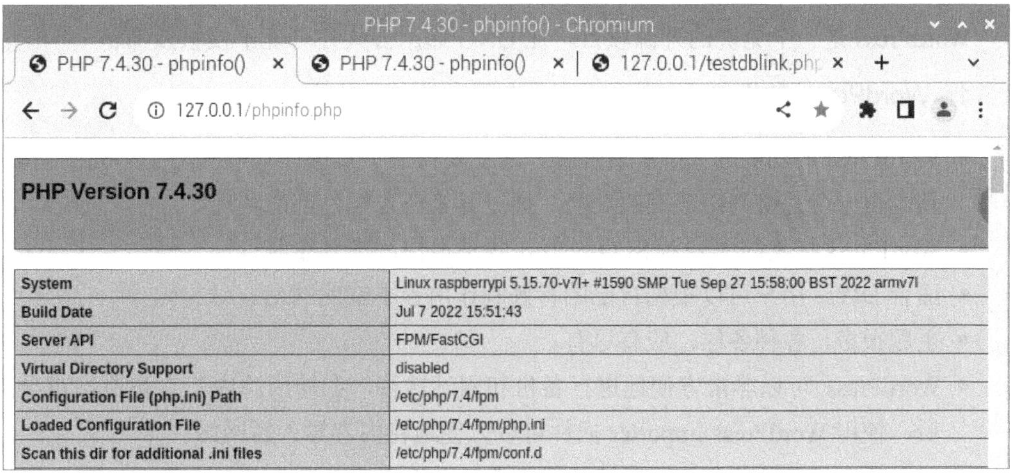

图 6-11　Nginx 的测试结果

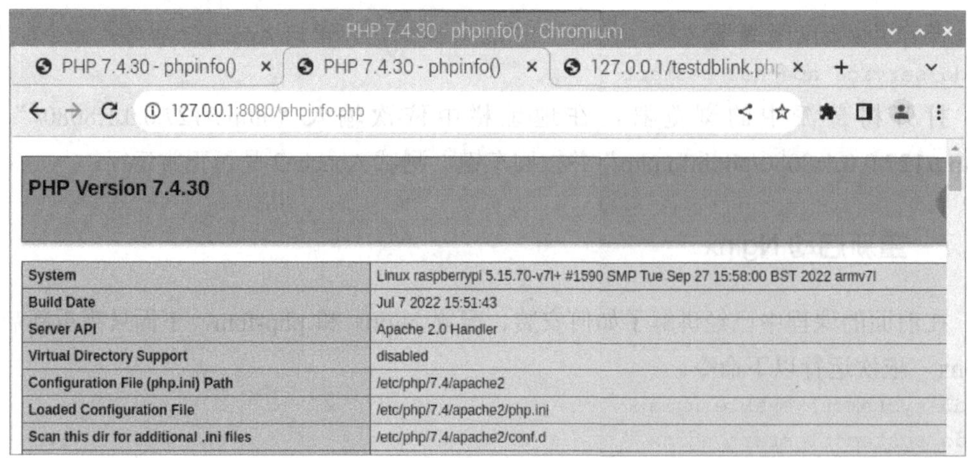

图 6-12　Apache2 的测试结果

使用同样的方法，可以在树莓派的浏览器的地址栏中依次输入“http://127.0.0.1:8080/ testdblink.php”和“http://127.0.0.1/testdblink.php”，测试 testdblink.php 在 Apache2 和 Nginx 中的运行情况。

6.2 博客 WordPress

WordPress 是使用 PHP 语言开发的开源博客平台，用户可以在支持 PHP 和 MySQL 数据库的服务器上架设属于自己的个人博客，也可以将 WordPress 作为一个内容管理系统（CMS）使用。WordPress 有许多第三方开发的免费模板，安装方式简单易用。WordPress 官方支持中文版，也有第三方开发的中文语言包，还有成千上万个插件和不计其数的主题模板样式，易于扩充功能。

WordPress 是一个免费的开源项目，在 GNU 通用公共许可证下授权发布。

1. WordPress 的优点

- WordPress 的功能强大、扩展性强，这主要得益于其插件众多且易于扩充的功能，基本上一个完整网站该有的功能，通过其第三方插件都能实现。
- WordPress 搭建的博客对 SEO 友好，收录很快，排名靠前。
- 适合 DIY，用户可以根据自己的喜好制作内容丰富的网站。
- 主题很多，各种各样，应有尽有。
- WordPress 可以非常方便地进行备份和网站转移，在使用站内工具将原站点导出后，使用 WordPress Importer 插件可以方便地将内容导入新网站。
- WordPress 有强大的社区支持，有上千万的开发者贡献和审查 WordPress，所以 WordPress 是安全且活跃的。

2. WordPress 的缺点

- WordPress 的初始源代码系统基本只是一个框架，需要自己搭建。
- 虽然 WordPress 的插件很多，但是不能安装太多插件，否则会降低网站速度，影响用户体验。
- 服务器空间选择自由度较低。
- 静态化较差，确切地说是真正静态化做得不好，很难对整个网站生成真正静态化页面，通常只能生成首页和文章页的静态化页面，所以只能将整个网站实现伪静态化。
- WordPress 的博客程序定位、简单的数据库层等都注定了它不能适应大数据。
- WordPress 的加载速度慢，不能一键更新。

3. WordPress 的功能

因为 WordPress 具有强大的扩展性，所以很多网站使用 WordPress 作为内容管理系统架设商业网站。WordPress 提供的功能如下。

- 提供文章发布、分类、归档、收藏等功能，并且可以统计阅读次数。
- 提供文章、评论、分类等多种形式的 RSS 聚合。
- 提供链接的添加、归类等功能。
- 提供评论管理、垃圾信息过滤等功能。
- 支持多样式 CSS 和 PHP 程序的直接编辑、修改。
- 可以在 Blog 系统外方便地添加所需页面。
- 通过对各种参数进行设置，可以使 Blog 更具个性化。
- 在某些插件（如 WP Super Cache）的支持下，可以生成静态 HTML 页面。
- 通过选择不同主题，可以方便地改变页面的显示效果。
- 通过添加插件，可以提供多种特殊的功能。
- 支持 TrackBack 和 PingBack。
- 支持针对某些 Blog 软件、平台的导入功能。
- 支持会员注册、会员登录、后台管理等功能。

4. WordPress 的特色

- 具有所见即所得的文章编辑器。
- 具有模板系统（又称为主题系统）。
- 具有统一的链接管理功能。
- 具有为搜索引擎优化的永久链接（PermaLink）系统。
- 支持使用用于扩充功能的插件。
- 可以对文章进行嵌套分类，同一篇文章可以属于多个分类。
- 具有 TrackBack 和 PingBack 的功能。
- 可以产生适当的文字格式和样式的排版滤镜。

- 具有生成和使用静态页面的功能。
- 具有多作者共同写作的功能。
- 可以保存访问过网站的用户列表。
- 可以禁止来自特定 IP 段的用户访问。
- 支持使用标签（Tags）。

5. WordPress 的安装方法

WordPress 的常用安装方法有两种。

1）安装方法一

在其他计算机上从 WordPress 官方网站下载树莓派版本的安装包，将其解压缩至 wordpress 文件夹中，并且将其复制到树莓派/var/www/html 目录下；或者在树莓派的浏览器的地址栏中输入下载地址并按回车键，直接将安装包下载到树莓派中，默认下载到/home/用户名/Downloads 目录下，有时下载的文件名不是 latest-zh_CN.tar.gz，而是最新版的带版本号的 WordPress 压缩文件，如 wordpress-6.0.2-zh_CN.tar.gz。此外，在 LX 终端中运行 wget 命令下载 WordPress 压缩文件也很快捷、方便。

下面我们使用在 LX 终端中运行 wget 命令的方法下载 WordPress 的压缩文件。

首先使用 wget 命令下载最新版的 WordPress 安装包 latest-zh_CN.tar.gz 到/home/pi/目录下，具体如下：

```
sudo wget 下载地址
```

然后使用 mv 命令将压缩文件 latest-zh_CN.tar.gz 移动到/var/www/html 目录下。

```
sudo mv /home/pi/latest-zh_CN.tar.gz /var/www/html
```

接着解压缩 latest-zh_CN.tar.gz 文件，在/var/www/html 目录下生成 wordpress 文件夹。

```
cd /var/www/html
sudo tar -zxvf latest-zh_CN.tar.gz
```

最后使用 chmod 命令更改/var/www/html/wordpress 权限。

```
sudo chmod -R 777 /var/www/html/wordpress
```

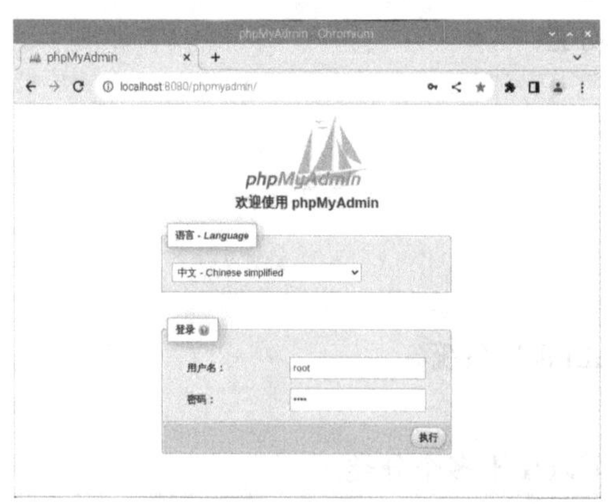

图 6-13 phpMyAdmin 的登录页面

至此，WordPress 的文件部分已经准备就绪。

在安装 WordPress 前，我们还需要对数据库部分进行处理。

打开树莓派中的浏览器，在地址栏中输入"http://localhost:8080/phpmyadmin/"并按回车键，打开 phpMyAdmin 的登录页面，输入用户名和密码，如图 6-13 所示。

单击"执行"按钮，进入 phpMyAdmin，在左侧边栏中单击"新建"节点，在弹出的页面中输入"wordpress"，新建一个 wordpress

数据库，如图 6-14 所示，然后单击左上角的退出按钮，退出 phpMyAdmin。

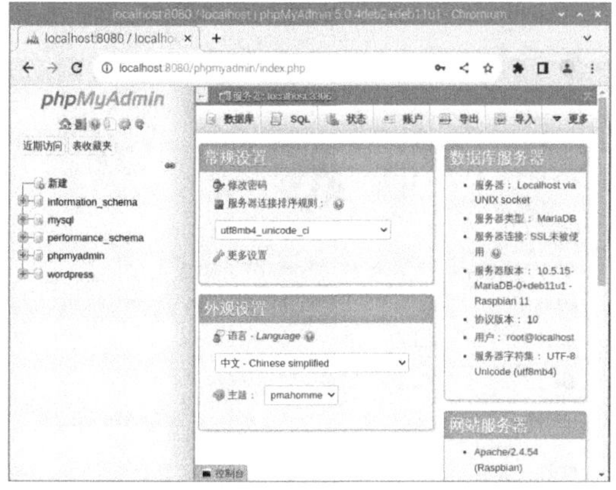

图 6-14　新建一个 wordpress 数据库

或者在 LX 终端中运行以下 MySQL 命令。

```
sudo mysql -uroot -p
```

在上述命令运行结果中的“MariaDB [(none)] >”提示符后输入以下 MySQL 命令，也可以新建一个 wordpress 数据库。

```
MariaDB [(none)] >create database wordpress;
```

将数据库权限授予 root 用户，命令如下：

```
GRANT ALL PRIVILEGES ON wordpress.* TO 'root'@'localhost' IDENTIFIED BY '密码';
```

为了让更改生效，需要刷新数据库权限，命令如下：

```
FLUSH PRIVILEGES;
```

按快捷键 Ctrl+D 或使用 quit 命令，退出 MariaDB 命令层级，返回命令行命令层级。

接下来安装和配置 WordPress。打开树莓派中的浏览器，在地址栏中输入“http://localhost:8080/wordpress”并按回车键，打开 WordPress 的安装和配置页面，如图 6-15 所示。

图 6-15　WordPress 的安装和配置页面

在阅读图 6-15 中的说明后，单击“现在就开始!”按钮，进入具体设置页面，如图 6-16 所示。

图 6-16　具体设置页面

在图 6-16 中，将“数据库名”设置为“wordpress”，“用户名”与“密码”根据实际情况设置，“数据库主机”和“表前缀”采用默认参数设置，单击“提交”按钮，将数据库连接信息写入 wp-config.php 文件，并且进入一个新页面，设置博客站点标题、用户名与电子邮箱，记录并保存密码，单击“安装 WordPress”按钮进行安装。在 WordPress 安装完成后，输入博客用户名和密码，即可进入 WordPress 博客后台，如图 6-17 所示。

图 6-17　WordPress 博客后台

2）安装方法二

在 LX 终端中输入 WordPress 的安装命令，具体如下：

```
sudo apt-get install wordpress
```

在 WordPress 安装完成后，使用 ln 命令将其与 Web 服务器联系起来，具体如下：

```
sudo ln -s /usr/share/wordpress /var/www/html/wordpress
```

使用 chmod 命令更改权限，具体如下：

```
sudo chmod -R 777 /var/www/html/wordpress
sudo chmod -R 777 /usr/share/wordpress
```

使用与前面类似的方法，进入 phpMyAdmin，新建一个 WordPress 数据库，然后使用 bash 命令将 WordPress 与 MySQL 数据库联系起来，具体如下：

```
sudo bash /usr/share/doc/wordpress/examples/setup-mysql -n wordpress
localhost
```

在运行上述命令后，按照提示在树莓派的浏览器中访问 http://localhost/wordpress，继续完成类似的安装过程。在安装完成后，即可在浏览器中出现 WordPress 的登录页面。

6.3 Pi Dashboard

Pi Dashboard（Pi 仪表盘）是树莓派实验室开发的一个开源的 IoT 设备监控工具，目前主要针对树莓派平台，并且兼容大部分类树莓派硬件产品。在树莓派上安装好 PHP 服务器环境，即可方便地部署一个 Pi Dashboard，然后通过炫酷的 Web UI 监测树莓派的状态。目前已加入的监测项目如下。

- CPU 的基本信息、状态和使用率等实时数据。
- 内存、缓存、SWAP 使用情况的实时数据。
- SD 卡（磁盘）的占用情况。
- 实时负载数据。
- 实时进程数据。
- 网络接口的实时数据。
- 树莓派 IP、运行时间、操作系统、HOST 等基础信息。

将 Pi Dashboard 部署在树莓派上的方法有两种，分别为 SFTP 上传和 GitHub 部署。如果没有搭建 PHP 服务器环境，则可以参考前面的相关章节，完成 PHP 服务器环境的搭建。

6.3.1 SFTP 上传

扫描文前的二维码，获取本项目源代码，通过 FileZilla 等 FTP 软件将解压缩出来的目录上传到树莓派的/var/www/html 目录下，即可通过 http://localhost/pi-dashboard 访问部署好了的 Pi Dashboard。

如果页面无法正常显示，那么原因可能是 pi-dashboard 目录缺少运行权限，我们可以尝试在 LX 终端中使用 chown 命令或 chmod 命令给 pi-dashboard 目录添加运行权限。假设上传 pi-dashboard 后的目录是/var/www/html/pi-dashboard，那么给 pi-dashboard 目录添加运行权限的命令如下：

```
cd /var/www/html
sudo chown -R www-data pi-dashboard
```

或者

```
sudo chmod -R 777 /var/www/html/pi-dashboard
```

运行上述命令，打开 Pi Dashboard 的主界面，如图 6-18 所示。

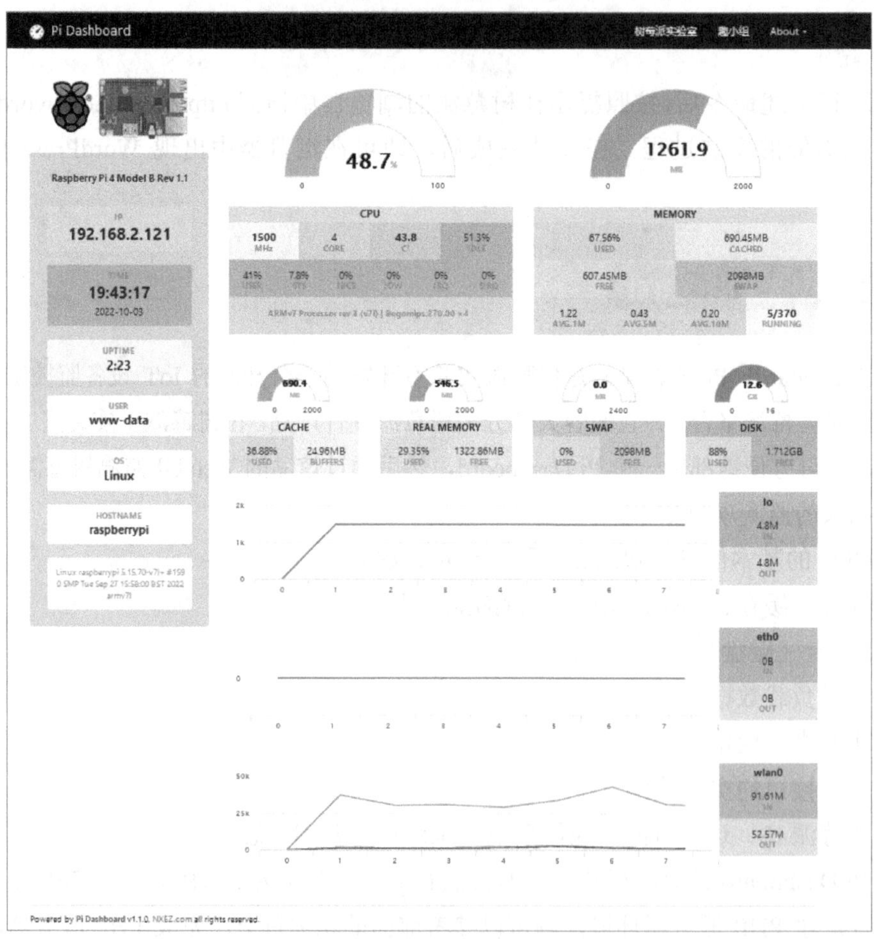

图 6-18　Pi Dashboard 的主界面

6.3.2　GitHub 部署

使用 git clone 命令从 GitHub 上下载 pi-dashboard 项目到树莓派中。

```
cd /var/www/html
sudo git clone 下载地址
```

直接通过 http://localhost/pi-dashboard 访问部署好了的 Pi Dashboard。

如果页面无法显示，则可以尝试在树莓派终端给源代码添加运行权限。假设上传 pi-dashboard 后的目录是/var/www/html/pi-dashboard，那么给 pi-dashboard 目录添加运行权限的命令如下：

```
cd /var/www/html
```

```
sudo chown -R www-data pi-dashboard
```

或者

```
sudo chmod -R 777 /var/www/html/pi-dashboard
```

Pi Dashboard 对不同的设备进行了响应式布局，因此，任意一个带有浏览器的终端（包括计算机、平板、手机）都可以打开 Pi Dashboard 的主界面。

6.4 Syncthing

Syncthing 是一款开源、免费、跨平台的文件同步工具，它可以基于 P2P 技术实现设备之间的文件同步，无须中心服务器，即可在多台设备之间实时同步文件。同步速度实际上取决于网络带宽的上限，在理论上，同步的节点越多，同步速度越快。Syncthing 官方支持 Linux、Windows、OS X、FreeBSD、Solaris 等操作系统，并且具有第三方的 iOS 和 Android 应用程序。

提供自建网盘云存储同步服务的软件还有很多，如 Seafile、Nextcloud、ownCloud、Resilio Sync 等。但 Syncthing 有独特的优点，受到众多用户的推荐。

Syncthing 的优点是开源、安全、跨平台、采用 TLS 加密、开发活跃、安装简单、网络要求低，并且可以提供完善的版本控制；缺点是更适合用于私有分享，而不适合用于公有分享，存在病毒扩散问题。

下面介绍如何在树莓派上使用 Syncthing 启用远程服务，与本地服务配合，实现文件实时备份功能。

1. 获取 Syncthing 安装包

打开 LX 终端，进入用户所在的目录，使用 wget 命令下载安装包，这里下载稳定版的 syncthing-linux-arm-v1.21.0.tar.gz 安装包，具体如下：

```
sudo wget 下载地址
```

也可以在官方网站上手动下载 Syncthing 安装包，然后通过 SFTP 将其上传到/home/pi 目录下。

还可以使用 git clone 命令直接将文件下载到/home/pi/syncthing 目录下，具体如下：

```
sudo git clone 下载地址
```

解压缩 syncthing-linux-arm-v1.21.0.tar.gz 安装包，命令如下。解压缩后的目录为/home/用户名/syncthing。假设用户名是 pi，那么解压缩后的目录为/home/pi/syncthing。

```
sudo tar -zxvf syncthing-linux-arm-v1.21.0.tar.gz
```

或者

```
sudo tar -zxvf /home/pi/syncthing-linux-arm-v1.21.0.tar.gz
```

2. 对 Syncthing 进行部署和测试

在当前目录下多出来一个名为 syncthing-linux-arm-v1.21.0 的目录，该目录很长，在 LX 终端中依次运行以下命令。

```
sudo mv syncthing-linux-arm-v1.21.0 syncthing     #重命名为 syncthing，缩短目录长度
cd syncthing                                      #进入 syncthing 目录
sudo chmod +x syncthing                           #给 Syncthing 主程序添加执行权限
~/syncthing/syncthing                             #运行 Syncthing 主程序
```

运行上述命令，会自动打开浏览器，并且在 LX 终端中输出一些程序初始化信息，包括网络监听端口、Web UI、URL 等，表示 Syncthing 部署成功，如图 6-19 所示。此时不要着急访问 Web UI，因为还需要对 Syncthing 进行配置，按快捷键 Ctrl+C 终止程序。

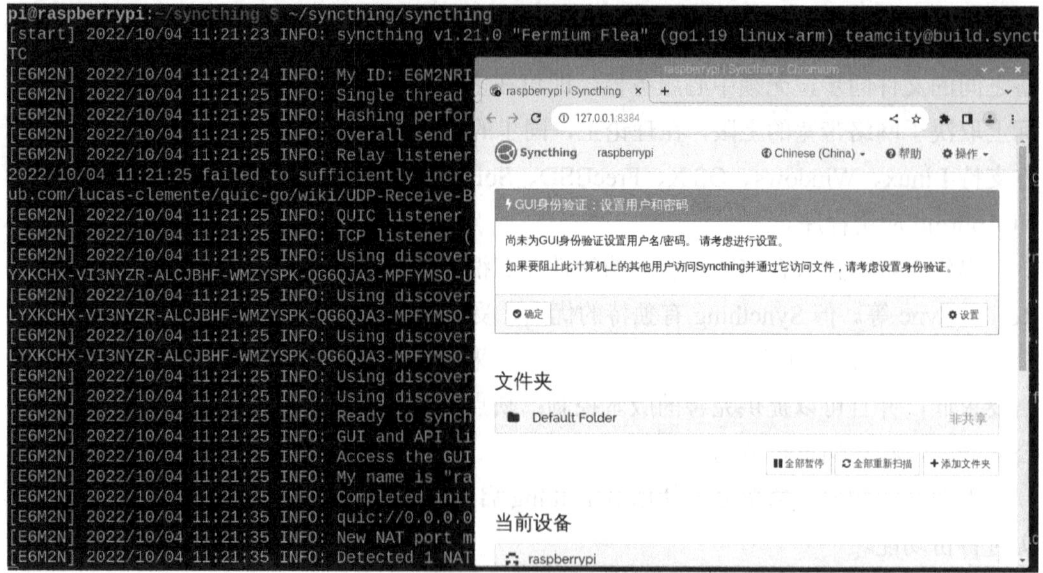

图 6-19　Syncthing 部署成功

运行以下命令，编辑 Syncthing 的配置文件。

```
sudo nano /home/pi/.config/syncthing/config.xml
```

找到与 gui 有关的配置，具体如下：

```
<gui enabled="true" tls="false" debugging="false">
<address>127.0.0.1:8384</address>
<apikey>xyz</apikey>     #xyz 是很长的数字串，每次安装的数字串都不一样
<theme>default</theme>
</gui>
```

将<address>标签中的 IP 地址“127.0.0.1:8384”修改为“0.0.0.0:8384”，以便让其他终端可以访问 Syncthing 的 Web UI。再次运行 Syncthing 主程序，命令如下：

```
~/syncthing/syncthing
```

不要中断程序，尝试用计算机或手机的浏览器访问 Syncthing 的 Web UI，地址为 http://树莓派的 IP 地址:8384，如 http://192.168.2.121:8384，如图 6-20 所示。

图 6-20　访问 Syncthing 的 Web UI

在打开 Syncthing 的 Web UI 后，需要设置用户名和密码，如果已经略过，则可以在右上角的“操作”菜单中选择“设置”命令，打开“设置”面板，选择“图形用户界面”选项卡，然后重新设置用户名和密码，如图 6-21 所示。

图 6-21　“设置”面板中的“图形用户界面”选项卡

在“设置”面板中，还有“常规”选项卡、“连接”选项卡、“已忽略的设备”选项卡、“已忽略的文件夹”选项卡，其中，“常规”选项卡如图 6-22 所示，“连接”选项卡如图 6-23 所示。

图 6-22 “设置”面板中的“常规”选项卡

图 6-23 “设置”面板中的“连接”选项卡

如果 Syncthing 在前台运行，则可以直接使用命令行命令进行相关操作；如果 Syncthing 在后台运行，则需要在命令行命令后添加“&”符号，示例如下：

```
~/syncthing/syncthing &
```

后台运行的命令也会将运行结果输出到控制台中，如果不需要在控制台中输出运行结果，则可以将其重定向到某个文件中。例如，将标准输出和错误输出都重定向到一个名为“cmd.out”的文件中，命令如下：

```
~/syncthing/syncthing > cmd.out &
```

在成功运行上述命令后，会显示一个进程号，可以使用 ps 命令监控该进程，或者使用 kill 命令终止该进程。

如果要让 Syncthing 在树莓派操作系统启动时跟随系统自动启动，则可以使用 nano 编辑器创建一个新文件/etc/init.d/syncthing 并将其打开，命令如下：

```
sudo nano /etc/init.d/syncthing
```

在打开的 syncthing 文件中输入以下内容。

```
#!/bin/sh
   ### BEGIN INIT INFO
   # Provides: Syncthing
   # Required-Start: $local_fs $remote_fs $network
   # Required-Stop:  $local_fs $remote_fs $network
   # Default-Start: 2 3 4 5
   # Default-Stop:  0 1 6
   # Short-Description: Syncthing
   # Description: Syncthing is for backups
   ### END INIT INFO
   # Documentation available at
   # Debian provides some extra functions though. /lib/lsb/init-functions

   DAEMON_NAME="syncthing"
   DAEMON_USER=pi
   DAEMON_PATH="/home/pi/syncthing/syncthing"
   DAEMON_OPTS=""
   DAEMON_PWD="${PWD}"
   DAEMON_DESC=$(get_lsb_header_val $0 "Short-Description")
   DAEMON_PID="/var/run/${DAEMON_NAME}.pid"
   DAEMON_NICE=0
   DAEMON_LOG='/var/log/syncthing'

    [ -r "/etc/default/${DAEMON_NAME}" ] && . "/etc/default/${DAEMON_NAME}"

   do_start() {
     local result

       pidofproc -p "${DAEMON_PID}" "${DAEMON_PATH}" > /dev/null
       if [ $? -eq 0 ]; then
           log_warning_msg "${DAEMON_NAME} is already started"
           result=0
       else
           log_daemon_msg "Starting ${DAEMON_DESC}" "${DAEMON_NAME}"
           touch "${DAEMON_LOG}"
           chown $DAEMON_USER "${DAEMON_LOG}"
           chmod u+rw "${DAEMON_LOG}"
           if [ -z "${DAEMON_USER}" ]; then
               start-stop-daemon --start --quiet --oknodo --background \
                   --nicelevel $DAEMON_NICE \
                   --chdir "${DAEMON_PWD}" \
                   --pidfile "${DAEMON_PID}" --make-pidfile \
                   --exec "${DAEMON_PATH}" -- $DAEMON_OPTS
               result=$?
```

```
        else
            start-stop-daemon --start --quiet --oknodo --background \
                --nicelevel $DAEMON_NICE \
                --chdir "${DAEMON_PWD}" \
                --pidfile "${DAEMON_PID}" --make-pidfile \
                --chuid "${DAEMON_USER}" \
                --exec "${DAEMON_PATH}" -- $DAEMON_OPTS
            result=$?
        fi
        log_end_msg $result
    fi
    return $result
}

do_stop() {
    local result

    pidofproc -p "${DAEMON_PID}" "${DAEMON_PATH}" > /dev/null
    if [ $? -ne 0 ]; then
        log_warning_msg "${DAEMON_NAME} is not started"
        result=0
    else
        log_daemon_msg "Stopping ${DAEMON_DESC}" "${DAEMON_NAME}"
        killproc -p "${DAEMON_PID}" "${DAEMON_PATH}"
        result=$?
        log_end_msg $result
        rm "${DAEMON_PID}"
    fi
    return $result
}

do_restart() {
    local result
    do_stop
    result=$?
    if [ $result = 0 ]; then
        do_start
        result=$?
    fi
    return $result
}

do_status() {
    local result
    status_of_proc -p "${DAEMON_PID}" "${DAEMON_PATH}" "${DAEMON_NAME}"
    result=$?
```

```
    return $result
}

do_usage() {
    echo $"Usage: $0 {start | stop | restart | status}"
    exit 1
}

case "$1" in
start)  do_start;  exit $? ;;
stop)  do_stop;  exit $? ;;
restart) do_restart; exit $? ;;
status) do_status; exit $? ;;
*)      do_usage;  exit 1 ;;
esac
```

保存并关闭 syncthing 文件，然后退出 nano 编辑器。运行以下命令，添加可执行权限和默认启动方式。

```
sudo chmod +x /etc/init.d/syncthing    #添加可执行权限
sudo update-rc.d syncthing defaults    #添加默认启动方式
```

开启 Syncthing、停止 Syncthing、重启 Syncthing 和查看 Syncthing 状态的命令分别如下：

```
sudo service syncthing start
sudo service syncthing stop
sudo service syncthing restart
sudo service syncthing status
```

取消 Syncthing 开机自动启动的命令如下：

```
sudo update-rc.d syncthing remove
```

Syncthing 私有云盘已经在树莓派上部署完毕，访问 Syncthing 的各种平台的客户端可以在 Syncthing 官方网站上免费获取，针对 Windows 操作系统中的 Syncthing，官方还提供了一个图形界面版的 SyncTrayzor 工具。

本章小结

本章主要讲解了树莓派在 Web 方面的应用，具体如下。

- 搭建 LANMP 环境和 phpMyAdmin：搭建 Apache+Nginx+MySQL+PHP 网站服务器架构，phpMyAdmin 是以 PHP 为基础的 MySQL 数据库管理工具。
- 博客 WordPress：搭建世界上使用最广泛的博客系统之一。
- Pi Dashboard：为树莓派搭建开源的 IoT 设备监控。
- Syncthing：基于 P2P 技术，实现设备之间的文件同步。

课后练习

（1）在树莓派上搭建 LANMP 环境，然后安装 phpMyAdmin 工具。

（2）在树莓派上搭建个人 WordPress 博客系统，并且能在局域网中访问该博客系统。

（3）在树莓派上运行 Pi Dashboard，查看各项监控信息。

（4）在树莓派上搭建个人 Syncthing 私有云盘，并且能在局域网中访问该私有云盘。

第 7 章 树莓派软件开发应用

知识目标

- 掌握 OpenJDK 和 Tomcat 的安装、配置和使用方法。
- 掌握 CMake 编译工具的使用方法。
- 掌握 C 语言的使用方法。
- 掌握 Python 的使用方法。
- 掌握 PyCharm IDE 的安装和使用方法。
- 掌握 Arduino IDE 的安装和使用方法。

技能目标

- 能够在树莓派上安装、配置和使用 OpenJDK 和 Tomcat。
- 能够在树莓派上使用 CMake 编译工具。
- 能够在树莓派上使用 C 语言。
- 能够在树莓派上使用 Python。
- 能够在树莓派上安装和使用 PyCharm IDE。
- 能够在树莓派上安装和使用 Arduino IDE。

任务概述

- 在树莓派上安装、配置和使用 OpenJDK 和 Tomcat，并且测试运行成功。
- 在树莓派上使用 CMake 编译工具完成一次编译工作。
- 在树莓派上使用 C 语言编写一段代码，输出“HelloWorld”。
- 在树莓派上使用 Python 编写一段代码，输出环境信息。
- 在树莓派上使用 PyCharm IDE 运行一段代码。
- 在树莓派上使用 Arduino IDE 控制 LED 灯闪烁。

7.1 开源的 OpenJDK 和 Tomcat

7.1.1 开源的 OpenJDK

Java 是最流行的编程语言之一，主要用于构建各种应用程序和系统。Java 有两种不同的实现，分别是 Oracle Java 和 OpenJDK，其中，OpenJDK 是 Java 平台的开源实现；Oracle Java 具有其他商业功能，并且仅允许用于非商业用途。下面介绍在树莓派上安装和配置 OpenJDK 的方法。

在 LX 终端中运行以下命令，可以安装最新版本的 OpenJDK。本书以 OpenJDK 17 为例进行讲解。

```
sudo apt install default-jdk
```

在安装 default-jdk 时，软件包 default-jdk、default-jdk-headless、default-jre、openjdk-11-jdk、openjdk-11-jre 也会被同步安装。

在 default-jdk 安装完成后，可以运行以下命令查看默认的 Java 版本。

```
java -version
```

输出信息如下：

```
openjdk version "17.0.4" 2022-07-19
OpenJDK Runtime Environment (build 17.0.4+8-Raspbian-1deb11u1rpt1)
OpenJDK Client VM (build 17.0.4+8-Raspbian-1deb11u1rpt1, mixed mode,
emulated-client)
```

多个 Java 版本共存于树莓派操作系统中，并不会发生冲突，可以根据实际需要设置默认的 Java 版本。例如，如果需要使用 OpenJDK 的 Java 8 版本，则可以运行以下命令。

```
sudo apt install openjdk-8-jdk
```

在安装完成后，使用以下命令查看默认的 Java 版本。

```
java -version
```

如果需要修改默认的 Java 版本，则可以使用 update-alternatives 命令查看已安装的 Java 版本信息，具体如下：

```
sudo update-alternatives --config java
```

上述命令的运行结果如下：

```
  选择   路径                                          优先级    状态
------------------------------------------------------------------------
* 0    /usr/lib/jvm/java-17-openjdk-armhf/bin/java      1711     自动模式
  1    /usr/lib/jvm/java-11-openjdk-armhf/bin/java      1111     手动模式
  2    /usr/lib/jvm/java-17-openjdk-armhf/bin/java      1711     手动模式
  3    /usr/lib/jvm/java-8-openjdk-armhf/jre/bin/java   1081     手动模式
要维持当前值[*]请按<回车键>，或者键入选择的编号：
------------------------------------------------------------------------
```

输入要设置为默认版本的版本号，然后按回车键。

如果安装了 OpenJDK 的多个 Java 版本，则需要设置 JAVA_HOME 和 JRE_HOME 环境变量。使用 nano 编辑器打开/etc/environment 文件，命令如下：

```
sudo nano /etc/environment
```

假设要将 JAVA_HOME 设置为 OpenJDK 17，则可以在 environment 文件末尾添加以下内容。

```
JAVA_HOME="/usr/lib/jvm/java-17-openjdk-armhf/bin"
JRE_HOME="/usr/lib/jvm/java-8-openjdk-armhf/jre/bin"
```

上面两个路径都是使用 update-alternatives 命令输出的路径。

运行以下命令，使设置生效。

```
source /etc/environment
```

如果需要卸载 default-jdk，则可以运行以下命令。

```
sudo apt remove default-jdk
```

7.1.2　开源的 Tomcat

Tomcat 是一款常见的 Web 服务软件。因为 Tomcat 的设计结构先进，并且运行稳定、高效，所以经常用于进行 Java 的 Web 开发。下面以 Tomcat 9.0 为例，介绍在树莓派上安装和配置 Tomcat 的方法。

打开 LX 终端，依次输入以下命令，下载和安装 Tomcat。

```
sudo wget 下载地址                                    #下载 Tomcat 安装包
sudo tar zxvf apache-tomcat-9.0.69.tar.gz          #解压缩 Tomcat 安装包
```

设置 Tomcat 和 Java 的环境变量。因为 Tomcat 需要 Java 运行环境支持，所以在安装 Tomcat 后，还不能正常解析 JSB 等文件，需要将 Java 的环境变量配置到树莓派的环境变量中。

为 Tomcat 添加 Java 环境变量 JAVA_HOME 和 JRE_HOME，Tomcat 的 bin 目录下的 setclasspath.sh 文件会用到这两个变量。在 LX 终端中，使用 nano 编辑器打开用户主目录下的.bash_profile 文件，命令如下：

```
sudo nano ~/.bash_profile
```

在.bash_profile 文件中添加以下内容。其中，Java 路径需要根据实际的安装路径进行修改。

```
export JAVA_HOME="/usr/lib/jvm/jdk-8-oracle-arm32-vfp-hflt"
export JRE_HOME="/usr/lib/jvm/jdk-8-oracle-arm32-vfp-hflt/jre"
```

保存并关闭.bash_profile 文件，然后退出 nano 编辑器。

修改用户目录/apache-tomcat-9.0.69/webapps 的访问权限，在 webapps 目录下存储 Java 网站文件，相关命令如下。

- 修改 apache-tomcat-9.0.69 目录的访问权限，命令如下：

```
chmod 777 ~/apache-tomcat-9.0.69/
```

- 仅修改 webapps 目录的访问权限，命令如下：

```
chmod 777 ~/apache-tomcat-9.0.69/webapps
```

- 修改 webapps 目录及其子目录的访问权限，命令如下：

```
chmod -R 777 ~/apache-tomcat-9.0.69/webapps
```

重启树莓派，进入 Tomcat 所在的目录并启动 Tomcat，命令如下：

```
cd ~/apache-tomcat-9.0.69/bin              #进入 Tomcat 所在的目录
sudo ./startup.sh                          #启动 Tomcat
```

关闭 Tomcat 的命令如下：

```
sudo ./shutdown.sh                          #关闭 Tomcat
```

在 Tomcat 启动后，返回的信息如下：

```
Using CATALINA_BASE:   /home/pi/apache-tomcat-9.0.69
Using CATALINA_HOME:   /home/pi/apache-tomcat-9.0.69
Using CATALINA_TMPDIR: /home/pi/apache-tomcat-9.0.69/temp
Using JRE_HOME:        /usr
Using CLASSPATH:       /home/pi/apache-tomcat-
9.0.69/bin/bootstrap.jar:/home/pi/apache-tomcat-9.0.69/bin/tomcat-juli.jar
Using CATALINA_OPTS:
Tomcat started.
```

在 Tomcat 关闭后，返回的信息如下：

```
Using CATALINA_BASE:   /home/pi/apache-tomcat-9.0.69
Using CATALINA_HOME:   /home/pi/apache-tomcat-9.0.69
Using CATALINA_TMPDIR: /home/pi/apache-tomcat-9.0.69/temp
Using JRE_HOME:        /usr
Using CLASSPATH:       /home/pi/apache-tomcat-
9.0.69/bin/bootstrap.jar:/home/pi/apache-tomcat-9.0.69/bin/tomcat-juli.jar
Using CATALINA_OPTS:
NOTE: Picked up JDK_JAVA_OPTIONS:  --add-opens=java.base/java.lang=ALL-
UNNAMED --add-opens=java.base/java.io=ALL-UNNAMED --add-
opens=java.base/java.util=ALL-UNNAMED --add-
opens=java.base/java.util.concurrent=ALL-UNNAMED --add-
opens=java.rmi/sun.rmi.transport=ALL-UNNAMED
```

通过浏览器访问 http://127.0.0.1:8080，打开 Tomcat 网页，Tomcat 安装并配置成功的网页如图 7-1 所示。

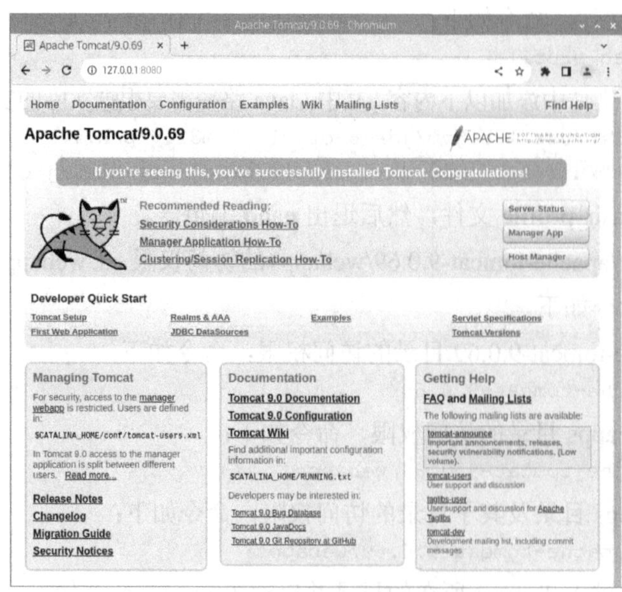

图 7-1　Tomcat 安装并配置成功的网页

7.2 CMake 编译工具

CMake 是一个跨平台的安装（编译）工具，可以用简单的语句描述所有平台的安装（编译）过程。CMake 可以输出各种各样的 makefile 文件或 project 文件，可以测试编译器支持的 C++特性，类似于 UNIX 操作系统中的 automake。CMake 的组态档称为 CMakeLists.txt。Cmake 并不直接建构最终的软件，它可以产生标准的建构档，如 UNIX 操作系统中的 makefile 文件，然后按照一般的建构方式使用。

下面介绍在树莓派上安装和配置 CMake 的方法。

（1）在 LX 终端中输入以下命令，安装 CMake。

```
sudo apt-get install -y cmake
```

（2）查看 CMake 的版本，命令如下：

```
cmake --version
```

返回的信息如下：

```
cmake version 3.18.4
CMake suite maintained and supported by Kitware (kitware.com/cmake).
```

（3）测试 CMake，创建一个新的目录，用于存储项目文件，命令如下：

```
mkdir helloworld && cd helloworld
```

（4）使用 nano 编辑器创建文件 main.c，命令如下：

```
sudo nano main.c
```

（5）编辑 main.c 文件，在该文件中添加以下 C 语言代码。

```
#include <stdio.h>
int main() {
    printf("Hello world\n");
    return 0;
}
```

（6）保存并关闭 main.c 文件，然后退出 nano 编辑器。

（7）使用 nano 编辑器创建 CMake 的配置文件 CMakeLists.txt，命令如下：

```
sudo nano CMakeLists.txt
```

（8）编辑 CMakeLists.txt 文件，在该文件中添加以下内容。

```
cmake_minimum_required(VERSION 3.0)
project(hello C)
add_executable(hello main.c)
```

保存并关闭 CMakelists.txt 文件，然后退出 nano 编辑器。

（9）创建一个单独的目录 build，用于存储 CMake 生成的项目文件，命令如下：

```
sudo mkdir build && cd build
```

以 helloworld 目录为例，介绍 CMake 生成的项目文件结构，具体如下：

```
helloworld/
    build/
    CMakeLists.txt
    main.c
```

（10）在建构目录下运行 cmake 命令，使用位于父目录中的 CMakeLists.txt 文件生成建构文件。在默认情况下，CMake 会为原生建构系统生成建构文件，在本案例中是 makefile 文件。

```
sudo cmake ..
```

返回信息如下：

```
-- The C compiler identification is GNU 10.2.1
-- Detecting C compiler ABI info
-- Detecting C compiler ABI info - done
-- Check for working C compiler: /usr/bin/cc - skipped
-- Detecting C compile features
-- Detecting C compile features - done
-- Configuring done
-- Generating done
-- Build files have been written to: /home/pi/helloworld/build
```

（11）在上述命令运行结束后，使用 ls 命令查看建构目录，会显示下面的文件。可以看到，makefile 文件已经生成。

```
CMakeCache.txt  CMakeFiles  cmake_install.cmake  Makefile
```

（12）在建构目录下运行 make 命令。

```
sudo make
```

返回信息如下：

```
Scanning dependencies of target hello
[ 50%] Building C object CMakeFiles/hello.dir/main.c.o
[100%] Linking C executable hello
[100%] Built target hello
```

（13）在建构目录下运行编译好的 hello 程序，命令如下：

```
./hello
```

返回信息如下：

```
Hello world
```

（14）如果需要完全卸载 CMake 及其依赖项，则运行以下命令。

```
sudo apt purge --autoremove -y cmake gcc make
```

7.3 C 语言

C 语言是一门面向过程的计算机编程语言，与 C++、C#、Java 等面向对象的编程语言有所不同。C 语言是一种仅产生少量的机器码，并且不需要任何运行环境支持便能运行的编程语言，它能够以简易的方式编译、处理低级存储器。在代码质量相同的情况下，与汇编语言相比，C 语言描述问题更迅速、工作量更小、可读性更高，并且更易于调试、修改和移植。在通常情况下，C 语言代码生成的目标程序只比汇编语言代码生成的目标程序效率低 10%～20%。因此，可以使用 C 语言编写系统软件。

目前，在编程领域中，C 语言的应用非常广泛，它兼具高级语言和汇编语言的优点，具有较大优势。计算机系统设计及应用程序开发是 C 语言应用的两大领域。此外，C 语言的普适性较强，适用于大部分计算机操作系统，并且效率较高。

C 语言是一种结构化语言，有清晰的层次，可以按照模块的方式对程序进行编写，非常有利于进行程序调试。此外，C 语言的处理和表现能力都非常强大，依靠非常全面的运算符和多样的数据类型，可以轻易完成各种数据结构的构建，通过指针类型可以对内存寻址及硬件进行直接操作。因此，使用 C 语言，既可以开发系统程序，又可以开发应用程序。C 语言的主要特点如下。

- 简洁的语言。
- 具有结构化的控制语句。
- 丰富的数据类型。
- 丰富的运算符。
- 可以对物理地址进行直接操作。
- 代码具有较高的可移植性。
- 可以生成质量高、目标代码运行效率高的程序。

C 语言具有完整的理论体系，在编程语言中具有举足轻重的地位。

GCC（GNU Compiler Collection，GNU 编译器套件）是以 GPL 许可证发行的自由软件，也是 GNU 计划的关键部分。GCC 最初是为 GNU 操作系统专门编写一款编译器，现在已经被大部分类 UNIX 操作系统（如 Linux、BSD、OS X 等）采纳为标准的编译器，甚至在微软的 Windows 操作系统中也可以使用 GCC。GCC 支持多种计算机体系结构芯片，如 x86、ARM、MIPS 等，并且已经被移植到多种硬件平台上。

GCC 原名为 GNU C Compiler（GNU C 语言编译器），只能处理 C 语言，很快扩展为可以处理 C++，后来又扩展为可以处理更多编程语言，如 Fortran、Pascal、Objective -C、Java、Ada、Go 及各类处理器架构上的汇编语言，所以将其改名 GCC。

在使用 GCC 时，必须给出一系列必要的调用参数和文件名。GCC 基本的使用方法如下：

```
gcc [参数] [文件名]
```

GCC 的调用参数有 100 多个，其中常用的基本参数如下。

-c：只编译，不链接成为可执行文件。编译器只将输入的以.c 为后缀的源代码文件编译生成以.o 为后缀的目标文件。本参数通常在编译不包含主程序的子程序文件的情况下使用。

-o output_filename：确定输出文件的名称为 output_filename，并且该名称不能和源文件同名。如果不指定输出文件的名称，那么 GCC 会使用默认的输出文件名 a.out。

-g：产生符号调试工具（如 GDB）所需的符号信息。如果要对源代码进行调试，就必须使用该参数。

-O：对程序进行优化编译、链接。使用该参数，可以在编译、链接过程中对所有源代码进行优化处理，提高产生的可执行文件的运行效率，但是，编译和链接的速度会相应地变慢。

-O2：与使用-O 参数相比，可以更好地对程序进行优化编译和链接，但整个编译、链接过程会更慢。

-I dirname：将 dirname 指定的目录加入程序头文件目录列表，是在预编译过程中使用的参数。C 语言程序中的头文件有两类，具体如下。

- A 类：#include <myinc.h>。
- B 类：#include "myinc.h"。

其中，A 类使用尖括号<>，B 类使用英文双引号""。对于 A 类头文件，预处理程序会在系统预设包含文件的目录下搜索相应的文件；对于 B 类头文件，预处理程序会在目标文件所在的文件夹中搜索相应的文件。

-v：显示 GCC 运行时的详细过程、GCC 及其相关程序的版本号。在编译程序时使用该参数，可以显示 GCC 搜索头文件或库文件时使用的搜索路径。

GCC 遵循的部分规则如下。

- 以.c 为后缀的文件是 C 语言源代码文件。
- 以.a 为后缀的文件是由目标文件构成的档案库文件。
- 以.C、.cc 或.cxx 为后缀的文件是 C++源代码文件且必须对其进行预处理。
- 以.h 为后缀的文件是程序包含的头文件。
- 以.i 为后缀的文件是 C 语言源代码文件且不会对其进行预处理。
- 以.ii 为后缀的文件是 C++源代码文件且不会对其进行预处理。
- 以.m 为后缀的文件是 Objective-C 语言源代码文件。
- 以.mm 为后缀的文件是 Objective-C++源代码文件。
- 以.o 为后缀的文件是编译后的目标文件。
- 以.s 为后缀的文件是汇编语言源代码文件。
- 以.S 为后缀的文件是经过预编译的汇编语言源代码文件。

下面介绍在树莓派中使用 C 语言的方法。

（1）在 LX 终端中运行以下命令，安装 C 语言调试器 GDB。

```
sudo apt-get install gdb
```

这里使用的编译器是树莓派操作系统自带的 GCC 或 G++编译器。

（2）依次运行以下命令，调试 C 语言程序。

```
cd ~
sudo mkdir testc && cd testc    #新建目录 testc，并且进入该目录
sudo vim test.c
```

（3）在新建的 test.c 文件中添加以下 C 语言代码。

```
#include <stdio.h>
int main() {
  int i,s;
  for(i=10;i>0;i--)
   {
```

```
      s=s+i;
    }
  printf("%d/n",s);
  printf("Hello world,Raspberry Pi\n");
}
```

（4）使用 vim 编辑器编辑 test.c 文件，按 Esc 键，然后输入“:wq!”并按回车键，如图 7-2 所示。

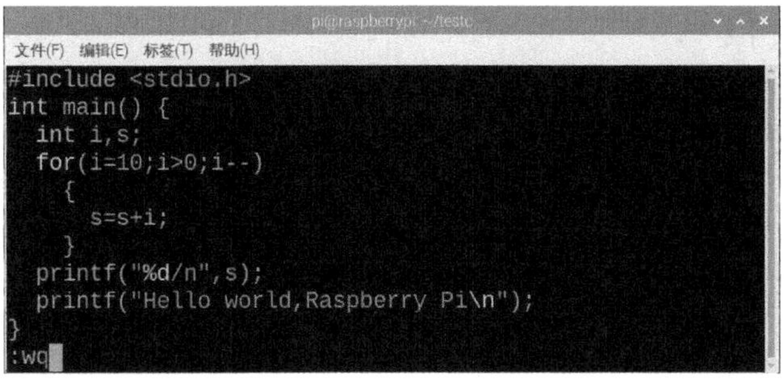

```
#include <stdio.h>
int main() {
  int i,s;
  for(i=10;i>0;i--)
    {
      s=s+i;
    }
  printf("%d/n",s);
  printf("Hello world,Raspberry Pi\n");
}
:wq
```

图 7-2　使用 vim 编辑器编辑 test.c 文件

保存并关闭 test.c 文件，然后退出 vim 编辑器。在 LX 终端中使用 ls 命令查看 testc 目录，可以看到该目录下生成了一个 test.c 文件。使用 GCC 编译 test.c 文件，命令如下：

```
sudo gcc test.c -o test1
```

再次在 LX 终端中使用 ls 命令查看 testc 目录，可以看到该目录下生成了一个 test1 文件。运行生成的 test1 文件，命令如下：

```
./test1
```

运行结果如下：

```
55/nHello world,Raspberry Pi
```

整个运行过程和运行结果如图 7-3 所示。

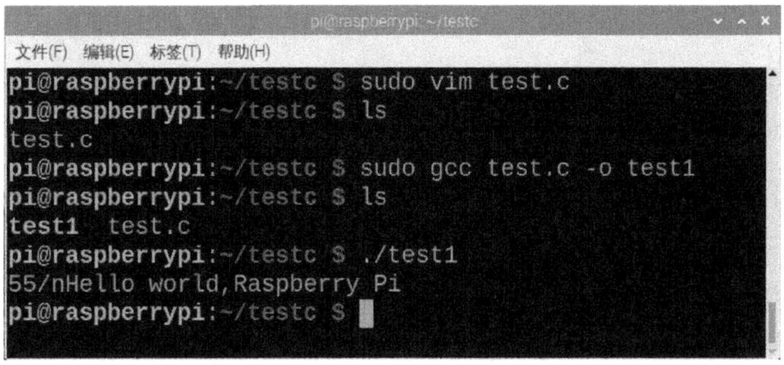

```
pi@raspberrypi:~/testc $ sudo vim test.c
pi@raspberrypi:~/testc $ ls
test.c
pi@raspberrypi:~/testc $ sudo gcc test.c -o test1
pi@raspberrypi:~/testc $ ls
test1  test.c
pi@raspberrypi:~/testc $ ./test1
55/nHello world,Raspberry Pi
pi@raspberrypi:~/testc $
```

图 7-3　运行过程和运行结果

7.4　Python

在默认情况下，树莓派操作系统中自带最新版本的 Python 开发环境，我们可以直接使用。

树莓派内置一个传感器，用于获取树莓派的 CPU 温度。下面我们使用 Python 获取 CPU 使用情况、内存使用情况、磁盘（Micro SD 卡）使用情况和本机 IP 地址。在后期的程序开发中，可以根据 CPU 温度控制风扇，或者在树莓派 CPU 温度过高时将其关闭，或者在温度过热时报警提示，对保护树莓派非常有用。

从树莓派的开始菜单中找到并打开 Python IDE，Python IDE 是 Python 的默认集成编辑器，在 Python IDE 中输入以下 Python 代码。

Python 代码如下：

```
import os
import socket

#返回表示 CPU 温度的字符串
def getCPUtemperature():
      res = os.popen('vcgencmd measure_temp').readline()
      return(res.replace("temp=","").replace("\'C\n",""))


#以列表方式返回内存使用情况（以 KB 为单位），包括 RAM 空间总量、已经使用的 RAM 空间、空闲的
RAM 空间
def getRAMinfo():
      p = os.popen('free')
      i = 0
      while 1:
        i = i + 1
        line = p.readline()
        if i==2:
            return(line.split()[1:4])

#返回表示 CPU 使用情况百分比的字符串
def getCPUuse():
      return(str(os.popen("top -n1 | awk \'/Cpu\(s\):/ {print
$2}\'").readline().strip()))

#以列表方式返回磁盘使用情况，包括总磁盘空间、已使用的磁盘空间、剩余的磁盘空间、已使用磁盘空
间所占的百分比
def getDiskSpace():
      p = os.popen("df -h /")
      i = 0
      while 1:
        i = i +1
        line = p.readline()
        if i==2:
            return(line.split()[1:5])

# 查询本机 IP 地址
def get_host_ip():
```

```
    try:
      s = socket.socket(socket.AF_INET, socket.SOCK_DGRAM)
      s.connect(('8.8.8.8', 80))
      ip = s.getsockname()[0]
    finally:
      s.close()
    return ip

#CPU 使用情况
CPU_temp = getCPUtemperature()
CPU_usage = getCPUuse()

#内存使用情况，转换成以 MB 为单位
RAM_stats = getRAMinfo()
RAM_total = round(int(RAM_stats[0]) / 1000,1)
RAM_used = round(int(RAM_stats[1]) / 1000,1)
RAM_free = round(int(RAM_stats[2]) / 1000,1)

#磁盘使用情况
DISK_stats = getDiskSpace()
DISK_total = DISK_stats[0]
DISK_used = DISK_stats[1]
DISK_perc = DISK_stats[3]

#IP 地址
ip_addr = get_host_ip()

if __name__ == '__main__':
    print('------------')
    print('CPU Temperature = '+CPU_temp)
    print('CPU Used = '+CPU_usage)
    print('------------')
    print('RAM Total = '+str(RAM_total)+' MB')
    print('RAM Used = '+str(RAM_used)+' MB')
    print('RAM Free = '+str(RAM_free)+' MB')
    print('------------')
    print('DISK Total Space = '+str(DISK_total)+'B')
    print('DISK Used Space = '+str(DISK_used)+'B')
    print('DISK Used Percentage = '+str(DISK_perc))
    print('------------')
    print('IP address= '+ ip_addr)
```

将以上代码存储为 getinfo.py 文件，然后在 LX 终端中使用以下命令运行该文件，运行结果如图 7-4 所示。

```
python getinfo.py
```

```
pi@raspberrypi:~ $ python getinfo.py
------------
CPU Temperature = 34.5
CPU Used = 4.2
------------
RAM Total = 1917.3 MB
RAM Used = 301.3 MB
RAM Free = 917.2 MB
------------
DISK Total Space = 15GB
DISK Used Space = 12GB
DISK Used Percentage = 87%
------------
IP address= 192.168.2.121
pi@raspberrypi:~ $
```

图 7-4 运行结果

7.5 PyCharm

PyCharm 是 Python 的一款 IDE（Integrated Development Environment，集成开发环境），可以提供帮助用户提高 Python 应用程序开发效率的功能，如调试、语法高亮、项目管理、代码跳转、智能提示、自动完成、单元测试、版本控制等。PyCharm 还可以提供一些高级功能，用于支持 Django 框架下的专业 Web 程序开发。

运行 PyCharm 需要 Java 环境支持，因此需要在树莓派上安装 JDK 或 JRE。下面介绍在树莓派上安装和使用 PyCharm 的方法。

1. 下载与安装

使用树莓派中的浏览器在 JetBrains 官方网站下载 Linux 操作系统的 PyCharm 社区版（Community），下载页面如图 7-5 所示。

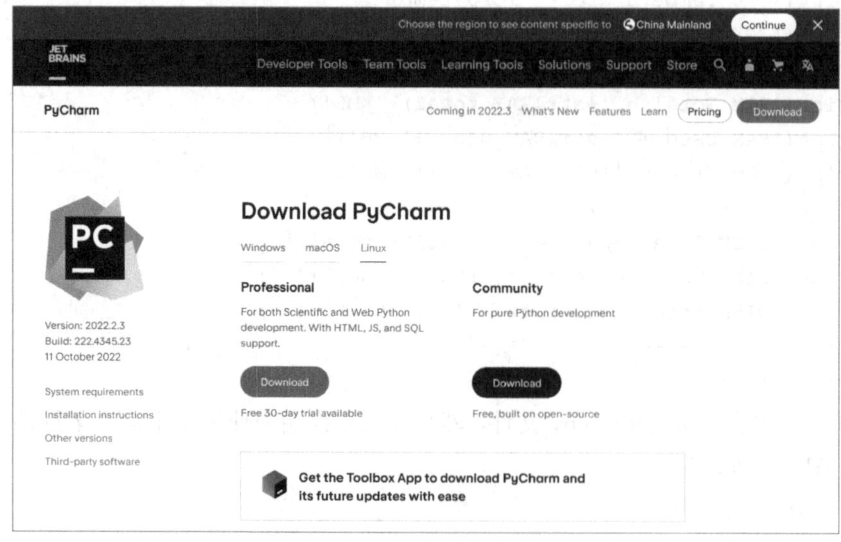

图 7-5 JetBrains 官方网站中的 PyCharm 社区版下载页面

将 PyCharm 社区版的安装包下载到树莓派的/home/pi 目录下。可以根据需要下载 PyCharm 社区版的版本，本案例使用的是 pycharm-community-2022.1.tar.gz。进入树莓派的/home/pi 目录，检查是否存在 pycharm-community-2022.1.tar.gz 文件，命令如下：

```
cd /home/pi    #进入下载安装包的目录
ls             #检查是否存在 pycharm-community-2022.1.tar.gz 文件
```

解压缩 pycharm-community-2022.1.tar.gz 文件，命令如下：

```
sudo tar -zxvf  pycharm-community-2022.1.tar.gz
```

运行 PyCharm，命令如下：

```
cd  pycharm-community-2022.1/bin
./pycharm.sh
```

如果 PyCharm 不能正常运行，则可以根据安装的 PyCharm 版本，选择合适的 Java 版本。

在正常情况下，在首次运行 PyCharm 后，会打开 PyCharm User Agreement 窗口，勾选 I confirm that I have read and accept the terms of this User Agreement 复选框，如图 7-6 所示。

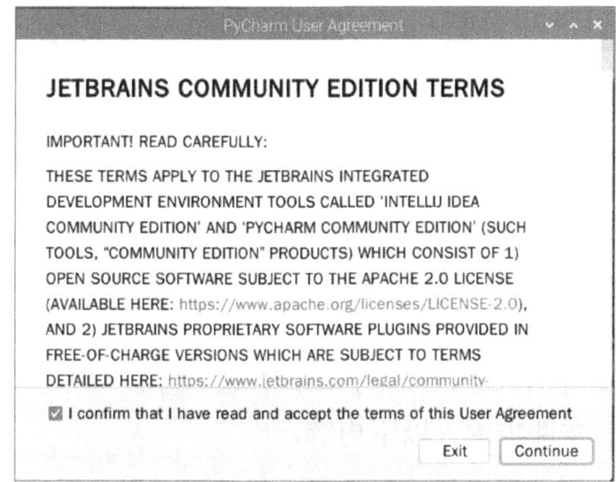

图 7-6　PyCharm User Agreement 窗口

单击 Continue 按钮，打开 Data Sharing 窗口，如图 7-7 所示。

Data Sharing

DATA SHARING

Help JetBrains improve its products by sending anonymous data about features and plugins used, hardware and software configuration, statistics on types of files, number of files per project, etc. Please note that this will not include personal data or any sensitive information, such as source code, file names, etc. The data sent complies with the JetBrains Privacy Policy.

Data sharing preferences apply to all installed JetBrains products.

You can always change this behavior in Settings | Appearance & Behavior | System Settings | Data Sharing.

Don't Send　Send Anonymous Statistics

图 7-7　Data Sharing 窗口

单击 Don't Send 按钮，在闪过登录窗口后，打开 Welcome to PyCharm 窗口，如图 7-8 所示。

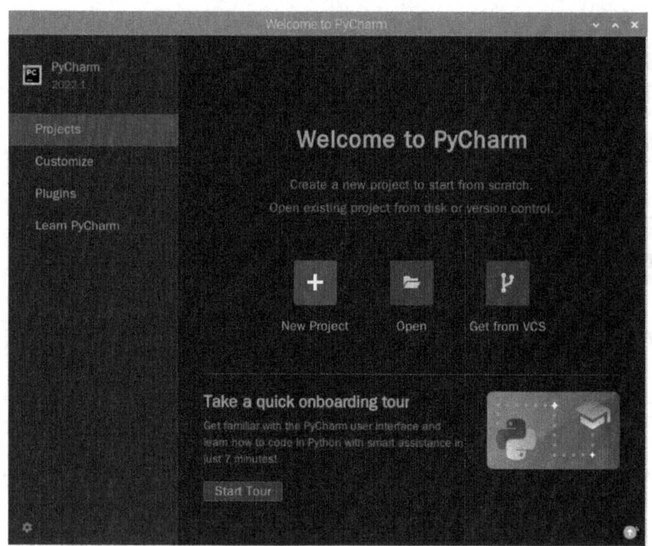

图 7-8　Welcome to PyCharm 窗口

2. 创建快捷方式

为了方便使用 PyCharm，可以在树莓派的开始菜单中和桌面上添加快捷方式。

1）在开始菜单中添加快捷方式

编辑 pycharm.desktop 文件，命令如下：

```
sudo nano /usr/share/applications/pycharm.desktop
```

在 pycharm.desktop 文件中输入以下内容。

```
[Desktop Entry]
Name=PyCharm
Type=Application
Exec=/home/pi/pycharm-community-2022.1/bin/pycharm.sh
Icon=/home/pi/pycharm-community-2022.1/bin/pycharm.png
Categories=Development
```

保存并关闭 pycharm.desktop 文件，然后退出 nano 编辑器，即可在树莓派的开始菜单中找到 PyCharm 菜单命令，如图 7-9 所示。

2）在树莓派桌面上添加快捷方式

编辑 pycharm.desktop 文件，命令如下：

```
sudo nano ~/Desktop/pycharm.desktop
```

在 pycharm.desktop 文件中输入以下内容。

```
[Desktop Entry]
Type=Link
Name=PyCharm
Icon=/home/pi/pycharm-community-2022.1/bin/pycharm.png
URL=/usr/share/applications/pycharm.desktop
```

保存并关闭 pycharm.desktop 文件，然后退出 nano 编辑器，即可在树莓派的桌面上看到 PyCharm 图标，如图 7-10 所示。

图 7-9　树莓派开始菜单中的 PyCharm 菜单命令

图 7-10　树莓派桌面上的 PyCharm 图标

在树莓派的开始菜单中选择 PyCharm 菜单命令，或者在桌面上单击 PyCharm 图标，即可启动 Python，开始编程了。

7.6 Arduino

Arduino 是一个开源的硬件开发平台，它由一个基于单片机并且开放源代码的硬件平台和 Arduino IDE 组成，可以感应和控制现实物理世界。使用 Arduino 可以开发交互产品。例如，Arduino 可以读取大量的开关和传感器信号，并且可以控制各式各样的电灯、电机和其他物理设备。Arduino 项目可以是单独的，也可以在运行时和 PC 或树莓派进行通信。Arduino 可以在 Windows、macOS、Linux 三大主流操作系统上运行，其开源的 IDE 可以在官方网站免费下载。

在接触树莓派前，我们通常在 PC 上安装 Arduino IDE 进行 Arduino 开发，现在可以直接在树莓派上安装 Arduino IDE 进行 Arduino 开发，一般要经过安装 Arduino IDE、连接 Arduino 开发板、编译测试共 3 个阶段。

1. 安装 Arduino IDE

（1）在 LX 终端中运行以下命令，安装 Arduino IDE。

```
sudo apt-get install arduino
```

（2）如果 Arduino IDE 的安装出现问题，则可以使用以下命令进行修复，然后再次运行 Arduino IDE 安装命令。

```
sudo apt-get update --fix-missing
```

（3）在 Arduino IDE 安装完成后，树莓派的开始菜单中会出现 Arduino IDE 菜单命令，如图 7-11 所示，选择该命令，即可运行 Arduino IDE。

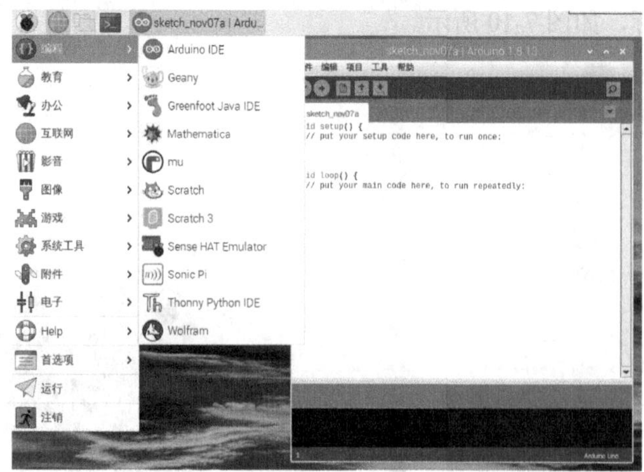

图 7-11　Arduino IDE 菜单命令

2．连接 Arduino 开发板

（1）使用 USB 数据线将 Arduino 开发板与树莓派连接起来，与连接 Arduino 和 PC 的方法类似。

因为树莓派的 USB 接口限流，所以将 Arduino 开发板的供电接口外接 9～12V 的电源适配器，供电效果会更好。

（2）配置通信端口：在 Arduino IDE 的菜单栏中选择“工具”→“端口："/dev/ttyACM0 (Arduino Uno)"”→“/dev/ttyACM0 (Arduino Uno)”命令，通常会自动选择常用的 Arduino 开发板端口，如图 7-12 所示。

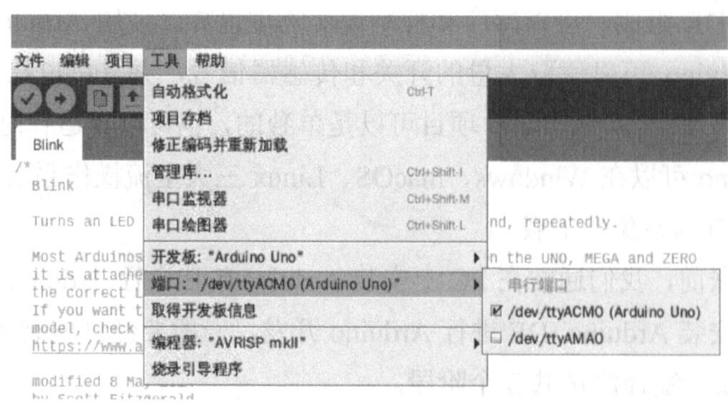

图 7-12　选择 Arduino 开发板端口

3．编译测试

在 Arduino IDE 的菜单栏中选择“文件”→“示例”→“01.Basics”→“Blink”命令，打开 Blink 示例代码，具体如下：

```
//the setup function runs once when you press reset or power the board
void setup() {
    //initialize digital pin LED_BUILTIN as an output.
```

```
  pinMode(LED_BUILTIN, OUTPUT);
 }
 //the loop function runs over and over again forever
 void loop() {
      digitalWrite(LED_BUILTIN, HIGH);   //turn the LED on (HIGH is the voltage
level)
      delay(1000);                      //wait for a second
      digitalWrite(LED_BUILTIN, LOW);    //turn the LED off by making the
voltage LOW
      delay(1000);                      //wait for a second
 }
```

首先在 Arduino 的工具栏中单击验证按钮，确保上述代码正确；然后单击上传按钮，会自动对上述代码进行编译并上传到 Arduino 开发板中，界面下方会出现上传完成信息；最后观察 Arduino 开发板上的 LED 指示灯是否闪烁，如果闪烁，则说明 Arduino IDE 安装成功。

本章小结

本章主要讲述了树莓派在软件开发方面的应用，具体如下。

- 开源的 OpenJDK 和 Tomcat。
- CMake 编译工具：CMake 是一个跨平台的安装（编译）工具，可以用简单的语句描述所有平台的安装（编译）过程。
- C 语言：在树莓派上通过 GCC 使用 C 语言。
- Python：在树莓派上使用 Python 获取 CPU 温度、内存使用情况、磁盘（Micro SD 卡）使用情况和本机 IP 地址。
- PyCharm：在树莓派上使用的 Python IDE，可以帮助用户提高 Python 应用程序的开发效率。
- Arduino：在树莓派上进行 Arduino 开发。

课后练习

（1）在树莓派上安装 OpenJDK 和运行 Tomcat。

（2）在树莓派上使用 CMake 编译工具运行 Hello world 程序。

（3）在树莓派上使用 GCC 运行 C 语言程序 Hello world。

（4）在树莓派上运行 Python 程序，显示 CPU 温度、内存使用情况、磁盘（Micro SD 卡）使用情况和本机 IP 地址。

（5）在树莓派上使用 PyCharm 运行 Python 程序。

（6）在树莓派上使用 Arduino 控制 LED 灯闪烁。

第 8 章 树莓派 GPIO 应用

知识目标

- 了解并掌握 GPIO 的相关知识。
- 掌握 WiringPi 库的使用方法。
- 掌握 Adafruit DHT 库的使用方法。
- 掌握 GPIO 库的使用方法。
- 掌握 I2C 的使用方法。
- 掌握 Scratch GPIO 编程的方法。

技能目标

- 能够使用 GPIO 库控制 LED 灯闪烁。
- 能够使用 C 语言读取 DHT11 温湿度传感器中的数据。
- 能够使用 Python 读取 DHT11 温湿度传感器中的数据。
- 能够使用 Python 读取 HC-SR04 超声波测距数据。
- 能够使用 Python 通过 I2C 驱动 LCD1602 液晶屏。
- 能够使用 Scratch GPIO 编程控制 LED 灯闪烁。

任务概述

- 在树莓派上使用 GPIO 库控制 LED 灯闪烁。
- 在树莓派上使用 C 语言基于 WiringPi 库读取 DHT11 温湿度传感器中的数据。
- 在树莓派上使用 Python 基于 Adafruit DHT 库读取 DHT11 温湿度传感器中的数据。
- 在树莓派上使用 Python 基于 GPIO 库读取 HC-SR04 超声波测距数据。
- 在树莓派上使用 Python 通过 I2C 驱动 LCD1602 液晶屏。
- 在树莓派上使用 Scratch GPIO 编程控制 LED 灯闪烁。

本章内容需要准备的器材包括面包板、杜邦线、电阻、LED 灯、蜂鸣器。

8.1　GPIO 基础

树莓派的一个强大功能是在主板顶部边缘有两排共 40 针的 GPIO（通用输入/输出）引脚，可以通过 GPIO 引脚输出高电平或低电平，或者通过 GPIO 引脚读入高电平或低电平。用户可以通过 GPIO 接口与其他硬件进行数据交互，控制硬件（如 LED、蜂鸣器等）工作、读取硬件的工作状态信号（如中断信号）等。树莓派的 40 针 GPIO 引脚如图 8-1 所示。

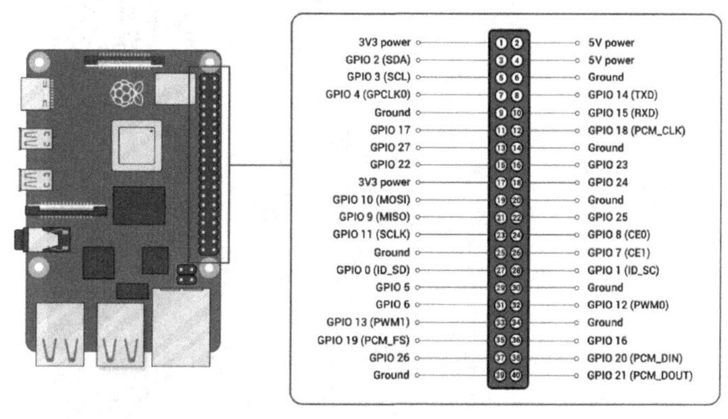

图 8-1　树莓派的 40 针 GPIO 引脚

所有的 GPIO 引脚都可以在软件中被指定为输入或输出引脚。

电压：主板上有两个 5V 的长电引脚、两个 3.3V 的长电引脚，以及一些不可配置的接地引脚。其他引脚可以通过编程，将最高输出电压配置为 3.3V，如果将这些引脚作为输入引脚，那么它们的输入可耐受电压也是 3.3V。

输出：指定为输出 GPIO 引脚，可以设置引脚是高电平（3.3V）或低电平（0V）。

输入：指定为输入 GPIO 引脚，可以读取引脚的高电平（3.3V）或低电平（0V）。输入引脚可以使用内部的上拉或下拉电阻。GPIO 2 引脚和 GPIO 3 引脚具有固定的上拉电阻，其他引脚可以在软件中进行配置。

除了简单的输入和输出设备，GPIO 引脚还可以与多种替代功能一起使用，一部分替代功能在所有 GPIO 引脚上可用，另一部分替代功能在特定 GPIO 引脚上可用。

PWM（脉宽调制）：软件 PWM 在所有 GPIO 引脚上可用，其中，GPIO 12 引脚、GPIO 13 引脚、GPIO 18 引脚、GPIO 19 引脚可以提供硬件 PWM。

SPI：SPI0 包括 MOSI（GPIO 10）、MISO（GPIO 9）、SCLK（GPIO 11）、CE0（GPIO 8）、CE1（GPIO 7），SPI1 包括 MOSI（GPIO 20）、MISO（GPIO 19）、SCLK（GPIO 21）、CE0（GPIO 18）、CE1（GPIO 17）、CE2（GPIO 16）。

I2C：I2C 数据（GPIO 2）、I2C 时钟（GPIO 3）。

EEPROM：EEPROM 数据（GPIO 0）、EEPROM 时钟（GPIO 1）。

串行：发送数据 TXD（GPIO 14）、接收数据 RXD（GPIO 15）。

GPIO 引出线：打开 LX 终端并运行 pinout 命令，可以非常方便地在树莓派上查询引脚编码表。pinout 命令由 GPIO Zero Python 库提供。在运行 pinout 命令后，返回的树莓派引脚编码表如图 8-2 所示。

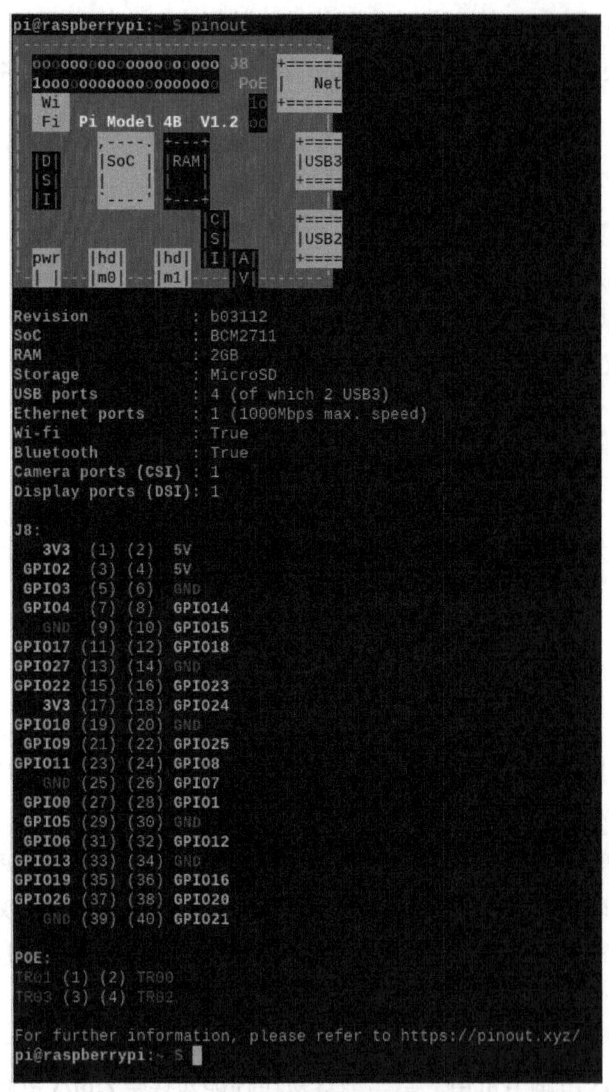

图 8-2　返回的树莓派引脚编码表

权限：为了使用 GPIO 端口，登录用户必须是 gpio 组中的用户。在 gpio 组中添加用户的命令如下：

```
sudo usermod -a -G gpio <username>
```

树莓派使用库函数编程控制 GPIO 引脚。库函数有很多种，常用的有 wiringPi 库和 RPi.GPIO 库，其中，RPi.GPIO 库是树莓派操作系统自带的。库是树莓派操作系统自带的。

下面介绍导入 RPi.GPIO 库并进行相关设置的方法。

导入 RPi.GPIO 库的代码如下：

```
import RPi.GPIO as GPIO
```

设置编码规范的代码如下：

```
gpio.setmode(gpio.BOARD)
```

或者

```
GPIO.setmode(GPIO.BCM)
```

获取编码规范的代码如下：

```
mode=GPIO.getmode()
```

将引脚 pin 设置为输入模式的代码如下：

```
GPIO.setup(pin, GPIO.IN)
```

将引脚 pin 设置为输出模式的代码如下：

```
GPIO.setup(pin, GPIO.OUT)
```

为输出的引脚 pin 设置为默认值的代码如下：

```
GPIO.setup(pin, GPIO.OUT, initial=GPIO.HIGH)
```

引脚 pin 电平控制的代码如下：

```
GPIO.output(pin,state)
```

读取引脚 pin 的输入状态的代码如下：

```
GPIO.input(pin)
```

释放 GPIO 资源的代码如下：

```
GPIO.cleanup()
```

禁用警告的代码如下：

```
GPIO.setwarnings(False)
```

如果要检查 RPi.GPIO 库是否导入成功，则可以在测试代码中添加以下代码。

```
try:
    import RPi.GPIO as GPIO
exceptRuntimeError:
    print("引入 GPIO 库错误")
```

如果要使用 GPIO 端口，则需要在代码中指定使用哪一个引脚。这就引入了一个编码问题，目前主要有以下 3 种编码规范。

第一种是 Board 编码，就是按照树莓派主板上的引脚排针编号，分别对应 1～40 号排针。

第二种是 BCM 编码，就是参考 Broadcom SOC 的通道编号，侧重 CPU 寄存器。Python 编程通常采用这种编码规范。

第三种是 WPI 编码，就是 WiringPi 编码，将扩展 GPIO 端口从 0 开始编码。在使用 WiringPi 库编程时采用这种编码规范。

树莓派 GPIO 引脚分为串口、I2C、SPI、GPIO 和电源引脚，引脚的编号不是按数字顺序排列的，树莓派中 3 种编码规范的引脚对照表如表 8-1 所示。

表 8-1 树莓派中 3 种编码规范的引脚对照表

物理引脚 Board 编码	功能名 GPIO	BCM 编码	WPI 编码	物理引脚 Board 编码	功能名 GPIO	BCM 编码	WPI 编码
1	3.3V	—	—	21	MISO	9	13
2	5V	—	—	22	GPIO 6	25	6
3	SDA 1	2	8	23	SCLK	11	14
4	5V	—	—	24	CE0	8	10
5	SCL 1	3	9	25	GND	—	—
6	GND	—	—	26	CE1	7	11
7	GPIO 7	4	7	27	SDA 0	0	30
8	TXD	14	15	28	SCL 0	1	31
9	GND	—	—	29	GPIO 21	5	21
10	RXD	15	16	30	GND	—	—
11	GPIO 0	17	0	31	GPIO 22	6	22
12	GPIO 1	18	1	32	GPIO 26	12	26
13	GPIO 2	27	2	33	GPIO 23	13	23
14	GND	—	—	34	GND	—	—
15	GPIO 3	22	3	35	GPIO 24	19	24
16	GPIO 4	23	4	36	GPIO 27	16	27
17	3.3V	—	—	37	GPIO 25	26	25
18	GPIO 5	24	5	38	GPIO 8	20	28
19	MOSI	10	12	39	GND	—	—
20	GND	—	—	40	GPIO 29	21	29

注：本表适用于各个版本的树莓派，并且兼容 26Pin 的树莓派 B，其引脚对应本表中的前 26Pin。

树莓派操作系统默认没有开启串口、I2C 和 SPI，可以根据需要开启。

虽然将简单的组件连接到 GPIO 引脚上是非常安全的，但要注意接线方式。LED 灯应该连接适当阻值的电阻，用于限制电流。不要将 5V 引脚连接到 3.3V 的电子器件上，也不要将电机直接连接到 GPIO 引脚上，应该使用电机控制板连接。关于 GPIO 引脚的高级功能的更多详细信息，可以到 Raspberry Pi GPIO Pinout 官方网站参阅 Gadgetoid 的交互式引脚图。

下面使用树莓派的 GPIO 引脚做两个简单的实验。先做控制 LED 灯点亮和熄灭的实验。

在编写代码前，需要将 LED 灯的管脚通过杜邦线连接到树莓派的引脚上。例如，使用杜邦线，将 LED 灯的正极连接到树莓派的 11 号引脚上，将 LED 灯的负极连接到任意一个 GND 引脚上。在通常情况下，LED 灯的长管脚是正极，短管脚是负极。

打开 LX 终端，使用以下命令新建一个 ledtest1.py 文件：

```
sudo nano ledtest1.py
```

在 ledtest1.py 文件中输入以下代码。

```
import RPi.GPIO as GPIO            #引入函数库
import time
```

```
GPIO.setwarnings(False)          #禁用警告
GPIO.setmode(GPIO.BOARD)         #设置引脚编号规范
GPIO.setup(11, GPIO.OUT)         #将 11 号引脚设置成输出模式
while(True):
  GPIO.output(11, GPIO.HIGH)     #将引脚的状态设置为高电平，此时 LED 灯点亮
  time.sleep(1)                  #程序休眠 1 秒钟，让 LED 灯点亮持续 1 秒钟
  GPIO.output(11, GPIO.LOW)      #将引脚状态设置为低电平，此时 LED 灯熄灭
  time.sleep(1)                  #程序休眠 1 秒钟，让 LED 灯熄灭持续 1 秒钟
GPIO.cleanup()                   #最后清除所有资源
```

保存 ledtest1.py 文件并退出。运行 python3 ledtest1.py 命令，查看程序运行后的 LED 灯点亮和熄灭的状态，按 Ctrl+C 快捷键可以关闭该程序。

将 ledtest1.py 文件中的代码稍做改动，可以利用 PWM 制作呼吸灯效果，代码如下：

```
import RPi.GPIO as GPIO          #引入函数库
import time
GPIO.setwarnings(False)          #禁用警告
GPIO.setmode(GPIO.BOARD)         #设置引脚编号规范
GPIO.setup(12, GPIO.OUT)         #将 12 号引脚设置成输出模式
p = GPIO.PWM(12, 50)             #将 12 号引脚初始化为 PWM 实例，频率为 50Hz
p.start(0)                       #开始脉宽调制，参数范围为（0.0<= dc <=100.0）
try:
     while 1:
       for dc in range(0, 101, 5):
          p.ChangeDutyCycle(dc)  #修改占空比,参数范围为（0.0<= dc<=100.0）
          time.sleep(0.1)
       for dc in range(100, -1, -5):
          p.ChangeDutyCycle(dc)
          time.sleep(0.1)
except KeyboardInterrupt:
       pass
p.stop()                         #停止输出 PWM 波
GPIO.cleanup()                   #清除
```

下面做一个蜂鸣器的实验。蜂鸣器一共有两个管脚，区分正负极，正极连接树莓派的 24 号引脚，负极连接树莓派的 GND 引脚。新建一个 ledtest2.py 文件，将以下代码输入 ledtest2.py 文件，然后运行 ledtest2.py 程序。

```
import RPi.GPIO as GPIO
import time
trig=24                          #连接 24 号引脚
def init():
       GPIO.setwarnings(False)
        GPIO.setmode(GPIO.BCM)
        GPIO.setup(trig,GPIO.OUT,initial=GPIO.HIGH)
        pass
def beep(seconds):
      GPIO.output(trig,GPIO.LOW)
      time.sleep(seconds)
```

```
        GPIO.output(trig,GPIO.HIGH)
def beepBatch(seconds,timespan,counts):
        for i in range(counts):
            beep(seconds)
            time.sleep(timespan)
init()
#beep(0.1)
beepBatch(0.2,0.5,5)
GPIO.cleanup()
```

通过这两个实验，可以加深我们对树莓派 GPIO 引脚的理解和认知。

8.2 使用 C 语言基于 WiringPi 库读取 DHT11 温湿度传感器中的数据

DHT11 温湿度传感器是一款有已校准数字信号输出的温湿度传感器，湿度精度为±5%RH，温度精度为±2℃，湿度量程为 5～95%RH，温度量程为-20～+60℃。

图 8-3 DHT11 温湿度传感器的外形

DHT11 温湿度传感器应用专用的数字模块采集技术和温湿度传感技术，可以确保产品具有极高的可靠性和卓越的长期稳定性。DHT11 温湿度传感器包括一个电阻式感湿元件和一个 NTC 测温元件，并且与一个高性能的 8 位单片机连接，具有品质卓越、响应速度快、抗干扰能力强、性价比高等优点。每个 DHT11 温湿度传感器都在极为精确的湿度校验室中进行过校准，校准系数以程序的形式存储于 OTP 内存中，传感器内部在检测信号的处理过程中要调用这些校准系数。DHT11 温湿度传感器具有单线制串行接口，使系统集成变得简易、快捷。DHT11 温湿度传感器具有超小的体积、极低的功耗，因此在测量温度、湿度时，非常适合应用于要求较苛刻的场合中。DHT11 温湿度传感器一般为 4 针单排引脚封装的，连接方便，其外形如图 8-3 所示。

DHT11 温湿度传感器主要应用于暖通空调、测试及检测设备、汽车、数据记录器、消费品、自动控制设备、气象站、家电、湿度调节器、医疗设备、除湿器等领域。DHT11 温湿度传感器具有相对湿度和温度测量、全部校准、数字输出、卓越的长期稳定性、不需要额外部件、超长的信号传输距离、超低能耗、4 引脚安装、完全互换等特性。

DHT11 温湿度传感器的规格如图 8-4 所示。

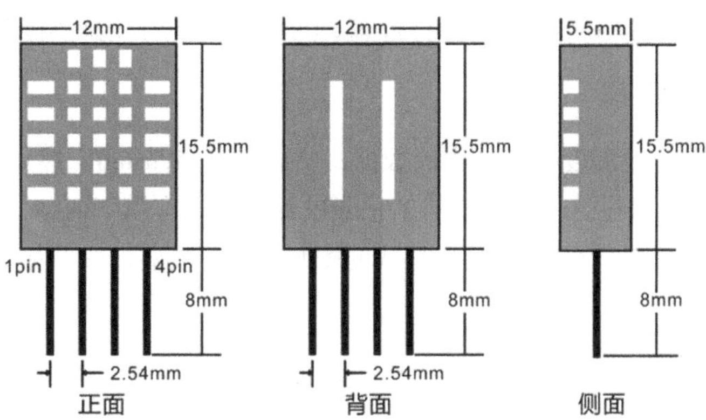

图 8-4 DHT11 温湿度传感器的规格

DHT11 温湿度传感器一般有 4 个引脚，但是其中一个没有被使用到，因此有的传感器模块会将 4 个引脚简化成 3 个引脚。厂商不建议读取时间间隔短于 2 秒，如果读取时间间隔太短，那么读取的温度和相对湿度可能会有错误。DHT11 温湿度传感器的引脚定义如表 8-2 所示。

表 8-2 DHT11 温湿度传感器的引脚定义

pin	引脚名称	引脚说明
1	VCC 引脚	供电引脚，直流电，电压为 3～5.5V
2	DATA 引脚	用于传输串行数据，使用单总线模式进行数据传输
3	NC 引脚	空引脚，若有，则悬空
4	GND 引脚	接地引脚，连接电源负极或接地

树莓派读取 DHT11 温湿度传感器中数据的方法有多种。例如，使用系统功能直接读取，使用 Adafruit DHT 库读取，使用 Python 编程读取，等等。在不同的树莓派上使用不同生产商生产的 DHT11 模块时，可能出现读取的数据无效或直接读不出数据的情况。本节我们介绍在树莓派上使用 C 语言的 WiringPi 库读取 DHT11 温湿度传感器中数据的方法。WiringPi 库是一个用 C 语言编写的、基于 PIN 的 GPIO 访问库，可以提供 GPIO、I2C、SPI、UART 和 PWM 等库，便于进行树莓派的 GPIO 编程，目前可以在基于 BCM2835、BCM2836 和 BCM2837 的树莓派上使用。关于 WiringPi 库的详细介绍和最新信息，可以参考 WiringPi 官方网站。

1. 树莓派和 DHT11 温湿度传感器的硬件连接

树莓派和 DHT11 温湿度传感器的硬件连接如表 8-3 所示。

表 8-3 树莓派和 DHT11 温湿度传感器的硬件连接

序号	DHT11 温湿度传感器	树莓派
1	VCC 引脚	3.3V 引脚或 5V 引脚
2	DATA 引脚	WiringPi 编码的 7 号引脚
3	GND 引脚	GND 引脚

使用合适的杜邦线对树莓派和 DHT11 温湿度传感器进行正确的硬件连接。

2．安装 WiringPi 库

要读取 DHT11 温湿度传感器中的数据，需要使用 WiringPi 库。如果已经安装了 WiringPi 库，则可以跳过这一步。安装 WiringPi 库的方式有以下两种。

方式一：使用从官方获取的 DEB 格式的安装包进行安装，命令如下：

```
cd ~
sudo wget WiringPi 库安装包的下载地址
sudo dpkg -i wiringpi-latest.deb
```

方式二：使用从 GitHub 获取的 WiringPi 库的源代码进行安装，目前 GitHub 上的 WiringPi 库可以支持 C 语言、C++、Python、PHP、Node、Ruby、Perl 等编程语言。

```
sudo apt-get update
```

如果之前没有安装过 git，则可以运行以下命令进行安装。

```
sudo apt-get install git
```

在 LX 终端中运行以下命令，下载 WiringPi 库的源代码，这些源代码默认存储于/home/pi 目录下。

```
sudo git clone WiringPi 库源代码的下载地址
```

安装 WiringPi 库，命令如下：

```
cd WiringPi
sudo ./build
```

后期如果不再需要 WiringPi 库，则可以运行以下命令将其卸载。

```
sudo ./build uninstall
```

在 WiringPi 库安装成功后，在 LX 终端中运行 gpio -v 命令，查看 WiringPi 库的版本信息，具体如下：

```
gpio version: 2.70
Copyright (c) 2012-2018 Gordon Henderson
This is free software with ABSOLUTELY NO WARRANTY.
For details type: gpio -warranty

Raspberry Pi Details:
     Type: Pi 4B, Revision: 02, Memory: 2048MB, Maker: Sony
     * Device tree is enabled.
     *--> Raspberry Pi 4 Model B Rev 1.2
     * This Raspberry Pi supports user-level GPIO access.
```

可以看到，该 WiringPi 库的版本是 V2.70。树莓派 4B 必须使用 V2.52 或更高版本的 WiringPi 库，否则 GPIO 编程可能会出现问题。

在 LX 终端中运行 gpio readall 命令，查看树莓派的引脚图，如图 8-5 所示。

将树莓派的 USB 接口一侧对着自己，即可看到图 8-5 中的引脚位置与树莓派中的引脚位置一一对应。

```
pi@raspberrypi:~ $ gpio readall
 +-----+-----+---------+------+---+---Pi 4B--+---+------+---------+-----+-----+
 | BCM | wPi |   Name  | Mode | V | Physical | V | Mode | Name    | wPi | BCM |
 +-----+-----+---------+------+---+----++----+---+------+---------+-----+-----+
 |     |     |    3.3v |      |   |  1 || 2  |   |      | 5v      |     |     |
 |   2 |   8 |   SDA.1 |   IN | 1 |  3 || 4  |   |      | 5v      |     |     |
 |   3 |   9 |   SCL.1 |   IN | 1 |  5 || 6  |   |      | 0v      |     |     |
 |   4 |   7 | GPIO. 7 |   IN | 1 |  7 || 8  | 1 | IN   | TxD     | 15  | 14  |
 |     |     |      0v |      |   |  9 || 10 | 1 | IN   | RxD     | 16  | 15  |
 |  17 |   0 | GPIO. 0 |   IN | 0 | 11 || 12 | 0 | IN   | GPIO. 1 | 1   | 18  |
 |  27 |   2 | GPIO. 2 |   IN | 0 | 13 || 14 |   |      | 0v      |     |     |
 |  22 |   3 | GPIO. 3 |   IN | 0 | 15 || 16 | 0 | IN   | GPIO. 4 | 4   | 23  |
 |     |     |    3.3v |      |   | 17 || 18 | 0 | IN   | GPIO. 5 | 5   | 24  |
 |  10 |  12 |    MOSI |   IN | 0 | 19 || 20 |   |      | 0v      |     |     |
 |   9 |  13 |    MISO |   IN | 0 | 21 || 22 | 0 | IN   | GPIO. 6 | 6   | 25  |
 |  11 |  14 |    SCLK |   IN | 0 | 23 || 24 | 1 | IN   | CE0     | 10  | 8   |
 |     |     |      0v |      |   | 25 || 26 | 1 | IN   | CE1     | 11  | 7   |
 |   0 |  30 |   SDA.0 |   IN | 1 | 27 || 28 | 1 | IN   | SCL.0   | 31  | 1   |
 |   5 |  21 | GPIO.21 |   IN | 1 | 29 || 30 |   |      | 0v      |     |     |
 |   6 |  22 | GPIO.22 |   IN | 1 | 31 || 32 | 0 | IN   | GPIO.26 | 26  | 12  |
 |  13 |  23 | GPIO.23 |   IN | 0 | 33 || 34 |   |      | 0v      |     |     |
 |  19 |  24 | GPIO.24 |   IN | 0 | 35 || 36 | 0 | IN   | GPIO.27 | 27  | 16  |
 |  26 |  25 | GPIO.25 |   IN | 0 | 37 || 38 | 0 | IN   | GPIO.28 | 28  | 20  |
 |     |     |      0v |      |   | 39 || 40 | 0 | IN   | GPIO.29 | 29  | 21  |
 +-----+-----+---------+------+---+----++----+---+------+---------+-----+-----+
 | BCM | wPi |   Name  | Mode | V | Physical | V | Mode | Name    | wPi | BCM |
 +-----+-----+---------+------+---+---Pi 4B--+---+------+---------+-----+-----+
```

图 8-5　树莓派的引脚图

3. 编写 C 语言程序

使用编辑器新建一个 dht11.c 文件，在该文件中输入以下代码。

```
#include <wiringPi.h>
#include <stdio.h>
#include <stdlib.h>

typedef unsigned char uint8;
typedef unsigned int  uint16;
typedef unsigned long uint32;

#define HIGH_TIME 32

int pinNumber = 7;
uint32 databuf;

uint8 readSensorData(void)
{
    uint8 crc;
    uint8 i;

    pinMode(pinNumber, OUTPUT);                #设置输出模式
    digitalWrite(pinNumber, 0);                #输出低电平
    delay(25);
    digitalWrite(pinNumber, 1);                #输出高电平
    pinMode(pinNumber, INPUT);                 #设置输入模式
    pullUpDnControl(pinNumber, PUD_UP);
    delayMicroseconds(27);
    if (digitalRead(pinNumber) == 0)           #传感器应答
    {
```

```
      while (!digitalRead(pinNumber));  #循环等待数据
       for (i = 0; i < 32; i++)
       {
         while (digitalRead(pinNumber))
             ;
         while (!digitalRead(pinNumber))
             ;
         delayMicroseconds(HIGH_TIME);
         databuf *= 2;
         if (digitalRead(pinNumber) == 1)
         {
           databuf++;
         }
       }
       for (i = 0; i < 8; i++)
       {
           while (digitalRead(pinNumber))
               ;
           while (!digitalRead(pinNumber))
               ;
           delayMicroseconds(HIGH_TIME);
           crc *= 2;
           if (digitalRead(pinNumber) == 1)
           {
              crc++;
           }
       }
       return 1;
   }
   else
   {
       return 0;
   }
}

int main(void)
{
   printf("PIN:%d\n", pinNumber);

   if (-1 == wiringPiSetup()) {
      printf("Setup wiringPi failed!");
      return 1;
   }
   pinMode(pinNumber, OUTPUT);
   digitalWrite(pinNumber, 1);
   printf("Starting...\n");
   while (1)
```

```
    {
        pinMode(pinNumber, OUTPUT);
        digitalWrite(pinNumber, 1);
        delay(3000);
        if (readSensorData())
        {
            printf("Sensor data read ok!\n");
            printf("RH:%d.%d\n", (databuf >> 24) & 0xff, (databuf >> 16) & 0xff);
            printf("TMP:%d.%d\n", (databuf >> 8) & 0xff, databuf & 0xff);
            databuf = 0;
        }
        else
        {
            printf("Sensor dosent ans!\n");
            databuf = 0;
        }
    }
    return 0;
}
```

保存并关闭 dht11.c 文件，然后退出编辑器。

4. 编译 C 语言程序并运行

编译 C 语言程序 dht11.c 并运行，命令如下：

```
sudo gcc -Wall -o dht11 dht11.c -lwiringPi
sudo ./dht11
```

如果有输入错误和编译错误，则修改 C 语言源代码，忽略编译过程中的警告。dht11.c 程序在运行后，会连续显示相对湿度和温度，如图 8-6 所示。

```
Sensor data read ok!
RH:2.29
TMP:1.24
Sensor data read ok!
RH:2.27
TMP:1.24
```

图 8-6　显示相对湿度和温度

8.3　使用 Python 基于 Adafruit DHT 库读取 DHT11 温湿度传感器中的数据

虽然 DHT11 温湿度传感器不是使用效率最高的温湿度传感器，但它的价格便宜，因此得到了广泛应用。前面我们介绍了在树莓派上使用 C 语言基于 WiringPi 库读取 DHT11 温湿度传感器中数据的方法，本节我们介绍在树莓派上使用 Python 基于 Adafruit DHT 库读取 DHT11 温湿度传感器中数据的方法，如图 8-7 所示。

图 8-7 使用 Python 基于 Adafruit DHT 库读取 DHT11 温湿度传感器中的数据

1. 树莓派和 DHT11 温湿度传感器的硬件连接

树莓派和 DHT11 温湿度传感器的硬件连接如表 8-4 所示。

表 8-4 树莓派和 DHT11 温湿度传感器的硬件连接

序号	DHT11 温湿度传感器	树莓派
1	VCC 引脚	3.3V 引脚或 5V 引脚
2	DATA 引脚	GPIO 0 引脚（BCM 17 引脚）
3	GND 引脚	GND 6 引脚、GND 9 引脚或其他 GND 引脚

使用合适的杜邦线对树莓派和 DHT11 温湿度传感器进行正确的硬件连接。

2. Python 库

DHT11 温湿度传感器中的数据读取需要遵循特定的信号协议。使用 Python 读取 DHT 系列传感器中的数据，有很多现成的库可供使用，这里我们使用 Adafruit DHT 库。

在安装 Adafruit DHT 库前，需要更新软件包，命令如下：

```
sudo apt-get update
sudo apt-get install build-essential python-dev
```

从 GitHub 上获取 Adafruit DHT 库的安装包，命令如下：

```
sudo git clone Adafruit DHT 库安装包的下载地址
cd Adafruit_Python_DHT
```

为 Python 2 安装 Adafruit DHT 库，命令如下：

```
sudo pip install Adafruit_Python_DHT
sudo python setup.py install
```

为 Python 3 安装 Adafruit DHT 库，命令如下：

```
sudo pip3 install Adafruit_Python_DHT
sudo python3 setup.py install
```

Adafruit DHT 库的更新有时跟不上树莓派的硬件更新，如果我们使用的是树莓派 4B，则需要修改一下配置文件，用于匹配对应的树莓派 CPU。Adafruit DHT 库与树莓派 4B 不匹配的解决方法有两种，一种是下载与 DHT11 温湿度传感器对应的最新版本的 Adafruit DHT 库（从 GitHub 上获取），另一种是在原来的 Adafruit DHT 库中手动更新。在原来的 Adafruit DHT 库中手动更新的具体操作命令和过程如下：

```
sudo nano /home/pi/Adafruit_Python_DHT/Adafruit_DHT/platform_detect.py
```

platform_detect.py 文件末尾的内容如下：

```
# Match a line like 'Hardware   : BCM2709'
match = re.search('^Hardware\s+:\s+(\w+)$', cpuinfo,
                  flags=re.MULTILINE | re.IGNORECASE)
if not match:
    # Couldn't find the hardware, assume it isn't a pi.
    return None
if match.group(1) == 'BCM2708':
    # Pi 1
    return 1
elif match.group(1) == 'BCM2709':
    # Pi 2
    return 2
elif match.group(1) == 'BCM2835':
    # Pi 3 or Pi 4
    return 3
elif match.group(1) == 'BCM2837':
    # Pi 3b+
    return 3
else:
    # Something else, not a pi.
    return None
```

在 platform_detect.py 文件的末尾添加一个分支，命令如下：

```
elif match.group(1) == 'BCM2711':
# Pi 4b
     return 3
```

最终形成的 platform_detect.py 文件末尾的内容如下：

```
# Match a line like 'Hardware   : BCM2709'
match = re.search('^Hardware\s+:\s+(\w+)$', cpuinfo,
                  flags=re.MULTILINE | re.IGNORECASE)
if not match:
    # Couldn't find the hardware, assume it isn't a pi.
    return None
if match.group(1) == 'BCM2708':
    # Pi 1
    return 1
elif match.group(1) == 'BCM2709':
    # Pi 2
    return 2
elif match.group(1) == 'BCM2835':
    # Pi 3 or Pi 4
    return 3
elif match.group(1) == 'BCM2837':
    # Pi 3b+
    return 3
```

```
elif match.group(1) == 'BCM2711':                #增加代码匹配 4B
    # Pi 4b                                      #增加代码注释
    return 3                                     #增加代码返回
else:
    # Something else, not a pi.
    return None
```

其中，BCM2711 是树莓派 4B 的 CPU，它是四核 Cortex-A72 64 位的 CPU。BCM2709、BCM2835、BCM2837、BCM2711 是其他树莓派版本的 CPU。保存并关闭 platform_detect.py 文件，然后退出 nano 编辑器。

3. Python 程序

Adafruit DHT 库在/Adafruit_Python_DHT/examples 目录下提供了示例程序源文件 AdafruitDHT.py，该文件中的源代码如下：

```
import sys
import Adafruit_DHT
sensor_args = { '11': Adafruit_DHT.DHT11,          #传感器型号为 DHT11
                '22': Adafruit_DHT.DHT22,          #传感器型号为 DHT22
                '2302': Adafruit_DHT.AM2302 }      #传感器型号为 AM2302
if len(sys.argv) == 3 and sys.argv[1] in sensor_args:
    sensor = sensor_args[sys.argv[1]]              #命令行参数，用于设置传感器型号
    pin = sys.argv[2]                              #命令行参数，用于设置 GPIO 引脚编号
else:
    print('Usage: sudo ./Adafruit_DHT.py [11|22|2302] <GPIO pin number>')
    print('Example: sudo ./Adafruit_DHT.py 2302 4 - Read from an AM2302
connected to GPIO pin #4')
    sys.exit(1)

humidity, temperature = Adafruit_DHT.read_retry(sensor, pin)

if humidity is not None and temperature is not None:
    print('Temp={0:0.1f}*  Humidity={1:0.1f}%'.format(temperature, humidity))
else:
    print('Failed to get reading. Try again!')
    sys.exit(1)
```

运行以下的命令，对 AdafruitDHT.py 进行测试：

```
cd ~
cd Adafruit_Python_DHT
cd examples
python3 AdafruitDHT.py 11 17
```

参数 11 和 17 分别表示 DHT11 和数据引脚所接的树莓派 GPIO 引脚编号。如果运行成功，则会输出当前环境的温度和相对湿度信息，输出的温度以摄氏度为单位，相对湿度以百分比的形式呈现，示例如下：

```
Temp=24.4*  Humidity=53.6%
```

8.4　使用 Python 基于 GPIO 库读取 HC-SR04 超声波测距数据

超声波的方向性好，反射能力强，易于获得较集中的声能。利用超声波特性制成的超声波传感器广泛应用于汽车领域。我们日常所说的倒车雷达就使用了超声波传感器。在倒车时，倒车雷达会利用超声波原理，由装置在车尾保险杠上的探头发送超声波，在撞击障碍物后反射该超声波，计算出车体与障碍物之间的实际距离，用蜂鸣器和指示灯告诉驾驶员障碍物与汽车之间的大致距离和方向，以便驾驶员及时调整方位。

HC-SR04 超声波测距模块可以提供 2～400cm 的非接触式距离感测功能，测距精度可以达到 3mm。HC-SR04 超声波测距模块包括超声波发射器、接收器与控制电路，通常应用于机器人避障、物体测距、液位检测、公共安防、停车场检测等领域，如图 8-8 所示。

图 8-8　HC-SR04 超声波测距模块

HC-SR04 超声波测距模块主要由两个通用的压电陶瓷超声波传感器及外围信号处理电路构成。其中，一个压电陶瓷超声波传感器用于发送超声波信号，另一个压电陶瓷超声波传感器用于接收反射回来的超声波信号。因为发送的超声波信号和接收的超声波信号都比较微弱，所以需要使用外围信号放大器提高发送超声波信号的功率，将反射回来的超声波信号放大，以便更稳定地将信号传输给单片机。HC-SR04 超声波测距模块的基本工作原理如图 8-9 所示。

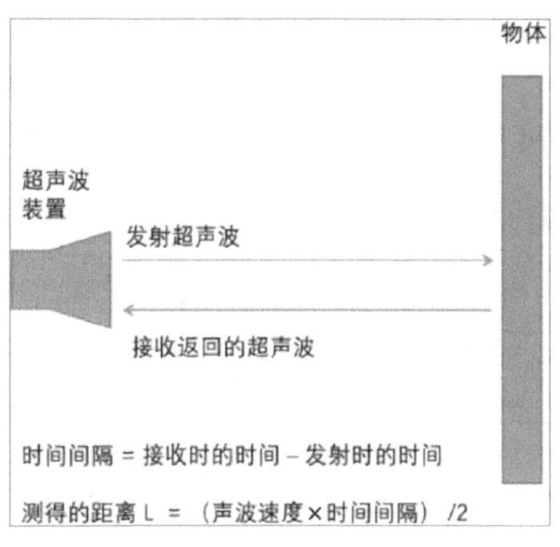

图 8-9　HC-SR04 超声波测距模块的基本工作原理

HC-SR04 超声波测距模块的基本工作原理如下。

（1）发送超声波信号：HC-SR04 超声波测距模块发出一个 40kHz 的脉冲信号，这个脉冲信号会通过传输介质（通常为空气）传播出去。

（2）接收超声波信号：当这个超声波脉冲信号遇到障碍物时，会被反射回来，HC-SR04 超声波测距模块会收到这个反射信号。

（3）计算距离：根据反射信号的时差（超声波在发出后到达障碍物，再反射回来的时间差），可以计算出障碍物与 HC-SR04 超声波测距模块之间的距离，计算公式如下：

测试距离=(高电平时间×声速(340m/s))÷2

（4）输出距离：HC-SR04 超声波测距模块将计算出的距离通过输出引脚输出。

HC-SR04 超声波测距模块的主要电气参数如表 8-5 所示。

表 8-5　HC-SR04 超声波测距模块的主要电气参数

序号	主要电气参数	数值
1	电压	DC 5V
2	静态电流	小于 2mA
3	电平输出	高 5V
4	电平输出	低 0V
5	感应角度	不大于 15 度
6	探测距离	2～400cm
7	精度	0.3cm
8	Trigger 引脚输入信号	10μs TTL 脉冲
9	Echo 引脚输出信号	5V 脉冲信号

HC-SR04 超声波测距模块中有 4 个引脚，分别为 VCC、Trigger（控制端）、Echo（接收端）、GND；其中 VCC 接 5V 电源、GND 接地，Trig 用于发送超声波信号，Echo 用于接收反射回来的超声波信号。通过 Trig 引脚发送一个 10μs 以上的高电平，即可在 Echo 处等待高电平输出；一旦有输出信号，就开启定时器计时，当 Echo 接收口变为低电平时，即可读取定时器的值，这个时间数值就是测距的时间，通过公式即可计算出距离。不断地循环测试，并且返回时间数值，即可计算移动物体的距离。

本节我们在树莓派上使用 Python 基于 GPIO 库读取 HC-SR04 超声波测距数据。

1．树莓派和 HC-SR04 超声波测距模块的硬件连接

树莓派和 HC-SR04 超声波测距模块的硬件连接如表 8-6 所示。

表 8-6　树莓派和 HC-SR04 超声波测距模块的硬件连接

序号	HC-SR04 超声波测距模块	树莓派
1	VCC 引脚	5V 引脚
2	GND 引脚	GND 引脚
3	Trigger 引脚	GPIO 3～BCM 2
3	Echo 引脚	GPIO 5～BCM 3

Echo 引脚返回的是 5V 信号，树莓派的 GPIO 引脚在接收超过 3.3V 的信号时有可能

被烧毁，因此需要加一个分压电路，一端连接 Echo 引脚，另一端连接 GND 引脚。我们使用 1kΩ 和 2kΩ 的电阻，组成一个分压电路，即可使 GPIO 3 引脚的电压降到 3.3V 左右，如图 8-10 所示。

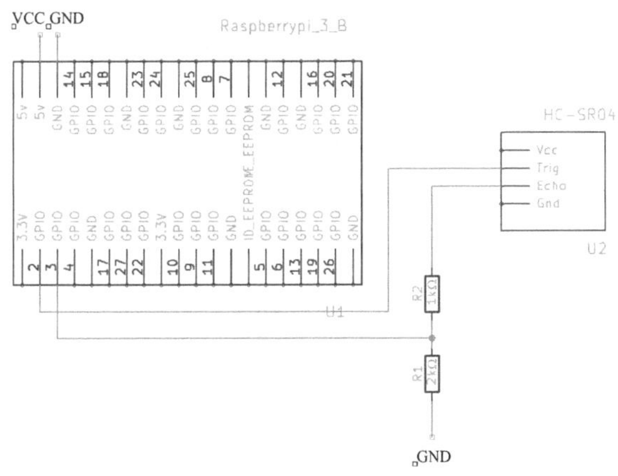

图 8-10 分压电路

树莓派与 HC-SR04 超声波测距模块的硬件连接如图 8-11 所示。

图 8-11 树莓派与 HC-SR04 超声波测距模块的硬件连接

2. Python 程序

初始化相关引脚的代码如下：

```
import RPi.GPIO as GPIO                    #导入 GPIO 库
import time
GPIO.setmode(GPIO.BCM)                     #设置 GPIO 模式为 BCM
GPIO_TRIGGER = 2                           #定义 GPIO 2 引脚连接 Trig
GPIO_ECHO = 3                              #定义 GPIO 3 引脚连接 Echo
GPIO.setup(GPIO_TRIGGER, GPIO.OUT)         #设置 GPIO 2 引脚的工作方式 OUT
GPIO.setup(GPIO_ECHO, GPIO.IN)             #设置 GPIO 3 引脚的工作方式 IN
```

向 Trig 引脚输入 10μs 的脉冲，代码如下：

```
GPIO.output(GPIO_TRIGGER, True)          #向 Trig 引脚发送高电平信号
time.sleep(0.00001)                      #持续 10μs
GPIO.output(GPIO_TRIGGER, False)
```

time.sleep()函数接收的参数单位为秒，因此需要将 10μs 转换为 0.00001s。在接收到这个脉冲后，HC-SR04 超声波测距模块发送超声波，并且将 Echo 设置为高电平。在 HC-SR04 超声波测距模块发送超声波前，Echo 一直为低电平。编写程序，记录超声波的发射时间，代码如下：

```
while GPIO.input(GPIO_ECHO) == 0:  #记录发送超声波的时间
    start_time = time.time()
```

编写程序，记录超声波的返回时间，代码如下：

```
while GPIO.input(GPIO_ECHO) == 1:  #记录接收到返回的超声波的时间
    stop_time = time.time()
```

根据发送超声波的时间 start_time 和接收到返回的超声波的时间 stop_time，即可计算出测试距离，计算公式如下：

测得距离（单位：m）= (stop_time - start_time)×声波速度÷2

将声波速度取值为 343m/s，然后将测试距离的单位转换为 cm，计算公式如下：

测得距离（单位：cm）= (stop_time - start_time)×声波速度×100÷2

Python 代码如下：

```
time_elapsed = stop_time - start_time     #计算超声波的往返时间
distance = (time_elapsed * 34300) / 2     #声波的速度为 343m/s，转换为 34300cm/s
```

在 LX 终端中运行以下命令，创建 hcsr04.py 文件。

```
sudo nano hcsr04.py
```

在 hcsr04.py 文件中输入完整的 Python 代码，具体如下：

```
import RPi.GPIO as GPIO                  #导入 GPIO 库
import time
GPIO.setmode(GPIO.BCM)                   #设置 GPIO 模式为 BCM
GPIO_TRIGGER = 2                         #定义 GPIO 2 引脚连接 Trig
GPIO_ECHO = 3                            #定义 GPIO 3 引脚连接 Echo
GPIO.setup(GPIO_TRIGGER, GPIO.OUT)       #设置 GPIO 2 引脚的工作方式 OUT
GPIO.setup(GPIO_ECHO, GPIO.IN)           #设置 GPIO 3 引脚的工作方式 IN

def distance():
    GPIO.output(GPIO_TRIGGER, True)      #发送高电平信号到 Trig 引脚
    time.sleep(0.00001)                  #持续 10μs
    GPIO.output(GPIO_TRIGGER, False)
    start_time = time.time()
    stop_time = time.time()
    while GPIO.input(GPIO_ECHO) == 0:    #记录发送超声波的时刻 1
        start_time = time.time()

    while GPIO.input(GPIO_ECHO) == 1:    #记录接收到返回超声波的时刻 2
        stop_time = time.time()
```

```
    time_elapsed = stop_time - start_time     #计算超声波的往返时间=时刻 2-时刻 1
    distance = (time_elapsed * 34300) / 2     #声波的速度为 343m/s，即 34300cm/s
    return distance

if __name__ == '__main__':
    try:
        while True:
            dist = distance()
            print("Measured Distance = {:.2f} cm".format(dist))
            time.sleep(1)

    except KeyboardInterrupt:                 #按 Ctrl+C 快捷键进行重置
        print("Measurement stopped by User")
        GPIO.cleanup()
```

保存并关闭 hcsr04.py 文件，然后退出 nano 编辑器。在 LX 终端中运行以下命令，运行 hcsr04.py 程序。

```
python3 hcsr04.py
```

hcsr04.py 程序的运行结果如图 8-12 所示。

```
pi@raspberrypi:~ $ sudo nano hcsr04.py
pi@raspberrypi:~ $ python3 hcsr04.py
Measured Distance = 134.59 cm
Measured Distance = 133.37 cm
Measured Distance = 133.33 cm
Measured Distance = 133.82 cm
Measured Distance = 132.93 cm
```

图 8-12 hcsr04.py 程序的运行结果

8.5 使用 Python 通过 I2C 驱动 LCD1602 液晶屏

I2C（Inter-Integrated Circuit）是一种同步、半双工的通信总线，要求发送端和接收端严格同步，一般具有同步时钟线。采用半双工数据传输方式的 I2C 只有一条数据线，所以发送数据与接收数据不能同时进行。为了方便 CPU 与外部设备之间进行通信，信号线要尽量少，并且速率要尽量高，可以减少占用的引脚。

标准的 I2C 需要两根信号线。

- SCL（Serial Clock）：时钟线，时钟都是由 Master 提供的。
- SDA（Serial Data）：双向数据线，用于发送数据或接收数据（发送数据和接收数据不能同时进行）。

LCD1602 液晶屏是一种广泛应用的字符型液晶显示模块，由字符型液晶显示屏、控制驱动主电路、扩展驱动电路，以及少量电阻、电容元件和结构件等装配在 PCB 板上组成，主要分为两种，一种是带背光的，另一种是不带背光的。不同厂家生产的 LCD1602 液晶屏可能有差异，但是使用方法都是一样的。

LCD1602 液晶屏有 16 个引脚，配合 I2C，可以使用 4 根信号线连接到树莓派上，极大地简化了硬件连线和开发驱动程序。带 I2C 的 LCD1602 液晶屏的背面如图 8-13 所示。I2C 上有一个蓝色的可调电阻，用于调节 LCD1602 液晶屏的显示对比度。如果新拿到一块带 I2C 的 LCD1602 液晶屏，那么为了使液晶屏可以呈现更好的显示效果，需要使用螺丝刀调节可调电阻。

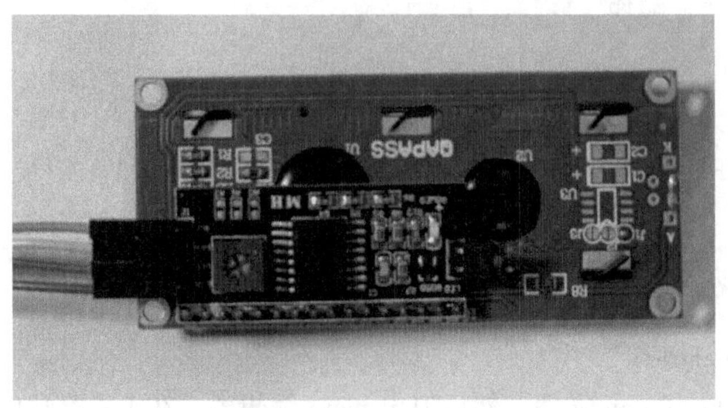

图 8-13　带 I2C 的 LCD1602 液晶屏的背面

本节我们使用 Python 通过 I2C 驱动 LCD1602 液晶屏，用于显示网址、日期、时间等信息。

1．树莓派和带 I2C 的 LCD1602 液晶屏的硬件连接

树莓派和带 I2C 的 LCD1602 液晶屏的硬件连接如表 8-7 所示。

表 8-7　树莓派和带 I2C 的 LCD1602 液晶屏的硬件连接

序号	I2C	树莓派
1	VCC 引脚	5V 引脚
2	GND 引脚	GND 引脚
3	SDA 引脚	GPIO 3 引脚（I2C 数据引脚）
4	SCL 引脚	GPIO 5 引脚（I2C 时钟引脚）

2．启用树莓派的 I2C 功能

安装 python3-smbus 和 i2c-tools 软件，命令如下：

```
sudo apt-get install -y python3-smbus
sudo apt-get install -y i2c-tools
```

在 LX 终端中运行 sudo raspi-config→3 Interface Options→I5 I2C 命令，或者在树莓派的开始菜单中选择“首选项”→“Raspberry Pi Configuration”→“Interfaces”命令，开启 I2C 功能。

重启树莓派，使开启 I2C 功能的设置生效，命令如下：

```
sudo reboot
```

在树莓派再次开机后，查看树莓派是否可以识别带 I2C 的 LCD1602 液晶屏，命令如下：

```
sudo i2cdetect -y 1
```

上述命令的运行结果如图 8-14 所示。可以看到，地址为 0x27，说明树莓派已经成功

连接到带 I2C 的 LCD1602 液晶屏。

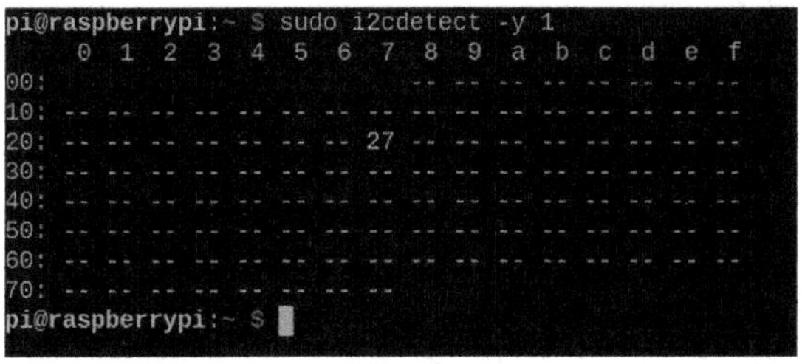

```
pi@raspberrypi:~ $ sudo i2cdetect -y 1
     0  1  2  3  4  5  6  7  8  9  a  b  c  d  e  f
00:          -- -- -- -- -- -- -- -- -- -- -- -- --
10: -- -- -- -- -- -- -- -- -- -- -- -- -- -- -- --
20: -- -- -- -- -- -- -- 27 -- -- -- -- -- -- -- --
30: -- -- -- -- -- -- -- -- -- -- -- -- -- -- -- --
40: -- -- -- -- -- -- -- -- -- -- -- -- -- -- -- --
50: -- -- -- -- -- -- -- -- -- -- -- -- -- -- -- --
60: -- -- -- -- -- -- -- -- -- -- -- -- -- -- -- --
70: -- -- -- -- -- -- -- --
pi@raspberrypi:~ $
```

图 8-14　命令运行后的地址 0x27

3. Python 编程

要在带 I2C 的 LCD1602 液晶屏上显示信息，需要使用 Python 编写代码。首先编写带 I2C 的 LCD1602 液晶屏的驱动程序。在 LX 终端中运行以下命令，创建 LCD1602.py 文件。

```
sudo nano LCD1602.py
```

在 LCD1602.py 文件中输入以下完整的 Python 代码。

```
import time
import smbus
BUS = smbus.SMBus(1)
LCD_ADDR = 0x27
BLEN = 1     #打开或关闭背光功能

def turn_light(key):
    global BLEN
    BLEN = key
    if key ==1 :
        BUS.write_byte(LCD_ADDR ,0x08)
    else:
        BUS.write_byte(LCD_ADDR ,0x00)

def write_word(addr, data):
    global BLEN
    temp = data
    if BLEN == 1:
        temp |= 0x08
    else:
        temp &= 0xF7
    BUS.write_byte(addr ,temp)

def send_command(comm):

    buf = comm & 0xF0              #首先发送bit7-4
    buf |= 0x04                    #RS=0,RW=0,EN=1
    write_word(LCD_ADDR ,buf)
    time.sleep(0.002)
```

```
    buf &= 0xFB                     #EN=0
    write_word(LCD_ADDR ,buf)


    buf = (comm & 0x0F) << 4        #然后发送bit3-0
    buf |= 0x04                     #RS=0,RW=0,EN=1
    write_word(LCD_ADDR ,buf)
    time.sleep(0.002)
    buf &= 0xFB                     #EN=0
    write_word(LCD_ADDR ,buf)

def send_data(data):
    # Send bit7-4 firstly
    buf = data & 0xF0
    buf |= 0x05                     #RS=1,RW=0,EN=1
    write_word(LCD_ADDR ,buf)
    time.sleep(0.002)
    buf &= 0xFB                     #EN=0
    write_word(LCD_ADDR ,buf)

    # Send bit3-0 secondly
    buf = (data & 0x0F) << 4
    buf |= 0x05                     #RS=1,RW=0,EN=1
    write_word(LCD_ADDR ,buf)
    time.sleep(0.002)
    buf &= 0xFB                     #EN=0
    write_word(LCD_ADDR ,buf)

def init_lcd():
    try:
        send_command(0x33)          #首先初始化为 8 行模式
        time.sleep(0.005)
        send_command(0x32)          #然后初始化为 4 行模式
        time.sleep(0.005)
        send_command(0x28)          #2 行&5×7 点阵
        time.sleep(0.005)
        send_command(0x0C)          #无光标显示
        time.sleep(0.005)
        send_command(0x01)          #清屏
        BUS.write_byte(LCD_ADDR ,0x08)
    except:
        return False
    else:
        return True

def clear_lcd():
    send_command(0x01)              #清屏
```

```
def print_lcd(x, y, str):
    if x < 0:
        x = 0
    if x > 15:
        x = 15
    if y <0:
        y = 0
    if y > 1:
        y = 1

    addr = 0x80 + 0x40 * y + x          #移动光标
    send_command(addr)

    for chr in str:
        send_data(ord(chr))

if __name__ == '__main__':
    init_lcd()
    print_lcd(0, 0, 'Hello, World!')
```

保存并关闭 LCD1602.py 文件，然后退出 nano 编辑器。其中，LCD.print_lcd()方法主要用于显示字符，前两个参数分别表示要显示字符的横坐标和纵坐标，第三个参数表示在指定坐标位置显示的内容。LCD.turn_light()方法主要用于打开或关闭 LCD1602 液晶屏的背光功能，其中，LCD.turn_light(0)表示关闭背光功能，LCD.turn_light(1)表示打开背光功能。

编写一个用于显示当前日期和时间的显示程序。在 LX 终端中输入以下命令，创建 time.py 文件。

```
sudo nano time.py
```

在 time.py 文件中输入以下完整的 Python 代码。

```
#!/user/bin/env python
import smbus
import time
import sys
import LCD1602 as LCD
if __name__ == '__main__':
    LCD.init_lcd()
    time.sleep(1)
    LCD.print_lcd(2, 0, 'WWW.JNVC.CN')      #显示文字
    for x in range(1, 4):
        LCD.turn_light(0)                   #关闭背光功能
        LCD.print_lcd(4, 1, 'LIGHT OFF')    #显示字符 LIGHT OFF
        time.sleep(0.5)
        LCD.turn_light(1)                   #打开背光功能
        LCD.print_lcd(4, 1, 'LIGHT ON ')    #显示字符 LIGHT ON
```

```
        time.sleep(0.5)
    LCD.turn_light(0)                              #关闭背光功能
    while True:
        #显示日期和时间
        now = time.strftime('%m/%d %H:%M:%S', time.localtime(time.time()))
        LCD.print_lcd(1, 1, now)
        time.sleep(0.2)
```

保存并关闭 time.py 文件（将 time.py 文件与 LCD1602.py 文件保存在同一个目录下），然后退出 nano 编辑器。

运行以下命令，检查两个程序的代码是否正确，如果有错误，则需要对其进行修改。

```
python3 LCD1602.py
python3 time.py
```

如果输入的代码正确，那么 time.py 程序的运行结果如图 8-15 所示。

图 8-15　time.py 程序的运行结果

此外，我们可以根据实际需求，编写显示 IP 地址、系统状态信息的程序，并且设置在开机后将相关信息显示在液晶屏上。

8.6　使用 Scratch GPIO 编程控制 LED 灯闪烁

1. Scratch 简介

Scratch 是一个基于图形化的采用拖块形式的可视化编程集成环境。利用 Scratch，学习编程的初学者可以通过可视化拖曳的方式进行编程，非常容易上手，使初学者能够创造性地思考、系统性地推理和协同工作。使用 Scratch 创建的程序是用鲜艳的代码块拼接起来的，它具有特别定制的界面，允许初学者将图形和声音组合起来，从而创造简易动画。

2019 年，在发布 Scratch 3.0 后，树莓派和 Scratch 的团队就在努力为树莓派操作系统开发桌面版本，因此，Raspbian Buster 版本及后续版本的操作系统中默认集成了 Scratch 3.0。

Scratch 3.0 的主要更新内容如下。

- 用户可以使用各种新的精灵、背景和声音。
- 新的扩展库允许用户添加连接到硬件和软件组件的新的块集，以便使用 Scratch 执行更多任务。
- 新的声音编辑器。
- 新的编程块，支持平板（需要 Chrome 或 Safari 浏览器）。
- 用户可以添加开发人员称为“扩展”的额外块集合。

此外，Scratch 3.0 可以更好地支持外部硬件，通过鼠标直接移动编程模块，可以直接控制 GPIO 的调用，非常方便地获取 GPIO 信号的输入和输出，直接通过控制 GPIO 的电平高低来点亮或熄灭 LED 灯、控制继电器等，获取用户输入的按钮电平信息。

下面介绍 Scratch 3.0 的布局及使用方法，然后使用 Scratch 3.0 的 GPIO 编程控制 LED 闪烁。

在树莓派的开始菜单中选择“编程”→“Scratch 3”命令，即可启动 Scratch。在首次启动 Scratch 后，会出现显示“Scratch Desktop is loading…”的界面，如图 8-16 所示。

图 8-16　显示“Scratch Desktop is loading…”的界面

稍等片刻，会出现询问是否愿意帮助改进 Scratch 的问答界面，如图 8-17 所示。

图 8-17　询问是否愿意帮助改进 Scratch 的问答界面

单击任意一个按钮，进入 Scratch Desktop 的主界面，如图 8-18 所示。

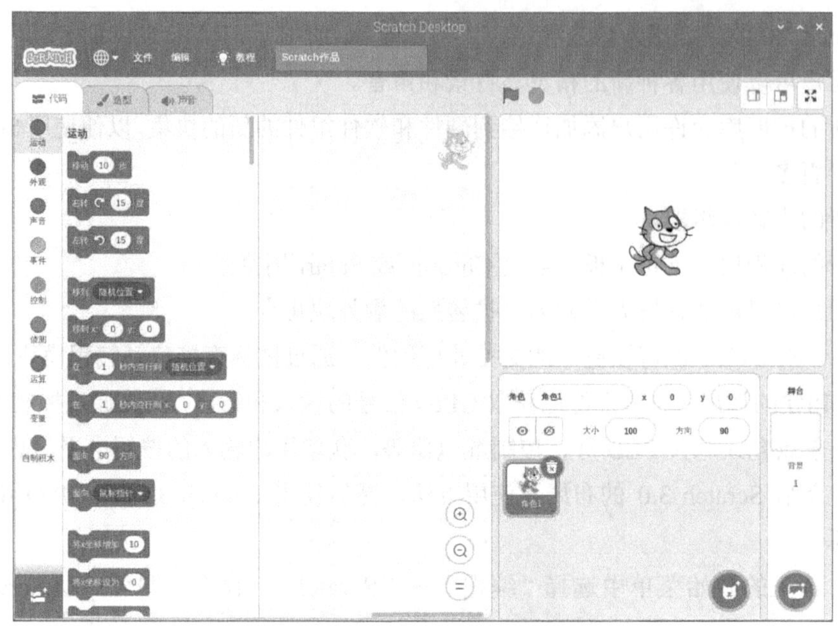

图 8-18　Scratch Desktop 的主界面

Scratch Desktop 的主界面中包含多个功能区，下面我们按照从上往下、从左往右的顺序介绍主要的功能区。

1）标签区

标签区分为角色标签区和舞台标签区，每个角色和舞台都是独立的，都有 3 种标签。角色标签区中包含代码标签、造型标签、声音标签；舞台标签区中包含代码标签、背景标签和声音标签。

代码标签：程序需要用到的功能都是在这里通过拼接指令积木实现的，是最主要、最常用的标签，如图 8-19 所示。

图 8-19　代码标签

造型标签和背景标签：造型标签主要用于添加和编辑角色的造型；背景标签主要用于添加和编辑舞台背景，如图 8-20 所示。

图 8-20　造型标签和背景标签

声音标签：主要用于添加和编辑声音，如图 8-21 所示。

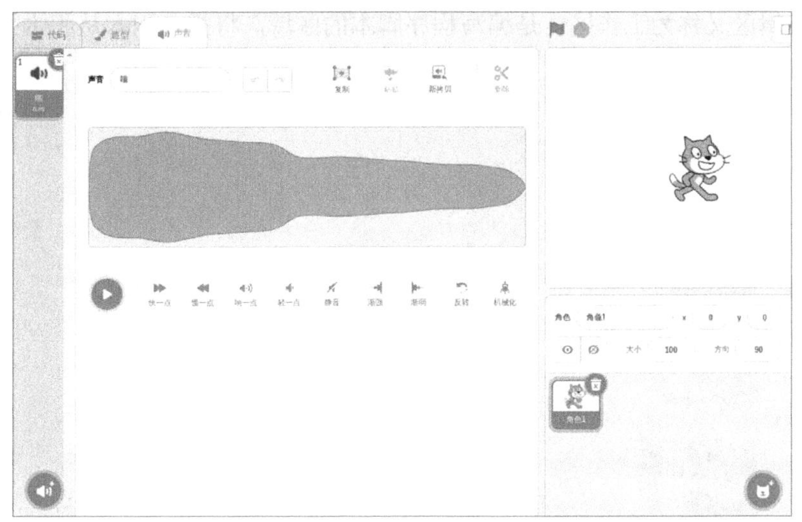

图 8-21　声音标签

2）积木分类区和积木列表区

积木分类区又称为积木模块区，系统默认显示 9 种分类，包括运动、外观、声音、事件、控制、侦测、运算、变量、自动积木，最下面还有一个添加扩展按钮。

积木列表区中列出了相应的积木分类区需要用到的指令积木，不同类型的指令积木，其颜色和形状都有所不同。

积木分类区和运动积木分类区对应的部分积木列表区如图 8-22 所示。

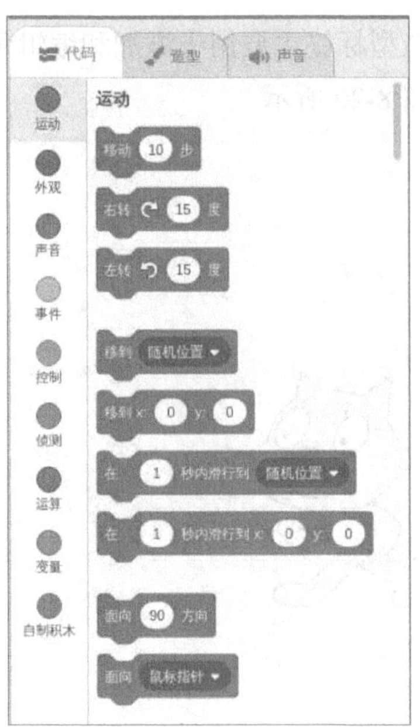

图 8-22　积木分类区和运动积木分类区对应的部分积木列表区

3）代码编辑区

代码编辑区又称为工作区，是编写程序脚本的区域，将指令积木从积木列表区中拖曳到代码编辑区中，并且按需求排列好，就完成了代码的编辑，如图 8-23 所示。

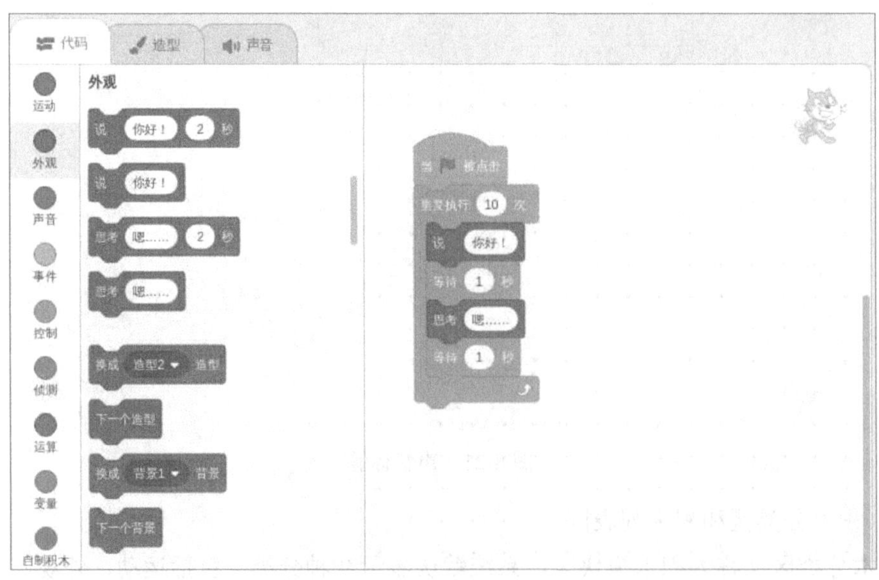

图 8-23　代码编辑区

4）舞台显示区

舞台显示区主要用于显示代码编辑区中代码的运行结果，如图 8-24 所示。

图 8-24　舞台显示区

舞台显示区的顶部有 5 个按钮，从左到右依次是程序启动按钮、程序停止按钮、小舞台模式按钮、大舞台模式按钮、全屏模式按钮，其作用分别如下。

- 程序启动按钮：单击该按钮，程序开始运行。
- 程序停止按钮：单击该按钮，程序停止运行。
- 小舞台模式按钮：单击该按钮，舞台区变小，代码编辑区变大。
- 大舞台模式按钮：单击该按钮，舞台区变大，代码编辑区变小（默认模式）。
- 全屏模式按钮：只显示舞台区。

5）角色列表区

角色列表区又称为角色区，包括添加的角色列表、角色的基本属性及角色的添加方式，如图 8-25 所示。其中，在角色列表区的主体区域显示角色列表；在上面的参数面板中可以设置角色属性，如名称、坐标、大小、方向及是否显示等；将鼠标指针移动到右下角的小猫按钮上，在弹出的列表中可以选择角色的添加方式，从上到下的功能依次是上传一个角色、在随机库中随机选择一个角色、绘制一个角色、选择一个角色。

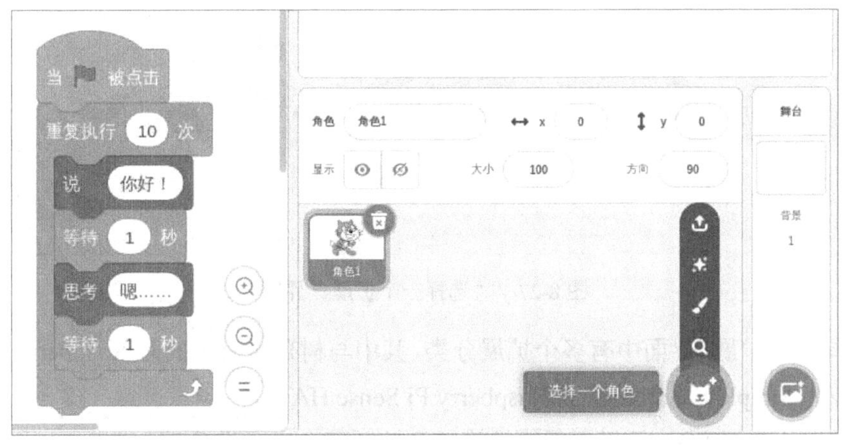

图 8-25　角色列表区

6）舞台背景区

在舞台背景区中可以显示舞台背景的缩略图及当前正在使用的背景编号，可以添加背景，并且设置背景添加方式，如图 8-26 所示。将鼠标指针移动到舞台背景区下方的图片按钮上，在弹出的上拉列表中可以选择背景的添加方式，从上到下的功能依次是上传一个背景、在随机库中随机选择一个背景、绘制一个背景、选择一个背景。

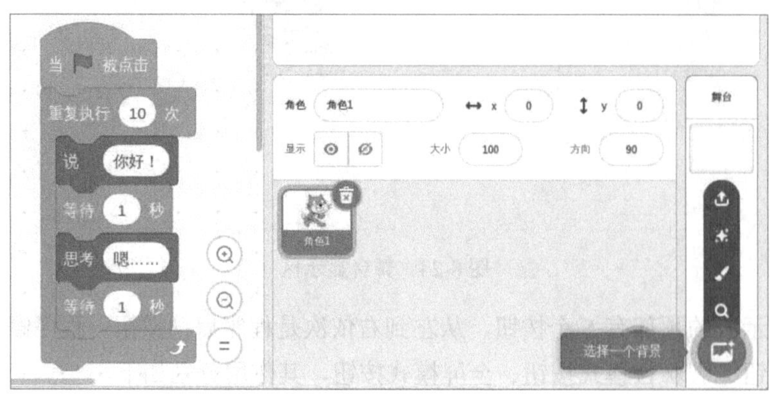

图 8-26　舞台背景区

2. 编程控制 LED 灯闪烁

单击积木分类区最下面的“添加扩展”按钮，会进入“选择一个扩展”界面，如图 8-27 所示。

图 8-27　“选择一个扩展”界面

“选择一个扩展”界面中有多个扩展分类，其中与树莓派有关的有 Raspberry Pi GPIO、Raspberry Pi Simple Electronics 和 Raspberry Pi Sense HAT。

Raspberry Pi GPIO：可以更便捷地连接和控制整个电子设备。

Raspberry Pi Simple Electronics：如果希望添加一些简单的电子模块，如游戏用到的 LED 灯、按钮控制器，那么 Raspberry Pi Simple Electronics 比 Raspberry Pi GPIO 更易于使用。Raspberry Pi Simple Electronics 对初学者非常友好，并且可以与树莓派 GPIO 引脚进行交互。

Raspberry Pi Sense HAT：Raspberry Pi Sense HAT 引入了许多新的指令积木，支持 Scratch 3.0 的新功能。例如，感应设备的倾斜、摇晃和方向，使用操纵杆，测量温度、压力和湿度，在 LED 矩阵上显示文本、字符和图案。

在“选择一个扩展”界面中选择 Raspberry Pi GPIO 选项，即可在积木分类区中添加一个 Raspberry Pi GPIO 分类，并且在相应的积木列表区中添加 4 个 Raspberry Pi GPIO 指令积木，如图 8-28 所示。

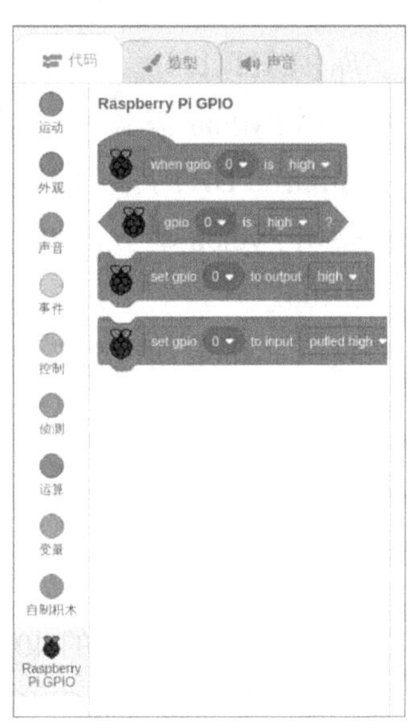

图 8-28　Raspberry Pi GPIO 分类和指令

我们使用杜邦线和面包板，将树莓派的 GPIO 16 引脚与 LED 灯的正极连接，将 GPIO 的任意一个 GND 引脚与 LED 灯的负极连接，然后在 Scratch 3.0 中通过拖曳积木，在代码编辑区中编写控制 LED 灯闪烁的代码，如图 8-29 所示。

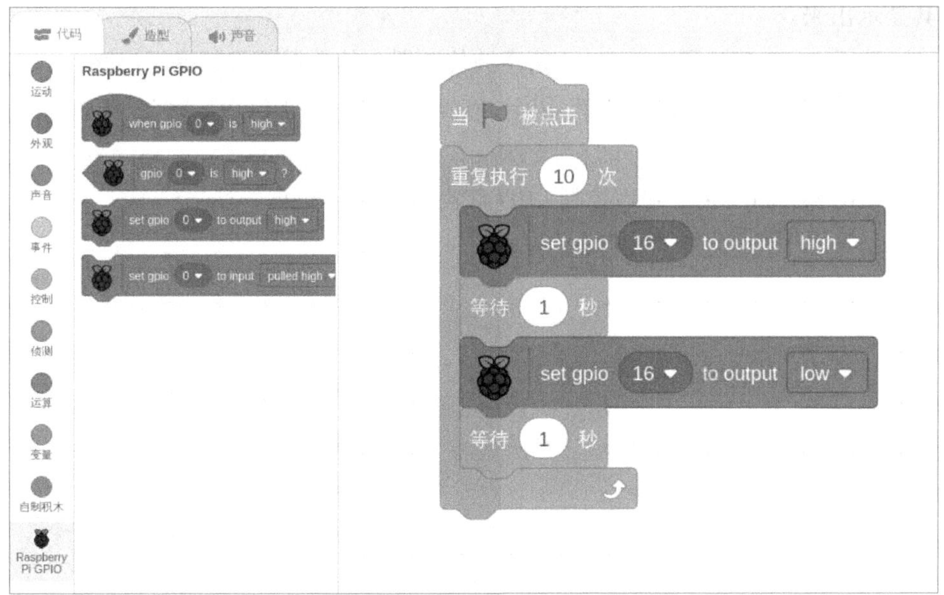

图 8-29　控制 LED 灯闪烁的代码

单击舞台显示区顶部的程序启动按钮，观察 LED 灯是不是开始闪烁了。

本章小结

本章主要讲述了树莓派在 GPIO 方面的应用，具体如下。

- GPIO 基础：GPIO 的基础知识和编码规范，做实验点亮一个 LED 灯。
- 使用 C 语言基于 WiringPi 库读取 DHT11 温湿度传感器中的数据：C 语言+WiringPi 库+ DHT11。
- 使用 Python 基于 Adafruit DHT 库读取 DHT11 温湿度传感器中的数据：Python+ Adafruit DHT 库+ DHT11。
- 使用 Python 基于 GPIO 库读取 HC-SR04 超声波测距数据：Python+GPIO 库+ HC-SR04。
- 使用 Python 通过 I2C 驱动 LCD1602 液晶屏：Python+I2C+ LCD1602。
- 使用 Scratch GPIO 编程控制 LED 灯闪烁：Scratch+GPIO+LED。

课后练习

（1）正确识别树莓派的 40 针 GPIO 引脚。

（2）正确理解树莓派 GPIO 引脚的 3 种编码。

（3）使用树莓派的 GPIO 引脚先控制 LED 灯闪烁，再实现呼吸灯效果。

（4）分别基于 WiringPi 库和 Adafruit DHT 库读取 DHT11 温湿度传感器中的数据并将其显示出来。

（5）基于 GPIO 库读取 HC-SR04 超声波传感器中的数据并将其显示出来。

（6）通过 I2C 驱动 LCD1602 液晶屏，在第一行显示“I LOVE PI”，在第二行显示日期和时间。

（7）使用 Scratch GPIO 编程控制 LED 灯实现呼吸灯效果。

第 9 章

Shell script

知识目标

- 了解 Shell script 的基本概念。
- 掌握 Shell 中 echo 命令和 printf 命令的使用方法。
- 掌握 Shell 传递参数、Shell 变量、Shell 基本运算符、Shell 流程控制、Shell 字符串、Shell 数组、Shell 函数、Shell 输入/输出重定向、Shell test 命令、Shell 判断符[]、Shell script 的追踪与调试、Shell 文件包含等相关知识。
- 掌握 Shell script 实例。
- 掌握修改 SSH 登录信息的方法。

技能目标

- 能够读懂一段简单的 Shell script 代码。
- 能够使用 Shell 的 echo 命令和 printf 命令。
- 能够使用 Shell 传递参数、Shell 变量、Shell 基本运算符、Shell 流程控制、Shell 字符串、Shell 数组、Shell 函数、Shell 输入/输出重定向、Shell test 命令、Shell 判断符[]、Shell script 的追踪与调试、Shell 文件包含等内容。
- 能够运行 Shell script 实例。
- 能够修改 SSH 登录信息。

任务概述

- 在树莓派上使用 Shell script 输出“Hello world”并使用注释。
- 在树莓派上使用 Shell 的 echo 命令和 printf 命令。
- 在树莓派上完成 Shell 传递参数、Shell 变量、Shell 基本运算符、Shell 流程控制、Shell 字符串、Shell 数组、Shell 函数、Shell 输入/输出重定向、Shell test 命令、

Shell 判断符[]、Shell script 的追踪与调试、Shell 文件包含等示例代码。

- 在树莓派上运行 Shell script 实例。
- 在树莓派上修改 SSH 登录信息。

Shell script（Shell 脚本）与 Windows 操作系统中的批处理类似，会将各类命令预先存储于一个方便一次性运行的程序文件中，以便管理员进行设置或管理。Shell script 比 Windows 操作系统中的批处理更强大，它使用 Linux/UNIX 操作系统中的命令，比使用编程语言效率更高。

9.1 Shell script 基本介绍

Shell script 是利用 Shell 的功能编写的程序，该程序在保存后是纯文本文件，主要用于存储 Shell 的语法与命令，然后用正规表示法、管道命令及数据流重导向等功能，简化日常的管理工作，从而达到所需的处理目的。实际上，一些服务的启动都是通过 Shell script 进行的。

Shell script 类似于早期 DOS 中的 bat 文件，一个简单的功能就是将多条命令编写在一起，让使用者可以很容易地通过一次操作运行多条命令。Shell script 还提供了数组、循环、条件及逻辑判断等重要功能，让使用者可以直接使用 Shell 命令编写程序，而不必使用传统编程语言（如 C 语言）的语法。

9.1.1 Shell script 的环境和种类

Shell script 编程与 JavaScript、PHP 编程类似，只需一个能编写代码的文本编辑器和一个能解释脚本的解释器。

Linux 操作系统中的 Shell 种类众多，常见的有 Bourne Shell（目录是/usr/bin/sh 或/bin/sh）、Bourne Again Shell（目录是/bin/bash）、C Shell（目录是/usr/bin/csh）、K Shell（目录是/usr/bin/ksh）、Shell for Root（目录是/sbin/sh）等。

本书中使用的是 Bourne Again Shell（简称 Bash）。Bash 是大部分 Linux 操作系统默认的 Shell，它因为易用和免费，所以在日常生活和工作中被广泛应用。

在一般情况下，大家并不区分使用的 Shell 是 Bourne Shell 还是 Bourne Again Shell，因此可以直接将“#!/bin/sh”改为“#!/bin/bash”。

9.1.2 Shell 和 Shell script 之间的区别

Shell 和 Shell script 是两个不同的概念。Shell 是一个命令行解释器或应用程序，它提供了一个界面，允许用户通过这个界面访问操作系统内核的服务，从而根据特定的语法，对输入的命令进行解释并将其传递给系统。Shell 为用户提供了一个向 Linux 操作系统发送请求，以便运行程序的接口系统级程序。用户可以使用 Shell 启动、挂起、停止、编写程序。Shell 是一个用 C 语言编写的程序，它是用户使用 Linux 操作系统的“桥梁”。Shell script 既是一种命令语言，又是一种程序设计语言（编写 Shell 脚本）。作为命令语言，Shell script 可以互动式地解释和运行用户输入的命令；作为程序设计语言，Shell script 可以定义各种变量和参数，并且提供很多高级编程语言中才具有的控制结构，包括循环结构和分支结构。Shell script 虽然不是 Linux 操作系统内核的一部分，但它可以调用 Linux 操作系统内核的大部分功能，用于运行程序、创建文件，并且以并行的方式协调各个程序的运行。为了简洁，本书中出现的“Shell 编程”都是指 Shell script 编程，不是指开发 Shell 自身。

9.1.3 Shell script 的编写规则

Shell script 的编写规则如下。

- 命令的运行顺序：从上到下，从左到右。
- 命令、选项、参数之间的多个空格都会被忽略。
- 空白行会被忽略，按 Tab 键生成的空白区域也会被忽略。
- 如果读取到一个 Enter 符号，则会尝试运行该行命令。
- 如果一行中的内容太多，则可以使用“[Enter]”将其扩展到下一行。
- 使用“#”符号作为注释符，“#”符号后面的字符会被视为注释，不会被运行。

Shell script 文件以.sh（表示 Shell）为扩展名，并且必须被赋予可执行权限。扩展名并不影响脚本运行，如果使用 PHP 编写 Shell 脚本，则可以使用.php 作为扩展名。

运行 test.sh 文件（以 test.sh 文件为例）的常用方法是，在 LX 终端中进入 test.sh 文件所在的目录，然后运行./test.sh 命令。也可以将 test.sh 文件放在 PATH 路径下，然后使用 sh test.sh 命令运行 Shell script。

9.1.4 编写 Hello world 程序

出于专业习惯，编写 Hello world 程序是学习一种语言的第一步，在 Shell script 编程中也是如此。下面通过一个简单的 Hello world 程序，讲解编写 Shell script 的基本规则。

在 LX 终端中打开 nano 编辑器，新建一个文件 test.sh，命令如下：

```
sudo nano test.sh
```

在 test.sh 文件中输入以下内容。

```
#!/bin/bash
# Program: shows "Hello world" in screen.
#Version 1.0
# History: This is my first script
# 2022/10/27 DZH First release
echo "Hello world"
```

```
exit 0
```

下面对以上 Shell script 进行说明。

1. #!/bin/bash 说明

“#!”是一个约定的标记，主要用于声明在当前文件中使用 Bash 的语法，告诉系统当前脚本需要使用什么解释器运行，使用哪种 Shell 编写。当前程序在运行时，可以加载 Bash 的相关环境配置文件，一般是~/.bashrc，并且调用 Bash 运行后面的命令。如果没有声明这一行，那么系统无法识别当前文件，也就无法成功运行该文件。

2. 程序内容说明

“#”符号后面的内容为注释。在 Shell script 中，使用“#”符号作为注释符。

每一条语句末尾都没有英文分号“;”，因为在 Shell script 中，英文分号“;”的作用是运行连续的命令。

在编写 Shell script 时，可以添加一些必要的程序声明作为注释，如功能、版本号、作者等，这种良好的编写习惯对以后的程序维护有很大的帮助。

3. echo 命令

echo 命令主要用于向窗口输出字符串。

4. exit 0

exit 0 表示脚本在运行完成后回传一个 0 给系统，用户可以在命令行模式下运行 echo $?命令，获取其返回值。其实，Linux 操作系统中的命令在运行结束后，也会返回一个值。在一般情况下，如果命令运行成功，则会返回 0；如果命令运行失败，则会返回非 0 值。因此，在编写 Shell script 时，也可以返回一个值。

5. 运行 Shell script 程序 test.sh

在 LX 终端中运行以下命令，即可运行 Shell script 程序 test.sh。

```
bash test.sh
```

9.1.5 良好的编写习惯

养成良好的 Shell script 编写习惯非常重要。在编写 Shell script 时，建议将设计过程记录下来，包括一些历史记录，以便后期维护和改进。

在每个 Shell script 的文件头处，应该包含以下内容。

- Shell script 的功能。
- Shell script 的版本信息。
- Shell script 的作者与联系方式。
- Shell script 的版权宣告方式。

- Shell script 的历史记录。
- Shell script 中较特殊的命令使用绝对路径的方式记录。
- Shell script 在运行时需要的环境变量等相关信息的记录和说明。

除以上内容外，在较为特殊的程序码部分，建议加上注释，以便后期阅读（因为篇幅有限，所以后期不再在文件头添加此类信息）。建议使用嵌套方式编写 Shell script，并且使用 Tab 键进行缩排，使代码漂亮、有条理。此外，建议使用 vim 编辑器作为 Shell script 的编写工具，因为 vim 编辑器具有语法检验机制，能够在编写过程中发现语法方面的问题。

9.1.6 Shell script 的运行方法

假设编写的 Shell script 文件名是/home/pi/myshell.sh，那么如何运行这个文件呢？

myshell.sh 脚本文件必须具备可执行权限，为该脚本文件授权的命令如下：

```
sudo chmod +x  ./myshell.sh    #在当前目录下授予 myshell.sh 脚本文件可执行权限
```

运行 myshell.sh 脚本文件的方法一般有以下两种。

1. 直接下达命令

绝对路径：工作目录随意，可以使用绝对路径/home/pi/myshell.sh 运行 myshell.sh 文件。

相对路径：假设工作目录为/home/pi/，则可以使用相对路径./myshell.sh 运行 myshell.sh 脚本文件，告诉系统该文件就在当前目录下。

变量 PATH 功能：将 myshell.sh 脚本文件放在变量 PATH 指定的目录下，这样可以在任意目录下直接运行 myshell.sh 脚本文件。在一般情况下，变量 PATH 指定的目录有/bin 目录、/sbin 目录、/usr/bin 目录、/usr/sbin 目录等，可以将 myshell.sh 脚本文件放在其中一个目录下。

2. 使用 bash 程序运行

使用 bash 或 sh 程序运行 Shell script，命令参数就是 Shell script 的文件名，这种方式不需要在第一行指定解释器信息#!/bin/bash，示例如下：

```
bash myshell.sh
sh myshell.sh
```

9.1.7 Shell 注释

1. 单行注释

以“#”符号开头的程序行就是注释，“#”符号后的内容会被解释器忽略，可以通过在多行开头添加“#”符号设置多行注释，示例如下：

```
#--------------------------------------------
```

```
# 这是一个注释
# author: tom
#--------------------------------------------
##### 用户配置区 开始 #####
#
#
# 这里可以添加脚本描述信息
#
#
##### 用户配置区 结束  #####
```

在编写 Shell script 的过程中，如果需要临时注释大段的代码，但之后需要取消注释，那么在每行都添加“#”符号太费力了，有什么简单办法呢？可以将要注释的代码用一对花括号括起来，将其定义成一个函数，只要不调用这个函数，这段代码就不会被运行，从而实现和注释一样的效果。

2. 多行注释

多行注释还可以使用以下格式。

```
:<<EOF
    注释内容...
    注释内容...
    注释内容...
EOF
```

其中的 EOF 也可以使用其他符号，示例如下：

```
:<<'
    注释内容...
    注释内容...
    注释内容...
'
```

或者

```
:<<!
    注释内容...
    注释内容...
    注释内容...
!
```

9.2 Shell echo 命令

Shell 中的 echo 命令与 PHP 的 echo 命令类似，其作用都是输出字符串，但使用 echo 命令可以设置复杂的输出格式。Shell 中的 echo 命令的语法格式如下：

```
echo string        # string 为字符串
```

1. 输出普通字符串

输出普通字符串的命令示例如下：

```
echo "It is a test"
```

上述命令中的双引号可以省略，以下命令与上述命令的运行效果是一样的。

```
echo It is a test
```

2. 输出转义字符

输出转义字符的命令示例如下：

```
echo "\"It is a test\""
```

返回结果如下：

```
"It is a test"
```

3. 输出标准输入的变量

使用 read 命令可以从标准输入设备中读取一行，并且将输入行中每个字段的值都指定给某个自定义的 Shell 变量。新建一个 test.sh 文件，输入以下代码。

```
#!/bin/sh
read name
echo "$name It is a test"
```

name 为接收标准输入的变量。在保存 test.sh 文件后，运行该文件，运行命令和运行结果如下：

```
sh test.sh
OK                    #标准输入的变量
OK It is a test       #输出
```

4. 使输出结果换行

使用“\n”符号可以使输出结果换行。新建一个 sh 文件，输入以下代码。

```
echo -e "OK! \n"       #-e: 开启转义
echo "It is a test"
```

上述代码的运行结果如下：

```
OK!
<这里是换行后的空行>
It is a test
```

5. 使输出结果不换行

使用“\c”符号可以使输出结果不换行。新建一个 sh 文件，输入以下代码。

```
#!/bin/sh
echo -e "OK! \c" # -e: 开启转义; \c: 不换行
echo "It is a test"
```

上述代码的运行结果如下：

```
OK! It is a test
```

6. 将输出结果定向至文件中

使用“>”符号可以将输出结果定向至文件中。新建一个 sh 文件，输入以下代码。

```
echo "It is a test" > myfile
```

运行上述代码，然后打开 myfile 文件，可以看到“It is a test”。

7. 原样输出字符串

使用“'”符号（英文单引号）可以原样输出字符串，不对其进行转义或取变量。新建一个 sh 文件，输入以下代码。

```
echo '$name\"'
```

上述代码的运行结果如下：

```
$name\"
```

8. 输出命令运行结果

使用“`”符号（反引号，不是英文单引号“'”）可以输出命令运行结果。例如，要输出 date 命令的运行结果，可以新建一个 sh 文件，输入以下代码。

```
echo `date`
```

上述代码的运行结果中会显示当前日期，示例结果如下：

```
2022 年 12 月 03 日 星期六 16:42:09 CST
```

9.3 Shell printf 命令

Shell 中的 printf 命令与 C 语言中的 printf()函数类似，它们的作用都是输出数据。printf 命令采用 POSIX 标准，因此使用 printf 命令的 Shell script 比使用 echo 命令的 Shell script 的移植性更高。

printf 命令使用引用文本或空格分隔参数。可以在 printf 命令中使用格式化字符串，还可以指定字符串的宽度、左右对齐方式等。默认的 printf 命令不会像 echo 命令那样自动添加换行符，可以手动添加“\n”转义字符。

printf 命令的语法格式如下：

```
printf  格式控制字符串  [参数列表]
```

1. printf 命令的简单使用方法

printf 命令的简单使用方法示例如下：

```
printf "Hello, Shell\n"
```

运行结果如下：

```
Hello, Shell
<这里是换行后的空行>
```

2. printf 命令的强大功能

使用一个 Shell script 体现 printf 命令的强大功能，该 Shell script 如下：

```
#!/bin/bash
printf "%-10s %-8s %-4s\n" 姓名 性别 体重 kg
printf "%-10s %-8s %-4.2f\n" 郭靖 男 66.1234
printf "%-10s %-8s %-4.2f\n" 杨过 男 48.6543
```

```
printf "%-10s %-8s %-4.2f\n" 郭芙 女 47.9876
```

运行上述 Shell script，输出结果如下：

```
姓名     性别   体重 kg
郭靖     男      66.12
杨过     男      48.65
郭芙     女      47.99
```

在 Shell 中，%s、%c、%d、%f 都表示格式控制字符串，%s 主要用于输出一个字符串，%d 主要用于输出整型数据，%c 主要用于输出一个字符，%f 主要用于以小数形式输出实数。

在以上示例中，%-8s 表示设置输出的字符串长度为 8 个字符（“-”表示左对齐，如果没有“-”，则表示右对齐），如果字符串长度不足 8 个字符，则自动使用空格进行填充；如果字符串长度超过 8 个字符，则会将超过的字符全部显示出来；%-4.2f 表示输出带格式化的实数，其中的.2 表示小数点后面保留 2 位数字。

在树莓派上运行以下脚本，并且观察输出结果，认真体会 printf 命令的格式控制字符串和参数的作用。

```
#!/bin/bash
printf "%d %s\n" 1 "abc"      #格式控制字符串使用英文双引号引起来
printf '%d %s\n' 1 "abc"      #使用英文单引号的效果与使用英文双引号的效果一样
printf %s abcdef              #没有引号也可以输出
printf %s abc def             #格式只指定了一个参数，多出的参数仍然会按照该格式输出
printf "%s\n" abc def
printf "%s %s %s\n" a b c d e f g h i j
printf "%s and %d \n"         #如果没有参数，那么%s 会用 NULL 代替，%d 会用 0 代替
```

3. printf 命令的转义字符

转义字符是编程语言中有特殊意义的符号，与 C 语言中的转义字符类似，常见的转义字符如表 9-1 所示。

表 9-1 常见的转义字符

转义字符	说明
\a	警告字符（BEL 字符）
\b	退格
\c	不显示输出结果中任何结尾的换行字符（只在%b 格式指示符控制下的参数字符串中有效），并且留在参数中的字符、接下来的参数及留在格式字符串中的字符都会被忽略
\f	换页
\n	换行
\r	回车
\t	水平制表符
\v	垂直制表符
\\	反斜杠字符

转义字符示例（1）如下：

```
printf "a string, no processing:<%s>\n" "A\nB"
```

输出结果如下：

```
a string, no processing:<A\nB>
```

转义字符示例（2）如下：

```
printf "a string, no processing:<%b>\n" "A\nB"
```

输出结果如下：

```
a string, no processing:<A
B>
```

转义字符示例（3）如下：

```
printf "www.baidu.com \a"
```

输出结果如下：

```
www.baidu.com $     #不换行
```

9.4 Shell 传递参数

在运行 Shell 脚本时，可以向脚本中传递参数。脚本获取参数的格式一般为$n，n 表示一个数字，如果 n 的值为 0，则运行包含文件路径的文件名；如果 n 的值为 1，则运行脚本中的第一个参数；如果 n 的值为 2，则运行脚本中的第二个参数；以此类推。

如何向 Shell 脚本传递参数呢？可以使用./test.sh para1 para2 para3 ...的格式，将 para1、para2、para3 等参数传递给 test.sh 脚本。

下面介绍几个用于处理参数的默认变量，如表 9-2 所示。

表 9-2　用于处理参数的默认变量

默认变量	说明
$#	表示传递给脚本的参数个数
$*	使用一个字符串显示所有向脚本传递的参数。如果使用英文双引号将$*引起来（"$*"），那么以"$1 $2 … $n"的形式输出所有参数
$$	脚本运行的当前进程 ID
$!	后台运行的最后一个进程 ID
$@	与$*的作用类似。如果使用英文双引号将$@引起来（"$@"），那么以"$1" "$2" … "$n" 的形式输出所有参数，其中的每个参数都是独立的
$-	显示 Shell 使用的当前选项，与 set 命令的功能相同
$?	显示命令的退出状态。如果值为 0，则表示没有错误；如果为其他值，则表示有错误

下面举例进行说明。

（1）向 test1.sh 脚本中传递 3 个参数，代码如下：

```
#!/bin/bash
echo "测试 Shell 传递参数";
echo "运行的文件名: $0";
echo "第一个参数: $1";
echo "第二个参数: $2";
echo "第三个参数: $3";
exit 0
```

运行 test1.sh 脚本，命令如下：

```
sudo chmod +x test1.sh
./test1.sh 1 2 3
```

输出结果如下：

```
运行的文件名：./test1.sh
第一个参数：1
第二个参数：2
第三个参数：3
```

（2）向 test2.sh 脚本中传递 3 个参数，代码如下：

```
#!/bin/bash
echo "Shell 传递参数实例 2";
echo "第一个参数为：$1";
echo "参数个数为：$#";
echo "传递的参数作为一个字符串显示：$*";
exit 0
```

运行 test2.sh 脚本，命令如下：

```
sudo chmod +x test2.sh
./test2.sh 1 2 3
```

输出结果如下：

```
Shell 传递参数实例 2
第一个参数为：1
参数个数为：3
传递的参数作为一个字符串显示：1 2 3
```

$*与$@的相同点是，它们都会引用所有参数；不同点是，它们在英文双引号中的体现不同。假设在脚本运行时写了 3 个参数，分别为 1、2、3，那么"*"等价于"1 2 3"（传递了一个参数），而"@"等价于 "1" "2" "3"（传递了 3 个参数）。

（3）向 test3.sh 脚本中传递 3 个参数，代码如下：

```
#!/bin/bash
echo "Shell 传递参数实例 3-比较$*与$@";
echo "-\$* 演示-"
for i in "$*"; do
    echo $i
done
echo "-\$@ 演示-"
for i in "$@"; do
    echo $i
done
exit 0
```

运行 test3.sh 脚本，命令如下：

```
sudo chmod +x test3.sh
./test3.sh 1 2 3
```

输出结果如下：

```
Shell 传递参数实例 3-比较 1 2 3 与 1 2 3
```

```
-$* 演示-
1 2 3
-$@ 演示-
1
2
3
```

下面我们通过 3 个题目，加深对 Shell 传递参数的理解。

题目 1：重新启动系统注册表文件。

命令：/etc/init.d/syslog restart

评讲：该命令可以重新启动/etc/init.d/syslog 程序。

题目 2：承接题目 1，关闭该程序。

命令：/etc/init.d/syslog stop

题目 3：假设要运行一个可以带参数的 Shell 脚本，该脚本中的代码如下：

```
#!/bin/bash
echo "The script name is ==> $0"
echo "Total parameter number is ==> $#"
[ "$#" -lt 2 ] && echo "The number of parameter is less than 2. Stop here."
&& exit 0
echo "Your whole parameter is ==> '$@'"
echo "The 1st parameter ==> $1"
echo "The 2nd parameter ==> $2"
exit 0
```

运行以上脚本，屏幕中显示的数据如下。

- 脚本的文件名。
- 参数数量。
- 如果参数数量少于 2 个，则告知用户参数数量太少。
- 所有参数内容。
- 第一个参数。
- 第二个参数。

此外，还有一个偏移变量命令 shift，其作用是进行偏移变量操作，偏移方向为从右向左，最左边的变量会被移除。脚本后面所接的变量怎么进行偏移呢？

下面举例说明偏移是什么。

我们对以上脚本中的内容进行修改，用于显示每次偏移后参数的变化情况，具体如下：

```
#!/bin/bash
echo "Total parameter number is ==> $#"
echo "Your whole parameter is ==> '$@'"
shift          #第一次偏移“1 个变量的 shift”
echo "after first shift"
echo "Total parameter number is ==> $#"
echo "Your whole parameter is ==> '$@'"
shift 3        #第二次偏移“3 个变量的 shift”
echo "after second shift"
```

```
echo "Total parameter number is ==> $#"
echo "Your whole parameter is ==> '$@'"
exit 0
```

9.5 Shell 变量

9.5.1 定义变量

在定义变量时，变量名前面不添加任何符号，变量名和等号之间不能有空格，如 my_name="tom"。

变量名的命名规则如下。

- 变量名只能使用英文字母、数字和下画线，并且不能以数字开头。
- 变量名中间不能有空格，可以使用下画线。
- 变量名不能使用标点符号。
- 变量名不能使用 Bash 中的关键字。

有效的 Shell 变量名举例：BAIDU，LD_LIBRARY_PATH，_var，var2。

无效的 Shell 变量名举例：?var=123，user*name=baidu。

除了显式地直接给变量赋值，还可以使用命令给变量赋值，示例代码如下：

```
for file in `ls /etc`
```

或者

```
for file in $(ls /etc)
```

以上两条命令都可以将/etc 目录下的文件名循环显示出来。

9.5.2 使用变量

要使用一个定义过的变量，只需在变量名前面加“$”符号，示例代码如下：

```
your_name="jack"
echo $your_name
echo ${your_name}
```

变量名外面的花括号是可选的。添加花括号是为了帮助解释器识别变量的边界，示例代码如下：

```
for skill in Ada Coffe Action Java; do
    echo "I am good at ${skill}Script"
done
```

如果不给 skill 变量添加花括号，写成 echo "I am good at $skillScript"，那么解释器会将$skillScript 当作一个变量（其值为空），代码的运行结果就不会是我们期望的样子。建议给所有变量添加花括号，这是一个好的编程习惯。

对于已经赋值过的变量，可以重新为其赋予新的值，示例代码如下：

```
your_name="tom"
```

```
echo $your_name
your_name="jack"
echo $your_name
```

9.5.3 只读变量

使用 readonly 命令可以将变量定义为只读变量，只读变量的值不能被修改。例如，在以下脚本中，如果要修改只读变量的值，那么该脚本的运行结果会报错。

```
#!/bin/bash
myvar="oldvar"
readonly myvar
myvar ="newvar"
```

运行以上脚本，输出结果如下：

```
/bin/sh: NAME: This variable is read only.
```

9.5.4 删除变量

使用 unset 命令可以删除不是只读变量的变量。

unset 命令的语法格式如下：

```
unset 变量名
```

变量在被删除后不能再次使用。例如，删除不是只读变量的变量 myurl，代码如下：

```
#!/bin/bash
myvar="thisisastringvar"
unset myvar
echo $ myvar
```

运行上述代码，没有任何输出结果。

9.5.5 变量类型

在运行 Shell 脚本时，会同时存在局部变量、环境变量和 Shell 变量。

- 局部变量：局部变量在脚本或命令中定义，仅在当前 Shell 实例中有效。其他 Shell 启动的程序不能访问局部变量。
- 环境变量：所有的程序，包括 Shell 启动的程序，都可以访问环境变量，有些程序需要环境变量保证其正常运行。在必要时，也可以在 Shell 脚本中定义环境变量。
- Shell 变量：Shell 变量是由 Shell 程序设置的特殊变量。Shell 变量中有一部分是环境变量，有一部分是局部变量，这些变量保证了 Shell 的正常运行。

9.6 Shell 基本运算符

Shell 和其他编程语言一样，支持多种运算符，包括算术运算符、关系运算符、布尔运算符、逻辑运算符、字符串运算符、文件测试运算符。

原生 Bash 不支持简单的数学运算，但是可以通过其他命令实现，如 awk 命令和 expr 命令，其中 expr 命令比较常用。expr 命令是一种表达式计算命令，使用它可以完成表达式的求值操作。

例如，两个数相加，代码如下：

```
#!/bin/bash
val=`expr 2 + 2`    #使用的是反引号“`”，而不是单引号“'”
echo "两数之和为 : $val"
```

运行上述脚本，输出结果如下：

```
两数之和为 : 4
```

需要注意的是，表达式的数字和运算符之间要有空格。例如，将表达式写成“2+2”是不对的，必须写成“2 + 2”。

完整的表达式要用反引号引起来。

9.6.1 算术运算符

常用的算术运算符如表 9-3 所示（假定变量 a 为 10，变量 b 为 20）。

表 9-3 常用的算术运算符

运算符	说明	举例
+	加法	`expr $a + $b`的结果为 30
-	减法	`expr $a - $b`的结果为-10
*	乘法	`expr $a \* $b`的结果为 200
/	除法	`expr $b / $a`的结果为 2
%	取余	`expr $b % $a`的结果为 0
=	赋值	a=$b 可以将变量 b 的值赋给变量 a
==	相等。用于比较两个数字的大小，如果相等，则返回 true	[$a == $b]返回 false
!=	不相等。用于比较两个数字的大小，如果不相等，则返回 true	[$a != $b]返回 true

条件表达式要用方括号括起来，并且要有空格。例如，[$a==$b]是错误的，必须写成 [$a == $b]。

算术运算符的示例代码如下：

```
#!/bin/bash
a=10
b=20
val=`expr $a + $b`
echo "a + b : $val"
val=`expr $a - $b`
echo "a - b : $val"
val=`expr $a \* $b`
```

```
echo "a * b : $val"
val=`expr $b / $a`
echo "b / a : $val"
val=`expr $b % $a`
echo "b % a : $val"
if [ $a == $b ]
then
    echo "a 等于 b"
fi
if [ $a != $b ]
then
    echo "a 不等于 b"
fi
```

运行上述脚本，输出结果如下：

```
a + b : 30
a - b : -10
a * b : 200
b / a : 2
b % a : 0
a 不等于 b
```

注意：乘号“*”前面必须加反斜杠“\”才能实现乘法运算。if then fi 语句是条件语句，后续章节会讲解。

下面进行简单的算术运算，输入两个整数，然后计算这两个整数的积，示例代码如下：

```
#!bin/bash
echo "You should input 2 integers,i will cross them!"
read -p "first number: " firnum
read -p "second number: " secnum
total=$(($firnum * $secnum))
echo "The result of $firnum*$secnum is $total."
```

9.6.2 关系运算符

关系运算符只支持数字，不支持字符串，除非字符串的值是数字。

常用的关系运算符如表 9-4 所示（假定变量 a 的值为 10，变量 b 的值为 20）。

表 9-4 常用的关系运算符

运算符	说明	举例
-eq	检测两个数是否相等，如果相等，则返回 true	[$a -eq $b]返回 false
-ne	检测两个数是否不相等，如果不相等，则返回 true	[$a -ne $b]返回 true
-gt	检测左边的数是否大于右边的数，如果是，则返回 true	[$a -gt $b]返回 false
-lt	检测左边的数是否小于右边的数，如果是，则返回 true	[$a -lt $b]返回 true
-ge	检测左边的数是否大于或等于右边的数，如果是，则返回 true	[$a -ge $b]返回 false
-le	检测左边的数是否小于或等于右边的数，如果是，则返回 true	[$a -le $b]返回 true

关系运算符的示例代码如下：

```
#!/bin/bash
a=10
b=20
if [ $a -eq $b ]
then
   echo "$a -eq $b : a 等于 b"
else
   echo "$a -eq $b: a 不等于 b"
fi
if [ $a -ne $b ]
then
   echo "$a -ne $b: a 不等于 b"
else
   echo "$a -ne $b : a 等于 b"
fi
if [ $a -gt $b ]
then
   echo "$a -gt $b: a 大于 b"
else
   echo "$a -gt $b: a 不大于 b"
fi
if [ $a -lt $b ]
then
   echo "$a -lt $b: a 小于 b"
else
   echo "$a -lt $b: a 不小于 b"
fi
if [ $a -ge $b ]
then
   echo "$a -ge $b: a 大于或等于 b"
else
   echo "$a -ge $b: a 小于 b"
fi
if [ $a -le $b ]
then
   echo "$a -le $b: a 小于或等于 b"
else
   echo "$a -le $b: a 大于 b"
fi
```

运行上述脚本，输出结果如下：

```
10 -eq 20: a 不等于 b
10 -ne 20: a 不等于 b
10 -gt 20: a 不大于 b
10 -lt 20: a 小于 b
```

```
10 -ge 20: a 小于 b
10 -le 20: a 小于或等于 b
```

9.6.3 布尔运算符

常用的布尔运算符如表 9-5 所示（假定变量 a 为 10，变量 b 为 20）。

表 9-5 常用的布尔运算符

运算符	说明	举例
!	非运算，如果表达式为 true，则返回 false，否则返回 true	[! false] 返回 true
-o	或运算，只要有一个表达式为 true，就会返回 true	[$a -lt 20 -o $b -gt 100] 返回 true
-a	与运算，只有在两个表达式都为 true 时，才返回 true	[$a -lt 20 -a $b -gt 100] 返回 false

布尔运算符的示例代码如下：

```
#!/bin/bash
a=10
b=20
if [ $a != $b ]
then
   echo "$a != $b : a 不等于 b"
else
   echo "$a == $b: a 等于 b"
fi
if [ $a -lt 100 -a $b -gt 15 ]
then
   echo "$a 小于 100 且 $b 大于 15 : 返回 true"
else
   echo "$a 小于 100 且 $b 大于 15 : 返回 false"
fi
if [ $a -lt 100 -o $b -gt 100 ]
then
   echo "$a 小于 100 或 $b 大于 100 : 返回 true"
else
   echo "$a 小于 100 或 $b 大于 100 : 返回 false"
fi
if [ $a -lt 5 -o $b -gt 100 ]
then
   echo "$a 小于 5 或 $b 大于 100 : 返回 true"
else
   echo "$a 小于 5 或 $b 大于 100 : 返回 false"
fi
```

运行上述脚本，输出结果如下：

```
10 != 20 : a 不等于 b
```

```
10 小于 100 且 20 大于 15 : 返回 true
10 小于 100 或 20 大于 100 : 返回 true
10 小于 5 或 20 大于 100 : 返回 false
```

9.6.4 逻辑运算符

常用的逻辑运算符如表 9-6 所示（假定变量 a 为 10，变量 b 为 20）。

表 9-6 常用的逻辑运算符

运算符	说明	举例
&&	逻辑与	[[$a -lt 100 && $b -gt 100]] 返回 false
||	逻辑或	[[$a -lt 100 || $b -gt 100]] 返回 true

逻辑运算符的示例代码如下：

```
#!/bin/bash
a=10
b=20
if [[ $a -lt 100 && $b -gt 100 ]]
then
    echo "返回 true"
else
   echo "返回 false"
fi
if [[ $a -lt 100 || $b -gt 100 ]]
then
   echo "返回 true"
else
   echo "返回 false"
fi
```

运行上述脚本，输出结果如下：

```
返回 false
返回 true
```

9.6.5 字符串运算符

常用的字符串运算符如表 9-7 所示（假定变量 a 为"abc"，变量 b 为"efg"）。

表 9-7 常用的字符串运算符

运算符	说明	举例
=	检测两个字符串是否相等，如果相等，则返回 true	[$a = $b] 返回 false
!=	检测两个字符串是否不相等，如果不相等，则返回 true	[$a != $b] 返回 true
-z	检测字符串长度是否为 0，如果为 0，则返回 true	[-z $a] 返回 false
-n	检测字符串长度是否不为 0，如果不为 0，则返回 true	[-n "$a"] 返回 true
$	检测字符串是否不为空，如果不为空，则返回 true	[$a] 返回 true

字符串运算符的示例代码如下：

```
#!/bin/bash
a="abc"
b="efg"
if [ $a = $b ]
then
    echo "$a = $b : a 等于 b"
else
    echo "$a = $b: a 不等于 b"
fi
if [ $a != $b ]
then
   echo "$a != $b : a 不等于 b"
else
   echo "$a != $b: a 等于 b"
fi
if [ -z $a ]
then
   echo "-z $a : 字符串长度为 0"
else
    echo "-z $a : 字符串长度不为 0"
fi
if [ -n "$a" ]
then
   echo "-n $a : 字符串长度不为 0"
else
   echo "-n $a : 字符串长度为 0"
fi
if [ $a ]
then
    echo "$a : 字符串不为空"
else
   echo "$a : 字符串为空"
fi
```

运行上述脚本，输出结果如下：

```
abc = efg: a 不等于 b
abc != efg : a 不等于 b
-z abc : 字符串长度不为 0
-n abc : 字符串长度不为 0
abc : 字符串不为空
```

9.6.6 文件测试运算符

文件测试运算符主要用于检测 Linux 文件的各种属性。常用的文件测试运算符如表 9-8 所示，其中，变量 file 是目录或带目录的文件，$file 表示引用变量 file。

表 9-8 常用的文件测试运算符

运算符	说明	举例
-b file	检测文件是否为块设备文件，如果是，则返回 true	[-b $file]返回 false
-c file	检测文件是否为字符设备文件，如果是，则返回 true	[-c $file]返回 false
-d file	检测文件是否为目录，如果是，则返回 true	[-d $file]返回 false
-f file	检测文件是否为普通文件（既不是目录，也不是设备文件），如果是，则返回 true	[-f $file]返回 true
-g file	检测文件是否设置了 SGID 位，如果是，则返回 true	[-g $file]返回 false
-k file	检测文件是否设置了黏着位（Sticky Bit），如果是，则返回 true	[-k $file]返回 false
-p file	检测文件是否为有名管道，如果是，则返回 true	[-p $file]返回 false
-u file	检测文件是否设置了 SUID 位，如果是，则返回 true	[-u $file]返回 false
-r file	检测文件是否可读，如果是，则返回 true	[-r $file]返回 true
-w file	检测文件是否可写，如果是，则返回 true	[-w $file]返回 true
-x file	检测文件是否可执行，如果是，则返回 true	[-x $file]返回 true
-s file	检测文件是否不为空（检测文件大小是否大于 0），如果不为空，则返回 true	[-s $file]返回 true
-e file	检测文件（包括目录）是否存在，如果是，则返回 true	[-e $file]返回 true

其他文件测试运算符如下。

- -S：判断某文件是否为 Socket 类型的文件。
- -L：检测文件是否存在，并且是一个符号链接。

假设变量 file 表示文件/var/www/myscript/test.sh，其大小为 200 字节，具有 rwx 权限。检测该文件的各种属性，代码如下：

```
#!/bin/bash
file="/var/www/myscript/test.sh"
if [ -r $file ]
then
   echo "文件可读"
else
   echo "文件不可读"
fi
if [ -w $file ]
then
   echo "文件可写"
else
   echo "文件不可写"
fi
if [ -x $file ]
then
    echo "文件可执行"
else
    echo "文件不可执行"
fi
if [ -f $file ]
then
```

```
    echo "文件为普通文件"
else
    echo "文件为特殊文件"
fi
if [ -d $file ]
then
    echo "文件是个目录"
else
    echo "文件不是个目录"
fi
if [ -s $file ]
then
    echo "文件不为空"
else
    echo "文件为空"
fi
if [ -e $file ]
then
    echo "文件存在"
else
    echo "文件不存在"
fi
```

运行上述脚本，输出结果如下：

```
文件可读
文件可写
文件可执行
文件为普通文件
文件不是个目录
文件不为空
文件存在
```

9.7 Shell 流程控制

与 C 语言、C++、Java、PHP 等编程语言类似，Shell script 也有流程控制语句，它们在形式上有所区别，但在功能上完全一样。需要注意的是，在 Shell script 中，流程控制语句不可以为空。下面举例进行说明。

PHP 中的流程控制代码如下：

```
<?php
    if (isset($_GET["q"])) {
      search(q);
    }
    else {
      //空语句
    }
```

在 Shell script 中不能这样编写，如果 else 分支中没有要运行的语句，那么不需要编写 else 分支。

9.7.1 if then fi 语句

if then fi 语句的语法格式如下：

```
if condition
then
     command1
     command2
     ...
     commandN
fi
```

末尾的 fi 是 if 倒过来的拼写，表示 if 语句结束。

if then fi 语句可以在终端命令提示符后写成一行，示例代码如下：

```
if [ $(ps -ef | grep -c "ssh") -gt 1 ]; then echo "true"; fi
```

当有多个条件需要判断时，不仅可以将多个条件放到一个方括号中，还可以使用多个方括号，每个方括号中只放一个判断式，如["$yn" == "Y" -o "$yn" == "y"]可以被替换为["$yn" == "Y"] || ["$yn" == "y"]。

下面我们通过以下练习，加深对 if then fi 语句的理解。

```
#!/bin/bash
read -p "Please input (Y/N): " yn
if [ "$yn" == "Y" ] || [ "$yn" == "y" ]; then
      echo "OK, continue"
      exit 0
fi
if [ "$yn" == "N" ] || [ "$yn" == "n" ]; then
     echo "oh, interrupt!"
     exit 0
fi
echo "I don't know what your choice is." && exit 0
```

9.7.2 if then else fi 语句

if then else fi 语句的语法格式如下：

```
if condition
then
     command1
     command2
     ...
     commandN
else
     command
```

```
fi
```

下面我们通过一个题目，加深对 if then else fi 语句的理解。

题目：计算学生距离毕业的天数。程序逻辑比较简单，先输入毕业日期，再与现在的日期进行减法运算。日期怎么进行减法运算呢？首先将日期转换成秒数，然后将毕业日期与现在的日期相减，最后将结果转换成天数。本题目的示例代码如下：

```
#!/bin/bash
#打印提示信息，提示输入的日期格式
read -p "Please input your demobilization date (format: 20090401):" date2
#判断输入内容是否正确
date_d=$(echo $date2 | grep '[0-9]\{8\}')    #判断是否有连续的 8 个数字
if [ "$date_d" == "" ]; then
    echo "You input the wrong date format"
    exit 1
fi
#开始计算日期
#声明整型变量
declare -i date_dem
declare -i date_now
declare -i date_total_s
declare -i date_d
declare -i date_h
#计算
date_dem=`date --date="$date2" +%s`             #毕业日期的秒数
date_now=`date +%s`                             #当前日期的秒数
date_total_s=$(($date_dem-$date_now))           #计算日期之差
date_d=$(($date_total_s/60/60/24))              #将秒数转换为天数
#判断是否已经毕业
if [ "$date_total_s" -lt "0" ]; then
    echo "You had been demobilization before: "$((-1*date_d))" ago"
else
    date_h=$(($(($date_total_s-$date_d*60*60*24))/60/60))
    echo "You will demobilize after $date_d days and $date_h hours"
fi
exit 0
```

题目分析如下。

`命令`：其作用与$(命令)的作用一样，都是命令替换格式，其中包含的命令是可以在 Shell 中单独运行的命令。

[0-9]{8}：判断一个字符串中是否包含连续的 8 个数字。

declare -i：在 Shell script 中声明一个整型变量。

if then else fi 语句经常与 test 命令结合使用，示例代码如下：

```
num1=$[2*3]
num2=$[1+5]
if test $[num1] -eq $[num2]
then
```

```
    echo '两个数字相等!'
else
    echo '两个数字不相等!'
fi
```

输出结果如下：

```
两个数字相等!
```

9.7.3　if then elif then else fi 语句

if then elif then else fi 语句的语法格式如下：

```
if condition1
then
    command1
elif condition2
then
    command2
else
    commandN
fi
```

使用[...]作为判断语句，判断变量 a 的值是否大于变量 b 的值，可以使用关系运算符 -gt 表示大于，示例代码如下：

```
if [ "$a" -gt "$b" ]; then
    ...
fi
```

使用((...))作为判断语句，判断变量 a 的值是否大于变量 b 的值，可以直接使用大于号“>”，示例代码如下：

```
if (( a > b )); then
    ...
fi
```

使用[...]作为判断语句，判断两个变量是否相等，示例代码如下：

```
a=10
b=20
if [ $a == $b ]
then
   echo "a 等于 b"
elif [ $a -gt $b ]
then
   echo "a 大于 b"
elif [ $a -lt $b ]
then
   echo "a 小于 b"
else
   echo "没有符合的条件"
fi
```

输出结果如下：

```
a 小于 b
```

使用((...))作为判断语句，判断两个变量是否相等，示例代码如下：

```
a=10
b=20
if (( $a == $b ))
then
    echo "a 等于 b"
elif (( $a > $b ))
then
    echo "a 大于 b"
elif (( $a < $b ))
then
    echo "a 小于 b"
else
   echo "没有符合的条件"
fi
```

输出结果如下：

```
a 小于 b
```

下面我们通过以下 2 个题目，加深对 if then elif then else fi 语句的理解。

题目 1：对于判断 Y/N 的程序，使用 if then elif then else fi 语句可以变得简单易读，示例代码如下：

```
#!/bin/bash
read -p "Please input (Y/N): " yn                    #从标准输入设备中读取字符串
if [ "$yn" == "Y" ] || [ "$yn" == "y" ]; then     #判断输入的是否为"y"或"Y"
     echo "OK, continue"
     exit 0
elif [ "$yn" == "N" ] || [ "$yn" == "n" ]; then  #判断输入的是否为"N"或"n"
     echo "Oh, interrupt"
     exit 0
else
     echo "I don't known what you choice is"
     exit 0
fi
```

题目 2：在一般情况下，如果不希望用户通过键盘输入额外的数据，则可以使用参数功能（$1）让用户在运行命令时将参数代进去。例如，使用参数功能，让用户输入关键字“hello”，具体步骤如下。

（1）判断$1 是否为 hello，如果是，则显示“Hello,how are you?”。

（2）如果没有输入任何参数，则提示用户必须输入参数。

（3）如果用户输入的参数不是 hello，则提醒用户只能使用 hello 作为参数。

本题目的示例代码如下：

```
#!/bin/bash
if [ "$1" == "hello" ]; then
```

```
        echo "Hello,how are you?"
elif [ "$1" == "" ]; then
        echo "You must input parameters,ex> {$0 someword}"
else
        echo "The only parameter is 'hello',ex> {$0 hello}"
fi
```

我们在$1 的位置输入“hello”，或者不输入，或者随意输入，可以看到不同的输出结果。

9.7.4 for do done 语句

与其他编程语言类似，Shell script 也支持 for 循环。在 Shell script 中，for 循环使用 for do done 语句表示。for do done 语句有两种语法格式，一种主要用于进行非数值处理，另一种主要用于进行数值处理。

1. 进行非数值处理

进行非数值处理的 for do done 语句的语法格式如下：

```
for var in item1 item2 ... itemN
do
    command1
    command2
    ...
    commandN
done
```

也可以在终端命令提示符后将其写成一行。

```
for var in item1 item2 ... itemN; do command1; command2... done;
```

如果变量值在 in 列表中，那么 for do done 语句会运行一次所有命令，使用变量名可以获取 in 列表中的当前值，命令可以为任何有效的 Shell 命令或语句。in 列表中可以包含数字、字符串和文件名。

in 列表是可选的，如果不使用 in 列表，那么 for do done 语句会使用命令行中对应位置的参数值作为 for 循环中变量的输入值。

按顺序输出当前列表中的数字，示例代码如下：

```
for loop in 1 2 3 4 5
do
   echo "The value is: $loop"
done
```

输出结果如下：

```
The value is: 1
The value is: 2
The value is: 3
The value is: 4
The value is: 5
```

按顺序输出字符串中的字符，示例代码如下：

```
#!/bin/bash
for str in This is a string
do
      echo $str
done
```

输出结果如下：

```
This
is
a
string
```

下面我们通过以下 4 个题目，加深对 for do done 语句的理解。

题目 1：假设有 3 种动物，分别是 dog、cat、elephant，逐行输出类似于“There are dogs...”的字样，示例代码如下：

```
#!/bin/bash
for animal in dog cat elephant
do
       echo "There are ${animal}s..."
done
```

题目 2：截取系统中所有账号的标识符与特殊参数部分并将其输出。系统中的账号都位于/etc/passwd 文件中的第一个字段，通过管道命令 cut 获取账号名称，使用 id 及 finger 命令分别检查账号的标识符与特殊参数，示例代码如下：

```
#!/bin/bash
users=$(cut -d ':' -f1 /etc/passwd)
for username in $users
do
       id $username
       finger $username
done
```

评讲：在运行上述脚本后，可以截取系统中账号的标识符与特殊参数部分并将其输出。

补充：该操作还可以用于进行账号的删除、修改操作。

题目 3：使用 ping 命令测试局域网内的 100 台主机，检测其网络状态。在进行网络状态的实际检测时，要检测的 IP 地址范围是本机所在域（192.168.1.1～192.168.1.100），示例代码如下：

```
#!/bin/bash
network="192.168.1"                #定义域的前面部分
for sitenu in $(seq 1 100)         #seq 为 sequence 的缩写
do
    #取得 ping 的回传值
    ping -c 1 -w 1 ${network}.${sitenu} &> /dev/null && result=0 || result=1
    #判断各台主机是正确地启动了（UP），还是没有连通（DOWN）
    if [ "$result" == 0 ]; then
       echo "Sever ${network}.${sitenu} is UP."
```

```
    else
        echo "Sever ${network}.${sitenu} is DOWN."
    fi
done
exit 0
```

分析：在运行上述脚本后，可以显示 192.168.1.1～192.168.1.100 共 100 台主机目前是否能与你的树莓派连通。如果你的树莓派所在的域与上述主机所在的域不同，则可以修改 network 变量的值。

题目 4：让用户输入某个目录下的文件名，然后找出该文件的权限，示例代码如下：

```
#!/bin/bash
#先看看该目录是否存在
read -p "Please input a directory: " dir
if [ "$dir" == "" -o ! -d "$dir" ]; then
      echo "The $dir is NOT exist in your system."
      exit 1;
fi
#开始测试文件
filelist=$(ls $dir)     # 列出所有该目录下的文件名
for filename in $filelist
do
      perm=""
      test -r "$dir/$filename" && perm="$perm readable"
      test -w "$dir/$filename" && perm="$perm writable"
      test -x "$dir/$filename" && perm="$perm executable"
      echo "The file $dir/$filenam's permission is $perm."
done
```

评讲：该题目综合了判断语句与循环语句的相关知识。

2．进行数值处理

在进行数值处理时，Shell script 中的 for do done 语句在格式上比 C 语言中的 for 语句多一个括号，其功能是一样的。

进行数值处理的 for do done 语句的语法格式如下：

```
for ((初始值;限制值;执行步长))
do
     command1
     command2
     ...
     commandN
done
```

初始值：某个变量在循环中的初始值，如 i=1。

限制值：如果变量的值在限制值的范围内，如 i<=100，则继续进行循环。

执行步长：在每次循环中，变量的变化量，如 i=i+1。

下面举例进行说明。使用 for do done 语句，从 1 累加到用户输入值，输出计算结果，示例代码如下：

```
#!/bin/bash
read -p "Please input a number, I will count for 1+2+...+your_input: " n
sum=0
for ((i=1; i<=$n; i=i+1))
do
    sum=$(($sum+$i))
done
echo "The result of '1+2+3+...+$n' is ==> $sum"
exit 0
```

上述脚本实现的功能是累加计算。例如，用户输入 10，上述脚本会计算出 1+2+3+...+10 的结果。

9.7.5 while do done 语句

while 循环主要用于不断运行一系列命令，以及从输入文件中读取数据。在 Shell script 中，while 循环使用 while do done 语句表示，其语法格式如下：

```
while condition
do
    command
done
```

如果 condition（条件）成立，则进行循环，直到 condition（条件）不成立。

下面是一个基本的 while 循环，测试条件是，如果 int 小于或等于 5，则返回真。int 的初始值为 1，每次循环都将 int 的值加 1。

```
#!/bin/bash
int=1
while(( $int<=5 ))
do
   echo $int
   let "int++"
done
```

运行上述脚本，输出结果如下：

```
1
2
3
4
5
```

以上实例使用了 Bash 中的 let 命令，该命令主要用于运行一个或多个表达式，并且变量前不需要加“$”符号。如果表达式中包含空格或其他特殊字符，则必须使用英文双引号将其引起来。

let 命令的语法格式如下：

```
let arg [arg ...]
```

参数说明如下。

arg：要运行的表达式。

let 命令的示例如下。

自加操作：let no++。

自减操作：let no--。

简写形式 let no+=10 和 let no-=20，分别等价于 let no=no+10 和 let no=no-20。

下面举例进行说明。

计算变量 a 和 b 的值，并且输出计算结果，示例代码如下：

```
#!/bin/bash
let a=5+4
let b=9-3
echo $a $b
```

运行上述脚本，输出结果如下：

```
9 6
```

使用 while 循环读取键盘信息，将输入信息设置为变量 FILM，按快捷键 Ctrl+D 可以结束循环，示例代码如下：

```
#!/bin/bash
echo '按下<CTRL+D>退出'
echo -n '输入你最喜欢的网站：'
while read FILM
do
    echo "是的！$FILM 是一个好网站"
done
```

运行上述脚本，输出结果示例如下：

```
按下<CTRL+D>退出
输入你最喜欢的网站:百度
是的！百度是一个好网站
```

下面我们通过以下 2 个题目，加深对 while do done 语句的理解。

题目 1：如果用户输入“yes”或“YES”，则停止运行程序，否则一直告知用户输入字符串，示例代码如下：

```
#!/bin/bash
while [ "$yn" != "yes" -a "$yn" != "YES" ]
do
      read -p "Please input yes/YES to stop this program: " yn
done
echo "OK! you input the correct answer."
```

题目 2：计算 1+2+3+...+100 的结果，示例代码如下：

```
#!/bin/bash
sum=0       #累加变量 sum
i=0         #计数器变量 i
while [ "$i" != "100" ]
do
```

```
    i=$(($i+1))
    sum =$(($sum +$i))
done
echo "The result of '1+2+3+...+100' is ==> $sum"
```

9.7.6 无限循环

无限循环的语法格式如下：

```
while :
do
    command
done
```

或者

```
while true
do
    command
done
```

或者

```
for (( ; ; ))
```

9.7.7 until do done 语句

until 循环会运行一系列命令，在条件为 true 时停止。

until 循环与 while 循环在处理方式上刚好相反。

until 循环与 while 循环的区别：在程序中，until 循环会在条件不成立时进行循环，在条件成立时跳出循环；而 while 循环会在条件成立时进行循环，在条件不成立时跳出循环。

在一般情况下，while 循环优于 until 循环，但在少数情况下，until 循环更加有用。

在 Shell script 中，until 循环使用 until do done 语句表示，其语法格式如下：

```
until condition
do
    command
done
```

condition 一般为条件表达式，如果返回值为 false，则继续运行循环体内的语句，否则跳出循环。

下面举例进行说明。使用 until 循环输出数字 0～5，示例代码如下：

```
#!/bin/bash
a=0
until [ ! $a -lt 6 ]
do
    echo $a
    a=`expr $a + 1`
```

```
done
```

运行上述脚本，输出结果如下：

```
0
1
2
3
4
5
```

下面我们通过以下 2 个题目，加深对 until do done 语句的理解。

题目 1：如果用户输入“yes”或“YES”，则停止运行程序，否则一直提示用户输入字符串，示例代码如下：

```
#!/bin/bash
until [ "$yn" == "yes" -o "$yn" == "YES" ]
do
    read -p "Please input yes/YES to stop this program: " yn
done
echo "OK! you input the correct answer."
```

题目 2：用户输入一个数字 *n*，让程序计算 1+2+...+*n* 的结果，示例代码如下：

```
#!/bin/bash
sum=0
i=0
read -p "Please input a integer: " n
if [ "$n" -le "0" ]; then
    echo "Sorry, you input a integer which isn't bigger than one!"
    exit 0;
else
    until [ "$i" -eq "$n" ]
    do
      i=$(($i+1))
      sum=$(($sum + $i))
    done
    echo "The result of '1+2+3+...+$n' is ==> $sum"
fi
```

9.7.8　case esac 语句

case esac 语句为多分支选择语句，一般称为开关语句，其功能与其他编程语言中 switch case 语句的功能类似，但其语法格式与其他编程语言中 switch case 语句的语法格式不同。case esac 语句采用多分支选择结构，每个 case 分支都有右圆括号“)”；使用两个英文分号“;;”表示当前程序段运行结束，用于跳出整个 case esac 语句；使用 esac（case 反过来）作为结束标记。

可以使用 case esac 语句匹配一个值或一个模式，如果匹配成功，则运行相应的命令。

case esac 语句的语法格式如下：

```
case $值 in
模式 1)
      command1
      command2
      ...
      commandN
      ;;
模式 2)
      command1
      command2
      ...
      commandN
      ;;
*)
       exit 1;
esac
```

对于 case esac 语句的工作方式，从语法上来看，case 程序段以 case 开头，以 esac 结尾；取值后面必须为单词 in；每个模式都必须以右圆括号“)”结尾；取值可以为变量或常数；在发现取值符合某个模式后，开始运行该模式下的相应命令；使用两个英文分号“;;”表示当前程序段运行结束，跳出整个 case esac 语句。

取值会按顺序与模式进行匹配，在与某个模式匹配成功后，就会运行该模式下的相应命令，不再继续匹配其他模式。如果没有匹配模式，则先使用星号“*”捕获该值，再运行后面的命令。“*)”类似于 switch case 语句中的 default 语句，当取值与前面的模式都不匹配时，会运行“*)”下的相应命令，通常用于告知用户一些提示信息。

下面进行举例说明。

提示用户输入一个取值范围为 1～4 的整数，根据输入的整数，输出相应的结果，示例代码如下：

```
echo '输入一个取值范围为 1～4 的整数:'
echo '你输入的数字为'
read aNum
case $aNum in
echo '你选择了 1'
;;
1) echo '你选择了 2'
;;
2) echo '你选择了 3'
;;
3) echo '你选择了 4'
;;
*) echo '你没有输入取值范围为 1～4 的整数'
;;
esac
```

运行上述脚本，输入不同的内容，会有不同的结果，示例结果如下：

```
输入一个取值范围为 1～4 的整数：
输入的数字为
3
你选择了 3
```

匹配字符串，示例代码如下：

```
#!/bin/sh
site="baidu"
case "$site" in
    "baidu") echo "百度一下"
    ;;
    "google") echo "Google 搜索"
    ;;
    "huawei") echo "华为网"
    ;;
esac
```

运行上述脚本，输出结果如下：

```
百度一下
```

下面我们通过一个题目，加深对 case esac 语句的理解。

题目：从标准输入设备中获取字符串"one"、"two"和"three"，针对不同的字符串，输出不同的结果，示例代码如下：

```
#!/bin/bash
echo "This program will print your selection !"
read -p "Input your choice:" choice        #从标准输入获取字符串
case $choice in                            #开始判断
    "one")
       echo "Your choice is ONE"
       ;;
    "two")
       echo "Your choice is TWO"
       ;;
    "three")
       echo "Your choice is THREE"
       ;;
    *)
       echo "Input error !"
       ;;
esac
exit 0
```

9.7.9 跳出循环

在循环过程中，有时需要在未满足循环结束条件时强制跳出循环，Shell 使用 break 语句和 continue 语句实现该功能。

1. break 语句

break 语句允许跳出所有循环（停止运行后面的所有循环语句）。

在下面的 Shell 脚本示例中，Shell 脚本进入循环，直至用户输入的数字大于 5。要跳出这个循环，返回 Shell 提示符下，需要使用 break 语句。

```
#!/bin/bash
while :
do
    echo -n "输入取值范围为 1～5 的整数:"
    read aNum
    case $aNum in
        1|2|3|4|5) echo "你输入的数字为 $aNum!"
        ;;
        *) echo "你输入的数字不是取值范围为 1～5 的整数! 游戏结束"
            break
        ;;
    esac
done
```

运行上述脚本，输出结果如下：

```
输入取值范围为 1～5 的整数:3
你输入的数字为 3!
输入取值范围为 1～5 的整数:7
你输入的数字不是取值范围为 1～5 的整数! 游戏结束
```

2. continue 语句

continue 语句与 break 语句类似，只有一点差别，它不会跳出所有循环，只会跳出当前循环。

对上面的 Shell 脚本示例进行修改，具体如下：

```
#!/bin/bash
while :
do
    echo -n "输入取值范围为 1～5 的整数: "
    read aNum
    case $aNum in
        1|2|3|4|5) echo "你输入的数字为 $aNum!"
        ;;
        *) echo "你输入的数字不是取值范围为 1～5 的整数!"
            continue
            echo "游戏结束"
        ;;
    esac
done
```

运行上述脚本，可以发现，当输入的数字不是取值范围为 1～5 的整数时，循环不会结束，语句“echo"游戏结束"”永远不会被运行。

9.8 Shell 字符串

字符串是 Shell 编程中常用的数据类型，字符串可以用单引号引起来，也可以用双引号引起来，还可以不用引号引起来。

1. 单引号字符串

单引号字符串的示例代码如下：

```
str='this is a string'
```

单引号字符串的限制：单引号中的所有字符都会原样输出，单引号字符串中的变量是无效的；单引号字符串中不能出现单独一个的单引号（即使对单引号使用转义字符也不行），但可以成对出现，用于进行字符串拼接。

2. 双引号字符串

双引号字符串的示例代码如下：

```
your_name="jack"
str="Hello, I know you are \"$your_name\"! \n"
echo -e $str
```

以上代码的运行结果如下：

```
Hello, I know you are " jack "!
```

双引号字符串的优点：双引号中可以有变量，并且可以使用转义字符。

3. 拼接字符串

拼接字符串的示例代码如下：

```
your_name="jack"
# 使用双引号拼接
greeting="hello, "$your_name" !"
greeting_1="hello, ${your_name} !"
echo $greeting  $greeting_1
# 使用单引号拼接
greeting_2='hello, '$your_name' !'
greeting_3='hello, ${your_name} !'
echo $greeting_2  $greeting_3
```

以上代码的运行结果如下：

```
hello, jack ! hello, jack !
hello, jack ! hello, ${your_name} !
```

4. 获取字符串的长度

获取字符串长度的示例代码如下：

```
string="abcd"
echo ${#string}     # 输出 4
```

当变量为数组时，${#string}等价于${#string[0]}:

```
string="abcd"
```

```
echo ${#string[0]}   # 输出 4
```

5. 提取子字符串

从字符串的第 2 个字符开始截取 4 个字符，示例代码如下：

```
string="baidu is a great site"
echo ${string:1:4}      # 输出 aidu
```

注意：第 1 个字符的索引值为 0。

6. 查找字符位置

查找字符'i'或'o'的位置（哪个字符先出现，就返回哪个字符的位置），示例代码如下：

```
string="baidu is a great site"
echo `expr index "$string" io`    # 输出 3
```

注意：在以上代码中，“`”是反引号，不是单引号。

9.9 Shell 数组

Shell 只支持一维数组，不支持多维数组。数组中可以存储多个值，并且没有限定数组的大小。在初始化数组时，不需要定义数组大小。

数组中的元素下标从 0 开始编号。利用下标可以获取数组中的元素，下标可以是整数，也可以是算术表达式，其值应该是不小于 0 的整数。

9.9.1 定义数组

在 Shell 中，使用圆括号表示数组，数组中的元素之间使用空格分隔。定义数组的一般语法格式如下：

```
数组名=(值 1 值 2 ... 值 n)
array_name=(value1 value2 ... valuen)
```

定义数组的示例代码如下：

```
array_name=(value0 value1 value2 value3)
```

或者

```
array_name=(
    value0
    value1
    value2
    value3
    )
```

还可以单独定义数组的各个分量，语法格式如下：

```
array_name[0]=value0
array_name[1]=value1
array_name[n]=valuen
```

可以使用不连续的下标，而且下标的取值范围没有限制。

下面举例进行说明。

创建一个简单的数组 my_array，示例代码如下：

```
#!/bin/bash
my_array=(A B "C" D)
```

也可以使用数字下标定义数组，示例代码如下：

```
#!/bin/bash
array_name[0]=value0
array_name[1]=value1
array_name[2]=value2
```

9.9.2 读取数组

读取数组中元素值的一般语法格式如下：

```
${数组名[下标]}
${array_name[index]}
```

读取数组中元素值的示例代码如下：

```
valuen=${array_name[n]}
```

下面举例进行说明。

通过数字索引读取数组中的元素，示例代码如下：

```
#!/bin/bash
my_array=(A B "C" D)
echo "第一个元素为：${my_array[0]}"
echo "第二个元素为：${my_array[1]}"
echo "第三个元素为：${my_array[2]}"
echo "第四个元素为：${my_array[3]}"
```

运行上述脚本，输出结果如下：

```
$ chmod +x test.sh
$ ./test.sh
第一个元素为：A
第二个元素为：B
第三个元素为：C
第四个元素为：D
```

9.9.3 获取数组的长度

获取数组长度的方法与获取字符串长度的方法相同，语法格式如下：

```
# 获取数组中的元素个数
length=${#array_name[@]}
# 或者
length=${#array_name[*]}
# 获取数组中单个元素的长度
lengthn=${#array_name[n]}
```

下面举例进行说明。定义一个数组，然后获取该数组的长度，示例代码如下：

```
#!/bin/bash
my_array[0]=A
my_array[1]=B
my_array[2]=C
my_array[3]=D
echo "数组中的元素个数为：${#my_array[*]}"
echo "数组中的元素个数为：${#my_array[@]}"
```

运行上述脚本，输出结果如下：

```
chmod +x test.sh
./test.sh
数组中的元素个数为：4
数组中的元素个数为：4
```

9.9.4 关联数组

Shell 支持关联数组，可以使用任意一个字符串、整数作为下标，用于访问数组元素。关联数组使用 declare 命令声明，其语法格式如下：

```
declare -A array_name
```

选项-A 表示声明的是关联数组。关联数组的键是唯一的。

创建一个关联数组 site，并且创建不同的键和值，示例代码如下：

```
declare -A site=(["google"]="www.google.com" ["baidu"]="www.baidu.com"
["huawei"]="www.huawei.com")
```

也可以先声明一个关联数组，再设置该数组的键和值，示例代码如下：

```
declare -A site
site["google"]="www.google.com"
site["baidu"]="www.baidu.com"
site["huawei"]="www.huawei.com"
```

可以通过指定的键访问关联数组中的元素，语法格式如下：

```
array_name["index"]
```

通过键访问关联数组中的元素，示例代码如下：

```
declare -A site
site["google"]="www.google.com"
site["baidu"]="www.baidu.com"
site["huawei"]="www.huawei.com"
echo ${site["baidu"]}
```

运行上述脚本，输出结果如下：

```
www.baidu.com
```

9.9.5 获取数组中的所有元素

使用“@”或“*”符号可以获取数组中的所有元素，语法格式如下：

```
echo ${array_name[@]}
echo ${array_name[*]}
```

下面举例进行说明。

定义一个数组，然后获取该数组中的所有元素，示例代码如下：

```
#!/bin/bash
my_array[0]=A
my_array[1]=B
my_array[2]=C
my_array[3]=D
echo "数组的元素为：${my_array[*]}"
echo "数组的元素为：${my_array[@]}"
```

运行上述脚本，输出结果如下：

```
chmod +x test.sh
./test.sh
数组的元素为：A B C D
数组的元素为：A B C D
```

定义一个关联数组，然后获取该数组中的所有元素，示例代码如下：

```
declare -A site
site["google"]="www.google.com"
site["baidu"]="www.baidu.com"
site["huawei"]="www.huawei.com"
echo "数组的元素为：${site[*]}"
echo "数组的元素为：${site[@]}"
```

运行上述脚本，输出结果如下：

```
chmod +x test.sh
./test.sh
数组的元素为：www.google.com www.baidu.com www.huawei.com
数组的元素为：www.google.com www.baidu.com www.huawei.com
```

在数组前加一个感叹号“!”，可以获取数组中的所有键，示例代码如下：

```
declare -A site
site["google"]="www.google.com"
site["baidu"]="www.baidu.com"
site["huawei"]="www.huawei.com"
echo "数组的键为：${!site[*]}"
echo "数组的键为：${!site[@]}"
```

运行上述脚本，输出结果如下：

```
数组的键为：google baidu huawei
数组的键为：google baidu huawei
```

9.10 Shell 函数

Shell 函数主要用于将一连串的命令打包起来，其优点是可以简化程序，提高 Shell 脚本的可移植性，便于维护 Shell 脚本。使用 Shell 函数还可以自定义一些在命令行模式下使用的命令。

9.10.1 定义和调用函数

在 Shell 中，用户可以自定义函数，然后在 Shell 脚本中调用它。Shell 函数的定义方法和 C 语言中函数的定义方法类似。

定义 Shell 函数的语法格式如下：

```
[ function ] 函数名[()]
{
    action;
    [return int;]
}
```

说明：

- 在定义函数时，可以带 function，也可以不带 function。可以直接使用函数名加括号定义函数，不带任何参数。
- 参数返回：当函数调用结束时，可以返回一个值，并且可以显式地使用 return 语句返回，如果不加 return 语句，则默认返回最后一条命令的运行结果。return 语句后跟数值（取值范围为 0～255）。在函数中，返回 0 表示运行成功，返回非 0 值表示运行失败。

下面定义一个函数，然后调用该函数，示例代码如下：

```
#!/bin/bash
demoFun(){
    echo "调用 Shell 函数运行"
}
    echo "-函数开始执行-"
demoFun
echo "-函数执行完毕-"
```

运行上述脚本，输出结果如下：

```
-函数开始执行-
调用 Shell 函数运行
-函数执行完毕-
```

下面定义一个带有 return 语句的函数，示例代码如下：

```
#!/bin/bash
funWithReturn(){
    echo "这个函数会对输入的两个数字进行相加运算..."
    echo "输入第一个数字："
    read aNum
    echo "输入第二个数字："
    read anotherNum
    echo "两个数字分别为 $aNum 和 $anotherNum !"
    return $(($aNum+$anotherNum))
}
funWithReturn
echo "输入的两个数字之和为 $? !"
```

运行上述脚本，输出结果示例如下：

```
这个函数会对输入的两个数字进行相加运算...
输入第一个数字:
1
输入第二个数字:
2
两个数字分别为 1 和 2 !
输入的两个数字之和为 3 !
```

在调用函数后，可以使用“$?”符号获取函数的返回值。

注意：所有函数在调用前必须定义。这意味着必须将函数放在 Shell 脚本开始部分，在 Shell 解释器首次发现它后，才可以调用。调用函数仅使用其函数名即可。

9.10.2 函数参数

在 Shell 中调用函数时，可以向其传递参数。在函数体内部，以$*n* 的形式获取参数的值。例如，$1 表示第一个参数，$2 表示第二个参数，以此类推。

带参数的函数示例代码如下：

```
#!/bin/bash
funWithParam(){
    echo "第一个参数为 $1 !"
    echo "第二个参数为 $2 !"
    echo "第十个参数为 $10 !"
    echo "第十个参数为 ${10} !"
    echo "第十一个参数为 ${11} !"
    echo "参数总数有 $# 个!"
    echo "作为一个字符串输出所有参数 $* !"
}
funWithParam 1 2 3 4 5 6 7 8 9 34 73
```

运行上述脚本，输出结果如下：

```
第一个参数为 1 !
第二个参数为 2 !
第十个参数为 10 !
第十个参数为 34 !
第十一个参数为 73 !
参数总数有 11 个!
作为一个字符串输出所有参数 1 2 3 4 5 6 7 8 9 34 73 !
```

注意：使用$10 不能获取第十个参数，获取第十个参数需要使用${10}。当 *n*>=10 时，需要使用${*n*}获取参数。

此外，还有几个用作函数参数的特殊字符，如表 9-9 所示。

表 9-9 用作函数参数的特殊字符

特殊字符	说明
$#	传递给 Shell 脚本或函数的参数个数
$*	以一个单字符串显示所有向 Shell 脚本传递的参数
$$	Shell 脚本运行的当前进程的 ID

续表

特殊字符	说明
$!	后台运行的最后一个进程的 ID
$@	与$*相同，但是在使用时要加引号，并且在引号中返回每个参数
$-	显示 Shell 命令使用的当前选项，与 set 命令的功能相同
$?	显示最后一条命令的退出状态。0 表示没有错误，其他值表示有错误

9.10.3 函数举例

1. 举例 1

“$?”符号仅对其上一条命令负责，如果在调用函数后，没有立即将其返回值传递给参数，那么其返回值不能再使用“$?”符号获得。

示例代码如下：

```
#!/bin/bash
function demoFun1(){
      echo "这是我的第一个 Shell 函数!"
      return `expr 1 + 1`
}
demoFun1
echo $?

function demoFun2(){
    echo "这是我的第二个 Shell 函数!"
  expr 1 + 1
}
demoFun2
echo $?
demoFun1
echo 在这里插入命令!
echo $?
```

运行上述脚本，输出结果如下：

```
这是我的第一个 Shell 函数!
2
这是我的第二个 Shell 函数!
2
0
这是我的第一个 Shell 函数!
在这里插入命令!
0
```

在调用 demoFun2()函数后，该函数的最后一条命令“expr 1 + 1”得到的返回值（$?的值）为 0，表示该命令没有出错。命令的返回值仅表示其是否出错，没有其他含义。

在第二次调用 demoFun1()函数后，先插入一条 echo 命令，再查看$?的值，可以发现$?值为 0，但这是上一条 echo 命令的结果，demoFun1()函数的返回值被覆盖了。

下面连续运行两次 echo $?命令，示例代码如下：

```
#!/bin/bash
function demoFun1(){
    echo "这是我的第一个 shell 函数!"
    return `expr 1 + 1`
}
demoFun1
echo $?
echo $?
```

运行上述脚本，输出结果如下：

```
这是我的第一个 shell 函数!
2
0
```

在上面的输出结果中，两次运行 echo $?命令的结果不同。

2. 举例 2

可以将函数与命令的运行结果作为条件语句使用。需要注意的是，和 C 语言不同，Shell 语言中的 0 表示 true，0 以外的值表示 false。

示例代码如下：

```
#!/bin/bash
echo "Hello World !" | grep -e Hello
echo $?
echo "Hello World !" | grep -e Bye
echo $?
if echo "Hello World !" | grep -e Hello
then
    echo true
else
    echo false
fi

if echo "Hello World !" | grep -e Bye
then
    echo true
else
    echo false
fi

function demoFun1(){
    return 0
}

function demoFun2(){
    return 12
}
```

```
if demoFun1
then
    echo true
else
    echo false
fi

if demoFun2
then
    echo true
else
    echo false
fi
```

运行上述脚本，输出结果如下：

```
Hello World !
0
1
Hello World !
true
false
true
false
```

使用 grep 命令可以从指定字符串中寻找匹配的内容，如果找到了匹配的内容，那么打印匹配的内容，并且返回值$?为 0；如果找不到，那么返回值$?为 1。

接下来分别将这两次运行的 grep 命令作为条件语句交给 if 语句进行判断，得出返回值$?为 0，也就是在运行成功时，条件语句为 true；当返回值$?为 1，也就是在运行失败时，条件语句为 false。

使用函数的返回值进行测试，其中，demoFun1()函数的返回值为 0，demoFun2()函数的返回值为任意一个不为 0 的整数，这里将其设置为 12。

将函数作为条件语句交给 if 语句进行判断，如果返回值为 0，那么 if 语句的判断结果为 true；如果返回值不是 0，那么 if 语句的判断结果为 false。

9.11 Shell 输入/输出重定向

树莓派操作系统的大部分命令都从输入终端接收输入数据，并且将所产生的输出数据发送到输出终端。一个命令通常从标准输入设备（默认为输入终端）中读取输入数据。同样，一个命令通常将其输出数据写入标准输出设备（默认为输出终端）。

重定向命令如表 9-10 所示。

表 9-10　重定向命令

命令	说明
command > file	将输出数据重定向到 file
command < file	将输入数据重定向到 file
command >> file	将输出数据以追加的方式重定向到 file
n > file	将文件描述符为 n 的文件重定向到 file
n >> file	将文件描述符为 n 的文件以追加的方式重定向到 file
n >& m	将输出文件 m 和 n 合并
n <& m	将输入文件 m 和 n 合并
<< tag	将开始标记 tag 和结束标记 tag 之间的内容作为输入数据

需要注意的是，文件描述符为 0 的文件为标准输入文件（stdin），文件描述符为 1 的文件为标准输出文件（stdout），文件描述符为 2 的文件为标准错误文件（stderr）。

9.11.1　输出重定向

将输出数据重定向到文件的语法格式如下：

```
command1 > file1
```

上述命令表示运行 command1 命令，并且将 command1 命令的输出结果重定向到 file1 文件，也就是将 command1 命令的输出结果写入 file1 文件。

需要注意的是，file1 文件中已经存在的内容会被新内容替代。如果要将新内容添加到 file1 文件的末尾，则需要使用“>>”操作符。

下面举例进行说明。

运行下面的 who 命令，并且将该命令的输出结果重定向到用户文件（users）。

```
who > users
```

在运行上述命令后，并没有在终端输出信息，这是因为输出结果已从默认的标准输出设备（终端）重定向到指定的文件。

可以使用 cat 命令查看 users 文件中的内容。

```
cat users
```

上述命令的运行结果如下：

```
_mbsetupuser console  Oct 31 17:35
tianqixin    console  Oct 31 17:35
tianqixin    ttys000  Dec  1 11:33
```

输出重定向会覆盖文件中的内容，示例代码如下：

```
echo "百度网站：www.baidu.com" > users
cat users
```

运行上述代码，结果如下：

```
百度网站：www.baidu.com
$
```

如果不希望文件中的内容被覆盖，则可以使用“>>”操作符将新内容追加到文件末尾，示例代码如下：

```
echo "百度网站: www.baidu.com " >> users
cat users
```

运行上述代码，结果如下：

```
百度网站: www.baidu.com
百度网站: www.baidu.com
$
```

9.11.2 输入重定向

将输入数据重定向到文件的语法格式如下：

```
command1 < file1
```

上述命令可以将输入数据重定向到 file1 文件，也就是从 file1 文件中读取内容。

注意：输出重定向使用大于号“>”，输入重定向使用小于号“<”。

在上一节实例的基础上，统计 users 文件的行数，命令如下：

```
wc -l users
```

运行上述代码，结果如下：

```
2 users
```

将输入数据重定向到 users 文件，命令如下：

```
wc -l < users
```

运行上述代码，结果如下：

```
  2
```

注意：上面两个例子的运行结果有所不同：第一个例子的输出结果带有文件名；第二个例子的输出结果不带文件名，因为使用了输入重定向，wc 命令只知道从标准输入设备中读取输入数据，但不知道这个标准输入设备是输入终端还是文件。

如果要运行 command1 命令，并且将输入重定向到 infile 文件（从 infile 文件中读取数据），将输出重定向到 outfile 文件（将输出结果写入 outfile 文件），那么其命令如下：

```
command1 < infile > outfile
```

9.11.3 重定向深入讲解

在一般情况下，每个 UNIX/Linux 命令在运行时都会打开 3 个文件。

- 标准输入文件（stdin）：stdin 的文件描述符为 0，程序默认从 stdin 中读取数据。
- 标准输出文件（stdout）：stdout 的文件描述符为 1，程序默认向 stdout 输出数据。
- 标准错误文件（stderr）：stderr 的文件描述符为 2，程序会向 stderr 流中写入错误信息。

在默认情况下，command > file 表示将 stdout 重定向到 file 文件，command < file 表示将 stdin 重定向到 file 文件。

将 stderr 重定向到 file 文件，语法格式如下：

```
command 2>file
```

将 stderr 追加到 file 文件的末尾，语法格式如下：

```
command 2>>file
```

其中的 2 表示标准错误文件（stderr）。

将 stdout 和 stderr 合并后重定向到 file 文件，语法格式如下：

```
command > file 2>&1
```

或者

```
command >> file 2>&1
```

将 stdin 和 stdout 都重定向，语法格式如下：

```
command < file1 >file2
```

command 命令将 stdin 重定向到 file1 文件，将 stdout 重定向到 file2 文件。

9.11.4　Here Document

Here Document 是 Shell 中的一种特殊的重定向方式，主要用于将输入重定向到一个交互式 Shell 脚本或程序，其基本形式如下：

```
command << delimiter
    document
delimiter
```

Here Document 的作用是将两个 delimiter 之间的内容（document）作为输入传递给 command。

注意：第一个 delimiter 前面和后面的空格会被忽略。第二个 delimiter 一定要顶格写，前面和后面都不能有任何字符（包括空格和 Tab 缩进）。

下面举例进行说明。

在命令行中使用 wc -l 命令计算 Here Document 的行数，示例代码如下：

```
wc -l << EOF
   欢迎来到
   百度网站
   www.baidu.com
EOF
```

运行上述命令，输出结果如下：

```
3        # 输出结果为 3 行
$
```

我们也可以将 Here Document 用在脚本中，示例代码如下：

```
#!/bin/bash
cat << EOF
   欢迎来到
   百度网站
www.baidu.com
EOF
```

运行上述脚本，输出结果如下：

```
   欢迎来到
   百度网站
www.baidu.com
```

9.11.5 /dev/null 文件

如果希望运行某个命令，但又不希望在屏幕上显示输出结果，则可以将输出重定向到/dev/null 文件，语法格式如下：

```
command > /dev/null
```

/dev/null 文件是一个特殊的文件，写入该文件的内容都会被丢弃；如果尝试从该文件中读取内容，那么什么也读不到。但是/dev/null 文件非常有用，将命令的输出重定向到它，可以起到“禁止输出”的作用。

屏蔽 stdout 和 stderr，语法格式如下：

```
command > /dev/null 2>&1
```

注意：文件描述符为 0 的文件是标准输入文件（stdin），文件描述符为 1 的文件是标准输出文件（stdout），文件描述符为 2 的文件是标准错误输出文件（stderr）。这里的“2”和“>”符号之间不可以有空格，应该是“2>”，只有这样才表示错误输出。

9.12 Shell test 命令

Shell 中的 test 命令主要用于检测某个条件是否成立，它可以对数值、字符串和文件进行检测。

9.12.1 数值检测

test 命令的数值检测参数如表 9-11 所示。

表 9-11 test 命令的数值检测参数

数值检测参数	说明
-eq	如果等于，则为真
-ne	如果不等于，则为真
-gt	如果大于，则为真
-ge	如果大于或等于，则为真
-lt	如果小于，则为真
-le	如果小于或等于，则为真

使用 test 命令进行数值检测的示例代码如下：

```
num1=100
num2=100
if test $[num1] -eq $[num2]
then
    echo '两个数相等！'
else
    echo '两个数不相等！'
fi
```

以上代码的运行结果如下：

```
两个数相等!
```

代码中的[]主要用于进行基本的算术运算，示例代码如下：

```
#!/bin/bash
a=5
b=6
result=$[a+b] # 需要注意的是，等号两边不能有空格
echo "result 为: $result"
```

运行上述脚本，输出结果如下：

```
result 为: 11
```

9.12.2　字符串检测

test 命令的字符串检测参数如表 9-12 所示。

表 9-12　test 命令的字符串检测参数

字符串检测参数	说明
=	如果相等，则为真
!=	如果不相等，则为真
-z 字符串	如果字符串的长度为零，则为真
-n 字符串	如果字符串的长度不为零，则为真

使用 test 命令进行字符串检测的示例代码如下：

```
num1="huawei"
num2="baidu"
if test $num1 = $num2
then
    echo '两个字符串相等!'
else
    echo '两个字符串不相等!'
fi
```

以上代码的运行结果如下：

```
两个字符串不相等!
```

9.12.3　文件检测

使用 test 命令可以检测系统中某些文件的相关属性。

在 Shell 脚本中，通常使用 test 命令对文件进行检测。

test 命令的常用文件检测参数如表 9-13 所示。

表 9-13　test 命令的常用文件检测参数

文件检测参数	说明
-e 文件名	如果文件存在，则为真
-r 文件名	如果文件存在且可读，则为真
-w 文件名	如果文件存在且可写，则为真

续表

文件检测参数	说明
-x 文件名	如果文件存在且可执行，则为真
-s 文件名	如果文件存在且至少有一个字符，则为真
-d 文件名	如果文件存在且为目录，则为真
-f 文件名	如果文件存在且为普通文件，则为真
-c 文件名	如果文件存在且为字符型特殊文件，则为真
-b 文件名	如果文件存在且为块特殊文件，则为真
文件名 1 -nt 文件名 2	如果文件名 1 比文件名 2 新，则为真
文件名 1 -ef 文件名 2	如果文件名 1 与文件名 2 为同一个文件，则为真。主要用于进行硬链接
文件名 1 -lt 文件名 2	如果文件名 1 小于或等于 n2，则为真
-o	只要满足任意一个条件，就为真。类似于||（或）
-a	只有在两个条件都满足时才为真。类似于&&（与）
-z 字符串	判断字符串是否为空，如果字符串为空，则为真
!	反向状态。例如，对于代码 test ! -x file，如果 file 不具有-x，则为真

使用 test 命令进行文件检测的示例代码如下：

```
cd /bin
if test -e ./bash
then
    echo '文件已存在!'
else
    echo '文件不存在!'
fi
```

以上代码的运行结果如下：

```
文件已存在!
```

此外，Shell 还提供了 3 个布尔运算符，分别为-a（与）、-o（或）、!（非），用于将检测条件连接起来，其优先级从高到低依次为!>-a>-o。示例代码如下：

```
cd /bin
if test -e ./notFile -o -e ./bash
then
    echo '至少有一个文件存在!'
else
    echo '两个文件都不存在'
fi
```

以上代码的运行结果如下：

```
至少有一个文件存在!
```

下面我们通过一个题目，深入掌握使用 test 命令检测文件的方法。

题目：编写一个 Shell script，让用户输入一个文件名，然后对其进行以下检测：判断这个文件是否存在，如果这个文件不存在，则提示该文件不存在，并且终止程序；如果这个文件存在，则判断它是目录还是文件，并且根据判断结果给出相应提示；判断执行者的身份对这个文件或目录的权限，并且输出权限数据。示例代码如下：

```
#!bin/bash
```

```
echo "Please input a filename, I will check the filename's type and
permission."
read -p "Input a filename: " filename
test -z $filename && echo "You must input a filename." && exit 0
test ! -e $filename && echo "The filename '$filename' DO NOT exist" && exit 0
test -f $filename && filetype="regular file"
test -d $filename && filetype="directory"
test -r $filename && perm="readable"
test -w $filename && perm="writable"
test -x $filename && perm="executable"
echo "The filename: $filename is a $filetype"
echo "And the permissions are : $perm"
exit 0
```

9.13　Shell 判断符[]

判断符[]主要用于对数据和字符串进行判断。

在 Shell script 中，使用方括号[]作为判断符，其使用方法与 test 命令的使用方法类似，但要注意以下几点。

- 在方括号[]中，相邻的两个组件之间使用空格进行分隔。
- 方括号[]中的变量，最好都使用英文双引号引起来。
- 方括号[]中的常量，最好都使用英文单引号或双引号引起来，否则会出现参数太多的错误。因为方括号[]中的判断表达式只能有两个参数，如果不用引号引起来，则很容易造成误判。例如，[hello world == "hello"]会出现参数太多的错误，正确的写法应该是["$name" == "hello"]。
- 在 test 命令和方括号[]中，“==”和“!=”只能用于比较字符串，当结果为真时，返回 1；当结果为假时，返回 0。

判断符[]的常用选项如表 9-14 所示。

表 9-14　判断符[]的常用选项

选项	说明
[-z "$HOME"]	判断 HOME 变量是否为空
["$HOME" == "$var"]	判断两个变量是否相等
["$HOME" == "string"]	判断变量的值是否为"string"

题目：编写一个 Shell script，要求在运行一个程序时，用户输入“Y/n”，如果用户输入“Y”或“y”，则显示“OK, continue”；如果用户输入“N”或“n”，则显示“Oh, interrupt!”；如果用户输入其他字符，则显示“I don't know what your choice is.”。

```
#!/bin/bash
read -p "Please input (Y/N): " yn
[ "$yn" == "Y" -o "$yn" == "y" ] && echo "OK, continue" && exit 0
[ "$yn" == "N" -o "$yn" == "n" ] && echo "Oh, interrupt!" && exit 0
```

```
echo "I don't know what your choice is." && exit 0
exit 0
```

在用户输入“y”或“n”时，忽略大小写，程序判断是否输入了“y”或“n”，如果是，则返回 1，继续运行“&&”符号后面的语句。在方括号[]中，-o 表示或运算，也就是说，只要满足任意一个条件，就返回 1。

9.14 Shell script 的追踪与调试

Shell script 在运行前，最怕出现语法错误了。那么有没有方法，可以在不运行该 Shell script 的情况下，判断该 Shell script 是否有语法问题呢？有且很简单，方法是在运行该 Shell script 的命令中加上相关参数。

运行 bash 命令和 sh 命令，可以从标准输入设备中读取数据，或者从一个文件中读取数据。用户通过在终端中运行 bash 命令或 sh 命令，可以和系统内核进行沟通，进而追踪和调试 Shell script。

sh 命令的常用语法格式如下：

```
sh [选项] 文件名
```

选项说明如下。

-n：不运行 Shell script，仅查询语法问题。

-v：在运行 Shell script 前，先将 Shell script 中的内容打印到屏幕上。

-x：将用到的 Shell script 运行过程打印到屏幕上。

-c：sh 命令从-c 后的字符串开始读取数据。

-i：实现脚本交互。

bash 命令的常用语法格式如下：

```
bash [选项] 文件名
```

选项说明如下。

-n：不运行 Shell script，仅查询语法问题。

-x：将用到的 Shell script 运行过程打印到屏幕上。

9.15 Shell 文件包含

和其他语言一样，Shell 也可以包含外部脚本。这样可以很方便地封装一些公用的代码，将其作为独立的文件。

Shell 文件包含的语法格式如下：

```
. filename   # 注意点号“.”和文件名之间有一个空格
```

或者

```
source filename
```

下面举例进行说明。创建两个 Shell 脚本文件，分别为 test1.sh 文件和 test2.sh 文件。

test1.sh 文件中的代码如下：

```
#!/bin/bash
mystr="this is a string"
```

test2.sh 文件中的代码如下：

```
#!/bin/bash
#使用“.”符号引用 test1.sh 文件
. ./test1.sh
# 或者使用以下包含文件代码
# source ./test1.sh
echo "这里输出是: $mystr"
```

我们为 test2.sh 文件添加可执行权限，然后运行 test2.sh 文件，命令如下：

```
chmod +x test2.sh
./test2.sh
```

以上命令的运行结果如下：

```
这里输出是: this is a string
```

注意：被包含的文件 test1.sh 不需要可执行权限。

9.16 Shell script 实例

9.16.1 交互式脚本：变量内容由用户决定

我们也许会有这样的经历：在安装应用程序时，系统会问我们要安装到哪个目录下，是否确定安装，等等，这就是人机交互。在这种现象的背后，脚本在默默地运行，它指挥着系统做一些我们希望完成的事情。那么在 Linux 操作系统中如何实现人机交互呢？从脚本的角度来看，交互就是输入和输出，将数据从命令行中读取到变量中称为输入，将变量的值输出到命令行中称为输出。在 Shell script 中，使用 read 命令可以实现输入，使用 echo 命令可以实现输出。

题目：根据 read 命令的作用，编写一个 Shell script，让用户输入 firstname 与 lastname，然后在屏幕上显示 full name。

```
#!/bin/bash
read -p "Please input your first name: " firstname
read -p "Please input your last name: " lastname
echo "Your full name is:$firstname $lastname"
exit 0
```

使用 read 命令可以从命令行中读取内容，然后将读取的内容存储于变量 firstname 和 lastname 中，-p 表示在进行读操作前打印提示信息。$firstname、$lastname 表示获取这两个变量的值，可以使用 echo 命令将其打印到屏幕上。

9.16.2 用日期命名文件：利用日期进行文件的创建

在维护数据库或调试程序时，通常需要创建很多的 log 文件。创建文件对我们来说不是难事，记住一两个文件也很简单，但是当文件数目很多时，记住它们的难度会大幅度提高，我们可能会记不清各个文件的作用、创建时间等，有时会苦恼于这些文件的命名方式。在需要创建多个文件的情况下，我们可以使用“功能+日期”的命名方式。

题目：我们希望将不同日期的数据备份在不同的文件中，所以需要使用日期作为文件名。现在，我们要创建 3 个空文件，文件名开头由用户决定（假设是 filename），假设今天的日期是 2023 年 9 月 30 日，使用前天、昨天、今天的日期创建这些文件，即 filename20230928、filename20230929、filename20230930。实现该功能的示例代码如下：

```
#!bin/bash
echo "I will use 'touch' to create three files."
read -p "Please input your filename: " fileuser
#开始判断是否存在配置文件名，防止用户随意按回车键，默认开头为 filename
filename=${fileuser:-"filename"}
date1=$(date --date='2 days ago' +%Y%m%d)    #两天前的日期
date2=$(date --date='1 days ago' +%Y%m%d)
date3=$(date +%Y%m%d)                        #当天的日期
file1=${filename}${date1}                    #以追加的方式配置文件名
file2=${filename}${date2}
file3=${filename}${date3}
touch "$file1"                               #防止有空格
touch "$file2"
touch "$file3"
exit 0
```

代码分析如下。

file1=${filename}${date1}：语句的模型是${变量}，分别获取变量 filename 和 date1 的值，将其组合在一起并赋值给变量 file1。

date3=$(date +%Y%m%d)：$()中的是命令运行后的结果，语句的模型是$(变量)，首先运行 date 命令，然后通过$()获取 date 命令的运行结果，最后将其赋值给变量 date3。

filename=${fileuser:-"filename"}：如果变量 fileuser 为空，那么获取字符串"filename"；如果变量 fileuser 不为空，那么获取变量 fileuser 的值。还有以下 3 种形式。

- filename=${fileuser:="filename"}：规则和 filename=${fileuser:-"filename"}的规则相同。
- filename=${fileuser:+"filename"}：规则和 filename=${fileuser:-"filename"}的规则相反，如果变量 fileuser 不为空，那么获取字符串"filename"；如果变量 fileuser 为空，那么获取变量 fileuser 的值，即空值。
- filename=${fileuser:?"filename"}：如果变量 fileuser 不为空，那么获取变量 fileuser 的值；如果变量 fileuser 为空，那么将字符串"filename"输出到标准错误文件中，并且退出程序。

9.17 修改 SSH 登录信息

我们希望在使用 SSH 远程登录树莓派时，可以显示一些欢迎信息和系统状态信息，如 CPU 温度、内存占用率等。

在一般情况下，设置树莓派登录欢迎信息的文件有以下两处。

- /etc/update-motd.d/目录下的 Shell 脚本文件。
- 在上述脚本运行结束后，会将树莓派登录欢迎信息输出到/etc/motd 文件中。

使用 nano 编辑器创建 SSH 登录欢迎信息的 Shell 脚本文件 logoinfo，命令如下：

```
sudo nano /etc/update-motd.d/logoinfo
```

在 logoinfo 文件中输入以下脚本内容。

```
#!/bin/sh
uptime | awk '{printf("\nCPU Load: %.2f\t", $(NF-2))}'
free -m | awk 'NR==2{printf("Mem: %s/%sMB %.2f%%\n", $3,$2,$3*100/$2)}'
cat /sys/class/thermal/thermal_zone0/temp|awk '{printf("CPU
Temp: %.2f\t",$1/1000)}'
df -h | awk '$NF=="/"{printf "Disk: %.1f/%.1fGB %s\n\n", $3,$2,$5}'
```

保存并关闭 logoinfo 文件，然后退出 nano 编辑器。为 logoinfo 文件添加可执行权限，命令如下：

```
sudo chmod +x /etc/update-motd.d/logoinfo
```

可以选择取消原始静态欢迎信息，命令如下：

```
sudo mv /etc/motd /etc/motd.sample
```

在更换登录信息前，出现的登录信息如下：

```
Linux raspberrypi 5.15.70-v7l+ #1590 SMP Tue Sep 27 15:58:00 BST 2022 armv7l
The programs included with the Debian GNU/Linux system are free software;
the exact distribution terms for each program are described in the
individual files in /usr/share/doc/*/copyright.
Debian GNU/Linux comes with ABSOLUTELY NO WARRANTY, to the extent
permitted by applicable law.
Last login: Sun Oct 30 16:17:38 2022 from 192.168.2.101
```

在更换登录信息后，出现的登录信息如下：

```
Linux raspberrypi 5.15.70-v7l+ #1590 SMP Tue Sep 27 15:58:00 BST 2022 armv7l
CPU Load: 0.08  Mem: 207/1872MB 11.06%
CPU Temp: 32.62 Disk: 12.0/15.0GB 84%
Last login: Sun Oct 30 16:23:48 2022 from 192.168.2.101
```

本章小结

本章主要讲解了树莓派在 Shell script 方面的应用，具体如下。

- Shell script 基本介绍：Shell script 的环境和种类、Shell 和 Shell script 之间的区别、Shell script 的编写规则、编写 Hello world 程序、良好的编写习惯、Shell script 的

运行方法、Shell 注释。

- Shell echo 命令：输出普通字符串、输出转义字符、输出标准输入的变量、使输出结果换行、使输出结果不换行、将输出结果定向至文件中、原样输出字符串、输出命令运行结果。
- Shell printf 命令：printf 命令的简单使用方法、printf 命令的强大功能、printf 命令的转义字符。
- Shell 传递参数：向 Shell 脚本中传递参数。
- Shell 变量：定义变量、使用变量、只读变量、删除变量、变量类型。
- Shell 基本运算符：算术运算符、关系运算符、布尔运算符、逻辑运算符、字符串运算符、文件测试运算符。
- Shell 流程控制：if then fi 语句、if then else fi 语句、if then elif then else fi 语句、for do done 语句、while do done 语句、无限循环、until do done 语句、case esac 语句、跳出循环。
- Shell 字符串：单引号字符串、双引号字符串、拼接字符串、获取字符串的长度、提取子字符串、查找字符位置。
- Shell 数组：定义数组、读取数组、获取数组的长度、关联数组、获取数组中的所有元素。
- Shell 函数：定义和调用函数、函数参数、函数举例。
- Shell 输入/输出重定向：输出重定向、输入重定向、重定向深入讲解、Here Document、/dev/null 文件。
- Shell test 命令：数值检测、字符串检测、文件检测。
- Shell 判断符[]：用于对数据和字符串进行判断。
- Shell script 的追踪与调试：用于解决语法错误的问题。
- Shell 文件包含：包含外部脚本。
- Shell script 实例：交互式脚本、用日期命名文件。
- 修改 SSH 登录信息：修改欢迎信息和系统状态信息。

课后练习

（1）使用 Shell script 编写和运行 Hello world 程序。

（2）运行并理解本章各节中的示例程序。

（3）在树莓派中修改 SSH 登录信息。

第 10 章 计划任务和开机启动项

知识目标

- 掌握配置计划任务的方法。
- 掌握设置开机启动项的方法。

技能目标

- 能够配置树莓派的计划任务。
- 能够设置树莓派的开机启动项。

任务概述

- 使用 cron 为树莓派配置计划任务。
- 使用 systemd 为树莓派设置开机启动项。

10.1 使用 cron 配置计划任务

树莓派轻便、易用、低功耗，因此非常适合充当小型服务器，执行一些类似于定时发送邮件的任务。因为任务内容和执行时间已经明确，所以可以将任务内容和执行时间预先写入树莓派，让树莓派自动执行这些任务。

cron 是 Linux 操作系统中配置定期任务的工具，主要用于定期或以一定的时间间隔运行一些命令或脚本，可以在无人工干预的情况下执行任务，可执行的任务范围非常广泛。例如，每天晚上自动备份用户的 home 文件夹，每小时记录一次 CPU 的信息日志。

cron 在系统中有一个运行着的守护进程，在系统运行时，守护进程会一直在后台运行，并且对特定事件做出响应，当系统时间与某个预先设置的任务执行时间相同时，守护进程就会执行相应的任务。

我们可以设置 cron 为开机自动启动或不启动。cron 在启动后，会读取它的所有配置文件（全局性配置文件/etc/crontab，以及每个用户的计划任务配置文件），然后根据命令和执行时间按时调用工作任务。

cron 使用 crontab（cron table）命令配置 cron 服务。crontab 命令主要用于编辑 cron 计划任务表。计划任务表是基于用户的，每个用户（包括 root 用户）都拥有自己的 crontab 命令。该命令可以从标准输入设备中读取命令，并且将命令存储于/etc/crontab 文件中，以供后期读取和运行。在通常情况下，cron 在后台运行，crontab 文件中存储的指令在被守护进程激活后，就会每分钟检查一次是否有预定的任务需要执行。

树莓派也支持使用 cron 配置计划任务。在树莓派默认的操作系统中，启动 cron 服务、重启 cron 服务、停止 cron 服务、查询 cron 服务的状态、重新载入 cron 服务的配置的命令分别如下：

```
sudo service cron start          #启动 cron 服务
sudo service cron restart        #重启 cron 服务
sudo service cron stop           #停止 cron 服务
sudo service cron status         #查询 cron 服务的状态
sudo service cron reload         #重新载入 cron 服务的配置
```

在树莓派默认的操作系统中，设置 cron 服务为开机自动启动或不启动的命令如下：

```
sudo systemctl is-enabled cron.service        #查看 cron 服务是否为开机自动启动
sudo systemctl enable cron.service            #允许 cron 服务开机自动启动
sudo systemctl disable cron.service           #禁止 cron 服务开机自动启动
```

在树莓派配置计划任务时，要确保 cron 服务已经被设置为开机自动启动，以便后续使用 cron 服务。

crontab 命令的使用方法及选项说明如下：

```
crontab -u  #设置某个用户的 cron 服务，在一般情况下，root 用户在运行该命令时需要使用该选项
crontab -l  #列出某个用户的 cron 服务的详细内容
crontab -r  #删除某个用户的 cron 服务
crontab -e  #编辑某个用户的 cron 服务
```

root 用户查看自己的 cron 设置，命令如下：

```
crontab -u root -l
```

root 用户删除 fred 用户的 cron 设置，命令如下：

```
crontab -u fred -r
```

普通用户查看自己计划任务的命令如下：

```
sudo crontab -l
```

可以在/etc 目录下的 crontab 文件中查看 cron 定时任务的设置规则。使用 sudo nano /etc/crontab 命令打开 crontab 文件，可以看到该文件中存储着 cron 定时任务的设置规则，如图 10-1 所示。

```
# /etc/crontab: system-wide crontab
# Unlike any other crontab you don't have to run the `crontab'
# command to install the new version when you edit this file
# and files in /etc/cron.d. These files also have username fields,
# that none of the other crontabs do.

SHELL=/bin/sh
PATH=/usr/local/sbin:/usr/local/bin:/sbin:/bin:/usr/sbin:/usr/bin

# Example of job definition:
# .---------------- minute (0 - 59)
# |  .------------- hour (0 - 23)
# |  |  .---------- day of month (1 - 31)
# |  |  |  .------- month (1 - 12) OR jan,feb,mar,apr ...
# |  |  |  |  .---- day of week (0 - 6) (Sunday=0 or 7) OR sun,mon,tue,wed,thu,fri,sat
# |  |  |  |  |
# *  *  *  *  * user-name command to be executed
17 *    * * *   root    cd / && run-parts --report /etc/cron.hourly
25 6    * * *   root    test -x /usr/sbin/anacron || ( cd / && run-parts --report /etc/cron.daily )
47 6    * * 7   root    test -x /usr/sbin/anacron || ( cd / && run-parts --report /etc/cron.weekly )
52 6    1 * *   root    test -x /usr/sbin/anacron || ( cd / && run-parts --report /etc/cron.monthly )
#
```

图 10-1　cron 定时任务的设置规则

包括 root 用户在内的每个用户都有一套自己的 crontab 文件。在用户建立的 crontab 文件中，每行都表示一项计划任务，每行中的每个字段都表示一项设置。

打开 crontab 文件，进行编辑计划任务表的操作，代码如下：

```
sudo crontab -e
```

在首次运行上述命令后，会提示选择一个编辑器，如果不知道选择哪个编辑器，则可以直接按回车键，选择 nano 编辑器，如图 10-2 所示。

```
pi@raspberrypi:~ $ sudo crontab -e
no crontab for root - using an empty one

Select an editor.  To change later, run 'select-editor'.
  1. /bin/nano        <---- easiest
  2. /usr/bin/vim.basic
  3. /usr/bin/vim.tiny
  4. /bin/ed

Choose 1-4 [1]: 1
No modification made
```

图 10-2　选择 nano 编辑器

在计划任务表中，每行都表示一项计划任务，每项计划任务的内容都包括 6 部分，分别为星期、月、日、时、分、要定时运行的命令，使用空格作为分割符。以“#”符号开始的行是注释。在数字部分，不仅可以使用数字，还可以使用“*”符号表示不限制范围。

计划任务的具体格式如图 10-3 所示（m 表示 minute，h 表示 hour，dom 表示 day of month，mon 表示 month，dow 表示 day of week）。

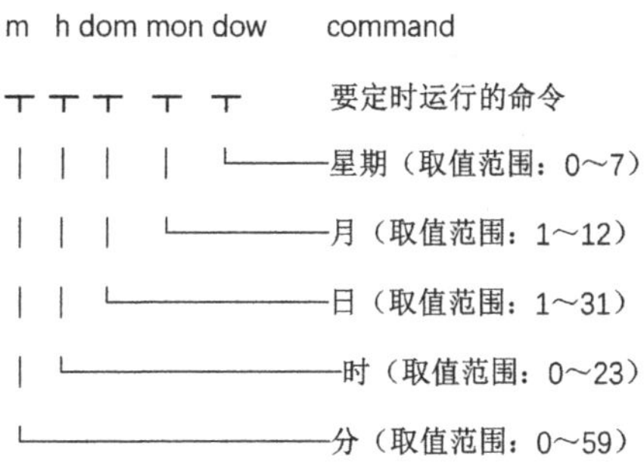

图 10-3　计划任务的具体格式

在计划任务的具体格式中，星期 dow 的取值范围是 0～7，其中的 1～6 分别表示星期一～星期六，7 和 0 都表示星期日。不仅可以使用数字，还可以使用星期的英文缩写，数字和英文缩写的对应关系如下。

- 0：Sun。
- 1：Mon。
- 2：Tue。
- 3：Wed。
- 4：Thu。
- 5：Fri。
- 6：Sat。
- 7：Sun。

与时间有关的配置表达式可以有以下几种组合配置方式。

使用“-”符号表示从某个时间到某个时间要执行 command 任务。例如，将 dow 配置为 1-3，表示从星期一～星期三要执行 command 任务。

使用“*”符号表示每个时间单位都要执行。例如，将 m 配置为*，表示每分钟执行一次 command 任务；将 m 配置为*/n，表示每隔 n 分钟执行一次 command 任务。

使用“/”符号表示每隔多少时间执行一次 command 任务。例如，将 mon 配置为*/3，表示每隔 3 个月执行一次 command 任务；将 mon 配置为 5-10/3，表示 5 月—10 月，每隔 3 个月执行一次 command 任务。

配置计划任务的示例代码如下：

```
#每天的 2: 09、3: 09、4: 09 运行 touch 命令
9 2-4  * * * touch /tmp/temp.log
#每天的 2: 09、12: 09 运行 touch 命令
9 2,12  * * * touch /tmp/temp.log
#每天的凌晨 4 点和中午 12 点 30 分将树莓派重启
0  4  * * * sudo reboot
30 12 * * * sudo reboot
#每天 0 点 0 分运行 backup.sh 脚本
0 0 * * *  /home/pi/backup.sh
#在 12 月每天的早上 6 点到 12 点，每隔 3 小时运行一次/usr/bin/backup
0 \6-12/3 * 12 * /usr/bin/backup
#每次启动树莓派都会运行 myscript.py 命令，使用@reboot 替代日期和时间
@reboot python /home/pi/myscript.py
#如果要让命令仅在后台运行，则可以加一个“&”符号
@reboot python /home/pi/myscript.py &
```

10.2 使用 systemd 设置开机启动项

1. systemd 概述

systemd（system daemon）是目前 Linux 操作系统中主要的系统守护进程管理工具，它是开源软件，可以代替 init。因为 init 对进程的管理是串行化的，容易出现阻塞情况，并且 init 只可以启动脚本，不能对服务进行更多的管理，所以使用 systemd 代替 init 作为默认的系统进程管理工具。

systemd 能够管理系统启动过程和系统服务。systemd 在启动后，可以监管整个系统，可以并行地启动系统服务进程。此外，systemd 最初仅启动确实被依赖的服务，极大地减少了系统的引导时间。

systemd 的开发目标是提供更优秀的框架，用于表示系统服务之间的依赖关系，实现系统初始化时服务的并行启动，并且降低 Shell 的系统开销，从而代替常用的 System V 与 BSD 风格的 init。

与 System V 风格的 init 相比，systemd 采用了以下新技术。

- 采用 Socket 激活式与 D-Bus 总线激活式服务，用于提高相互依赖的各个服务之间的并行运行性能。
- 使用 CGroups 代替 PID 追踪进程。因此，即使是两次 fork 后生成的守护进程，也不会脱离 systemd 的控制。

systemd 提供的主要功能如下。

- 支持并行化任务。
- 采用 Socket 激活式与 D-Bus 总线激活式服务。
- 按需启动守护进程。
- 利用 Linux 操作系统的 CGroups 监视进程。
- 支持快照和系统恢复功能。
- 维护挂载点和自动挂载点。
- 各个服务之间基于依赖关系进行精密控制。
- 支持 System V 和 LSB 初始脚本。
- 支持日志进程、控制基础系统配置。
- 维护登录的用户列表、系统账户、运行时的目录和设置。
- 可以运行容器和虚拟机。
- 可以简单地实现网络配置管理、网络时间同步、日志转发和名称解析等功能。

systemd 的新特性如下。

- 在系统引导时实现服务并行启动。
- 按需激活进程。
- 系统状态快照。

● 基于依赖关系定义服务控制逻辑。

systemd 的关键特性如下。

● 基于 Socket 的激活机制：Socket 与程序分离。
● 基于 Bus 的激活机制。
● 基于 Device 的激活机制。
● 基于 Path 的激活机制。
● 系统快照：将各个 Unit 当前的状态信息存储于持久存储设备中。
● 向后兼容 System V 的 init 脚本，存储于/etc/init.d/目录下。

systemd 管理的所有系统资源都称为 Unit，通过 systemd 命令集可以方便地对这些 Unit 进行管理。例如，systemctl、hostnamectl、timedatectl 等命令虽然改变了 init 用户的命令使用习惯，但也提供了很大的便捷性。

Unit 由与其有关的配置文件进行标识、识别和配置。这些配置文件中主要包含系统服务、监听的 Socket、存储的快照及其他与 init 有关的信息，主要存储于/usr/lib/systemd/system、/run/systemd/system、/etc/systemd/system、/lib/systemd/system 等目录下。

Unit 的常见类型如下。

● Service Unit：文件扩展名为.service，主要用于定义系统服务。
● Target Unit：文件扩展名为.target，主要用于模拟实现“运行级别”。
● Device Unit：文件扩展名为.device，主要用于定义内核识别的设备。
● Mount Unit：文件扩展名为.mount，主要用于定义文件系统挂载点。
● Socket Unit：文件扩展名为.socket，主要用于标识进程之间通信用到的 Socket 文件。
● Snapshot Unit：文件扩展名为.snapshot，主要用于管理系统快照。
● SWAP Unit：文件扩展名为.swap，主要用于标识 SWAP 设备。
● Automount Unit：文件扩展名为.automount，主要用于让文件系统自动挂载设备。
● Path Unit：文件扩展名为.path，主要用于定义文件系统中的文件或目录。

2. systemctl 命令

systemctl 是一个 systemd 中的主要命令，主要负责控制 systemd 系统和服务管理器。在一般情况下，开机加载的配置文件都存储于/lib/systemd/system 目录下，用户和第三方软件定义的配置文件存储于/usr/lib/systemd/system 目录下。

systemctl 命令的语法格式如下：

```
systemctl [command] [Unit]（配置的应用名称）
```

command 的可选项如下。

start：启动指定的 Unit，如 systemctl start nginx。

stop：关闭指定的 Unit，如 systemctl stop nginx。

restart：重启指定 Unit，如 systemctl restart nginx。

reload：重载指定 Unit，如 systemctl reload nginx。

enable：在系统开机时自动启动指定的 Unit，前提是配置文件中有相关配置，如 systemctl enable nginx。

disable：在开机时不自动启动指定的 Unit，如 systemctl disable nginx。

status：查看指定 Unit 当前的运行状态，如 systemctl status nginx。

使用 systemctl 命令可以查看使用的服务。直接使用 sudo systemctl list-unit-files 命令可以看到配置 Unit 列表，在该列表中可以查看各个服务的启用与禁用情况，被启用（标记为 enabled）的 Unit 显示为绿色，被禁用（标记为 disabled）的 Unit 显示为红色。标记为 static 的 Unit 不能直接启用，它们是其他 Unit 依赖的对象，不是由 systemd 启用的服务，无法使用 systemctl 命令与其进行通信。可以使用管道进行具体的选择，命令如下：

```
sudo systemctl list-unit-files --type=service|grep docker
```

如果修改了某个服务的配置文件，则需要使用 sudo systemctl daemon-reload 命令重新加载相应的配置服务，然后使用 sudo systemctl restart 命令重启该服务，否则修改不会生效。例如，在修改了 httpd.service 服务的配置文件后，需要运行以下命令。

```
sudo systemctl daemon-reload
sudo systemctl restart httpd.service
```

还可以使用 systemctl cat 命令查看具体配置的 Unit，示例命令如下：

```
sudo systemctl cat sshd.service
```

输出的 sshd.service 信息如下：

```
# /lib/systemd/system/ssh.service
[Unit]
Description=OpenBSD Secure Shell server
Documentation=man:sshd(8) man:sshd_config(5)
After=network.target auditd.service
ConditionPathExists=!/etc/ssh/sshd_not_to_be_run

[Service]
EnvironmentFile=-/etc/default/ssh
ExecStartPre=/usr/sbin/sshd -t
ExecStart=/usr/sbin/sshd -D $SSHD_OPTS
ExecReload=/usr/sbin/sshd -t
ExecReload=/bin/kill -HUP $MAINPID
KillMode=process
Restart=on-failure
RestartPreventExitStatus=255
Type=notify
RuntimeDirectory=sshd
RuntimeDirectoryMode=0755

[Install]
WantedBy=multi-user.target
Alias=sshd.service
```

3．sshd.service 信息分析

可以看到，sshd.service 信息主要分为 3 个区块，分别是[Unit]区块、[Service]区块和[Install]区块。

1）[Unit]区块：启动顺序和依赖关系

Description：应用简单描述。

After Before：定义应用的启动顺序，如果需要启动依赖的应用，那么定义当前应用是排在它之前，还是排在它之后。

Wants：表示服务之间存在“弱依赖”关系。

Requires：表示服务之间存在“强依赖”关系。

Wants 字段与 Requires 字段只涉及服务之间的依赖关系，与服务的启动顺序无关，在默认情况下是同时启动的。

2）[Service]区块：启动行为

EnvironmentFile 字段：指定当前服务的环境参数文件。该文件内部的 key=value 键值对，可以在当前配置文件中以$key 的形式获取。

ExecStart 字段：定义启动进程时运行的命令。在上述示例代码中，启动 sshd，运行的命令是/usr/sbin/sshd -D $OPTIONS，其中的变量$OPTIONS 来自 EnvironmentFile 字段指定的环境参数文件。所有的启动在设置项的参数值前，都可以加上一个连字符“-”，表示“抑制错误”，也就是说，在启动时发生错误，不影响其他命令的运行。例如，EnvironmentFile=-/etc/sysconfig/sshd 表示即使/etc/sysconfig/sshd 文件不存在，也不会抛出错误。类似于 ExecStart 字段的其他字段如表 10-1 所示。

表 10-1　类似于 ExecStart 字段的其他字段

字段	含义
ExecReload 字段	在重启服务时运行的命令
ExecStop 字段	在停止服务时运行的命令
ExecStartPre 字段	在启动服务前运行的命令
ExecStartPost 字段	在启动服务后运行的命令
ExecStopPost 字段	在停止服务后运行的命令

Type 字段：定义启动类型，它的值如表 10-2 所示。

表 10-2　Type 字段的值

Type 字段的值	含义
simple	默认值，ExecStart 字段启动的进程为主进程
forking	ExecStart 字段会以 fork()方式启动，此时父进程会退出，子进程会成为主进程
oneshot	类似于 simple，但只执行一次，Systemd 会在它执行完后，才启动其他服务
dbus	类似于 simple，但会在收到 D-Bus 信号后启动
notify	类似于 simple，在启动结束后，启动的服务会发出通知信号，然后 Systemd 启动其他服务
idle	类似于 simple，但是要等到其他任务都执行完毕，才会启动该服务。有一种使用场合为，让该服务的输出不与其他服务的输出混合

KillMode 字段：定义 Systemd 如何停止服务。在上述示例代码中，将 KillMode 设置为 process，表示只停止主进程，不停止任何 sshd 子进程，也就是子进程打开的 SSH session 仍然保持连接。该设置不太常见，但对 sshd 非常重要，否则在停止服务时，会连自己打开的 SSH session 一起杀掉。KillMode 字段的值如表 10-3 所示。

表 10-3　KillMode 字段的值

KillMode 字段的值	含义
control-group	默认值，当前控制组中的所有子进程都会被杀掉
process	只终止主进程
mixed	主进程将收到 SIGTERM 信号，子进程收到 SIGKILL 信号
none	没有进程会被杀掉，只是运行服务的 stop 命令

Restart 字段：定义应用的重启方式。Restart 字段的值如表 10-4 所示。

表 10-4　Restart 字段的值

Restart 字段的值	含义
no	默认值，在退出后不会重启
on-success	只有在正常退出后（退出状态码为 0）才会重启
on-failure	在非正常退出时（退出状态码非 0），包括被信号终止和超时的情况，才会重启
on-abnormal	只有在被信号终止和超时的情况下，才会重启
on-abort	只有在收到没有捕捉到的信号终止时，才会重启
on-watchdog	在超时退出的情况下，才会重启
always	无论退出原因是什么，都会重启

RemainAfterExit 字段：定义在启动命令退出时，是否保持服务。启动命令分为前台命令和后台命令。当启动命令为后台命令时，必须添加该字段。

RestartSec 字段：表示 Systemd 重启服务前需要等待的秒数。

3）[Install]区块：开机启动

WantedBy 字段：表示该服务所在的 Target。在一般情况下，常用的 Target 有以下两个。

- multi-user.target 表示多用户命令行状态。
- graphical.target 表示图形用户状态，它依赖于 multi-user.target。

在一般情况下，设置 multi-user.target 为开机启动。

在/usr/lib/systemd/system 目录下运行 ls 命令，可以看到各种以.target 结尾的文件。启动目标 target 是一种将多个单元聚合在一起，将它们同时启动的方式。

4．在树莓派上使用 systemd 设置开机启动项

下面讲解如何在树莓派上使用 systemd 设置开机启动项，将命令或程序设置为开机启动时自动运行的服务，就可以通过命令行启动、停止、禁用这个服务了。

使用 nano 编辑器在/home/pi 目录下新建一个 main.py 文件，命令如下：

```
sudo nano main.py
```

在 main.py 文件中输入以下 Python 代码。

```
import os
import socket

# 返回表示 CPU 温度的字符串
def getCPUtemperature():
    res = os.popen('vcgencmd measure_temp').readline()
    return(res.replace("temp=","").replace("\'C\n",""))

# 以列表方式返回内存使用情况（以 KB 为单位），包括 RAM 空间总量、已经使用的 RAM 空间、空闲的
RAM 空间
def getRAMinfo():
      p = os.popen('free')
      i = 0
      while 1:
          i = i + 1
          line = p.readline()
          if i==2:
            return(line.split()[1:4])

# 查询本机 IP 地址
def get_host_ip():
      try:
          s = socket.socket(socket.AF_INET, socket.SOCK_DGRAM)
          s.connect(('8.8.8.8', 80))
          ip = s.getsockname()[0]
      finally:
          s.close()
      return ip

# CPU 温度
CPU_temp = getCPUtemperature()

# RAM 使用情况，转换成以 MB 显示
RAM_stats = getRAMinfo()
RAM_total = round(int(RAM_stats[0]) / 1000,1)
RAM_used = round(int(RAM_stats[1]) / 1000,1)
RAM_free = round(int(RAM_stats[2]) / 1000,1)

# IP 地址
ip_addr = get_host_ip()

if __name__ == '__main__':
      print('------------')
      print('CPU Temperature = '+CPU_temp)
    print('------------')
    print('RAM Total = '+str(RAM_total)+' MB')
```

```
    print('RAM Used = '+str(RAM_used)+' MB')
    print('RAM Free = '+str(RAM_free)+' MB')
    print('------------')
    print('IP address= '+ ip_addr)
```

保存并关闭 main.py 文件，然后退出 nano 编辑器。在 LX 终端中使用以下命令运行 main.py 文件。

```
python main.py
```

在正常情况下，运行结果如图 10-4 所示。

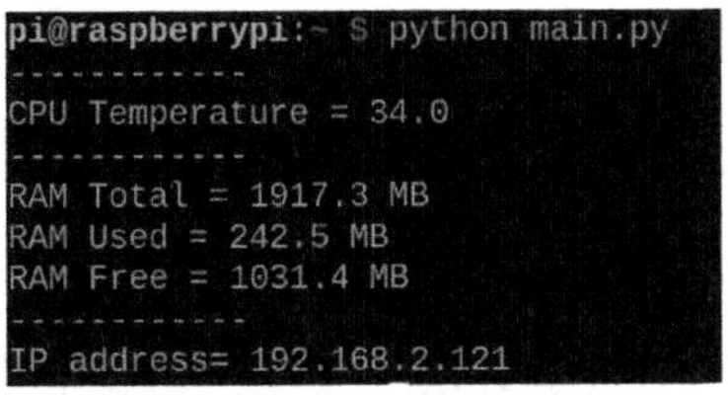

```
pi@raspberrypi:~ $ python main.py
------------
CPU Temperature = 34.0
------------
RAM Total = 1917.3 MB
RAM Used = 242.5 MB
RAM Free = 1031.4 MB
------------
IP address= 192.168.2.121
```

图 10-4　正常运行结果

创建服务。在树莓派上创建一个 myscript.service 文件，命令如下：

```
sudo nano myscript.service
```

将以下内容输入 myscript.service 文件。

```
[Unit]
Description=My service
After=network.target

[Service]
ExecStart=/usr/bin/python3 -u main.py
WorkingDirectory=/home/pi
StandardOutput=inherit
StandardError=inherit
Restart=always
User=pi

[Install]
WantedBy=multi-user.target
```

检查配置内容有无输入错误，在确保正确后，保存并关闭 myscript.service 文件，然后退出 nano 编辑器。

在以上配置中，myscript.service 服务会使用 Python 3 运行/home/pi 目录下的 main.py 文件。使用这种方法，不仅可以配置 Python 脚本，还可以将 ExecStart 这行的相关内容修改为其他需要启动的程序或脚本。

以 root 用户的身份将 myscript.service 文件保存到/etc/systemd/system 目录下，命令如下：

```
sudo cp myscript.service /etc/systemd/system/myscript.service
```

尝试启动 myscript.service 服务，命令如下：

```
sudo systemctl start myscript.service
```

在添加或修改配置文件后，如果需要重新加载服务，则使用以下命令。

```
sudo systemctl daemon-reload
```

如果需要设置在开机时自动运行 myscript.service 服务，则使用以下命令。

```
sudo systemctl enable myscript.service
```

如果需要查看 myscript.service 服务的状态，则使用以下命令。

```
sudo systemctl status myscript.service
```

如果需要停止 myscript.service 服务，则使用以下命令。

```
sudo systemctl stop myscript.service
```

如果需要查看进程，则使用以下命令。

```
sudo ps -ef |grep myscript.service
```

如果需要关闭进程，则使用以下命令。

```
sudo kill -9  669(进程 ID)
```

需要注意的是，启动顺序取决于其依赖关系。如果是依赖于网络的服务，则应该在引导过程中尽量晚一点启动。

本章小结

本章主要讲解了树莓派在配置计划任务和设置开机启动项方面的应用，具体如下。

- 使用 cron 配置计划任务：使用 cron 为树莓派配置计划任务，在无人工干预的情况下，定期或以一定的时间间隔运行一些命令或脚本。
- 使用 systemd 设置开机启动项：使用系统守护进程管理工具 systemd 为树莓派设置开机启动项。

课后练习

（1）根据示例，使用 cron 在树莓派上配置计划任务。

（2）根据示例，使用 systemd 在树莓派上设置开机启动项。

反侵权盗版声明